U0344400

敦煌与丝绸之路研究丛书
郑炳林 主编

奥登堡中国西北考察研究

李梅景 著

『十三五』国家重点图书出版规划项目
教育部人文社会科学重点研究基地兰州大学敦煌学研究所项目

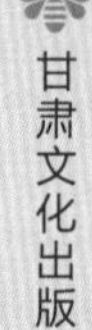

甘肃文化出版社

甘肃·兰州

图书在版编目（CIP）数据

奥登堡中国西北考察研究 / 李梅景著. -- 兰州 : 甘肃文化出版社, 2024.6
（敦煌与丝绸之路研究丛书 / 郑炳林主编）
ISBN 978-7-5490-2634-0

Ⅰ. ①奥… Ⅱ. ①李… Ⅲ. ①科学考察－档案资料－西北地区 Ⅳ. ①N82

中国国家版本馆CIP数据核字(2024)第042716号

奥登堡中国西北考察研究

李梅景 | 著

策　　划 | 郧军涛　王天芹
项目负责 | 甄惠娟
责任编辑 | 党　昀
封面设计 | 马吉庆

出版发行 | 甘肃文化出版社
网　　址 | http://www.gswenhua.cn
投稿邮箱 | gswenhuapress@163.com
地　　址 | 兰州市城关区曹家巷 1 号 | 730030（邮编）

营销中心 | 贾　莉　王　俊
电　　话 | 0931-2131306

印　　刷 | 甘肃发展印刷公司
开　　本 | 787 毫米 ×1092 毫米　1/16
字　　数 | 316 千
印　　张 | 26.25
版　　次 | 2024 年 6 月第 1 版
印　　次 | 2024 年 6 月第 1 次
书　　号 | ISBN 978-7-5490-2634-0
定　　价 | 106.00 元

版权所有　违者必究（举报电话：0931-2131306）
（图书如出现印装质量问题，请与我们联系）

敦煌与丝绸之路研究丛书编委会

主　编

郑炳林

副主编

魏迎春　张善庆

编　委

（按姓氏笔画排序）

王晶波　白玉冬　吐送江·依明

朱丽双　刘全波　许建平　杜　海

李　军　吴炯炯　张丽香　张善庆

陈于柱　陈光文　郑炳林　赵青山

段玉泉　敖特根　黄维忠　敏春芳

黑维强　魏迎春

国家科技支撑计划国家文化科技创新工程项目“丝绸之路文化主题创意关键技术研究”

（项目编号：2013BAH40F01)

安徽省哲学社会科学规划青年项目“俄藏奥登堡敦煌考察档案整理与研究”

（项目编号：AHSKQ2022D199）

兰州大学中央高校基本科研业务费专项资金重点研究基地建设项目“甘肃石窟与历史文化研究”

（项目编号：2022jbkyjd006）

总　序

丝绸之路是东西方文明之间碰撞、交融、接纳的通道，丝绸之路沿线产生了很多大大小小的文明，丝绸之路文明是这些文明的总汇。敦煌是丝绸之路上的一个明珠，它是丝绸之路文明最高水平的体现，敦煌的出现是丝绸之路开通的结果，而丝绸之路的发展结晶又在敦煌得到了充分的体现。

敦煌学，是一门以敦煌文献和敦煌石窟为研究对象的学科，由于敦煌学的外缘和内涵并不清楚，学术界至今仍然有相当一部分学者否认它的存在。有的学者根据敦煌学研究的进度和现状，将敦煌学分为狭义的敦煌学和广义的敦煌学。所谓狭义的敦煌学也称之为纯粹的敦煌学，即以敦煌藏经洞出土文献和敦煌石窟为研究对象的学术研究。而广义的敦煌学是以敦煌出土文献为主，包括敦煌汉简，及其相邻地区出土文献，如吐鲁番文书、黑水城出土文书为研究对象的文献研究；以敦煌石窟为主，包括河西石窟群、炳灵寺麦积山陇中石窟群、南北石窟为主的陇东石窟群等丝绸之路石窟群，以及关中石窟、龙门、云冈、大足等中原石窟，高昌石窟、龟兹石窟以及中亚印度石窟的石窟艺术与石窟考古研究；以敦煌历史地理为主，包括河西西域地区的历史地理研究，以及中古时期中外关系史研究等。严格意义上说，凡利用敦煌文献和敦煌石窟及其相关资料进行的一切学术研究，都可以称之为敦煌学研究的范畴。

敦煌学研究是随着敦煌文献的发现而兴起的一门学科，敦煌文献经斯坦因、伯希和、奥登堡、大谷探险队等先后劫掠，王道士及敦煌乡绅等人为流散，现分别收藏于英国、法国、俄罗斯、日本、瑞典、丹麦、印度、韩国、美国等国家博物馆和图书馆中，因此作为研究敦煌文献的敦煌学一开始兴起就是一门国际性的学术研究。留存中国的敦煌文献除了国家图书馆之外，还有十余省份的图书馆、博物馆、档案馆都收藏有敦煌文献，其次台北图书馆、台北“故宫博物院”、台湾“中央研究院”及香港也收藏有敦煌文献，敦煌文献的具体数量没有一个准确的数字，估计在五万卷号左右。敦煌学的研究随着敦煌文献的流散开始兴起，敦煌学一词随着敦煌学研究开始在学术界使用。

敦煌学的研究一般认为是从甘肃学政叶昌炽开始，这是中国学者的一般看法。而20世纪的敦煌学的发展，中国学者将其分为三个阶段：1949年前为敦煌学发展初期，主要是刊布敦煌文献资料；1979年中国敦煌吐鲁番学会成立之前，敦煌学研究停滞不前；1979年之后，由于中国敦煌吐鲁番学会的成立，中国学术界有计划地进行敦煌学研究，也是敦煌学发展最快、成绩最大的阶段。目前随着国家“一带一路”倡议的提出，作为丝路明珠的敦煌必将焕发出新的光彩。新时期的敦煌学在学术视野、研究内容拓展、学科交叉、研究方法和人才培养等诸多方面都面临一系列问题，我们将之归纳如下：

第一，敦煌文献资料的刊布和研究稳步进行。目前完成了俄藏、英藏、法藏以及甘肃藏、上博藏、天津艺博藏敦煌文献的刊布，展开了敦煌藏文文献的整理研究，再一次掀起了敦煌文献研究的热潮，推动了敦煌学研究的新进展。敦煌文献整理研究上，郝春文的英藏敦煌文献汉文非佛经部分辑录校勘工作已经出版了十五册，尽管敦煌学界对其录文格式提出不同看法，但不可否认这是敦煌学界水平最高的校勘，对敦煌学的研究起了很大的作用。其次有敦煌经部、史部、子部文献整理和俄藏敦煌文献的整理正在有序进行。专题文献整理研究工作也出现成果，如关于敦煌写本解梦书、相书的整理研究，郑炳林、王晶波在黄正建先生的研究基础上已经有了很大进展，即将整理完成的还有敦煌占卜文献合集、敦煌类书合集等。文献编目工作有了很大进展，编撰《海内外所藏敦煌文献联合总目》也有了初步的可能。施萍婷先生的《敦煌遗书总目索引新编》在王重民先生目录的基础上，增补了许多内容。荣新江先生的《海外敦煌吐鲁番文献知见录》《英国国家图书馆藏敦煌汉文非佛经文献残卷目录（6981—13624）》为进一步编撰联合总目做了基础性工作。在已有可能全面认识藏经洞所藏敦煌文献的基础上，学术界对藏经洞性质的讨论也趋于理性和全面，基本上认为它是三界寺的藏书库。特别应当引起我们注意的是，甘肃藏敦煌藏文文献的整理研究工作逐渐开展起来，甘肃藏敦煌藏文文献一万余卷，分别收藏于甘肃省图书馆、甘肃省博物馆、酒泉市博物馆、敦煌市博物馆、敦煌研究院等单位，对这些单位收藏的敦煌藏文文献的编目定名工作已经有了一些新的进展，刊布了敦煌市档案局、甘肃省博物馆藏品，即将刊布的有敦煌市博物馆、甘肃省博物馆藏品目录，这些成果会对敦煌学研究产生很大推动作用。在少数民族文献的整理研究上还有杨富学《回鹘文献与回鹘文化》，这一研究成果填补了回鹘历史文化研究的空白，推动了敦煌民族史研究的进展。在敦煌文献的整理研究中有很多新成果和新发现，如唐代著名佛经翻译家义净和尚的《西方记》残卷，就收藏在俄藏敦煌文献中，由此我们可以知道义净和尚在印度巡礼的情况和遗迹；其次对《张议潮处置凉州进表》拼接复原的研究，证实敦煌文献的残缺不但是在流散中形成的，而且在唐五代的收藏中为修补佛经就已经对其进行分割，这个研究引起了日本著名敦煌学家池田温先生的高度重视。应当说敦煌各类文献的整理研究都有类似的发现和研究成果。敦煌学论著的出版出现了一种新的动向，试图对敦煌学进行总结性的出版计划正在实施，如2000年甘肃文化出版社出版的《敦煌学百年文库》、甘肃教育出版社出版的“敦煌学研究”丛书，但都没有达到应有的目的，所以目前还没有一部研究丛书能够反映敦煌学研究的整个进展情况。随着敦煌文献的全部影印刊布和陆续进行的释录工作，将敦煌文献研究与西域出土文献、敦煌汉简、黑水城文献及丝绸之路石窟等有机结合起来，进一步拓展敦煌学研究的领域，才能促生标志性的研究成果。

第二，敦煌史地研究成果突出。敦煌文献主要是归义军时期的文献档案，反映当时敦煌政治经济文化宗教状况，因此研究敦煌学首先是对敦煌历史特别是归义军历史的研究。前辈学者围绕这一领域做了大量工作，20世纪的最后二十年间成果很多，如荣新江的《归义军史研究》等。近年来敦煌历史研究围绕归义军史研究推出了一批显著的研究成果。在政治关系方面有冯培红、荣新江同志关于曹氏归义军族属研究，以往认为曹氏归义军政权是汉族所建，经过他们的详细考证认为曹议金属于敦煌粟特人的后裔，这是目前归义军史研究的最大进展。在敦煌粟特人研究方面，池田温先生认为敦煌地区的粟特人从吐蕃占领之后大部分闯到粟特和回鹘地区，少部分成为寺院的寺户，经过兰州大学各位学者的研究，认为归义军时期敦煌地区的粟特人并没有外迁，还生活在敦煌地区，吐蕃时期属于丝棉部落和行人部落，归义军时期保留有粟特人建立的村庄聚落，祆教赛神非常流行并逐渐成为官府行为，由蕃部落使来集中管理，粟特人与敦煌地区汉族大姓结成婚姻联盟，联合推翻吐蕃统治并建立归义军政权，担任了归义军政权的各级官吏。这一研究成果得到学术界的普遍认同。归义军职官制度是唐代藩镇缩影，归义军职官制度的研究实际上是唐代藩镇个案研究范例，我们对归义军职官制度的探讨，有益于这个问题的解决。归义军的妇女和婚姻问题研究交织在一起，归义军政权是在四面六蕃围的情况下建立的一个区域性政权，因此从一开始建立就注意将敦煌各个民族及大姓团结起来，借助的方式就是婚姻关系，婚姻与归义军政治关系密切，处理好婚姻关系归义军政权发展就顺利，反之就衰落。所以，归义军政权不但通过联姻加强了与粟特人的关系，得到了敦煌粟特人的全力支持，而且用多妻制的方式建立了与各个大姓之间的血缘关系，得到他们的扶持。在敦煌区域经济与历史地理研究上，搞清楚了归义军疆域政区演变以及市场外来商品和交换中的等价物，探讨出晚唐五代敦煌是一个国际性的商业都会城市，商品来自内地及其中亚南亚和东罗马等地，商人以粟特人为主并有印度、波斯等世界各地的商人云集敦煌，货币以金银和丝绸为主，特别值得我们注意的是棉花种植问题，敦煌与高昌气候条件基本相同，民族成分相近，交往密切，高昌地区从汉代开始种植棉花，但是敦煌到五代时仍没有种植。经研究，晚唐五代敦煌地区已经开始种植棉花，并将棉花作为政府税收的对象加以征收，证实棉花北传路线进展虽然缓慢但并没有停止。归义军佛教史的研究逐渐展开，目前在归义军政权的佛教关系、晚唐五代敦煌佛教教团的清规戒律、科罚制度、藏经状况、发展特点、民间信仰等方面进行多方研究，出产了一批研究成果，得到学术界高度关注。这些研究成果主要体现在《敦煌归义军史专题研究续编》《敦煌归义军史专题研究三编》和《敦煌归义军史专题研究四编》中。如果今后归义军史的研究有新的突破，主要体现在佛教等研究点上。

第三，丝绸之路也可以称之为艺术之路，景教艺术因景教而传入，中世纪西方艺术风格随着中亚艺术风格一起传入中国，并影响了中古时期中国社会生活的方方面面。中国的汉文化和艺术也流传到西域地区，对西域地区产生巨大影响。如孝道思想和艺术、西王母和伏羲女娲传说和艺术等。通过这条道路，产生于印度的天竺乐和中亚的康国乐、安国乐和新疆地区龟兹乐、疏勒乐、高昌乐等音乐舞蹈也传入中国，迅速在中国传播开来。由外来音乐舞蹈和中国古代清乐融合而产生的西凉乐，成为中古中国乐舞的重要组成部分，推进了中国音乐舞蹈的发展。佛教艺术进入中原之后，形成自己的特色又回传到河西、敦煌及西域地区。丝绸之路上石窟众多，佛教艺术各有特色，著名的有麦积山石窟、北石窟、南石窟、大象山石窟、水帘洞石窟、炳灵寺石窟、天梯山石窟、马蹄寺石窟、金塔寺石窟、文殊山石窟、榆林窟、莫高窟、西千佛洞等。袄教艺术通过粟特人的墓葬石刻表现出来并保留下来，沿着丝绸之路和中原商业城市分布。所以将丝绸之路称之为艺术之路，一点也不为过，更能体现其特色。丝绸之路石窟艺术研究虽已经有近百年的历史，但是制约其发展的因素并没有多大改善，即石窟艺术资料刊布不足，除了敦煌石窟之外，其他石窟艺术资料没有完整系统地刊布，麦积山石窟、炳灵寺石窟、榆林窟等只有一册图版，北石窟、南石窟、拉梢寺石窟、马蹄寺石窟、文殊山石窟等几乎没有一个完整的介绍，所以刊布一个完整系统的图册是学术界迫切需要。敦煌是丝绸之路上的一颗明珠，敦煌石窟在中国石窟和世界石窟上也有着特殊的地位，敦煌石窟艺术是中外文化交融和碰撞的结果。在敦煌佛教艺术中有从西域传入的内容和风格，但更丰富的是从中原地区传入的佛教内容和风格。佛教进入中国之后，在中国化过程中产生很多新的内容，如报恩经经变和报父母恩重经变，以及十王经变图等，是佛教壁画的新增内容。对敦煌石窟进行深入的研究，必将对整个石窟佛教艺术的研究起到推动作用。20世纪敦煌石窟研究的专家特别是敦煌研究院的专家做了大量的工作，特别是在敦煌石窟基本资料的介绍、壁画内容的释读和分类研究等基本研究上，做出很大贡献，成果突出。佛教石窟是由彩塑、壁画和建筑三位一体构成的艺术组合整体，其内容和形式，深受当时、当地的佛教思想、佛教信仰、艺术传统和审美观的影响。过去对壁画内容释读研究较多，但对敦煌石窟整体进行综合研究以及石窟艺术同敦煌文献的结合研究还不够。关于这方面的研究工作，兰州大学敦煌学研究所编辑出版了一套“敦煌与丝绸之路石窟艺术”丛书，比较完整地刊布了这方面的研究成果，目前完成了第一辑20册。

第四，敦煌学研究领域的开拓。敦煌学是一门以地名命名的学科，研究对象以敦煌文献和敦煌壁画为主。随着敦煌学研究的不断深入，敦煌学与相邻研究领域的关系越来越密切，这就要求敦煌学将自身的研究领域不断扩大，以适应敦煌学发展的需要。从敦煌石窟艺术上看，敦煌学研究对象与中古丝绸之路石窟艺术密切相关，血肉相连。敦煌石窟艺术与中原地区石窟如云冈石窟、龙门石窟、大足石窟乃至中亚石窟等关系密切。因此敦煌学要取得新的突破性进展，就要和其他石窟艺术研究有机结合起来。敦煌石窟艺术与中古石窟艺术关系密切，但是研究显然很不平衡，如甘肃地区除了敦煌石窟外，其他石窟研究无论是深度还是广度都还不够，因此这些石窟的研究前景非常好，只要投入一定的人力物力就会取得很大的突破和成果。2000年以来敦煌学界召开了一系列学术会议，这些学术会议集中反映敦煌学界的未来发展趋势，一是石窟艺术研究与敦煌文献研究的有力结合，二是敦煌石窟艺术与其他石窟艺术研究的结合。敦煌学研究与西域史、中外关系史、中古民族关系史、唐史研究存在内在联系，因此敦煌学界在研究敦煌学时，在关注敦煌学新的突破性进展的同时，非常关注相邻学科研究的新进展和新发现。如考古学的新发现，近年来考古学界在西安、太原、固原等地发现很多粟特人墓葬，出土了很多珍贵的文物，对研究粟特人提供了新的资料，也提出了新问题。2004 年、2014 年两次“粟特人在中国”学术研讨会，反映了一个新的学术研究趋势，敦煌学已经形成多学科交叉研究的新局面。目前的丝绸之路研究，就是将敦煌学研究沿着丝绸之路推动到古代文明研究的各个领域，不仅仅是一个学术视野的拓展，而且是研究领域的拓展。

第五，敦煌学学科建设和人才培养得到新发展。敦煌学的发展关键是人才培养和学科建设，早在 1983 年中国敦煌吐鲁番学会成立初期，老一代敦煌学家季羡林、姜亮夫、唐长孺等就非常注意人才培养问题，在兰州大学和杭州大学举办两期敦煌学讲习班，并在兰州大学设立敦煌学硕士学位点。近年来，敦煌学学科建设得到了充分发展，1998 年兰州大学与敦煌研究院联合共建敦煌学博士学位授权点，1999 年兰州大学与敦煌研究院共建成教育部敦煌学重点研究基地，2003 年人事部博士后科研流动站设立，这些都是敦煌学人才建设中的突破性发展，特别是兰州大学将敦煌学重点研究列入国家 985 计划建设平台——敦煌学创新基地得到国家财政部、教育部和学校的 1000 万经费支持，将在资料建设和学术研究上以国际研究中心为目标进行重建，为敦煌学重点研究基地走向国际创造物质基础。同时国家也在敦煌研究院加大资金和人力投入，经过学术队伍的整合和科研项目带动，敦煌学研究呈现出一个新的发展态势。随着国家资助力度的加大，敦煌学发展的步伐也随之加大。甘肃敦煌学发展逐渐与东部地区研究拉平，部分领域超过东部地区，与国外交流合作不断加强，研究水平不断提高，研究领域逐渐得到拓展。研究生的培养由单一模式向复合型模式过渡，研究生从事领域也由以前的历史文献学逐渐向宗教学、文学、文字学、艺术史等研究领域拓展，特别是为国外培养的一批青年敦煌学家也崭露头角，成果显著。我们相信在国家和学校的支持下，敦煌学重点研究基地一定会成为敦煌学的人才培养、学术研究、信息资料和国际交流中心。在2008年兰州“中国敦煌吐鲁番学会”年会上，马世长、徐自强提出在兰州大学建立中国石窟研究基地，因各种原因没有实现，但是这个建议是非常有意义的，很有前瞻性。当然敦煌学在学科建设和人才培养中也存在问题，如教材建设就远远跟不上需要，综合培养中缺乏一定的协调。在国家新的“双一流”建设中，敦煌学和民族学牵头的敦煌丝路文明与西北民族社会学科群成功入选，是兰州大学敦煌学研究发展遇到的又一个契机，相信敦煌学在这个机遇中会得到巨大的发展。

第六，敦煌是丝绸之路上的一颗明珠，敦煌与吐鲁番、龟兹、于阗、黑水城一样出土了大量的文物资料，留下了很多文化遗迹，对于我们了解古代丝绸之路文明非常珍贵。在张骞出使西域之前，敦煌就是丝绸之路必经之地，它同河西、罗布泊、昆仑山等因中外交通而名留史籍。汉唐以来敦煌出土简牍、文书，保留下来的石窟和遗迹，是我们研究和揭示古代文明交往的珍贵资料，通过研究我们可以得知丝绸之路上文明交往的轨迹和方式。因此无论从哪个角度分析，敦煌学研究就是丝绸之路文明的研究，而且是丝绸之路文明研究的核心。古代敦煌为中外文化交流做出了巨大的贡献，在今天也必将为“一带一路”的研究做出更大的贡献。

由兰州大学敦煌学研究所资助出版的《敦煌与丝绸之路研究丛书》，囊括了兰州大学敦煌学研究所这个群体二十年来的研究成果，尽管这个群体经历了很多磨难和洗礼，但仍然是敦煌学研究规模最大的群体，也是敦煌学研究成果最多的群体。目前，敦煌学研究所将研究领域往西域中亚与丝绸之路方面拓展，很多成果也展现了这方面的最新研究水平。我们将这些研究成果结集出版，一方面将这个研究群体介绍给学术界，引起学者关注；另一方面这个群体基本上都是我们培养出来的，我们有责任和义务督促他们不断进行研究，力争研究出新的成果，使他们成长为敦煌学界的优秀专家。

郑炳林

目 录

绪 论

第一节 学术史的回顾与反思

19世纪末20世纪初外国探险家在中国西北的考察，素来不乏前贤时彦的关注，相关论著堪称宏富。奥登堡作为近代敦煌文物的重要劫掠者之一，学界相关论述较为丰富。因此笔者在展开学术史回溯时，以个人的耳闻目见，难免有挂一漏万之虞，且牵涉线索众多，恐难以面面俱到。本书主要运用人物史与考察史相结合的研究方法，通过俄文新史料，探究19世纪末20世纪初奥登堡的生平际遇及其两次中国西北考察的内情和细节。因此本书在学术史回顾部分，采取以时间为导向的回溯方式，主要围绕俄罗斯、中国、日本等国的研究状况展开论述。在很大程度上，各国学者对奥登堡及其两次中国西北考察的研究，均受到俄方资料刊布、研究状况的影响，因此本书对俄国部分的研究史梳理相对最为详细，中国部分次之，而日本等国学者的研究限于学力，只简要涉及。

笔者试图在现代学术演变的脉络下，对以往的研究方法与分析范式加以梳理，并结合前人研究，提出自己的思考。对于确实难以覆盖其中，但与本书研究内容相关的学术成果，则在具体的论述分析中加以引证。

（一）俄国有关奥登堡研究状况

奥登堡之于俄国，[①]不仅是中亚探险家、俄藏敦煌文献搜集者，还是东方学家、印度学家、佛教文化与文本学方面的专家、俄国人种学学派创始人之一、20 世纪初俄国科学院重要领导人等。奥登堡的两次中国西北考察只是其众多经历中的一笔。

为清晰地展现俄国学者有关奥登堡研究的脉络，本书在梳理俄国有关奥登堡的研究状况时，将其分为奥登堡本人、两次考察、考察所获文物三个方面。整体而言，无论是苏联时期，还是苏联解体后的俄罗斯联邦时期，俄国学者对奥登堡本人及其考察所获文物的研究是主线，对其两次中国西北考察活动的研究相对较少、较粗略，且一定程度上受主线影响。

1. 对于奥登堡本人的研究

奥登堡是国际著名学者，东方学家、佛教文化与文本学方面的专家，在梵文写本、印度神话方面成绩斐然。1904 年当选为俄国科学院常务秘书后，奥登堡逐渐从学者转型为科学院领导人，在任期间虽历经数次政变，但仍保持了科学院在俄国的领先地位，是俄国科学院历史上著名的领导人之一。

俄国学界对奥登堡的研究大致可以分为四个阶段：第一个阶段是 20 世纪 30 年代初期至后半期，苏联学者开始对奥登堡进行研究，这也是奥登堡研究的发轫期；第二个阶段是 20 世纪 30 年代后半期至 20 世纪 50 年代中期，由于苏联国内的“大清洗”运动，这一时期与奥

① 本书所涉“俄国”，如无特别说明，则为广义上的“俄国”，时间跨度为16世纪中期至今，包括俄罗斯帝国时期、苏联时期和现在的俄罗斯联邦时期。

登堡相关的著述都很难通过审核，奥登堡的名字几乎不见于公开发表的论著中，[①]这一阶段是奥登堡研究的空白期；第三个阶段是20世纪50年代中后期至20世纪90年代，这一时期苏联当局对部分知识分子进行了名誉恢复，且1987年前后，当局公开了科学院档案馆保存的东方学家资料，使得奥登堡研究迎来了新转机，这一时期是奥登堡研究的过渡发展期；第四个阶段是20世纪90年代初至今，这一时期随着国际敦煌学的兴盛发展、共建"一带一路"的提出及推广，奥登堡相关研究也愈加丰富，研究视角也更为多元化，这一时期是奥登堡研究的繁荣发展期。

（1）第一阶段：20世纪30年代初期至后半期（发轫期）

这一时期以1934年出版的《谢尔盖·费多罗维奇·奥登堡科研五十载纪念文集1882–1932年（Сергею Федоровичу Ольденбургу к пятилетию научно-общественной деятельности 1882-1932：Сборник статей）》[②]为代表。《谢尔盖·费多罗维奇·奥登堡科研五十载纪念文集1882—1932》由苏联著名东方学家、科学院院士И.Ю. 克拉奇科夫斯基（И.Ю.Крачковский，1883—1951）、苏联文艺学家、科学院院士А.С. 奥尔洛夫（А.С.Орлов，1871—1947）等人主编，收录有奥登堡好友Н.Я. 马尔（Н.Я.Марр，1864—1934）《С.Ф. 奥登堡院士与文化遗产问题（Академик С.Ф.Ольденбург и проблема культурного

① Каганович Б.С. Сергей Фёдорович Ольденбург: Опыт биографии. Санкт-Петербург: Нестор-История, 2013.С.3.

② Крачковский И.Ю. ит. Ред. Сергею Федоровичу Ольденбургу к пятилетию научно-общественной деятельности 1882-1932: Сборник статей. Ленинград: Издательство Академии наук СССР, 1934.

наследия)》[①]、Ф.И. 谢尔巴茨科依(Ф.И.Щербатской，1866—1942)《印度学家 С.Ф. 奥登堡（С.Ф.Ольденбург как индианист)》[②]、М.К. 阿扎多夫斯基（М.К.Азадовский，1888—1954)《С.Ф. 奥登堡与俄国民俗学（С.Ф.Ольденбург и русская фольклористика)》[③]等人的文章，分别从奥登堡作为学者、作为印度学家、作为民俗学家等方面对其所作的贡献进行了论述。

奥登堡于 1934 年 2 月 28 日去世后，其同事、好友纷纷发文追悼。其中比较有代表性的有以下论述：著名汉学家和翻译家 В.М. 阿列克谢耶夫院士（В.М.Алексеев，1881—1951)《谢尔盖·费多罗维奇·奥登堡——我辈东方学家的领导者和组织者（Сергей Федорович Ольденбург как организатор и руководитель наших ориенталистов)》[④]、东方学家 А.Н. 萨迈拉维夫（А.Н.Самойлавив，1880—1938)《С.Ф. 奥登堡院士科研工作五十载（Пятьдесят лет научной работы акад. С.Ф.Ольденбурга)》[⑤]、民族学家 Д.К. 泽列宁 (Д.К.Зеленин，1878—1954)《苏联科学院东方学研究所所长 С.Ф. 奥登堡

---

① Марр Н.Я. Академик С.Ф. Ольденбург и проблема культурного наследия // Сергею Федоровичу Ольденбургу к 50-летию научно-общественной деятельности 1882-1932: Сборник статей. Ленинград: Издательство Академии наук СССР, 1934. С.5-14.

② Щербатской Ф.И. С.Ф. Ольденбург как индианист // Сергею Федоровичу Ольденбургу к 50-летию научно-общественной деятельности 1882-1932: Сборник статей. Ленинград: Издательство Академии наук СССР, 1934. С. 15-24.

③ Азадовский М.К. С.Ф.Ольденбург и русская фольклористика // Сергею Федоровичу Ольденбургу к 50-летию научно-общественной деятельности 1882-1932: Сборник статей. Ленинград: Издательство Академии наук СССР, 1934. С.25-35.

④ Алексеев В. М. Сергей Федорович Ольденбург как организатор и руководитель наших ориенталистов // Записки Института востоковедения Академии наук СССР. IV. Л.: Издательство Академии наук СССР, 1935. С.31-57.

⑤ Самойловив А.Н. Академик С.Ф.Ольденбург как директор Института востоковедения АН СССР // Записки ИВАН. 1935. Т. IV. С.7-12.

院士（Академик С.Ф.Ольденбург как директор Института востоковедения АН СССР）》[①]、历史学家 А.Ю. 雅库鲍夫斯基（А.Ю.Якубовский，1886—1953）《忆 С.Ф. 奥登堡（Памяти С.Ф.Ольденбурга）》[②]、藏学家 А.И. 沃斯特里科夫（А.И.Востриков，1902—1937）《С.Ф. 奥登堡与西藏研究（С.Ф.Ольденбург и изучение Тибета）》[③]等。

整体而言，这一阶段对于奥登堡的论述主要集中在对其学术贡献、工作能力方面，以纪念文集和追悼文章为主，一定程度上来说溢美之词较多，不够客观。

（2）第二阶段：20 世纪 30 年代后半期至 20 世纪 50 年代中期（空白期）

这一时期在苏联爆发了大清洗运动。由于奥登堡是立宪民主党著名代表人物，并担任过临时政府国民教育部部长等因素，对于斯大林时代而言，奥登堡首先是有着世界主义色彩的资产阶级自由党人，因此奥登堡的名字几乎不见于这一时期公开发表的论著中。[④]在奥登堡去世后的十数年里，其生前准备好待刊印的论著也一直未能刊布出来。

（3）第三阶段：20 世纪 50 年代中后期至 20 世纪 90 年代（过渡发展期）

20 世纪 50 年代中期，斯大林去世，赫鲁晓夫上任后实施去斯大林化政策，苏联当局开始对部分人进行名誉恢复，奥登堡也恢复

① Зеленин Д.К. Пятьдесят лет научной работы акад. С.Ф.Ольденбурга // Советская этнография. 1933. С.9-14.

② Якубовский А.Ю. Памяти С.Ф.Ольденбурга // Проблемы истории докапиталистических обществ. 1934. № 3. С.100-105.

③ Востриков А.И. С.Ф.Ольденбург и изучение Тибета // Записки ИВАН. 1935. Т. IV. С. 59-81.

④ Каганович Б.С. Сергей Фёдорович Ольденбург. Опыт биографии. Санкт-Петербург: Нестор-История, 2013.С.3.

了名誉。

20世纪50年代末至20世纪60年代初，奥登堡敦煌考察所获写本也再次引起了俄国学者的重视。列宁格勒的汉学家们在深入研究奥登堡从敦煌带回的汉文写本之余，还试图重新整理奥登堡19世纪末发起和主持出版的《佛教文库·佛经原文及译文总集（Bibliotheca Buddhica. Собрание оригинальных и переводных буддийских текстов）》（以下简称《佛教文库》）系列丛书。这时奥登堡的名字重新出现在了苏联东方学和科学院历史方面的学术著作中。[①]此外，这一时期，基于苏联当局对于奥登堡的"名誉恢复"，[②]官方还公布了他与列宁会面的相关资料。

1987年前后，随着苏联当局对部分档案资料的公布、对出版审核限制的放宽，奥登堡研究迎来了新的发展期。这一时期刊布出很多有关奥登堡学术科研、行政领导力、人际往来等方面的论述文章，例如：著名历史学家Г.М.邦加尔德–列温（Г.М.Бонгард-Левин，1933—2008）院士发表了有关奥登堡在印度学和佛学方面成果的数篇研究[③]、奥登堡与其同时代学者间交往的论述[④]；В.М.阿列克谢耶夫（В.М.Алексеев，1881—1951）院士的女儿М.В.班科夫斯基

① Кальянов В.И. Академик С.Ф. Ольденбург как ученый и общественный деятель // ВАН. 1982. № 10. С. 97-106.

② Две встречи（Воспоминания академика С.Ф.Ольденбурга о встречах с В.И. Лениным в 1891 и 1921 гг.）// Ленин и Академия наук: Сб. документов. М., 1969. С. 88-93.

③ Бонгард-Левин Г.М. С.Ф.Ольденбург как индолог и буддолог // ВАН. 1984. № 9. С. 118-127; Индологическое и буддологическое наследие С.Ф.Ольденбурга // Сергей Федорович Ольденбург: Сб. М.: Наука, 1986. С. 29-47.

④ Бонгард-Левин Г.М. « Друг, посмотри...» // Древнейшие государства на территории СССР. 1987. М., 1989. С.215-226; Академик С.Ф.Ольденбург о поэзии К.Бальмонта // Восточная Европа в исторической ретроспективе: Сб. ст. к 80-летию В.Т.Пашуто. М., 1999. С.35-41.

（М.В.Баньковский）于 1981 年发表了《В.М. 阿列克谢耶夫与 С.Ф. 奥登堡（В.М.Алексеев и С.Ф.Ольденбург）》一文，叙述父亲阿列克谢耶夫与奥登堡之间的友谊，[①]是 М.В. 班科夫斯基对父辈友情的追忆。1986 年出版的《谢尔盖·费多罗维奇·奥登堡论文集（Сергей Федорович Ольденбург）》，[②]是对奥登堡逝世五十周年的纪念，也是这一时期奥登堡研究的代表作。该论文集中涉及对奥登堡的学术思想、行政能力、中国西北考察等方面的论述，并附录其作品详尽目录，[③]同时该论文集中还包含一些半官方性质的文章。[④]

整体而言，这一阶段随着苏联国内政治环境的宽松，奥登堡相关研究增多，虽然仍以论文集为主，但要比前两个阶段的论述更为客观。

（4）第四阶段：20 世纪 90 年代初期至今（繁荣发展期）

20 世纪 90 年代初苏联解体，俄罗斯进入联邦时期。同时，自 20 世纪 90 年代初期以来，随着国际敦煌学的兴盛发展、共建“一带一路”的提出及推广，与奥登堡相关的研究多了起来，研究视角也更为多元化，其中尤以纪念文集为代表。

自 20 世纪 90 年代开始，俄罗斯国内刊布了很多有关科学院方面

---

① Баньковская М.В. В.М.Алексеев и С.Ф.Ольденбург（В высказываниях и характеристиках）// Начало пути. М., 1981.

② Сергей Федорович Ольденбург: Сб. / Сост.: П.Е.Скачков, К.Л.Чижикова. М.: Наука, 1986.

③ Библиография трудов С.Ф.Ольденбурга / Сост.: П.Е.Скачков, К.Л.Чижикова // Сергей Федорович Ольденбург: Сб. М.: Наука, 1986. С.122-153.

④ Каганович Б.С. Сергей Фёдорович Ольденбург: Опыт биографии. Санкт-Петербург: Нестор-История, 2013.С. 4-5.

的论著，[①]其中有关苏联领导层的决策在科学领域中的公布尤为重要，[②]奥登堡的名字在这时也经常出现在苏联官方文件中。苏联解体后，有关奥登堡在十月革命期间对科学院发展做出的决策、[③]对奥登堡档案资料介绍[④]的论述陆续刊布,其中奥登堡的好友著名自然科学家B.И.维尔纳茨基（В.И.Вернадский，1863—1945）院士的日记、信函的公布，为奥登堡研究提供了原始档案史料。B.И.维尔纳茨基与奥登堡自大学相识，相交了半个多世纪，其日记、信函中揭示了奥登堡生活、工作中的一些重要事件，还有对奥登堡工作的评价。[⑤]此外，在著名阿拉伯学家И.Ю.克拉奇科夫斯基（И.Ю.Крачковский，1883—1951）院士的主持下，早在20世纪30年代 科学院就开始筹备出版

① Перченок Ф.Ф. Академия наук на «великом переломе» // Звенья: Исторический альманах. Т. 1. М., 1990. С.163- 238; Кольцов А.В. Выборы в Академию наук СССР в 1929 г. // ВИЕТ. 1990. № 3. С. 53-66; Партийное руководство Академией наук // Вестник РАН. 1994. № 11. С. 1033-1041; «Наше положение хуже каторжного» // Источник. 1996. № 3. С. 109-140; Сорокина М.Ю. «Придать... импозантный характер»（К истории 200-летнего юбилея Российской Академии наук）// Природа. 1999. № 12. С. 59-68; Тункина И.В. «Дело» академика Жебелева // Древний мир и мы. Вып. II. СПб., 2000. С. 116-161.

② Дело Академии наук 1929-1931 гг.: Документы и материалы следственного дела, сфабрикованного ОГПУ. Вып. 1-2. СПб., 1993-1998 （оба тома снабжены обширными вступительными статьями Б.В. Ананьича, В.М. Панеяха и А.Н. Цамутали）; Академия наук в решениях Политбюро ЦК ВКП（б）. 1922-1952 / Сост. В.Д. Есаков. М., 2000.

③ Серебряков И. Без ответа // Огонек. 1989. №19. С. 18-19; Непременный секретарь –заступник и хранитель Академии / Публ. и комм. М.А.Сидорова // Вестник РАН. 1993. №4. С. 358-372.

④ Ольденбург Е.Г. Из дневниковых записей （1925-1930） / Публ. М.А. Сидорова и Ю.И.Соловьева// Журнал. 1994. №7. С. 638-649; «Молчать долее нельзя» （Из эпистолярного наследия академика С.Ф.Ольденбурга） / Публ. М.Ю.Сорокиной // ВИЕТ. 1995. №3. С. 109-119; Каганович Б.С. Академия наук в 1920-е гг. по материалам архива С.Ф.Ольденбурга// Звезда. 1994. №12. С. 124-144.

⑤ Вернадский В.И. Дневники. 1917-1921 / Публ. и комм. М.Ю.Сорокиной и др. Кн. 1-2. Киев, 1994-1997; Дневники. 1921-1925 / Подгот. к печ. В.П. Волков. М., 1998; Дневники. 1926-1934 / Подгот. к печ. В.П. Волков. М., 2001; Пять вольных писем В.И. Вернадского сыну / Публ. К.К.Минувшее: Исторический альманах. Вып. 7. Париж, 1989. С. 424-450.

的奥登堡印度学方面的著述，如《印度文化（Культура Индии）》[①]于1991年出版。这一时期还刊布了奥登堡与其同时代学者间往来联系方面的一些论述，如奥登堡与其同时代著名诗人勃洛克（А.А.Блок，1880—1921）交往联系的研究文章[②]、А.А. 维加辛（А.А.Вигасин，1946— ）等人于2004年刊布的奥登堡与老师В.Р. 罗森（В.Р.Розен，1849—1908）在1887—1907年的研究论著，[③]这对于梳理研究奥登堡的学术思想脉络极为重要。

目前所见俄罗斯国内关于奥登堡生活和工作较为全面的学术传记，是历史学者Б.С. 卡冈诺维奇（Б.С.Каганович，1952— ）于2006年出版、2013年再版的《谢尔盖·费多罗维奇·奥登堡传记（Сергей Федорович Ольденбург: Опыт биографии）》[④]（以下简称《奥登堡传记》）。该传记将奥登堡生平按时间段划分为八个部分：传记开端（1863—1890）、大学与科学院时期（1890—1904）、帝国科学院常务秘书时期（1904—1916）、革命与苏联初年（1917—1921）、家族往事（1922—1923）、科学院的权宜之计与苏联政权（1924—1928）、奥登堡科学院末期（1928—1929）、晚年（1930—1934）。全书基于奥登堡生前好友、同事Ф.И. 谢尔巴茨科依、В.М. 阿列克谢耶夫、И.Ю. 克拉奇科夫斯基、Н.Я. 马尔等人的回忆录、信函、纪念文章，

---

① Ольденбург С.Ф. Культура Индии / Изд. подгот. И.Д. Серебряков. М., 1991.

② Бонгард-Левин Г.М. «Двенадцать» А.Блока и «Мертвые» С.Ф.Ольденбурга // Бонгард-Левин Г.М. Из «Русской мысли». СПб., 2002. С. 13-28; Александр Блок и С.Ф.Ольденбург //Восток-Запад-Россия: Сб. ст. к 70-летию В.С.Мясникова. М., 2001. С. 231-249.

③ Вигасин А.А., Мишин Д.Е., Смилянская И.М. Переписка В.Р.Розена и С.Ф.Ольденбурга（1887-1907）//НаумкинВ.В. Ред. Неизвестные страницы отечественного востоковедения. Вып. 2. М., 2004. С.201-399.

④ Каганович Б.С. Сергей Фёдорович Ольденбург. Опыт биографии.Санкт-Петербург: Феникс,2006;Каганович Б.С.Сергей Фёдорович Ольденбург. Опыт биографии. Санкт-Петербург: Нестор-История,2013.

奥登堡遗孀叶连娜·格里高里耶夫娜·奥登堡（Елена Григорьевна Ольденбург，1875—1955）的日记、奥登堡孙女的回忆录，以及俄罗斯科学院东方文献研究所档案馆所藏奥登堡相关档案等资料，展现出奥登堡在沙俄末年、十月革命、苏联时期的活动轨迹，探究了奥登堡在各阶段的不同身份、角色，并且援引了不同人以不同视角对奥登堡的评价。

Б.С. 卡冈诺维奇所著《奥登堡传记》，基于大量珍贵史料，依照时间线，论述了奥登堡生平活动轨迹和贡献。该书的核心部分是奥登堡在科学院的生活与工作，占全书的 70% 以上。《奥登堡传记》内容非常翔实，是研究奥登堡必不可少的重要参考资料。书中使用的部分史料目前仍未公开，如奥登堡遗孀叶连娜的日记，至今仍未公开出版，还有一些史料或因年代久远，或因存于私人之手更是难以得见。因此，本书在梳理奥登堡早年经历时，多处援引了《奥登堡传记》中的相关资料。但是，卡冈诺维奇著述中对奥登堡的两次中国西北考察、考察所获文物与资料论述极其简略，仅寥寥数语。

2004 年，奥登堡去世 70 周年，俄罗斯学者 Г.М. 邦加德 – 莱温（Г.М.Бонгард-Левин，1933—2008）、М.И. 沃罗比约娃 – 捷霞托夫斯卡娅（М.И.Воробьева-Десятовская，1933—2021）、Э.Н. 乔姆金（Э.Н.Темкин，1928—2019）专门编辑出版了《中亚出土印度文字古文献（Памятники индийской письменности из Центральной Азии）》第三卷①，扉页上题有“献给杰出的中亚研究者谢尔盖·费多

① Памятники индийской письменности из Центральной Азии. Вып. 3. Издание текстов, исследование, перевод и комментарий Г.М.Бонгард-Левина, М.И.Воробьевой-Десятовской, Э.Н.Темкина. М.: Восточная литература, 2004.

罗维奇·奥登堡”，该书内容为奥登堡对一些最为古老的梵文文本的初步研究，以及对一些抄本和碎片的影印，等等。

2013 年是奥登堡 150 周年诞辰。同年 9 月，俄罗斯科学院与俄罗斯历史学会在圣彼得堡联合举办了名为“谢尔盖·费多罗维奇·奥登堡——学者和科研组织者”国际会议。俄罗斯科学院东方文献研究所圣彼得堡分所所长 И.Ф. 波波娃（И.Ф.Попова，1961— ），在纪念文章《纪念 С.Ф. 奥登堡诞辰 150 周年国际学术会议“谢尔盖·费多罗维奇·奥登堡——学者和科研组织者”》（«Сергей Федорович Ольденбург-ученый и организатор науки». Международная конференция, посвященная 150-летию со дня рождения академика С.Ф.Ольденбурга）中称奥登堡是“20 世纪上半叶俄罗斯科学院历史上最为重要的人物之一”[①]，可见奥登堡在俄国近代文化发展史上影响之大。

2016 年，俄罗斯东方文献研究所圣彼得堡分所与亚洲博物馆联合出版了奥登堡纪念文集《谢尔盖·费多罗维奇·奥登堡——学者和科研组织者（Сергей Федорович Ольденбург — ученый и организатор науки）》[②]，是 21 世纪具有代表性的关于奥登堡研究的专门论文集。该论文集中收录有 С.Л. 布尔米斯特罗夫（С.Л.Бурмистров，1976— ）《С.Ф. 奥登堡与俄国哲学：问题的提出（С.Ф.Ольденбург и

① Попова И.Ф. «Сергей Федорович Ольденбург–ученый и организатор науки». Международная конференция, посвященная 150-летию со дня рождения академика С.Ф.Ольденбурга // Письменные памятники Востока, 2（19）, 2013. С. 271-275.

② Сергей Федорович Ольденбург – ученый и организатор науки / Сост. и отв. ред. И.Ф.Попова. М.: Наука – Восточная литература, 2016.

русская философия: к постановке проблемы）》[①]、М.И. 沃罗比约娃—捷霞托夫斯卡娅《С.Ф. 奥登堡 —— 中亚佛教研究者（С.Ф.Ольденбург как исследователь буддийской культуры Центральной Азии）》[②]、В.К. 耶戈罗夫（В.К.Егоров，1947— ）《常务秘书（Непременность）》[③]、Б.С. 卡冈诺维奇《谢尔盖·费多罗维奇·奥登堡与尼古拉·雅科夫列维奇·马尔（Сергей Федорович Ольденбург и Николай Яковлевич Марр）》[④]、Ю.И. 米亚斯尼科夫（В.С.Мясников，1931— ）《С.Ф. 奥登堡与俄国科学院"黄金时代"（С.Ф.Ольденбург и《золотой век》Российской Академии наук）》[⑤]、И.Ф. 波波娃《С.Ф. 奥登堡在亚洲博物馆——科学院东方学研究所（С.Ф.Ольденбург в Азиатском Музее — Институте востоковедения АН）》[⑥]、И.В. 童金娜（И.В.Тункина，1960— ）《俄罗斯科学院档案馆藏 С.Ф. 奥登堡有关新疆研究之文献（Документы по изучению С.Ф.Ольденбургом Восточного

---

① Бурмистров С.Л. С.Ф.Ольденбург и русская философия: к постановке проблемы // Сергей Федорович Ольденбург – ученый и организатор науки / Сост. и отв. ред. И.Ф.Попова. М.: Наука – Восточная литература, 2016. С.10-24.

② Воробьева-Десятовская М.И. С.Ф.Ольденбург как исследователь буддийской культуры Центральной Азии // Сергей Федорович Ольденбург – ученый и организатор науки / Сост. и отв. ред. И.Ф.Попова. М.: Наука – Восточная литература, 2016. С.66-78.

③ Егоров В.К. Непременность // Сергей Федорович Ольденбург – ученый и организатор науки / Сост. и отв. ред. И.Ф.Попова. М.: Наука – Восточная литература, 2016. С.87-97.

④ Каганович Б.С. Сергей Федорович Ольденбург и Николай Яковлевич Марр// Сергей Федорович Ольденбург – ученый и организатор науки / Сост. и отв. ред. И.Ф.Попова. М.: Наука – Восточная литература, 2016. С. 136-151.

⑤ Мясников В.С. С.Ф.Ольденбург и«золотой век»Российской Академии наук // Сергей Федорович Ольденбург – ученый и организатор науки / Сост. и отв. ред. И.Ф.Попова. М.: Наука – Восточная литература, 2016. С. 217-226.

⑥ Попова И.Ф. С.Ф.Ольденбург в Азиатском Музее – Институте востоковедения АН // Сергей Федорович Ольденбург – ученый и организатор науки / Сост. и отв. ред. И.Ф.Попова. М.: Наука – Восточная литература, 2016. С.249-284.

Туркестана в Архиве Российской Академии наук)》[①]等文章，这些文章分别从奥登堡的学术观点与著作、行政领导工作、与友人间的往来情况、新疆考察等方面进行论述，追忆了奥登堡对俄国科学院和俄国学术领域的贡献。

这一阶段有关奥登堡的研究明显增多，但整体而言，仍是以纪念文集为主，专著方面仅有一本传记。

2. 对于奥登堡考察活动的研究

有关奥登堡两次考察活动的研究，自奥登堡1910年初结束新疆考察、1915年初结束敦煌考察回到俄国后，俄国国内就有相关论述发表，这比对奥登堡本人的研究开始得要早，但在当时引起的关注有限。而由于奥登堡本人忙于行政工作，科研时间有限，仅出版了新疆考察简报。到目前为止，奥登堡新疆考察的详细报告和敦煌考察的报告仍未出版。

1910年初，奥登堡结束新疆考察回到圣彼得堡，随后向俄国中亚和东亚研究委员会、俄国考古学会东方学分会做了关于考察成果的报告。关于奥登堡新疆考察，俄国方面仅刊布了考察简报[②]、七个星（Шикшин）佛寺遗址资料[③]，以及奥登堡[④]和考察队员杜金[⑤]（С.М.Дудин，1863—

① Тункина И.В. Документы по изучению С.Ф.Ольденбургом Восточного Туркестана в Архиве Российской Академии наук// Сергей Федорович Ольденбург – ученый и организатор науки / Сост. и отв. ред. И.Ф.Попова. М.: Наука – Восточная литература, 2016. С.313-347.

② Ольденбург С.Ф. Русская Туркестанская экспедиция 1909-1910 года / Краткий предварительный отчет, СПБ: Издание императорской Академии Наук. 1914.

③ Дьяконова Н.В. Шикшин. Материалы первой Русской Туркестанской экспедиции академика С.Ф.Ольденбурга. М.: Изд. фирма “Вост. лит.” РАН, 1995.

④ Ольденбург С.Ф. Доклад С.Ф.Ольденбурга на заседании ВОРАО 16 декабря 1910 г., ЗВОРАО, 1912（21）: 11-17; С.Ф.Ольденбург. Русские археологические исследования в Восточном Туркестане, Казанский музейный вестник. 1921（1-2）, С.27.

⑤［俄］С.М. 杜金著，何文津、方九忠译：《中国新疆的建筑遗址》，北京：中华书局，2006年。

1929）的几篇概述性质的小文章，详细的考察报告至今仍未刊布。

1915 年 4 月，奥登堡敦煌考察结束后回到彼得格勒，于 5 月 15 日和 6 月 2 日分别向俄国中亚和东亚研究委员会、俄国科学院历史语文部做了考察报告，介绍了敦煌考察经过、所获文物与资料，还展示了一些洞窟的照片。[①]俄国中亚和东亚研究委员会对于奥登堡敦煌考察的结果较为满意。为了使考察的成果为更多人所知，委员会委员和一些对此感兴趣的人士决定于 1915 年秋举办展会，委员会还在俄国地理学会的会刊上刊印出了考察的主要行进路线。[②]

20 世纪 20 年代，由于俄国国内形势严峻，直至 1934 年奥登堡去世，奥登堡相关考察材料都未能出版。这一时期，奥登堡发表了 3 篇有关敦煌考察的文章：1921 年发表的《俄国新疆考古研究（Русские археологические исследования в Восточном Туркестане）》[③]、1922 年发表的《千佛洞（Пещеры тысячи Будд）》[④]，以及 1925 年发表的《沙漠中的艺术（Искусство в пустыне）》[⑤]，介绍了他在 1914—1915 年敦煌考察的主要成果，并附有少量洞窟壁画的照片，上述 3 篇文章都是篇幅较短的介绍性文章。这之后至 20 世纪 80 年代末，由于苏联国内局势复杂，人们的注意力被转移，对于奥登堡考察活动的研究几乎是空白。

至 20 世纪 90 年代，随着国际敦煌学的进一步发展，奥登堡

---

① Каганович Б.С. Сергей Фёдорович Ольденбург. Опыт биографии. Санкт-Петербург: Нестор-История, 2013. С.56-57.

② Протоколы заседаний РКСА в историческом, археологическом и этнографическом отношении. 1915 год. Протокол № 3. Заседание2 мая. § 52. С.27.

③ Ольденбург С. Ф. Русские археологические исследования в Восточном Туркестане // Казанский музейный вестник. 1921. 1-2. С. 25-31.

④ Ольденбург С. Ф. Пещеры тысячи будд // Восток. № I. 1922.С. 57-66.

⑤ Ольденбург С. Ф. Искусство в пустыне // 30 дней. 1925. 1. С. 41-52.

敦煌考察受到了更多关注，相关研究也如雨后春笋般纷纷涌现，如 E.H. 乔姆金《S.F. 奥登堡——圣彼得堡新疆古代写本的搜集者和研究者（S.F.Oldenburg as founder and investigator of the St. Petersburg collection of ancient manuscripts from Eastern Turkestan）》[①]、Г.М. 邦加德 - 莱温等人《С.Ф. 奥登堡院士 —— 中亚古代文化研究者（Академик С.Ф.Ольденбург – исследователь древних культур Центральной Азии）》[②] 等。Н.Н. 纳济洛娃（Н.Н.Назирова，1936— ）《С.Ф. 奥登堡在新疆和中国西部的考察（档案资料概述）（С.Ф.Ольденбурга в Восточный Туркестан и Западный Китай［обзор архивных материалов］）》[③]、П.Е. 斯卡奇科夫（П.Е.Скачков，1892—1964）《1914—1915 年俄国新疆考察（Русская Туркестанская экспедиция 1914—1915 гг.）》[④]、Л.Н. 孟列夫（Л.Н.Меньшиков，1926—2005）《1914—1915 年俄国新疆考察资料研究（К изучению материалов Русской Туркестанской экспедиции 1914—1915 гг.）》[⑤]，是 20 世纪 80 年代末 90 年代初有关奥登堡两次考察研究最有代表性的文章。尤其是 Н.Н. 纳济洛娃的文章首次大量使用了奥登堡两次考察未公布的档

① Tyomkin E.N. S.F.Oldenburg as founder and investigator of the St. Petersburg collection of ancient manuscripts from Eastern Turkestan // Tocharian and Indo-European Studies. 1997. Vol. 7. P. 199-203.

② Бонгард-Левин Г. М., Воробьева-Десятовская М.И., Темкин Э. Н. Академик С.Ф.Ольденбург – исследователь древних культур Центральной Азии // Памятники индийской письменности из Центральной Азии / Изд. текста, исследование, пер. и комм. Г.М.Бонгард-Левина, М.И.Воробьевой-Десятовской и Э.Н.Темкина. Вып. 3. М., 2004. С. 14-33.

③ Назирова Н.Н. Экспедиции С.Ф.Ольденбурга в Восточный Туркестан и Западный Китай（обзор архивных материалов）// Восточный Туркестан и Средняя Азия в системе культур Древнего и Средневекового Востока / Под ред. Б.Литвинский. М: Наука.1986. С. 24-34.

④ Скачков П. Е. Русская Туркестанская экспедиция 1914-1915 гг. // Петербургское востоковедение. 1993. Вып. 4. С. 313-320.

⑤ Меньшиков Л.Н. К изучению материалов Русской Туркестанской экспедиции 1914-1915 гг. // Петербургское востоковедение. 1993. Вып. 4. С. 321-331.

案资料，意义重大。这一时期，另一具有代表性的论著是俄罗斯国立艾尔米塔什博物馆的研究员 Н.В. 佳科诺娃（Н.В.Дьяконова，1915—2013）1995 年出版的，奥登堡 1909—1910 年新疆考察时，自七个星佛寺遗址所获艺术品及考察资料的专著《七个星遗址——С.Ф. 奥登堡院士新疆考察资料（Шикшин. Материалы первой Русской Туркестанской экспедиции академика С.Ф.Ольденбурга）》[①]，该书后由艾尔米塔什博物馆研究员 К.Ф. 萨玛秀克（К.Ф.Самосюк，1938— ）重新整理、完善，2011 年由艾尔米塔什博物馆与西北民族大学、上海古籍出版社三方合作翻译出版。[②]

进入 21 世纪后，对于奥登堡两次考察的研究逐渐增多。2008 年是俄罗斯亚洲博物馆成立 190 周年，12 月 19 日，俄罗斯艾尔米塔什博物馆与俄罗斯科学院东方文献研究所联合举办了题为“千佛洞（Пещеры тысячи будд）”的展览。该展览还出版了论文集《千佛洞：丝绸之路上的俄国探险队——纪念亚洲博物馆成立 190 周年（Пещеры тысячи будд: Российские экспедиции на Шелковом пути: К 190-летию Азиатского музея）》[③]，该论文集从展品、俄国考察队 19 世纪末 20 世纪初对和田、库车、吐鲁番、敦煌等地区的考察与研究展开论述。2008 年，俄罗斯科学院东方文献研究所圣彼得堡分所所长 И.Ф. 波波娃主编出版了英俄双语论文集《19 世纪末 20 世纪初俄

① Дьяконова Н.В. Шикшин. Материалы первой Русской Туркестанской экспедиции академика С.Ф.Ольденбурга. 1909-1910. М.Изд. фирма “Вост. лит.” РАН, 1995.

② 俄罗斯艾尔米塔什博物馆、西北民族大学编：《俄藏锡克沁艺术品》，上海：上海古籍出版社，2011 年。

③ Пещеры тысячи будд: Российские экспедиции на Шелковом пути: К 190-летию Азиатского музея: каталог выставки/ науч. ред. О.П.Дешпанде; Государственный Эрмитаж; Институт восточных рукописей РАН. СПб.: Изд-во Гос. Эрмитажа, 2008.

国中亚考察（Российские экспедиции в Центральную Азию в конце XIX – начале XX века）》[①]，其中以 И.Ф. 波波娃《1909—1910 年 С.Ф. 奥登堡新疆考察（Первая Русская Туркестанская экспедиция С.Ф.Ольденбурга［1909-1910］）》[②]《1914—1915 年 С.Ф. 奥登堡敦煌考察（Вторая Русская Туркестанская экспедиция С.Ф.Ольденбура）》[③]为 21 世纪初俄罗斯有关奥登堡考察研究的代表性文章，文章中揭示了奥登堡两次考察的一些细节，如新疆考察的原本拟定路线、人员配置、行程安排、敦煌考察的预算等。

2010 年后，俄罗斯有关奥登堡两次考察的研究，主要为对馆藏档案史料的整理与刊布，如 М.Д. 布哈林（М.Д.Бухарин，1971— ）《俄罗斯科学院档案馆圣彼得堡分馆藏亚科夫致奥登堡信函（Письма А.А.Дьякова к С.Ф.Ольденбургу из собрания СПБФ АРАН）》[④]、М.Д. 布哈林与 И.В. 童金娜《俄罗斯科学院档案馆圣彼得堡分馆藏 С.М. 杜金致奥登堡俄国新疆考察信函（Русские Туркестанские экспедиции в письмах С.М.Дудина к С.Ф.Ольденбургу из собрания

---

① Российские экспедиции в Центральную Азию в конце XIX – начале XX века / Сборник статей. Под ред. И. Ф. Поповой. СПб.: издательство «Славия», 2008.

② Попова И.Ф. Первая Русская Туркестанская экспедиция С.Ф.Ольденбурга（1909-1910）// Российские экспедиции в Центральную Азию в конце XIX – начале XX века / Сборник статей. Под ред. И.Ф. Поповой. СПб.: Славия, 2008. С. 148-157.

③ Попова И.Ф. Вторая Русская Туркестанская экспедиция С.Ф.Ольденбура（1914-1915）// Российские экспедиции в Центральную Азию в конце XIX – начале XX века / Сборник статей. Под ред. И.Ф. Поповой. СПб.: Славия, 2008. С.158-175.

④ Бухарин М. Д. Письма А.А.Дьякова к С.Ф.Ольденбургу из собрания СПБФ АРАН // Вестник истории, литературы, искусства. 2013. № 9. С. 440-448.

Санкт-Петербургского филиала архива РАН)》[①]、И.В. 童金娜《俄罗斯科学院档案馆藏奥登堡新疆考察研究资料（Документы по изучению С.Ф.Ольденбургом Восточного Туркестана в Архиве Российской академии наук)》[②]，等等。其中比较有代表性的论述是 2017 年 И.В. 童金娜、М.Д. 布哈林发表的《奥登堡院士未公布的科学遗产(Неизданное научное наследие академика С.Ф.Ольденбурга)》[③]，论述了奥登堡两次考察中考察队的日记、照片、往来信函等尚未公布的档案资料的收藏情况、部分档案内容，以及俄罗斯科学院档案馆、艾尔米塔什博物馆、人类学与民族学博物馆等有关机构整理公布相关档案资料的进展情况。

俄罗斯科学院档案馆圣彼得堡分馆馆长 И.В. 童金娜等，在 2013 年发表的文章《奥登堡院士未公布的科学遗产——纪念俄国新疆考察工作结束 100 周年（Неизданное Научное Наследие академика С.Ф.ОльдеНбурга – к 100-летию завершения работ русских Туркестанских экспедиций)》中指出："出版奥登堡院士档案资料是当代俄罗斯东方学

① Бухарин М. Д., Тункина И.В. Русские Туркестанские экспедиции в письмах С.М.Дудина к С.Ф.Ольденбургу из собрания Санкт-Петербургского филиала архива РАН // Восток（Oriens）. 2015. № 3.С. 107-128.

② Тункина И.В. Документы по изучению С. Ф. Ольденбургом Восточного Туркестана в Архиве Российской академии наук // С. Ф. Ольденбург – ученый и организатор науки / И. Ф. Попова（отв. ред.）. М., 2016. С. 313-348.

③ Тункина И.В., Бухарин М. Д. Неизданное научное наследие академика С.Ф.Ольденбурга（к 100-летию завершения работ Русских Туркестанских экспедиций）, Scripta antique. Вопросы древней истории, филологии, искусства и материальной культуры. Том VI. 2017. Москва: Собрание, 2017. С.491-513.

研究最为重要的科学任务之一。”[①]刊布相关考察资料是目前俄罗斯有关奥登堡中国西北考察研究的一大趋势。

近年来，俄罗斯有关机构开始系统刊布奥登堡考察的相关档案资料，使奥登堡两次中国西北考察的研究迎来了新转机，尤以俄罗斯科学院档案馆圣彼得堡分馆联合其他机构出版的系列丛书《19 世纪末至 20 世纪 30 年代新疆与蒙古研究史（Туркестан и Монголия. История изучения в конце XIX – первой трети XX века）》[②]为代表。

整体而言，俄国学界对奥登堡两次考察活动的研究，主要集中在论文集上，多是运用俄藏相关档案史料对奥登堡考察活动的局部论述，主要服务于丝绸之路、敦煌学研究。近年来整理、刊布 19 世纪末 20 世纪初俄国探险家中亚考察档案资料是目前国内外学界研究的一大趋势，这

① Тункина И.В., Бухарин М. Д. Неизданное Научное Наследие академика С.Ф.Ольдебурга – к 100-летию завершения работ русских Туркестанских экспедиций // Из истории науки. 2013. С. 491-513.

② Восточный Туркестан и Монголия. История изучения в конце XIX – первой трети XX века. Том I: Эпистолярные документы из архивов Российской академии наук и Турфанского собрания / Под ред. чл.-корр. РАН М. Д. Бухарина. М.: Памятники исторической мысли, 2018; Восточный Туркестан и Монголия. История изучения в конце XIX – первой трети XX века. Том II: Археологические, географические и исторические исследования / Под ред. чл.-корр. РАН М. Д. Бухарина. М.: Памятники исторической мысли, 2018; Восточный Туркестан и Монголия. История изучения в конце XIX – первой трети XX веков в документах из архивов Российской академии наук и «Турфанского собрания». Том III: Первая Русская Туркестанская Экспедиция 1909-1910 гг. академика С. Ф. Ольденбурга / Фотоархив из собрания Института восточных рукописей Российской академии наук / Под ред. М.Д. Бухарина. М.: Памятники исторической мысли, 2018; Восточный Туркестан и Монголия. История изучения в конце XIX – первой трети XX века. Том IV. Материалы Русских Туркестанских экспедиций 1909-1910 и 1914-1915 гг. академика С. Ф. Ольденбурга / Под общ. ред. М. Д. Бухарина, В.С. Мясникова, И.В. Тункиной. М.: «Индрик», 2020; Восточный Туркестан и Монголия. История изучения в конце XIX – первой трети XX века. Том V. Вторая Русская Туркестанская экспедиция 1914-1915 гг.: С.Ф. Ольденбург. Описание пещер Чан-фо-дуна близ Дунь-хуана / Под общ. ред. М. Д. Бухарина, М.Б. Пиотровского, И.В. Тункиной. - М.: «Индрик», 2020.

也为研究奥登堡等人中国西北考察活动提供了大量基础资料和新视角。

3. 对于奥登堡两次考察所获文物的研究

笔者在梳理俄国国内对于奥登堡两次考察所获文物的研究史时，发现这一部分与对奥登堡两次考察的一些研究有重叠，但考虑到奥登堡两次考察所获文物数量巨大且十分珍贵，又涉及俄国学者从苏联时期到今天俄罗斯联邦时期对这些文物的整理、研究、出版等工作，因此为了更清晰地展现俄国学者在这方面做出的重要工作，笔者将这一部分单独列出来。

奥登堡于1909年6月开始新疆考察，1910年3月结束考察回到圣彼得堡。据俄国中亚和东亚研究委员会1910年4月18日的会议记录："尽管考察组织前发生了各种困难，但是1909—1910年第一次俄国新疆考察仍取得了十分可观的成就，提供了有关真实的新疆中世纪艺术遗迹的丰富信息。"①

奥登堡新疆考察所获写本、艺术品，最初存放在人类学与民族学博物馆，并在这里进行了初步整理。1923年，国立艾尔米塔什博物馆要求科学院将这些文物转存到博物馆。后经苏联科学院、人类学与民族学博物馆代表组成的委员会最终决定，于1931—1932年将奥登堡新疆考察所获文物移存到了艾尔米塔什博物馆，1935年在这里曾展出了其中的部分文物。

奥登堡1914—1915年敦煌考察劫获了大量敦煌的文物、资料，使得俄罗斯成为当今世界四大敦煌文献收藏地之一。有关奥登堡敦煌考察所获文物、资料的研究，最早开始于1918年。这之后，由于国

① Н.В.Дьяконова, Шикшин. Материалы первой Русской Туркестанской экспедиции академика С.Ф.Ольденбурга. М.: Изд. фирма “Вост. лит.” РАН, 1995. С.10.

际局势变幻、苏联国内斗争，人们的注意力被转移，考察成果几被忽略，直到20世纪50年代中后期，苏联学者才重又投入俄藏敦煌文物的研究中。20世纪60年代，苏联向世界公布了其藏有大量敦煌文书的消息，奥登堡两次考察所获文物受到国际学界的关注，其中尤以敦煌文书最为引人瞩目。

苏联学者对奥登堡考察所获写本的研究开始于1918年。1918年，Ф.А.罗森堡（Ф.А.Розенберг，1867—1934）就奥登堡所获写本中的两件粟特文佛教文献残片发表了研究文章。[①]1919年8月24日（9月5日），[②]在彼得格勒举办了“首届佛教展”，展示了部分奥登堡敦煌考察所获文物。1922年，奥登堡本人发表了有关敦煌莫高窟的介绍性文章。[③]20世纪30年代，苏联学者开始对奥登堡所获敦煌文献进行整理编号、对考察资料进行释读誊抄，对奥登堡所获文物有了进一步关注，如С.Е.马洛夫（С.Е.Малов，1880—1957）发表了对藏品中的四件回鹘文律法文书的研究文章，[④]艾尔米塔什博物馆的研究员А.С.斯特列尔科夫（А.С.Стрелков，1896—1938）就藏品中的艺术品的出版做了很多工作，В.М.阿列克谢耶夫（В.М.Алексеев，1900—1944）首次对

① Rosenberg F. Deux fragments sogdien-bouddhiques du Ts’ein-fo-tong de Touen-houang（Mission S d’Oldenburg, 1914-1915）. I. Fragment d’unconte / / ИРАН. Сер. 6. Т. 12. 1918. С. 817-842.

② 旧俄历在19世纪比公历晚12天、20世纪比公历晚13天，俄国一直沿用旧历至1918年1月26日。本书在涉及旧俄历时间时，在括号中标注有公历时间。参见铁木尔·达瓦买提主编《中国少数民族文化大辞典》西北地区卷，北京：民族出版社，1999年，第91页。

③ Ольденбург С.Ф. Русские археологические исследования в Восточном Туркестане // Казанский музейный вестник. 1921. 1-2. С. 25-31；Пещеры тысячи будд // Восток. 1922. 1. С. 57-66.

④ Малов С.Е. Уйгурские рукописные документы экспедиции С.Ф. Ольденбурга // Записки ИВ АН. Вып.1. Л.,1932. С. 129-149.

奥登堡敦煌考察所获文物进行了编目，编写有部分写本清册。[①]

1938年春，根据奥登堡的遗孀叶连娜·奥登堡的申请，苏联科学院主席团对释读奥登堡1914—1915年敦煌考察中的通信笔记予以拨款支持。1940年11月末，奥登堡敦煌石窟笔记的出版准备工作全部完成。奥登堡敦煌石窟笔记被复印了三份，其中的两份装订后，一份保存在艾尔米塔什博物馆，一份保存在东方学研究所（后于1949年移交给了科学院档案馆），而附有Ф.И.谢尔巴茨科依注解的第三份，连同奥登堡的原稿笔记一同被叶连娜·奥登堡移交到当时的苏联科学院档案馆。[②]

20世纪30年代，对于奥登堡考察所获写本研究具有代表性的工作，除苏联科学院对奥登堡石窟笔记的整理释读外，还有苏联著名汉学家К.К.弗卢格（К.К.Флуг，1893—1942）对苏联藏敦煌汉文写卷的整理与研究。К.К.弗卢格整理编目有"Ф."（"弗卢格"俄文"Флуг"首字母）编号的357件与"Дх"（"敦煌"俄文音译"Дунь-хуан"首字母）编号的2000多件汉文写卷，其研究成果分为佛经和非佛经两部分。[③]遗憾的是，弗卢格于二战中不幸身亡，该项工作被迫中断。

20世纪40年代，由于第二次世界大战的进一步扩大，苏联民众更多地投入反法西斯的艰苦战斗和战后重建中，对于奥登堡考察所获

① ИВР РАН. Отдел рукописей и документов. Картотека архивных материалов. Арх. 71. Список рукописей, привезенных С.Ф. Ольденбургом. I. Л. I-3.

② Русская Туркестанская экспедиция1914-1915 гг. под руководством С.Ф. Ольденбурга. Машинопись. Тетрадь 1（186 л.）; тетрадь 2（182 л.）; тетрадь 3（119 л.）; тетрадь 4（121 л.）; тетрадь 5（85 л.）; тетрадь 6（141 л.）.

③ Флуг К.К. Краткий обзор небуддийской части китайского рукописногофонда ИВ АН СССР // Библиография Востока. Вып. 7. 1934. С. 87-92; Флуг К.К. Краткая опись древних буддийских рукописей на китайскомязыке из собрания ИВ АН СССР // Библиография Востока.Вып. 8-9. 1936. С. 96-115.

敦煌文物、资料的研究较少。其中比较有代表性的是 1947 年 Н.В. 佳科诺娃发表的《敦煌佛教古迹（Буддийские памятники дуньхуана）》。[①]

至 20 世纪 50 年代，苏联的汉学家们才重又投入奥登堡新疆、敦煌考察所获文物的研究中。在汉学家 В.С. 科洛科洛夫（В.С.Колоколов，1924—？）教授和 Л.Н. 孟列夫教授的倡议下，苏联科学院东方学研究所重新启动了对俄藏敦煌文献的整理工作。1957 年，苏联科学院东方学研究所成立了专门研究小组，开始对奥登堡所获敦煌文献进行研究。当时还剩保存在 5 个纸袋、1 个箱子及 1 个麻袋中的敦煌文书尚未被整理，[②]苏联科学院东方学研究所列宁格勒分所面临着非常繁杂的修复、编目、登记等工作。1963 年，由上述专门小组出版了《亚洲民族研究所敦煌宝藏之汉文写本叙录（Описание китайских рукописей дуньхуанского фонда Института народов Азии）》（以下简称《叙录》）卷Ⅰ，此卷共收录有 1707 个编号的汉文写本。[③]《叙录》卷Ⅱ由 М.И. 沃罗比约娃 – 捷霞托夫斯卡娅、И.Т. 左义林（И.Т.Зограф，1931—2022）、А.С. 马特诺夫（А.С.Мартынов，1933—2013）、Л.Н. 孟列夫和 Б.Л. 斯米尔诺夫（Б.Л.Смирнов，1891—1967）于 1967 年出版。[④]可以说，《叙录》是 20 世纪 60 年代苏联学者整理、研究俄藏敦

① Дьяконова Н.В. буддийские памятники дунь-хуана // Труды отдела Востока государственного Эрмитажа. 1947. Т. 4. С. 445-470.

② Протокол № 3 производственного собрания Дальневосточного кабинета [ЛО ИВ АН СССР] от 19 апреля 1957 г. // Архив востоковедов СПбФ ИВ РАН. Ф. 152: Оп. 1а, ед. хр. 1236, индекс 241. Л. 9.

③ Воробьева-Десятовская М.И., Гуревич И. С., Меньшиков Л. Н., Спирин В.С., Школяр С.А. Описание китайских рукописей дуньхуанского фонда Института народов Азии. Вып. I. М., 1963.

④ Воробьева-Десятовская М.И., Зограф И.Т., Мартынов А. С., Меньшиков Л. Н., Смирнов Б. Л. Описание китайских рукописей дуньхуанского фонда Института народов Азии. Вып. 2. М., 1967.

煌文献的代表作。

20世纪50年代中期，苏联学者在整理俄藏敦煌文献之余，开始关注敦煌文献中的变文和佛教俗文学等，如И.С.古列维奇（И.С.Гуревич，1932—2016）《“佛本生”系列变文残卷（Фрагмент бяньвэнь из цикла《О жизни Будды》）》[①]。20世纪60年代末至90年代，苏联学者在俄藏敦煌文献佛经、社邑文书、经济文书、敦煌艺术等方面的研究取得了重要成就，涌现出了很多杰出的敦煌学家，其中最为杰出的代表人物是著名东方学家Л.Н.孟列夫和Л.И.丘古耶夫斯基（Л.И.Чугуевский，1926—2000）。自20世纪60年代起，Л.Н.孟列夫专注于俄藏敦煌文献中当时尚未刊布的变文和疑伪经的释读、付印工作，代表论著有《亚洲民族研究所藏敦煌宝藏中未刊布的变文写本——〈维摩诘经〉变文和〈十吉祥〉变文（Бяньвэнь о Вэймоцзе. Бяньвэнь《Десять благих знамений》: Неизвестные рукописи бяньвэнь из Дуньхуанского фонда Института народов Азии）》[②]《中国伦理准则的演变及其在佛教文学中的体现（К вопросу об эволюции китайских этических установлений и ее отражении в буддийской литературе）》[③]《双恩记变文（Бяньвэнь

① Гуревич И.С. Фрагмент бяньвэнь из цикла «О жизни Будды» // Краткие сообщения Института народов Азии. № 69. Исследование рукописей и ксилографов Института народов Азии. М.: Наука, ГРВЛ, 1965. С. 99-115.

② Бяньвэнь о Вэймоцзе. Бяньвэнь «Десять благих знамений»: Неизвестные рукописи бяньвэнь из Дуньхуанского фонда Института народов Азии / Издание текста, предисловие, перевод и комментарии Л.Н.Меньшикова. Ответственный редактор Б.Л.Рифтин. М.: ИВЛ, 1963.

③ Меньшиков Л.Н. К вопросу об эволюции китайских этических установлений и ее отражении в буддийской литературе // Письменные памятники и проблемы истории культуры народов Востока. Тезисы докладов I годичной научной сессии ЛО ИНА. Март 1965 года. Ленинград, 1965. С.40-41.

о воздаянии за милости)》[①]《东方写本文献 (Письменные памятники Востока)》[②]《敦煌宝藏 (Дуньхуанский фонд)》[③]《干宝〈搜神记〉(Гань Бао〈Записки о поисках духов〉)》[④]等。Л.И. 丘古耶夫斯基则致力于俄藏敦煌文献中的经济文书、法律文书和官方文件的研究，代表作有《唐代有息贷谷汉文文书 (Китайские документы о выдаче зерна под проценты в эпоху династии Тан)》[⑤]《敦煌寺院经济文书 (Хозяйственные документы буддийских монастырей в Дуньхуане)》[⑥]《敦煌借贷文书 (Китайские юридические документы из Дуньхуана (заемные документы))》[⑦]《敦煌佛教寺院中的"社" (Мирские

---

① Бяньвэнь о воздаянии за милости (рукопись из Дуньхуанского фонда Института востоковедения) . Ч. 1 / Факсимиле рукописи, исследование, перевод с китайского, комментарий и таблицы Л. И. Меньшикова. Ответственный редактор Б.Л.Рифтин. М.: Наука, ГРВЛ, 1972.

② Письменные памятники Востока / Историко-филологические исследования. Редакционная коллегия: Г.Ф.Гирс (председатель) , Е.А.Давидович, Е.И.Кычанов, Л.Н.Меньшиков, М. -Н.Османов, С.Б.Певзнер (ответственный секретарь) , И.Д.Серебряков, И.В.Стеблева, А.Б.Халидов. Ежегодник 1978-1979. М.: Наука, ГРВЛ, 1987.

③ Меньшиков Л.Н. Дуньхуанский фонд // «Петербургское востоковедение». Выпуск 4. СПб.: Центр «Петербургское востоковедение», 1993. С. 332-343.

④ Гань Бао. Записки о поисках духов / Перевод с китайского Л.Н.Меньшикова. СПб.:Азбука-классика, 2004.

⑤ Чугуевский Л.И. Китайские документы о выдаче зерна под проценты в эпоху династии Тан. (Из дуньхуанского фонда ЛО ИВАН СССР) // Письменные памятники и проблемы истории культуры народов Востока. Краткое содержание докладов V годичной научной сессии ЛО ИВ АН. Май 1969 года. Л., 1969. С. 34-36.

⑥ Чугуевский Л.И. Хозяйственные документы буддийских монастырей в Дуньхуане // Письменные памятники и проблемы истории культуры народов Востока. VIII годичная научная сессия ЛО ИВ АН СССР (автоаннотации и краткие сообщения) . Москва: ГРВЛ, 1972. С. 61-64.

⑦ Чугуевский Л.И. Китайские юридические документы из Дуньхуана (заемные документы) // Письменные памятники Востока / Историко-филологические исследования. Ежегодник 1974. М.: Наука, ГРВЛ, 1981. С. 251-271.

объединения шэ при буддийских монастырях в Дуньхуане)》[①]等。

20世纪70年代，苏联科学院东方学研究所将71件敦煌画作藏品（画在纸和丝绸上的画作，编号为Дх жив.）移交给艾尔米塔什博物馆进行修复和展出。20世纪70至80年代，艾尔米塔什博物馆研究员M.Л.鲁多娃－普切利娜（M.Л.Рудова-Пчелина，1927—2013）修复了部分佛像画残片，使之清晰可辨，这些修复完成的佛像画现存于艾尔米塔什博物馆。艾尔米塔什博物馆的H.H.马克西莫娃（H.H.Максимова）[②]研究员也参与了俄藏敦煌艺术品中部分珍品的修复工作。

20世纪90年代初，苏联科学院东方学研究所列宁格勒分所更名为俄罗斯科学院东方学研究所圣彼得堡分所，后又更名为俄罗斯科学院东方文献研究所圣彼得堡分所。随着国际敦煌学的发展、共建“一带一路”的提出及推广，俄藏敦煌文献逐渐向世界公布，相关研究也随之增多。1992年，俄罗斯科学院东方文献研究所圣彼得堡分所、俄罗斯科学出版社东方学部与上海古籍出版社合作出版了《俄藏敦煌文献》I[③]，至2001年，《俄藏敦煌文献》17册全部出版完成。1997年，俄罗斯国立艾尔米塔什博物馆还与上海古籍出版社合作出版了《俄藏敦煌艺术品》I[④]，至2005年，共完成出版6卷。《俄藏敦煌文献》《俄藏敦

① Чугуевский Л.И. Мирские объединения шэ при буддийских монастырях в Дуньхуане // Буддизм, государство и общество в странах Центральной и Восточной Азии в Средние века. Сборник статей. М.: Наука, ГРВЛ, 1982. С 63-97.

② 生卒年不详。（后文中生卒年不详者不做标注。）

③ 俄罗斯科学院东方研究所圣彼得堡分所、俄罗斯科学出版社东方文学部、上海古籍出版社编：《俄藏敦煌文献》I，上海：上海古籍出版社，1992年。

④ 俄罗斯国立艾尔米塔什博物馆、上海古籍出版社编：《俄藏敦煌艺术品》I，上海：上海古籍出版社，1997年。

煌艺术品》在中国的出版，极大地推进了中俄两国敦煌学者间的交流与合作，促进了中国学者对于俄藏敦煌文献、艺术品的研究进程。

进入21世纪，继Л.Н. 孟列夫和Л.И. 丘古耶夫斯基之后，著名西夏学专家Е.И. 克恰诺夫（Е.И.Кычанов,1932—2013）、东方学家И.Ф. 波波娃等学者，继续带领俄罗斯学者对奥登堡两次考察所获文物、资料进行整理和研究，并举办了多次奥登堡相关的国际性研讨会议、展览，进一步促进了奥登堡两次考察及其所获文物、资料的研究。

2008年，在艾尔米塔什博物馆举行了题为“千佛洞（Пещеры тысячи будд）”的展览，并向公众展出了一批文字类和图像类的敦煌文物，并出版了论文集《千佛洞：丝绸之路上的俄国探险队——纪念亚洲博物馆成立190周年》[①]，其中有关于俄藏敦煌文献的介绍，如Л.Ю. 图古舍娃（Л.Ю.Тугушева，1932—2020）《中亚考察与中世纪早期突厥语文献的发现（Экспедиции в Центральную Азию и открытие раннесредневековых тюркских письменных памятников）》[②]。2013年是奥登堡150周年诞辰，俄罗斯科学院与俄罗斯历史学会合作举办了题为“谢尔盖·费多罗维奇·奥登堡——学者与科研组织者”的国际会议，并出版了同名论文集，论文集中И.Ф. 波波娃等学者对奥登堡作为学者、科研组织者所作出的贡献进行了论述。[③]2018年，亚洲博

① Пещеры тысячи будд: Российские экспедиции на Шелковом пути: К 190-летию Азиатского музея: каталог выставки/ науч. ред. О.П.Дешпанде; Государственный Эрмитаж; Институт восточных рукописей РАН. СПб.: Изд-во Гос. Эрмитажа, 2008.

② Тугушева Л.Ю. Экспедиции в Центральную Азию и открытие раннесредневековых тюркских письменных памятников. Российские экспедиции в Центральную Азию в конце XIX – начале XX века / Сборник статей. Под ред. И.Ф. Поповой. СПб.: Славия, 2008. С.40-49.

③ Попова И.Ф. «Сергей Федорович Ольденбург – ученый и организатор науки». Международная конференция, посвященная 150-летию со дня рождения академика С.Ф.Ольденбурга // Письменные памятники Востока, 2（19）, 2013. С. 271-275.

物馆成立200周年之际，俄罗斯科学院东方文献研究所圣彼得堡分所出版了《亚洲博物馆——俄罗斯科学院东方文献研究所手册(Азиатский Музей – Институт восточных рукописей РАН: путеводитель)》[1]《俄罗斯科学院东方文献研究所藏汉文珍宝（Жемчужины китайских коллекций Института восточных рукописей РАН）》[2]，介绍了俄罗斯科学院东方文献研究所藏奥登堡考察所获的敦煌写本。

整体而言，有关奥登堡考察所获文物方面的研究，一直以来都是国际学界关注的一大重点。对于奥登堡考察所获文物的研究，尤其是敦煌写本的研究，长期以来，国际合作研究是其中的重要方式之一，并且近年来国际合作的趋势愈加突显。

（二）中国对奥登堡研究的现状

在现代学术框架下探讨19世纪末20世纪初外国探险家中国西北考察问题，影响最大的莫过于王冀青对英国探险家斯坦因数次中亚考察的论述。王冀青多年来从事斯坦因中亚考古研究，对欧洲、北美、日本等地所藏斯坦因来华档案的整理与研究成果颇多。1989年与陆庆夫、郭锋合作出版了《中外著名敦煌学家评传》[3]，书中对斯坦因、伯希和、奥登堡等敦煌探险家的生平事迹、代表论著、在敦煌学领域的贡献与地位等进行了论述，为研究近代外国探险家提供了一个范式。《奥

---

① Азиатский Музей — Институт восточных рукописей РАН: путеводитель / Ответственный редактор И.Ф. Попова. М.: Изд-во восточной литературы, 2018.

② Попова И.Ф. Жемчужины китайских коллекций Института восточных рукописей РАН. С.-Петербург: Кварта, 2018.

③ 陆庆夫、郭锋、王冀青：《中外著名敦煌学家评传》，兰州：甘肃教育出版社，1989年。该书2004年更名为《中外敦煌学家评传》再版。

莱尔·斯坦因的第四次中央亚细亚考察》[①]《斯坦因第四次中国考古日记考释》[②]《斯坦因与日本敦煌学》[③]《斯坦因在安西所获敦煌写本之外流过程研究》[④]《1907 年斯坦因与王圆禄及敦煌官员之间的交往》[⑤]《斯坦因敦煌考古档案研究》[⑥]等论述，展现了王冀青先生多年来对于外文档案资料的收集、考释和应用之功力，给后辈学人以诸多启发，本书多有借鉴其研究之处。

奥登堡 1915 年 2 月结束敦煌考察踏上返程，于 1915 年 5 月回到彼得格勒。俄国国内相继爆发了二月革命、十月革命、国内战争、大清洗运动，同时由于复杂多变的国际局势，苏联藏有大量敦煌文献之事长期以来鲜为外界所知。

直至 20 世纪 60 年代，苏联藏有敦煌文献之事才在世界范围内公开。1960 年 8 月，在莫斯科召开第 25 届国际东方学家大会期间，苏联宣布了其藏有敦煌文献的消息，并展出了若干件敦煌写本。对于世界敦煌学界而言，20 世纪 60 年代是俄藏敦煌文献、艺术品的再发现时代。

而在这之前，1957 年 11 月我国著名学者郑振铎应邀讲学苏联时，曾见过部分苏联藏敦煌写本，并在 1957 年 11 月 18 日写给友人徐文堪的信件中提及了此事。遗憾的是，郑振铎不幸于 1958 年飞机失事

① 王冀青：《奥莱尔·斯坦因的第四次中央亚细亚考察》，《敦煌学辑刊》1993 年第 1 期，第 98—110 页。

② 王冀青：《斯坦因第四次中国考古日记考释》，兰州：甘肃教育出版社，2004 年。

③ 王冀青：《斯坦因与日本敦煌学》，兰州：甘肃教育出版社，2004 年。

④ 王冀青：《斯坦因在安西所获敦煌写本之外流过程研究》，《敦煌研究》2015 年第 6 期，第 75—83 页。

⑤ 王冀青：《斯坦因第三次中亚考察期间在敦煌获取汉文写经之过程研究》，《敦煌研究》2016 年第 6 期，第 130—136 页。

⑥ 王冀青：《斯坦因敦煌考古档案研究》，兰州：敦煌文艺出版社，2020 年。

遇难，关于 1957 年他在苏联见到敦煌写卷一事，直到 1986 年才随其信件、日记公布。[①]此外，1957 年，我国梁希彦、鲍正鹄教授还在列宁格勒讲学期间见到过部分敦煌写卷，并在整理这些卷子方面给予过苏联学者一些帮助，但这在很长一段时间内也鲜为人知。仅在梁希彦写给王重民的信中，提及曾在列宁格勒见到二十几份敦煌写卷之事。[②]在 Л.Н. 孟列夫等人于 1963 年出版的《亚洲民族研究所敦煌宝藏之汉文写本叙录》卷 I 前言中，Л.Н. 孟列夫写道："回想起中国朋友给予我们的帮助，我们满怀谢意，首先是已故郑振铎（Чжэн Чжэнь-до）教授对我们的帮助。此外，还有在很多方面给予了我们帮助的梁希彦（Лян Си-янь）教授和鲍正鹄（Бао Чжэн-гу）教授。"[③]但时至今日，具体情形仍不清晰。

自 20 世纪 60 年代，苏联藏有大量敦煌文献的消息在国际学界公开后，我国学界才对于苏联藏敦煌文献有了进一步关注。这一时期国内外的相关研究状况，可借用柴剑虹先生的论述：20 世纪 60 年代初，中苏两国的文化与学术交流，几近停顿。中国大陆的敦煌学园地，在十年"文化大革命"期间一片荒芜，而中国台湾、香港地区的高校与研究机构，拓荒者有虽欲开垦而不知如何下锄之感。在日本与西欧，敦煌学研究逐渐止住了二战后的颓势，开始涌现出一批中坚力量，掀起对英、法、日等国所藏敦煌文献编目整理的新浪潮。在这种情势之

① 徐文堪：《郑振铎与列宁格勒所藏敦煌文献——记西谛先生的一通手札》，《读书》1986 年第 10 期，第 119—123 页。

② 王重民：《敦煌遗书论文集》，北京：中华书局，1984 年，第 342 页。

③ Меньшиков Л.Н. Предисловие // Воробьева-Десятовская М.И., Гуревич И.С., Меньшиков Л.Н., Спирин В.С., Школяр С.А. Описание китайских рукописей дуньхуанского фонда Института народов Азии. Вып. I. М., 1963. С. 9.

下，俄国学者孟列夫等人于1963年、1967年相继刊布了《亚洲民族研究所敦煌宝藏之汉文写本叙录》卷Ⅰ、Ⅱ，犹如飞舟激浪，引起的震撼自不待言。[①]

1972年，孟列夫主编《双恩记变文》在莫斯科出版。翌年3月，我国台湾著名敦煌学家潘重规收到孟列夫所赠该书，并收到孟列夫邀其去列宁格勒考察的邀请。1973年8月，潘先生在参加完第29届巴黎国际东方学家大会后，只身前往列宁格勒。潘先生在苏联东方学研究所列宁格勒分所见到了部分敦煌写卷。在其著作《列宁格勒十日记》[②]中，简要叙述了列宁格勒分所藏有的敦煌写卷情况，提及了这些主要是由奥登堡考察队所获。《列宁格勒十日记》是目前所见中国较早刊布有关俄藏敦煌文献方面的论述。我国台湾学者陈铁凡1971年发表了《苏联窃经录要》一文，潘先生访苏归来后，陈铁凡撰写了《苏联藏敦煌卷子简目》一文，并于1975年、1976年在台湾《"中央图书馆"馆刊》上刊布。[③]

我国大陆关于奥登堡及其考察方面的研究，由于历史原因，开始较晚。直至20世纪80年代，随着我国敦煌学的稳步发展，关于此方面的论著才始见刊布。姜伯勤《沙皇俄国对敦煌及新疆文书的劫夺》[④]一文，是国内首篇较为详细论述奥登堡两次考察、俄国委员会、俄藏文献情况的文章。此后，学界相关论著相继刊印出来。

20世纪90年代初，随着国际敦煌学的迅猛发展，有越来越多的中国学者走出国门，使中国敦煌学在这一时期的发展也愈加国际化。

---

① 柴剑虹：《柴剑虹敦煌学人和书丛谈》，上海：上海古籍出版社，2013年，第149页。

② 潘重规：《列宁格勒十日记》，台北：学海出版社，1975年。

③ 柴剑虹：《柴剑虹敦煌学人和书丛谈》，上海：上海古籍出版社，2013年，第150页。

④ 姜伯勤：《沙皇俄国对敦煌及新疆文书的劫夺》，《中山大学学报（哲学社会科学版）》1980年第3期，第33—44页。

与此同时，也有越来越多的外国学者走进中国，国际间交流、合作逐渐增多。1991年，沙知、齐陈骏、柴剑虹三位学者赴苏联调查俄藏敦煌文物，柴剑虹在《赴苏考察敦煌写卷日记摘录（1991.5.1—6.10）》[①]中，对此行的经过、所见所闻进行了详细论述。同年，荣新江到访苏联东方学研究所圣彼得堡分所，见到了部分俄藏敦煌文献，并在他的著作《海外敦煌吐鲁番文献知见录》[②]中，对俄罗斯科学院东方学研究所圣彼得堡分所和艾尔米塔什博物馆藏敦煌文献、文物构成及研究状况进行了论述。1995年，段文杰、李正宇等一行在俄罗斯进行了学术访问，考察了东方文献研究所圣彼得堡分所、艾尔米塔什博物馆，李正宇在《俄藏中国西北文物经眼记》[③]一文中，对考察所见俄藏敦煌文物、苏联敦煌学做了简要介绍。此后，越来越多的中国学者前往俄罗斯调研俄藏敦煌文物，此不赘述。

随着中俄学者间交流、合作的加深，俄藏奥登堡敦煌考察所获文献、艺术品陆续在中国刊布，如《俄藏敦煌文献》[④]与《俄藏敦煌艺术品》[⑤]在中国的出版，无疑是20世纪中俄学者对奥登堡及其两次考察最具代表性和推进性的工作。1989年8月中旬，上海古籍出版社以魏同贤社长为团长的代表团访问了苏联，与苏联科学出版社东方文学部、苏联科学院东方学研究所列宁格勒分所就合作出版当时藏于列宁格勒的

① 柴剑虹：《赴苏考察敦煌写卷日记摘录（1991.5.1—6.10）》，《2017敦煌学国际联络委员会通讯》，上海：上海古籍出版社，第163—180页。

② 荣新江：《海外敦煌吐鲁番文献知见录》，南昌：江西人民出版社，1996年，第114—138页。

③ 李正宇：《俄藏中国西北文物经眼记》，《敦煌研究》1996年第3期，第36—42、183—184页。

④ 俄罗斯科学院东方研究所圣彼得堡分所、俄罗斯科学出版社东方文学部、上海古籍出版社编：《俄藏敦煌文献》17，上海：上海古籍出版社，2001年。

⑤ 俄罗斯国立艾尔米塔什博物馆、上海古籍出版社编：《俄藏敦煌艺术品》Ⅵ，上海：上海古籍出版社，2005年。

中国敦煌、吐鲁番和黑城文献进行了会谈，[①]几经协商最终确定了《俄藏敦煌文献》和《俄藏敦煌艺术品》的出版事宜。这极大地促进了中俄两国学者间的交流合作、推进了中国学者对于俄藏敦煌文物及奥登堡相关研究的进程。

此外，1999 年中国学者还将 Л.Н. 孟列夫等人编辑出版的《亚洲民族研究所敦煌宝藏之汉文写本叙录（Описание китайских рукописей дуньхуанского фонда Института народов Азии）》译名为《俄藏敦煌汉文写卷叙录》[②]分上下两册在中国翻译出版，2011 年《俄藏锡克沁艺术品》[③]、2018 年《俄藏龟兹艺术品》[④]相继在国内出版。这对于中国学者了解奥登堡两次考察所获文物十分有益，同时也推进了俄藏相关档案资料的刊布和研究。

20 世纪 90 年代国内学者对于奥登堡的研究主要集中在对其考察所获文物上，对其考察活动多是作为所获文物背景进行的简介，多是几十至几百字的简略概述。比较详细的研究，除姜伯勤《沙皇俄国对敦煌及新疆文书的劫夺》外，还有刘进宝、王冀青等人的论述，如刘进宝《奥登堡考察团与敦煌遗书的收藏》[⑤]对姜伯勤《沙皇俄国对敦煌及新疆文书的劫夺》有进一步的补充，对奥登堡两次考察背景、考察经过及所获文物情况有较为详细的论述；王冀青《谢尔盖·费多罗维奇·鄂

① 李伟国：《敦煌文献在列宁格勒》，《古籍整理研究学刊》1991 年第 3 期，第 49 页。

② [俄] 孟列夫主编，西北师范大学敦煌学研究所袁席箴、陈华平翻译：《俄藏敦煌汉文写卷叙录》，上海：上海古籍出版社，1999 年。

③ 俄罗斯艾尔米塔什博物馆、西北民族大学：《俄藏锡克沁艺术品》，上海：上海古籍出版社，2011 年。

④ 俄罗斯国立艾尔米塔什博物馆、西北民族大学、上海古籍出版社：《俄藏龟兹艺术品》，上海：上海古籍出版社，2018 年。

⑤ 刘进宝：《鄂登堡考察团与敦煌遗书的收藏》，《中国边疆史地研究》1998 年第 1 期，第 23—31 页。

登堡》[①]从奥登堡的生平、学术成就、中亚文物研究、中亚考察四个方面，对奥登堡展开了较为详细的论述。上述 3 篇文章是国内研究奥登堡的重要参考文章，以现在的学术进展加以衡量，或许已属新见无多，但前辈学者对于史料运用之熟练，论述之周详，令人叹服。此外，如王惠民[②]、张惠明[③]、何冰琦[④]等学者也有相关文章，揭示出了奥登堡新疆和敦煌考察的部分细节和奥登堡对西夏佛教的研究等。

进入 21 世纪后，随着共建“一带一路”的提出与推广、俄藏相关档案资料的陆续刊布，国内关于奥登堡及其两次考察的相关论述增多，研究视角也更加多元化。如荣新江《19 世纪末 20 世纪初俄国考察队与中国新疆官府》[⑤]、朱玉麒《奥登堡在中国西北的游历》[⑥]、郑丽颖《奥登堡敦煌考察队路线细节探析——以主要队员杜丁书信为中心》等[⑦]，结合国内外相关奥登堡的档案、信函、公文、传记等资料，揭示出奥登堡考察的一些详情。张宝洲《敦煌莫高窟编号的考古文献研究》[⑧]中，对奥登堡莫高

① 王冀青:《谢尔盖·费多罗维奇·鄂登堡》，陆庆夫、王冀青主编《中外敦煌学家评传》，兰州：甘肃教育出版社，2002 年，第 320—332 页。

② 王惠民:《关于华尔纳、奥登堡所劫敦煌壁画》,《敦煌研究》1998 年第 4 期，第 120—121、55 页。

③ 张惠明:《1898 至 1909 年俄国考察队在吐鲁番的两次考察概述》,《敦煌研究》2010 年第 1 期，第 86—91 页。

④ 何冰琦：《奥登堡的西夏佛教研究》,《宁夏大学学报（人文社会科学版）》2019 年第 Z1 期，第 108—114 页。

⑤ 荣新江：《19 世纪末 20 世纪初俄国考察队与中国新疆官府》，荣新江著《辨伪与存真——敦煌学论集》，上海：上海古籍出版社，2010 年，第 188 页。

⑥ 朱玉麒：《奥登堡在中国西北的游历》，北京大学中国古代史研究中心编《田余庆先生九十华诞颂寿论文集》，北京：中华书局，2014 年，第 720—729 页。

⑦ 郑丽颖：《奥登堡敦煌考察队路线细节探析——以主要队员杜丁书信为中心》,《敦煌研究》2020 年第 2 期，第 107—113 页；郑丽颖：《俄藏斯坦因致奥登堡信件研究》,《敦煌学辑刊》2017 年第 4 期，第 177—184 页；李梅景：《奥登堡新疆与敦煌考察研究》,《敦煌学辑刊》2018 年第 4 期，第 154—166 页；郑丽颖：《奥登堡考察队新疆所获文献外流过程探析——以考察队成员杜丁的书信为中心》,《敦煌学辑刊》2020 年第 1 期，第 171—180 页。

⑧ 张宝洲:《敦煌莫高窟编号的考古文献研究》，兰州：甘肃文化出版社，2020 年，第 70—136 页。

窟的编号问题进行了论述。在有关敦煌学的通识性著作中，往往也有对于奥登堡及其两次考察的简要论述，如荣新江《敦煌学新论》[①]、刘进宝《敦煌学通论（增订版）》[②]、郝春文等《当代中国敦煌学研究（1949—2019）》[③]等，都对奥登堡获取敦煌文物的经过进行了简要梳理、论述。

此外，国内关于奥登堡及其两次考察的研究还有一些译文方面的成果。其中比较有代表性的有：1988 年续建宜发表的译文《谢·菲·奥里登堡对东土耳克斯坦和中国西部的考察（档案材料概述）》[④]，原文系苏联学者 H.H. 纳济洛娃于 1986 年刊布在《中古世纪东方文化体系中的新疆和中亚（Восточный Туркестан и Средняя Азия в системе культур Древнего и Средневекового Востока）》一书中，该文是目前所见苏联学者较早使用档案资料对奥登堡两次考察进行的研究，对奥登堡考察路线、考察成果等有比较详细的论述。[⑤]虽然该译文存在很多不够准确的地方，如将德国学者格伦威德尔译为“A·格留恩维杰里”、法国学者伯希和译为“П·彼里奥”、将哈拉浩特译为“卡拉－霍扎”等，但仍是一篇有价值的译文；1992 年，冰夫译俄国学者 П.Е. 斯卡奇科夫《1914—1915 年俄国西域（新疆）考察团记》[⑥]、孟列夫《1914—

① 荣新江：《敦煌学新论》，兰州：甘肃教育出版社，2002 年。

② 刘进宝：《敦煌学通论（增订版）》，兰州：甘肃教育出版社，2019 年。

③ 郝春文、宋春雪、武绍卫：《当代中国敦煌学研究（1949—2019）》，北京：中国社会科学出版社，2020 年。

④［俄］H·H· 纳季洛娃著，续建宜译：《谢·菲·奥里登堡对东土耳克斯坦和中国西部的考察（档案材料概述）》，《西北民族研究》1988 年第 2 期，第 130—135 页。

⑤ Назирова Н.Н. Экспедиции С.Ф.Ольденбурга в Восточный Туркестан и Западный Китай（обзор архивных материалов）// Восточный Туркестан и Средняя Азия в системе культур Древнего и Средневекового Востока / Под ред. Б.Литвинский. М: Наука.1986. С. 24-34.

⑥［俄］П.Е .斯卡奇科夫著，冰夫译：《1914—1915 年俄国西域（新疆）考察团记》，钱伯城主编《中华文史论丛》第 50 期，上海：上海古籍出版社，1992 年，第 109—117 页。

1915 年俄国西域（新疆）考察团资料研究》[①]，这两篇文章是当时苏联对于奥登堡考察背景、考察队组成、考察任务、考察所获资料及整理情况等方面非常新的论述，其意义不言而喻。[②]其他相关译文还有杨自福译《奥登堡来华考察日记摘译》[③]《千佛洞石窟寺》[④]、廖霞译《被漠视的敦煌劫宝人——塞缪尔·马蒂洛维奇·杜丁》[⑤]，以及对考察队员杜金 1916 年、1917 年发表的几篇关于新疆建筑遗址文章[⑥]的整理翻译[⑦]。这些都是研究奥登堡两次中国西北考察的重要资料，虽然这方面的译文一般篇幅都较小，且存在不够准确的地方，但仍具有一定价值，为国内奥登堡相关研究提供了资料。

值得注意的是，近年来新疆师范大学的杨军涛在奥登堡相关考察、档案史料方面的翻译上颇有贡献，翻译发表了奥登堡 1914 年出版的新疆考察简报[⑧]的部分内容，如《1909 年吐鲁番地区探险考察简

①［俄］孟列夫著，冰夫译：《1914—1915 年俄国西域（新疆）考察团资料研究》，钱伯城主编《中华文史论丛》第 50 期，上海：上海古籍出版社，1992 年，第 118—128 页。

② Скачков П. Е. Русская Туркестанская экспедиция 1914-1915 гг. // Петербургское востоковедение. 1993. Вып. 4. С. 313-320; Меньшиков Л.Н. К изучению материалов Русской Туркестанской экспедиции 1914-1915 гг. // Петербургское востоковедение. 1993. Вып. 4. С. 321-331.

③ 杨自福：《鄂登堡来华考察日记摘译》，《敦煌学辑刊》1994 年第 1 期，第 107—110 页。

④ 杨自福：《千佛洞石窟寺》，《敦煌学辑刊》1994 年第 2 期，第 132—135 页。

⑤［俄］孟列夫著，廖霞译：《被漠视的敦煌劫宝人——塞缪尔·马蒂洛维奇·杜丁》，《敦煌学辑刊》2000 年第 2 期，第 147—149 页。

⑥ Дудин С. М. Архитектурные памятники Китайского Туркестана.（Из путевых записок）// Архитектурно-художественный еженедельник. 1916, №6, 10, 12, 22,31；Дудин С. М. Техника стенописи и скульптуры в древних буддийских пещерах и храмах западного Китая. Пг.: тип. РАН, 1917（отд. отт. из кн.: сб. трудов МАЭ при РАН. Пг., 1918. Т. 5. Вып. 1. С. 21-92.

⑦［俄］С.М. 杜丁著，何文津、方九忠译：《中国新疆的建筑遗址》，北京：中华书局，2006 年。

⑧ Ольденбург С.Ф. Русская Туркестанская Экспедиция 1909-1910 года / Краткий предварительный отчет. СПб.: Императорская Академия Наук, 1914.

报》[①]《1909—1910年库车地区探险考察简报》[②]，以及近年俄罗斯学者И.В.童金娜[③]、М.Д.布哈林[④]等根据俄罗斯科学院档案馆藏奥登堡考察档案论述的译文，如《С.Ф.奥登堡院士未公布的科学遗产（纪念俄罗斯新疆探险考察队工作结束100周年）》[⑤]《俄罗斯科学院档案馆圣彼得堡分馆收藏的П.К.科兹洛夫写给С.Ф.奥登堡的信》[⑥]等。

整体而言，国内学者对于奥登堡两次中国西北考察的论述在一定程度上受到俄国对奥登堡相关材料的刊布和研究的影响。国内学界对于奥登堡本人、奥登堡两次考察活动的研究相对较少，对其考察所获文物的研究一直是国内研究的主流。而对奥登堡本人的研究则相对更少，多年来国内学界对奥登堡的了解大多局限于简历式的描述，这与奥登堡在中国学界主要是以“敦煌考察家”这一身份著称有关。此外，国内学界对于奥登堡两次中国西北考察的研究，更侧重于对其敦煌考察的研究，对其新疆考察的研究往往是作为敦煌考察的铺垫以

①［俄］奥登堡撰，杨军涛、李新东译：《1909年吐鲁番地区探险考察简报》，朱玉麒主编《西域文史》第十三辑，北京：科学出版社，2019年，第275—318页。

②［俄］С.Ф.奥登堡著，杨军涛、李新东译：《1909—1910年库车地区探险考察简报》，郝春文主编《2020敦煌吐鲁番研究》第19卷，上海：上海古籍出版社，2020年，第281—300页。

③ Тункина И.В., Бухарин М. Д. Неизданное Научное Наследие академика С.Ф.Ольдебургa – к 100-летию завершения работ русских Туркестанских экспедиций // Из истории науки. 2013. С. 491-513.

④ БухаринМ.Д. Письма П.К.Козлова С.Ф.Ольденбургу из собрания ПФА РАН（вступительная статья, публикация и комментарии М.Д.Бухарина）// Из истории науки. 2012. С.288-304.

⑤［俄］И.В.童金娜、М.Д.布哈林著，杨军涛译：《С.Ф.奥登堡院士未公布的科学遗产（纪念俄罗斯新疆探险考察队工作结束100周年）》，刘进宝主编《丝路文明》第五辑，上海：上海古籍出版社，2020年，第183—197页。

⑥［俄］М.Д.布哈林引文、公布和注释，杨军涛译：《俄罗斯科学院档案馆圣彼得堡分馆收藏的П.К.科兹洛夫写给С.Ф.奥登堡的信》，罗丰主编《丝绸之路考古》第四辑，北京：科学出版社，2020年，第169—186页。

寥寥数语概之。

（三）日本、法国等的研究状况

日本学者接触到奥登堡考察队及其考察所获文物、资料较中国学者要早。早在 1914 年，日本著名学者羽田亨就见到了由 B.B. 拉德洛夫（B.B.Радлов，1837—1918）提供的俄国 1902—1911 年驻乌鲁木齐领事 H.H. 克罗特科夫（H.H.Кротков，1869—1919）搜集的奥登堡新疆考察所获的几份回鹘文《八阳神咒经》残卷，羽田亨以此补全了大谷探险队带回的《八阳神咒经》经文的卷首部分。[①]

1916 年，日本学者矢吹庆辉在途经列宁格勒时，经由法国印度学家 C. 烈维（C.Леви，1863—1935）引荐，结识了奥登堡，后在奥登堡的帮助下，查阅到了奥登堡敦煌考察带回的部分敦煌文献。矢吹庆辉在后来的报告中，简要介绍了其在列宁格勒亲眼所见苏联藏敦煌文献中的二十余件写本的跋文，并指出在当时所见的敦煌文献中纪年最晚的为《敦煌王曹宗寿造帙疏》卷尾标注的“大宋咸平五年”（1002 年）。[②]但是，这份报告在当时并没有引起日本学界足够的关注。

1926 年夏，日本考古学家梅原末治在游历英国时与到访英国的奥登堡结识。以此为契机，促成了次年梅原末治的列宁格勒之行。在列宁格勒期间，梅原末治查阅了科兹洛夫（П.К.Козлов，1863—1935）[③]考察所获诺因乌拉遗址文物。1928 年，梅原末治再次前往苏联对诺因乌

---

①［日］高田时雄著，徐铭译：《俄国中亚考察团所获藏品与日本学者》，刘进宝主编《丝路文明》第一辑，上海：上海古籍出版社，2016 年，第 218 页。

②［俄］孟列夫主编，西北师范大学敦煌学研究所袁席箴、陈华平翻译：《俄藏敦煌汉文写卷叙录》上册，上海：上海古籍出版社，1999 年，第 3 页。

③ П.К. 科兹洛夫——俄国探险家、军事地理学家、人种志学家、考古学家。对中国新疆、西藏、内蒙古等地进行过六次考察，其中最为著名的一次是黑水城考察。

拉文物进行调查。但是，梅原末治1927年、1928年两次列宁格勒之行都没有见到奥登堡所获敦煌文献及艺术品。及至1930年，梅原末治第三次前往苏联才亲眼见到了奥登堡考察队拍摄的一千多张敦煌莫高窟壁画的照片。关于此次在苏联的见闻，梅原末治在《考古学六十年》中有相关论述。在当时的日本学者中，梅原末治是与俄国中亚考察人员交流较多，且直接接触过俄藏中亚相关文物、资料的学者。[①]

1928年，日本学者狩野直喜经俄国友人聂历山（Н.А.Невский，1892—1939）引荐，从俄国著名东方学家B.M.阿列克谢耶夫处获得了奥登堡考察所获敦煌文献《文选》的照片资料。借助这些影印资料，狩野直喜于1929年用中文发表了《唐钞本文选残篇跋》，公布了对俄藏敦煌写卷Ф.242正面《文选》及背面《礼记疏》的研究。[②]该篇文章一经发表，很快就被翻译成俄文刊登在了苏联科学院期刊上，[③]孟列夫曾将之视为日本学者对于俄藏敦煌文献研究的开端。[④]狩野直喜的此篇文章不仅被视为日本正式对俄藏敦煌文献研究的发端，还被视为日俄两国在东方学领域首次的学术交流，具有里程碑意义。[⑤]

1929年爆发的世界经济大危机，进一步激化了德、意、日等国的国内矛盾。1931年，日本制造九一八事变，揭开了第二次世界大战的序幕。这之后，日本与西欧有关敦煌学的研究，几近停滞。二战之后，

---

① ［日］梅原末治：《考古学六十年》，东京：平凡社，1973年，第83、149—155页。

② ［日］狩野直喜、童岭：《唐钞本文选残篇跋（附录一种）》，南京大学古典文献研究所主编《古典文献研究》第十四辑，南京：凤凰出版社，2011年，第145—151页。

③ Кано Н. О фрагменте старой рукописи “Литературного изборника”, хранящегося в Азиатском музее Академии наук. ИАН СССР, ОГН, 1930. Ⅶ. №2. С.135-144.

④ ［俄］孟列夫著，周梦羆译：《俄罗斯科学院东方学研究所圣彼得堡分所藏敦煌文献》，钱伯城主编《中华文史论丛》第50期，上海：上海古籍出版社，1992年，第8页。

⑤［日］高田时雄著，徐铭译：《俄国中亚考察团所获藏品与日本学者》，刘进宝主编《丝路文明》第一辑，上海：上海古籍出版社，2016年，第218—219页。

在日本与西欧，敦煌学研究逐渐止住了二战后的颓势，开始涌现出一批中坚力量，掀起对英、法、日等国所藏敦煌文献编目整理的新浪潮。在这种情势之下，苏联在1960年第25届东方学家大会上公布了其藏有敦煌写本的惊人消息，引起的震撼自不待言。[①]

1960年，法国著名敦煌学家保罗·戴密微（Paul Demiéville，1894—1979）在列宁格勒参会期间，见到当时苏联展示的部分敦煌文献，非常震惊。[②]戴密微在《列宁格勒所藏敦煌汉文写本简介》一文中称："1960年8月14日，来自欧洲大陆两端的两位多年研究敦煌写本的汉学家，一个是日本人，一个是法国人，共同登上位于涅瓦河畔豪华建筑台阶的巨大楼梯。苏联科学院亚洲民族研究所（前东方学研究所）就设在那里。当他们在一张桌子上发现了一大堆特意为他们准备的敦煌写本时，显得多么惊讶而不知所措啊！因为他们不仅压根就不知道此处还存在有这类写本，而且半个多世纪以来，所有的汉学家们实际上都对这批写本一无所知。"[③]至此，国际上始知苏联还藏有数量惊人的敦煌文献，但具体情况和内容、数量都不太清楚。之后，戴密微于1964年、1967年在《通报》第51、61卷上分别发表《列宁格勒所藏敦煌汉文写本简介》《敦煌学近作》两篇文章，介绍了孟列夫等人出版的《叙录》第Ⅰ卷、第Ⅱ卷的简要内容。[④]当时日本学者吉川幸次郎在莫斯科的中国文献学分会上见到了苏联方面展出的部分敦煌写卷，而日本东洋史学家宫崎市定、山本达郎在列宁格勒的中国

① 柴剑虹：《柴剑虹敦煌学人和书丛谈》，上海：上海古籍出版社，2013年，第149页。

② Paul Demi é ville. Manuscrits chinois de Touen-houang à Leningrad, TP, vol. L1,1964, p.355-376.

③［法］戴密微著，耿昇译：《列宁格勒所藏敦煌汉文写本简介》，敦煌文物研究所编辑室编《敦煌译丛》第一辑，兰州：甘肃人民出版社，1985年，第110页。

④ 柴剑虹：《柴剑虹敦煌学人和书丛谈》，上海：上海古籍出版社，2013年，第148—149页。

史分会上也见到了展出的部分敦煌写本。山本达郎回国后，在史学分会会议上做了题为《敦煌发现奥登堡以及伯希和所收户制田制关联文书十种》的报告。①

第25届国际东方学家大会结束后，与会者们很快将苏联藏有大量敦煌写卷的惊人消息传播开来。孟列夫等人在此后不久，于1963年、1967年整理出版了《亚洲民族研究所敦煌宝藏之汉文写本叙录》卷Ⅰ、卷Ⅱ，为推进国际学界研究俄藏敦煌文献奠定了一定的基础。但直到20世纪90年代之前，即便对于有较多机会探访苏联、接触苏联敦煌写本的法、日学者而言，提及所见所闻，仍只是局限于两卷《叙录》的简单注记与少量图版。孟列夫主编《叙录》两卷本出版后，日、欧一直没有全译或摘译本，只有戴密微有概要的介绍。②

这一时期，日本学界对俄藏敦煌写本的研究热情空前高涨，日本学者小川环树于1964年8月在孟列夫的帮助下，在列宁格勒研究所查阅了部分敦煌写本，并抄录了数件文献，其中的《毛诗音》残卷手抄本后来提供给了平山久雄，被其用于音韵学研究。③京都大学的藤枝晃教授作为当时日本敦煌学研究的领军人物，随即于1964年、1970年先后两次前往列宁格勒查阅俄藏敦煌文献。此后，越来越多的学者为研究俄藏敦煌文献赶赴列宁格勒。有关俄藏敦煌文献的论述多了起来，奥登堡作为俄藏敦煌文献的主要收集者往往会被简略提及，

---

①[日]高田时雄著，徐铭译：《俄国中亚考察团所获藏品与日本学者》，刘进宝主编《丝路文明》第一辑，上海：上海古籍出版社，2016年，第215页。

② 柴剑虹：《柴剑虹敦煌学人和书丛谈》，上海：上海古籍出版社，2013年，第149页。

③[日]高田时雄著，徐铭译：《俄国中亚考察团所获藏品与日本学者》，刘进宝主编《丝路文明》第一辑，上海：上海古籍出版社，2016年，第216页。

如金冈照光《苏联敦煌文献研究孟氏（孟列夫）的三种学术著作》[①]、川口久雄《苏联敦煌文献与日本文学的阀系》[②]。

20世纪70年代，奥登堡的孙女——法籍女作家卓娅·奥登堡（Zoe Oldenbourg，1916—2002）在巴黎出版了有关祖父奥登堡的回忆录，[③]书中给出了一些独家细节及亲人视角的一些描述，虽然有着十分强烈的主观色彩，但包含有很多有趣的且不同于官方报道的奥登堡家族记录。

1983年，法国国立科学研究所敦煌学家吴其昱（1915—2011）受法国国立科学研究所派遣，前往列宁格勒探访苏联科学院东方学研究所列宁格勒分所，查阅了部分敦煌写本，对苏联所藏敦煌写本情况进行了初步了解。1986年，吴先生参加了在台北举行的"敦煌学国际研讨会"，参会论文为《列宁格勒所藏敦煌写本概况》，其中比较详细地介绍了苏联收藏品的基本情况。[④]

20世纪90年代，随着国际敦煌学的繁荣发展，俄藏敦煌文献图版得以陆续刊布，这使得更多的学者不用远赴俄国就可以见到俄藏敦煌文献。即便如此，赶赴圣彼得堡查阅俄藏敦煌文献的欧洲、日本学者仍是络绎不绝。有关日本学者对奥登堡考察队所获文物、资料方面的研究，可参见高田时雄《俄国中亚考察团所获藏品与日本学者》[⑤]，文章梳理了日本学者对俄藏敦煌文献研究的学术史，以及日本学者与

---

① [日]金冈照光：《苏联敦煌文献研究孟氏（孟列夫）的三种学术著作》，《东洋学报》第48卷，1965年第1期。

② [日]川口久雄：《苏联敦煌文献与日本文学的阀系》，《文学》第38卷，1970年第2期。

③ Oldenbourg Z. Visages d' un autoportrait. Paris: Gallimard, 1977.

④ 刘进宝：《敦煌学通论》，兰州：甘肃教育出版社，2019年，第316—317页。

⑤[日]高田时雄著，徐铭译：《俄国中亚考察团所获藏品与日本学者》，刘进宝主编《丝路文明》第一辑，上海：上海古籍出版社，2016年，第215—224页。

奥登堡、阿列克谢耶夫等人的交流往来。

进入21世纪，随着敦煌学的进一步国际化，各国敦煌学者间联系互动更为紧密，例如：2002年，俄罗斯学者Г.М.邦加尔德－列温、A.A.维加辛与法国学者R.拉迪诺伊斯（R.Lardinois）在巴黎出版了法文版的《1887—1935年巴黎与圣彼得堡东方学者通信集（Correspondances orientalistes entre Paris et Saint-P é tersbourg［1887—1935］)》[①]，此书基于奥登堡与其法国友人间的往来信函编撰，是研究奥登堡与法国东方学家之间交流情况和当时欧洲东方学发展情况的重要档案资料；2012年在日本举办了国际敦煌学研讨会，会后由高田时雄主编、日本京都人文科学研究所出版了会议论文集《涅瓦河畔谈敦煌（Talking about Dunhuang on the Riverside of the Neva）》[②]，论文集中收录有日俄两国学者如И.Ф.波波娃、永田知之、玄幸子等人有关俄藏敦煌文献的研究文章。近年来随着国际敦煌学的进一步繁荣发展，日、法、英、德等国关于奥登堡的相关研究在逐年增加，各国间的交流与合作也在不断扩大。

综合前贤的相关研究，国内外学界对奥登堡及其两次考察的研究已取得丰硕成果。整体而言，目前的研究仍是以对奥登堡考察所获文物的研究为主，对奥登堡考察活动本身的研究较少，多是作为其敦煌考察的背景被简略提及。同时，到目前为止奥登堡1909—1910年新疆考察、1914—1915年敦煌考察的详细报告仍未出版，目前相关论述更多是挖宝式的局部研究。因此，就奥登堡及其两次中国西北考察的

① Bongard-Levin G. M., Lardinois R., VigasinA.A.（é d）. Correspondances orientalistes entre Paris et Saint-Pé tersbourg（1887-1935）. Paris, 2002.

② Talking about Dunhuang on the Riverside of the Neva / Edited by Takata Tokio, Kyoto : Institute for Research in Humanities Kyoto University, 2012.

全面、深入认识方面，仍有许多工作需要做：

首先，对于单个探险家的考察资料来说，更加重要的研究应当建立于对同时代所有中国西北考察资料的整体认识上，这就需要我们对尽量多的考察资料进行整理、结合分析并研究，积少成多，通过对大量考察资料的分析，来探究19世纪末20世纪初奥登堡两次中国西北考察的整体面貌。

其次，就讨论问题的角度，多集中在奥登堡考察所获文物方面的研究，缺乏对奥登堡本人及考察活动本身的专题性论述，如在与发现、购买、劫走中国西部文物有关的人物当中，斯坦因、伯希和、奥登堡等人无疑是最重要的，对于他们的研究，无论是在中国还是在外国都比较丰富。但是，在中国西部文物外流过程中，还有一批相对来说不太引人注目的中外政客、学者、商人也起到过非常重要的作用。长期以来，由于资料的限制等原因，研究者们对于后一批人鲜有关注，①这对于我们今天了解和研究近代中国西部文物的外流情况，无疑是一大缺憾。

最后，相关档案资料有待进一步刊布和发掘。俄藏奥登堡考察资料主要来自考察队日记、考察笔记、往来信函等，信息量异常丰富，这也是其价值所在。要发掘出这些资料的文献价值，一方面要从资料本身做细致的研究，另一方面要从整个近代俄国人中国西北考察史加

① 对此问题贡献较大的当属金荣华的一系列论文如《蒋孝琬（？——一九二二年）——敦煌文物外流关键人物探微之一》《潘震（一八五一——一九二六）——敦煌文物外流关键人物探微之二》《汪宗翰——敦煌文物外流关键人物探微之三》等，主要收入在他的论文集《敦煌文物外流关键人物探微》一书中，新文丰出版公司，1993年；齐陈骏，王冀青在《阿富汗商人巴德鲁丁·汗与新疆文物的外流》一文中，通过对阿富汗商人巴德鲁丁·汗在近代新疆文物外流中的作用进行了论述，详细探讨了巴德鲁丁·汗在英国人掠夺中国西北文物中发挥的重要后勤、情报、文物搜集等作用，《敦煌学辑刊》1989年第1期，第5—15页。

以考察。但是，由于俄藏考察资料迄今刊布有限，且中国国内收藏的相关档案史料也未完全公布，这使得目前大多数学者的研究还是挖宝式的。正如俄罗斯科学院档案馆圣彼得堡分馆馆长 И.В. 童金娜指出的那样："出版奥登堡院士档案资料是当代俄罗斯东方学研究最为重要的科学任务之一。"①同样，全面刊布、研究奥登堡两次中国西北考察的相关国内档案资料也应是当代中国敦煌吐鲁番学研究的重要任务之一。

第二节　基本史料价值述略

21 世纪是敦煌学研究的第二个百年。②随着国际敦煌学的深入发展，以新视角、新资料、新方式深入梳理奥登堡及其两次中国西北考察，呈现出更多维的奥登堡，揭示出奥登堡两次考察中的更多内情和全貌，对推动敦煌学研究、丝绸之路研究、共建"一带一路"等具有重要意义。

历史研究很大程度上是建立在史料的基础之上，对史料的重视、发掘与运用贯穿于历史研究的全过程，其中新史料往往尤为引人关注。前贤关于奥登堡及其两次中国西北考察的论述为之后的研究提供了极大的便利。但同时限于当时材料的公布情况，以往论述中的一些错漏

① Тункина И.В., Бухарин М. Д. Неизданное Научное Наследие академика С.Ф.Ольдебурга – к 100-летию завершения работ русских Туркестанских экспедиций // Из истории науки. 2013. С. 491.

② Proface // Dunhuang Studies: Prospects and Problems for the Coming Second Century of Research Ed. by I.Popova and Liu Yi. Slavia Publishers, St. Petersburg, 2012. p.7.

也在所难免。一些有关奥登堡两次考察的研究，大多以直接引用前人的论述展开，对考察细节缺乏关照，一定程度上限制了认识的进一步深入，且时有以讹传讹之误，非常不利于国内的学科建设。近年来随着俄罗斯对奥登堡相关资料的陆续刊布，使我们能够对奥登堡及其考察有更为清晰的了解。鉴于此，本书在做好相关材料搜集和整理工作的同时，在进一步认识材料所反映内容的基础之上，着重利用“新材料”展开论述。

本书大量采用近年俄罗斯有关机构首次系统刊布的奥登堡两次考察中的往来信函、档案、日记等资料，并在此基础上尽可能多地吸收俄国方面的研究成果。这些研究成果虽然有些已经刊布多年，但国内对于这些成果的了解和运用很不充分，甚至有些几乎是空白。例如：《奥登堡 1909—1910 年新疆考察简报》[①]，1914 年就已由俄罗斯帝国科学院出版社出版。该考察简报虽篇幅不大，但概述了奥登堡考察队在焉耆、吐鲁番和库车地区的考察情况，并且正文中有 73 张插图和文末附 53 张图版，可与其他资料相互补充、印证，是研究奥登堡新疆考察的珍贵图文史料。尽管《奥登堡 1909—1910 年新疆考察简报》已出版一百多年，但目前国内仅近年才有新疆师范大学杨军涛、李新东翻译发表了其中的部分内容，[②]且未引起学界广泛关注。再如俄罗斯国立艾尔米塔什博物馆研究员 H.B. 佳科诺娃于 1995 年出版的奥登

① Ольденбург С.Ф. Русская Туркестанская Экспедиция 1909-1910 года / Краткий предварительный отчет. СПб.: Императорская Академия Наук, 1914.

②［俄］奥登堡撰，杨军涛、李新东译:《1909 年吐鲁番地区探险考察简报》，朱玉麒主编《西域文史》第十三辑，北京：科学出版社，2019 年，第 275—318 页；С.Ф. 奥登堡著，杨军涛、李新东译：《1909—1910 年库车地区考察简报》，郝春文主编《敦煌吐鲁番研究》第 19 卷，上海：上海古籍出版社，2020 年，第 281—300 页。

堡1909—1910年新疆考察自七个星佛寺遗址所获艺术品及考察资料的专著《七个星遗址——С.Ф.奥登堡院士新疆考察资料》[①]，俄罗斯历史学者Б.С.卡冈诺维奇于2006年出版、2013年再版的《谢尔盖·费多罗维奇·奥登堡传记（Сергей Фёдорович Ольденбург: Опыт биографии）》[②]，俄罗斯东方文献研究所圣彼得堡分所与亚洲博物馆联合出版的纪念文集《谢尔盖·费多罗维奇·奥登堡——学者和科研组织者（Сергей Федорович Ольденбург — ученый и организатор науки）》[③]等，都是研究奥登堡两次中国西北考察的重要资料，但国内论述很少涉及。

尤其是近年来俄罗斯科学院档案馆圣彼得堡分馆联合其他科研机构陆续整理刊布了部分现藏于俄罗斯科学院档案馆圣彼得堡分馆、俄罗斯科学院东方文献研究所、俄罗斯联邦国家档案馆、人类学与民族学博物馆、俄罗斯国立圣彼得堡大学档案馆等机构的奥登堡及其两次中国西北考察的档案史料，其中包括公文、会议记录、考察队员日记、往来信函等，对于奥登堡相关研究具有重要价值。

本书所涉俄文新资料大多出自《19世纪末至20世纪30年代新疆与蒙古研究史》系列丛书。该丛书是俄方近年首次较为系统刊布的俄文原始档案，截至目前共出版5卷，总计俄文单词逾1000万。内容不仅涉及19世纪末20世纪初奥登堡新疆、敦煌考

① Дьяконова Н.В. Шикшин. Материалы первой Русской Туркестанской экспедиции академика С.Ф.Ольденбурга. 1909-1910. М.Изд. фирма “Вост. лит.” РАН, 1995.

② Каганович Б.С. Сергей Фёдорович Ольденбург. Опыт биографии. Санкт-Петербург: Нестор-История, 2013.

③ Сергей Федорович Ольденбург – ученый и организатор науки / Сост. и отв. ред. И.Ф.Попова. М.: Наука – Восточная литература, 2016.

察活动，还包括克列门茨（Д.А.Клеменц，1847—1914）、Н.Ф. 彼得罗夫斯基（Н.Ф.Петровский，1837—1908）、М.М. 别列佐夫斯基（М.М.Березовский，1848—1912）等人蒙古、新疆等地活动的原始档案，非常庞杂，其价值不言而喻。但是，目前国内学界几无涉及，仅《克列门茨 1898 年的吐鲁番考察及其影响》[①]一文和本人的拙作[②]中有所涉及，尚待系统、深入发掘。

《19 世纪末至 20 世纪 30 年代新疆与蒙古研究史》系列丛书第一卷内容有关俄罗斯科学院档案馆藏近代俄国人新疆、蒙古活动的往来信函及部分吐鲁番所获文物[③]，其中涉及奥登堡新疆考察中与考察队员、俄国驻新疆领事、他国考察工作者等的往来信函，这些信函是研究奥登堡新疆考察的不可或缺的资料，能够揭示出更多奥登堡新疆考察的细节与内情；第二卷内容是有关近代俄国人收集到新疆、蒙古的地理、历史、考古方面的资料，主要是克列门茨、М.М. 别列佐夫斯基、杜金、奥登堡等人的部分考察日记[④]；第三卷是有关奥登堡 1909—1910 年新疆考察的图片资料，该卷中刊布了俄罗斯科学院东方文献研

---

① 丁淑琴、王萍：《克列门茨 1898 年的吐鲁番考察及其影响》，《敦煌学辑刊》2022 年第 3 期，第 185—194 页。

② 李梅景：《奥登堡新疆考察文物获取途径——以俄国驻乌鲁木齐领事克罗特科夫与奥登堡往来信函为中心》，《敦煌研究》2021 年第 3 期，第 150—158 页。

③ Восточный Туркестан и Монголия. История изучения в конце XIX – первой трети XX века. Том I: Эпистолярные документы из архивов Российской академии наук и Турфанского собрания / Под ред. чл.-корр. РАН М. Д. Бухарина. М.: Памятники исторической мысли, 2018.

④ Восточный Туркестан и Монголия. История изучения в конце XIX – первой трети XX века. Том II: Археологические, географические и исторические исследования / Под ред. чл.-корр. РАН М. Д. Бухарина. М.: Памятники исторической мысли, 2018.

究所“东方学家档案”中收藏的考察队员相关照片资料[①]；第四卷内容是奥登堡两次考察中考察队员的部分野外日记、测绘图等[②]；第五卷主要是奥登堡 1914—1915 年考察敦煌莫高窟时所记录的石窟笔记[③]。

由于此前俄罗斯对奥登堡考察相关档案资料刊布较少，私人查阅不易，能够获取到的极其有限，且极为耗时、耗力，使得国内奥登堡相关论述难以推进。笔者得益于近年来奥登堡考察档案史料的刊布，使本书的论述得以展开。

第三节 研究旨趣和目标

奥登堡是俄国近代科学文化发展史上的一位极其重要的人物，他不仅是俄藏敦煌文献的搜集者，还是著名东方学家、社会活动家、科学院重要领导人。他在担任科学院领导期间，历经罗曼诺夫王朝覆灭、

① Восточный Туркестан и Монголия. История изучения в конце XIX – первой трети XX веков в документах из архивов Российской академии наук и «Турфанского собрания». Том III: Первая Русская Туркестанская Экспедиция 1909-1910 гг. академика С.Ф. Ольденбурга / Фотоархив из собрания Института восточных рукописей Российской академии наук / Под ред. М.Д. Бухарина. М.: Памятники исторической мысли, 2018.

② Восточный Туркестан и Монголия. История изучения в конце XIX – первой трети XX века. Том IV. Материалы Русских Туркестанских экспедиций 1909-1910 и 1914-1915 гг. академика С.Ф. Ольденбурга / Под общ. ред. М.Д. Бухарина, В.С. Мясникова, И.В. Тункиной. М.: «Индрик», 2020.

③ Восточный Туркестан и Монголия. История изучения в конце XIX – первой трети XX века. Том V. Вторая Русская Туркестанская экспедиция 1914-1915 гг.: С.Ф. Ольденбург. Описаниепещер Чан-фо-дуна близ Дунь-хуана / Под общ. ред. М.Д. Бухарина, М.Б. Пиотровского,И.В. Тункиной. - М.: «Индрик», 2020.

临时政府执政、十月革命爆发等重大历史事件，并曾身处诸多重大历史事件中心。正如著名东方学家、俄罗斯科学院东方文献研究所圣彼得堡分所所长波波娃女士所说："在俄罗斯，作为在十月革命后能够重建科学院并使其在俄罗斯研究机构中保持领先地位的社会活动家，C.Ф. 奥登堡是最著名的公众人物。"①

长期以来，国内学者对奥登堡的了解大多限于简历式的描述，对于他在印度学、佛学、梵文方面的成就和其作为科学院领导人的贡献等都不甚了解。这与奥登堡对于我国学界主要是以"敦煌盗宝者"这一身份著称有关。因此，较为系统地梳理出奥登堡生平主要活动轨迹，有助于重塑对奥登堡的认识，有助于探究奥登堡两次中国西北考察的背景和动机。对奥登堡学术思想脉络进行梳理，有助于揭示其两次中国西北考察中应用到的西方考古学知识，探究奥登堡西方游学和东方盗宝间的东西方文化交流与融合。

奥登堡 1909—1910 年新疆考察、1914—1915 年敦煌考察是 19 世纪末 20 世纪初外国探险家中国西北考察的重要组成部分,是丝绸之路、中外交往史上的重要事件。在一定程度上,这也是"西学东渐"与"东学西渐"在特定历史条件下的一次特殊的碰撞与交融，但奥登堡两次考察劫掠了大量中国西北文物，这是毋庸置疑的事实。

奥登堡两次中国西北考察，一方面将东方的文化瑰宝带到了西方世界，使得西方对于东方文化有了更多的了解与关注。同时，也引来

① [俄] 波波娃 :《俄罗斯科学院档案馆 C.Ф. 奥登堡馆藏中文文献》，郝春文主编《敦煌吐鲁番研究》第 14 卷，上海 : 上海古籍出版社，2014 年，第 213 页。

② 陈寅恪 :《陈垣敦煌劫余录序》,《国立中央研究院历史语言研究所集刊》第一本第二部分，1930 年 6 月，第 1 页。

了西方对东方珍宝的进一步觊觎，这是特殊历史时代造就的，是“敦煌者，吾国学术之伤心史也”[2]的悲叹；另一方面，奥登堡的两次考察也将西方的考古学方法、理论和实践非法应用到了东方，保留下了一百多年前新疆古遗址和敦煌莫高窟的大量照片、素描图、平面图等珍贵档案史料，对于边疆考古、石窟寺保护与修复都是非常有学术价值的资料。[1]但是，目前国内尚没有论述奥登堡两次中国西北考察的专著，无疑是一大缺憾。

本书将采取考察史与人物史相结合的方式，一方面在19世纪末20世纪初的中国西北考察史的大背景中探讨奥登堡两次考察的具体过程和内情；另一方面考察奥登堡这一人物的婚姻、求学、交往活动网络，探究这一网络在19世纪末20世纪初的俄国中亚考察、东方学发展脉络中发挥的作用。在具体研究过程中，一方面通过对奥登堡生平活动轨迹的梳理，探究其学术源流、交往圈的扩展进程和影响；另一方面通过对一系列重要事件史实的考订，揭示奥登堡两次中国西北考察的具体内情真相。在具体的研究方法上，笔者在借鉴前人研究的基础上，主要遵循两个思路：首先，依据现有文献尽可能地展现奥登堡这一人物生平的复杂图景。在既往的研究中更多地倾向于对奥登堡进行简历式的介绍，而对其成长经历、交游活动等措意较少，奥登堡学术源流、交游网络是本书关注的一个重点。其次，在实证研究过程中注重对具体史实的考订分析。采取以问题为导向的方式，对以往奥登堡研究中存在的讹误之处提出新证，对其两次中国西北考察中的细节和内情进行新的揭示。

① 荣新江：《迎接敦煌学的新时代，让敦煌学规范健康地发展》，《敦煌研究》2020年第6期，第21页。

本书的研究建立在广泛收集相关史料并加以比勘、考释的基础之上，并注意辨析各种史料的不同层次与可信度，从而试图系统地阐释奥登堡及其20世纪初的两次中国西北考察。本书共有七章，具体可分为三个部分，第一章、第二章为第一部分，第三章至第六章为第二部分，第七章为第三部分，兹简要说明各部分内容与研究目标如下：

第一部分，首先在一个较长的时间维度上考察奥登堡的求学背景、交游活动、工作履历，探讨奥登堡从学术研究者到学术组织者的转变，对奥登堡与列宁“终生好友”说提出质疑并修正。

第二部分，是对于奥登堡两次考察中的一些重要事件和人物的考订，主要探究以下五个问题：1. 探究新疆考察中卡缅斯基“早退”问题；2. 考证新疆考察获取文物途径问题；3. 探讨两次考察中的“斯米尔诺夫”问题；4. 论证考察队抵达莫高窟的时间；5. 进一步揭示敦煌考察的往返路线。

第三部分，是总结章，对奥登堡20世纪初的两次中国西北考察的整体情况，如两次考察劫获的藏品、考察特点及影响与意义展开论述。此外，这部分还对俄罗斯科学院敦煌学研究的历程进行概述。

第一章　家世与早年经历

谢尔盖·费多罗维奇·奥登堡（Сергей Федорович Ольденбург，1863—1934）[①]1863 年 9 月 14 日（26 日）[②]出生于外贝加尔湖地区。父亲是俄国军官，母亲是有一半法国人血统的法语教师，家庭通用语言曾一度是法语。良好的家庭文化环境和氛围，对奥登堡性格、品行的培养，以及之后的学术活动有着积极的引导作用。母亲、兄长、儿子是奥登堡一生中最为重要，也是陪伴他时间最久的亲人。奥登堡于 1881 年考入圣彼得堡大学，1895 年通过硕士学位答辩，在圣彼得堡大学求学、工作的十数载，是奥登堡学术兴趣形成的重要阶段。

① 中文中也译作“谢·费·鄂登堡”“С.Ф.奥登堡”“奥尔登堡”“奥登伯格”等，以奥登堡最为常见。俄文史料中常以“谢尔盖”“谢尔盖·费多罗维奇”“谢尔盖·奥登堡”等来指代奥登堡，为便于区分，本书除引文外，均作“奥登堡”。

② 旧俄历在19世纪比公历晚12天、20世纪比公历晚13天，俄国一直沿用旧历至1918年1月26日。本书在涉及旧俄历时间处，在括号中标注有公历时间。

第一节　家庭环境与成长

奥登堡的先祖曾是德国贵族，在彼得大帝时期从德国的梅克伦堡迁居至俄国。奥登堡的爷爷曾任俄国步兵将军，后在华沙退役。父亲——费奥多尔·费多罗维奇·奥登堡（Федор Федорович Ольденбург，1826—1877）曾任莫斯科禁卫军上校，1856年调任外贝加尔区卡扎奇耶军队，指挥哥萨克军团，在西伯利亚任职九年。①

母亲娜杰日达·费奥多罗夫娜·奥登堡（Надежда Федоровна Ольденбург，1831—1909）有一半法国人血统，是一位不太富有的军官的女儿，父姓别尔格（Берг）。娜杰日达的父母早逝，她曾在斯莫尔尼女子贵族学院学习，后在那里担任过法语教师。

1861年，东正教教徒娜杰日达·别尔格与路德教教徒费奥多尔·奥登堡结为伴侣。1861年，奥登堡的兄长费多尔（Федор）②出生在父亲指挥的军团所在地外贝加尔区涅尔钦斯克县扬基诺村。1863年，奥登堡也在此出生。根据俄国当时的法典，奥登堡兄弟在东正教教堂受洗过。③虽然奥登堡的父母都是宗教信徒，但奥登堡兄弟在幼年时并未受到过宗教方面的培养，"直至进入中学后，学校要求所有的学生都去参观教堂"④，奥登堡兄弟俩才第一次进入教堂。奥登堡的第二

① Воробьёва И.Г. Наталья Фёдоровна Ольденбург – хранитель традиций Приютинского братства // Диалог со временем. 2015. Вып.50. С. 308.

② 俄语文化中，存在父子同名的普遍现象。为便于区分，本书中奥登堡父亲的名字译为"费奥多尔"，兄长的名字译为"费多尔"，文中在必要处会注释说明。

③ Каганович Б.С. Сергей Фёдорович Ольденбург. Опыт биографии. Санкт-Петербург: Нестор-История, 2013. С.10-11.

④ Каганович Б.С. Сергей Фёдорович Ольденбург. Опыт биографии. Санкт-Петербург: Нестор-История, 2013. С.12.

任妻子叶连娜·格里高利耶夫娜（Елена Григорьевна）在日记中记录下 1926 年复活节时与丈夫的谈话，“对于他来说，这个节日与温暖的回忆没有任何关联，甚至在他的一生中都从未进行过晨祷”[①]。奥登堡的父母不见得想使孩子们成为无神论者，大概由于他们自己不曾是狂热的信徒，又有着不同的信仰，以及西方的生活方式，因此未使东正教的习俗在奥登堡家中延用。[②]

图 1–1　奥登堡的父亲与母亲
（图片来源于俄罗斯科学院档案馆圣彼得分馆官方网站，
网址：http://ranar.spb.ru/rus/vystavki/id/530/）

① Каганович Б.С. Сергей Фёдорович Ольденбург. Опыт биографии. Санкт-Петербург: Нестор-История, 2013. С.12.

② Каганович Б.С. Сергей Фёдорович Ольденбург. Опыт биографии. Санкт-Петербург: Нестор-История, 2013. С.12.

1867年，父亲费奥多尔·奥登堡以少将军衔退役，携家人迁居欧洲。奥登堡一家曾在巴黎和法国南部居住过一段时间，后又迁居至德国的海德堡。费奥多尔不是一般意义上的军人，其本身文化程度非常高，且尊崇卢梭思想。旅居国外期间，费奥多尔曾作为一名旁听生进入海德堡大学学习，一方面是为充实自己，另一方面则是为更好地教育孩子。幼年旅居欧洲的经历，对于奥登堡兄弟学习并快速掌握欧洲语言、开阔眼界起到了良好的引导作用，为奥登堡之后与欧洲学界的密切联系奠定了基础。

1873年，由于奥登堡兄弟俩到了升入中学的年纪，奥登堡一家决定返回俄国，并最终选定华沙作为定居城市。[①] 1874年，奥登堡兄弟二人进入了华沙第一古典中学学习。[②]帝俄时期的古典中学要求学生必修古希腊语、拉丁语及古希腊、罗马文字。兄弟俩成绩优异，尤其酷爱拉丁语和希腊语，毕业时已储备有丰富的古希腊、罗马经典作品方面的知识。

奥登堡的好友、俄国著名东方学家Ф.И.谢尔巴茨科依（Ф.И.Щербатской，1866—1942）[③]院士在回忆录中这样写道，奥登堡“虽然出身于文化程度高且富有的家庭，但自幼就习惯了繁杂的工作和简朴的生活环境。在孩子的教育方面，双亲是开明的，就其天赋给予了那个时代最好的教育。在语言的教授及掌握方面是完美的，至少，西方文明的三种语言是精通的，这种条件并不是所有的人文科学

① Воробьёва И.Г. Наталья Фёдоровна Ольденбург – хранитель традиций Приютинского братства // Диалог со временем. 2015. Вып.50. С. 308.

② Каганович Б.С. Сергей Фёдорович Ольденбург. Опыт биографии. Санкт-Петербург: Нестор-История, 2013. С.12.

③ Ф.И. 谢尔巴茨科依，俄国东方学家、科学院院士，俄国佛教学派创始人之一。

工作者都能享有，而在奥登堡一家却已达到了最高水准”[①]。

在华沙中学时期，围绕奥登堡兄弟形成了交往密切的朋友圈，其中尤以在波兰任职的俄国官员的孩子居多，包括后来的俄国著名政治活动家Д.И. 沙霍夫斯基（Д.И.Шаховский，1861—1939）、历史学家А.А. 科尔尼洛夫（А.А.Корнилов，1862—1925）、政治家Д.С. 斯塔伦科维奇（Д.С.Старынкевич，1858—1906）、政治家С.Е. 克利札诺夫斯基（С.Е.Крыжановский，1862—1935）等[②]。奥登堡兄弟与华沙中学时期的大多数伙伴保持了终身的友谊。

1877 年，父亲费奥多尔因感冒引发肺炎，不幸离世，[③]留下奥登堡孤儿寡母相依为命。当时的奥登堡年仅 14 岁，兄长不足 16 岁。费奥多尔生前非常重视对两个儿子的培养教育，对奥登堡兄弟在信仰、品行方面的影响非常大。他极力培养孩子们亲近自然，并给奥登堡兄弟请了细木工教他们手工艺。他还培养了孩子们保护弱小、尊重女性、牺牲自我的骑士精神。[④]母亲娜杰日达是一位聪慧坚强的女性，在丈夫去世后，不畏生活中的艰难困苦，独自承担起了抚养两个儿子的重任。据奥登堡兄弟少年时期的好友 А.А. 科尔尼洛夫后来回忆说：“父亲曾以独特的方式全身心致力于两个儿子的成长教育，因感冒死于肺炎，享年 51 岁，奥登堡兄弟悲痛非常。母亲——娜杰日达·费奥多罗

---

① Щербатской Ф.И. С.Ф.Ольденбург как индианист// Сергею Федоровичу Ольденбургу к 50-летиюнаучно-общественной деятельности. 1882-1932: Сб. ст. Л., 1934. С.24.

② Корнилов А.А. Воспоминания о юности Ф.Ф.Ольденбурга // Русская мысль. 1916. №8. С.49-53.

③ Воробьёва И.Г. Наталья Фёдоровна Ольденбург – хранитель традиций Приютинского братства // Диалог со временем. 2015. Вып.50. С. 308.

④ Каганович Б.С. Сергей Фёдорович Ольденбург. Опыт биографии. Санкт-Петербург: Нестор-История, 2013. С.12.

夫娜完全秉承丈夫遗志，成为奥登堡兄弟唯一的培养教育者。”[①]

奥登堡的老朋友俄国著名政治活动家Д.И. 沙霍夫斯基追忆奥登堡一家时说："总体来说，奥登堡一家如修道院骑士般渴望奉献。”[②]奥登堡的第二任妻子叶连娜·格里高利耶夫娜称："父母并没有传给孩子们任何奇特的神话，但是，有趣的是，未来的教授奥登堡院士后来一直对神话故事非常感兴趣。”[③]

在开明睿智的父亲和坚强乐观的母亲的言传身教下，在幼年良好的家庭成长环境中，以及后来的年少失怙，造就了奥登堡坚韧不拔、吃苦耐劳、关怀弱小的美好品质，这些品质是20世纪初奥登堡在艰苦的条件下能够坚持完成两次考察的重要因素之一。此外，良好的家庭氛围也对奥登堡之后的学术、思想起到了积极的引导作用。正是这些美好的品质和豁达乐观的性情，后来帮助奥登堡克服重重困难，使他在罗曼诺夫王朝被推翻至苏联政权建立的社会急剧动荡时期，能够肩负起科学院运行的重任。

1881年，奥登堡兄弟以优异的成绩获得金质奖章，从华沙古典中学毕业升入圣彼得堡大学。奥登堡母子三人从华沙迁往了母亲娜杰日达出生的城市圣彼得堡[④]。兄长费多尔进入了圣彼得堡大学的历史语文系，而奥登堡则进入了东方语言系梵语—波斯语专业学习。

---

① Воробьёва И.Г. Наталья Фёдоровна Ольденбург – хранитель традиций Приютинского братства // Диалог со временем. 2015. Вып.50. С. 309.

② Каганович Б.С. Сергей Фёдорович Ольденбург. Опыт биографии. Санкт-Петербург: Нестор-История, 2013. С.12.

③ Каганович Б.С. Сергей Фёдорович Ольденбург. Опыт биографии. Санкт-Петербург: Нестор-История, 2013. С.12.

④ 圣彼得堡，自1703年建立至1914年，这一时期名“圣彼得堡”；1914年一战爆发，改名为“彼得格勒”；1924年列宁去世，为纪念列宁更名“列宁格勒”；1991年9月6日，恢复旧名“圣彼得堡”。

第二节 两段婚姻与三位重要亲人

奥登堡一生有过两段婚姻。第一段婚姻虽然持续时间不长，但奥登堡与第一任妻子情投意合，在妻子去世后，奥登堡很长一段时间都沉浸在悲痛中无法自拔。第二段婚姻是在奥登堡晚年时。第二任妻子叶连娜·格里高利耶夫娜在生活、工作上给予了奥登堡颇多照顾，并在奥登堡去世后多方奔走，努力完成奥登堡生前的遗愿。

一、第一任妻子

奥登堡的第一任妻子与奥登堡兄弟大学时的朋友圈密切相关。奥登堡兄弟的朋友圈在圣彼得堡得到进一步扩充，其中包括自然学科的大学生 В.И. 维尔纳茨基、历史学科大学生 И.М. 格列夫斯(И.М.Гревс，1860—1941 ）等。奥登堡兄弟的朋友圈中亦不乏女性成员，令人津津乐道的是，后来这些女性成员的生活与圈内男性成员们永远地联系在了一起，她们成了男成员们的妻子[①]，这其中的女性有奥登堡两兄弟、Д.И. 沙霍夫斯基、И.М. 格列夫斯、В.И. 维尔纳茨基等人未来的妻子们。

奥登堡的第一任妻子亚历山德拉·巴甫洛芙娜·奥登堡（Александра Павловна Ольденбург，1863—1891），娘家姓季马费耶娃（Тимофеева）。亚历山德拉不仅是奥登堡大学时朋友圈中的一员，还是奥登堡母亲娜杰日达在斯莫尔尼女子贵族学院的老朋友利金·卡尔罗夫娜·季马费耶娃（Лидии Карловна Тимофеева）的女儿。年轻的奥登堡与亚历山德拉因志趣相投走到了一起。

① Корнилов А.А. Воспоминания о юности Ф.Ф.Ольденбурга// Русская мысль. 1916. №8. С.49.

1885 年，奥登堡从圣彼得堡大学东方语言系梵语—波斯语专业毕业，学士学位论文题目为《古印度方言摩揭陀语的语音与词法概述（Очерк фонетики и морфологии пракритского наречия Magadhi）》。奥登堡因在校表现突出，毕业后留校任助教。1886 年 10 月，谢尔盖·费多罗维奇·奥登堡与师范类毕业生亚历山德拉·巴甫洛芙娜·季马费耶娃（Александра Павловна Тимофеева）举行了婚礼。

据奥登堡的好友 A.A. 科尔尼洛夫后来回忆说："谢尔盖与舒拉[①]的婚礼，我曾是当时的男傧相之一，婚礼极其简陋，没有燕尾服、没有酒，甚至连马车也没有，这对于老一辈来说，不是没有争吵与伤心的，但在那种情况下也只能被迫妥协了。新婚夫妇搬到了格列夫斯一家的小宅子里，在那里他们租了间带有两扇窗子的房间。"[②]

虽然奥登堡与亚历山德拉的婚礼很简陋，二人婚后的生活也非常清贫，但夫妇二人情投意合，感情非常深厚。1887 年，奥登堡获准前往法国、英国和德国游学，为期两年，5 月末，奥登堡携妻子去了法国。1888 年 6 月，奥登堡的儿子谢尔盖[③]出生。1889 年 2 月，奥登堡回到圣彼得堡，后在圣彼得堡大学担任编外副教授。

1891 年 9 月 20 日，亚历山德拉·巴甫洛芙娜·奥登堡因患结核脑膜炎不幸病逝，奥登堡在 28 岁时成了一个带着 3 岁儿子的鳏夫。

关于奥登堡妻子亚历山德拉的相关资料非常少，目前笔者仅从《培养与教育（Воспитание и обучение）》杂志，1891 年第 12 期上刊登

---

① 舒拉是亚历山德拉的爱称。

② Корнилов А.А. Воспоминания о юности Ф.Ф.Ольденбурга // Русская мысль. 1916. №8. С. 49-53.

③ 谢·费·奥登堡父子俩的名字都叫"谢尔盖"，这在俄语文化中很常见，文中加了适当注释以区分。

的亚历山德拉的讣告中获取到其学习、工作经历方面的一些信息，讣告内容如下：

奥登堡·亚历山德拉·巴甫洛芙娜（ОЛЬДЕНГБУРГ Александра Павловна）（娘家姓季马费耶娃 Тимофеева）（1863—1891），作家。

亚历山德拉1863年生于特维尔，童年在叶列茨度过，中学就读于彼得罗夫斯克中学，中学毕业后进入圣彼得堡数学院攻读师范课程。毕业后在圣彼得堡的星期日业余学校任教。她是俄罗斯实证主义者威廉·弗雷（Вильям Фрей）思想的拥趸。她与当时还不是圣彼得堡大学教授的奥登堡结婚后，与丈夫一同建立了一个研究民间文学的圈子，在那里诞生了免费民间阅览室的想法。1886—1891年，供职于《培养与教育》杂志社，负责对面向大众的新书进行述评——与A.M.卡尔梅科娃（A.M.Калмыка）[①]和凯特里茨（Б.Кетриц）合编，附在《培养与教育》月刊的第8期的附页《儿童与人民读物索引（Опыта периодич. указателя книг для детского и народного чтения）》。1891年因患肺结核去世，享年28岁。[②]

亚历山德拉的去世对奥登堡来说是一次非常沉重的打击。奥登堡的第二任妻子叶连娜在编写奥登堡大事年表时写道："谢·费·奥登堡在殡葬那一天独自与遗体（妻子的）待在一起，向她宣誓他仍将继续为自由而战直至生命的最后，这是生前他们共同为之奋斗的事业。"[③]

① A.M. 卡尔梅科娃（1849—1926），俄国革命运动参加者，民粹派分子，女教师。

② Некролог – Воспитание и обучение.1891. № 12. С. 394-402.

③ Каганович Б.С. Сергей Фёдорович Ольденбург. Опыт биографии. Санкт-Петербург: Нестор-История, 2013. С.27.

亚历山德拉去世后，奥登堡一度处于极度抑郁中。1896 年 4 月，即妻子亚历山德拉去世近五年后，奥登堡在日记中写道："我无法相信，甚至大概以后也不会相信永生。上帝啊，幸福应该是怎样的？我生命的意义何在？当然，我也没有试图去探寻。然而，必须活着，这很显然，因为我还有母亲和谢廖沙[①]，他们需要我，假如没有他们，我甚至不会有一分钟的犹豫。"[②]可见奥登堡与妻子亚历山德拉感情之深厚，亚历山德拉的去世对奥登堡打击之大。沉重、压抑的情绪长期笼罩着奥登堡，虽然没有使他的科研工作完全停滞，但对其工作、生活都产生了非常严重的影响。在这种情况下，奥登堡的母亲娜杰日达搬过来与儿子同住，照料儿子和孙子的生活。

图 1-2　奥登堡的第一任妻子亚历山德拉

（图片网址：http://www.ras.ru/vernadsky/）

① 谢廖沙是谢尔盖的爱称，此处指奥登堡的儿子。

② Каганович Б.С. Сергей Фёдорович Ольденбург. Опыт биографии. Санкт-Петербург: Нестор-История, 2013. С.27-28.

奥登堡沉浸于丧妻之痛中，无法自拔时得到了老师 B.P. 罗森持续不断的鼓励与帮助。这一时期奥登堡与 B.P. 罗森的往来信函反映出奥登堡与罗森师生间的亲密、友好关系。对于奥登堡来说，罗森不仅在生活上给予了他种种帮助，更是不断在精神上给予他鼓励与支持。奥登堡曾毫不避讳地向罗森坦言自己的心境及家人的情况，罗森常常想方设法地鼓励奥登堡，并转移其悲痛。从两人的往来信函中可以了解到，罗森曾经常到奥登堡家中做客，与奥登堡的母亲也颇为熟稔，并且很尊重她。在亲友的鼓励和帮助之下，奥登堡最终逐渐从失去妻子的悲痛中走了出来。

二、第二任妻子

奥登堡的第二段婚姻发生在晚年时期。1922 年末，奥登堡的老熟人叶连娜·格里高里耶夫娜·戈洛瓦乔娃（Елена Григорьевна Головачёва，1875—1955）从西伯利亚迁居圣彼得堡，其子考入了圣彼得堡电工技术学院。根据叶连娜的信件和日记可以推断出，在迁居圣彼得堡前她与奥登堡开始有了某些暧昧的关系。但那时两人并没有结婚的打算，后来是叶连娜有意成为奥登堡生命中的另一个女人。[①]在鳏居 32 年之后，60 岁的奥登堡与叶连娜于 1923 年 2 月结为伴侣，携手步入了第二段婚姻。[②]根据 5 月 20 日奥登堡的儿子谢尔盖从柏林发来的贺电可知，在谢尔盖还是孩童之时就已认识叶连娜，并且奥登

① Каганович Б.С. Сергей Фёдорович Ольденбург. Опыт биографии. Санкт-Петербург: Нестор-История, 2013. С.103.

② Каганович Б.С. Сергей Фёдорович Ольденбург. Опыт биографии. Санкт-Петербург: Нестор-История, 2013. С.101-102

堡夫妇二人是在大学的教堂里举行的婚礼。[①]

叶连娜·格里高里耶夫娜，娘家姓克列门茨（Клеменц），出生于萨马拉省，父亲Г.А. 克列门茨（Г.А.Клеммменнц）是一位地方法官，叔叔是著名的民意党人、民族学家、俄罗斯博物馆民族学部的组建者——德米特里·亚历山德罗维奇·克列门茨（Дмитрий Александрович Клеммменнц，1847—1914）。叶连娜毕业于别斯图热夫女子学院，后来嫁给了统计学家、政治流放者Д.М. 戈洛瓦乔夫（Д.М.Головачев，1866—1914），婚后随丈夫流亡西伯利亚，在赤塔任教多年。

由于奥登堡与叶连娜的叔叔克列门茨同在俄国科学院工作，且有过多次合作，早在19世纪90年代两人就成了好友。[②]1898年，根据俄国委员会的提议拟派遣人类学与民族学博物馆（珍品陈列馆）研究员克列门茨率考察队前往新疆考察，"С.Ф. 奥登堡以极大的热情参与到了考察计划的制定中，Д.А. 克列门茨甚至拟邀请他加入，然而儿子的病阻碍了奥登堡的行程"。[③]1900年奥登堡与克列门茨、考古学家尼古拉·伊万诺维奇·维谢洛夫斯基（Николай Иванович Веселовский，1848—1918）向俄国考古学会东方分会送呈了《关于组织塔里木盆地考古考察的报告》，在该报告中他们提议对新疆进行系统的考察。该次报告是奥登堡1909—1910年新疆考察的初始提案。

① Каганович Б.С. Сергей Фёдорович Ольденбург. Опыт биографии. Санкт-Петербург: Нестор-История, 2013. С.102.

② Ольденбург С.Ф. Дмитрий Александровмч и Елизавета Николаевна Клеменц. In memoriam // Живая старина. 1915. Т. 24, вып. 1-2. С. 169-172.

③ Попова И.Ф. Первая Русская Туркестанская экспедиция С.Ф.Ольденбурга（1909-1910）// Российские экспедиции в Центральную Азию в конце XIX –начале XX века / Сборник статей. Под ред. И.Ф. Поповой. СПб.: Славия, 2008. С.149.

叶连娜最初与奥登堡相识于1898年。彼时叶连娜还在圣彼得堡别斯图热夫女子学院上学，在一次奥登堡拜访克列门茨时，二人相遇并相识。根据奥登堡的儿子谢尔盖所说，他还是孩童时就认识叶连娜，也说明奥登堡与叶连娜年轻时就熟识。1922年末，叶连娜回到彼得格勒，并于1923年2月与奥登堡结为伴侣，这一婚姻一直持续到1934年2月奥登堡去世。叶连娜于1955年在列宁格勒逝世，葬于奥登堡墓附近的沃尔科沃公墓。[①]

叶连娜自1923年成为奥登堡的妻子后，对待他的一些亲戚和老朋友并不太和善。她尤其不喜欢奥登堡的儿媳阿达·德米特里耶夫娜（Ада Дмитриевна）及其姐妹们，而她们也在自己的回忆录中表达了同样的不喜欢。她们曾强调说,这场婚姻是有损身份的,虽然令人惊讶，但这种文化人的教养和敏锐是无可厚非的，正如同奥登堡娶了一个相貌一般的外省女人。奥登堡的孙女卓娅在很多年后，这样描述了叶连娜，部分是根据她与母亲、姨母И.Д.赫洛皮娜（И.Д.Хлопина）的谈话:"虽然她是考古学家克列门茨的侄女，并曾是女子贵族学院的学生，但是，无疑，她是粗俗的，……有些刺耳的嗓音，不太明显的奇思怪想，浮夸的面部表情，手忙脚乱的姿势。个子矮，身材很差，脸孔干瘪，不漂亮也不很难看——不，不难看，但是，也就普普通通。一双有神的小眼睛，……没有光泽的头发，紧巴巴地束在头顶，……毫无雅致美感可言，……女伴或是穷苦的女性亲戚——也正如我那样定义她。她总是一副土气的乡下女教师的样子——礼貌且平庸的样子。"[②]

① "Мы не нищие...": к истории 200-летнего юбилея Российской Академии наук（из дневника Е.Г. Ольденбург）/ Сорокиной.М.Ю.Публ. // Источник. 1999. № 6. С. 28.

② Oldenbourg Z. Visages d'un autoportrait. Paris: Gallimard.1977. P.176-179.

《谢尔盖·费多罗维奇·奥登堡传记》的作者俄国历史学者 Б.С. 卡冈诺维奇在书中这样评价叶连娜："叶连娜是一位有智慧、刚毅的女性。在此，我们不深入探究她的外貌和穿衣打扮问题，我们要说的是，以她的文化和教育水平，她无论如何也不逊于那时圣彼得堡的知识分子阶层，而从她的日记和回忆录的丰富内容看，她对事件的认识之深刻，及其文学的鲜明性远远超出了那些轻视地对她评头论足的文坛和科学院的太太们的作品。"①

叶连娜与阿达等人的矛盾在于，成为奥登堡的妻子后，叶连娜认为年轻人居住着的房子是奥登堡的，而他们影响了奥登堡工作。由于叶连娜与阿达两人都认为自己是房子的女主人，这导致了两人间的关系非常紧张。1923 年，阿达的姐妹们与奥登堡的侄儿们搬到了另一栋房子住。而阿达和女儿们则搬到了瓦西里耶夫岛的第十一号大街，并在那里的中学担任数学教师。但很快叶连娜与前夫的儿子德米特里及其妻子住进了奥登堡科学院的房子。基于这些方面，叶连娜与阿达双方都很难给彼此留下美好幸福的回忆。②

所有这些家长里短及太太们的闲话，不能成为客观公正评价叶连娜的依据。③叶连娜自 1923 年成了奥登堡的妻子后，给予了奥登堡生活和精神上很大的慰藉，保存下了大量奥登堡生活和工作的珍贵资料。叶连娜自 1924 年开始写日记，几乎每天都坚持写，主要是记录

---

① Каганович Б.С. Сергей Фёдорович Ольденбург. Опыт биографии. Санкт-Петербург: Нестор-История, 2013. С.104.

② Каганович Б.С. Сергей Фёдорович Ольденбург. Опыт биографии. Санкт-Петербург: Нестор-История, 2013. С.104-105.

③ Каганович Б.С. Сергей Фёдорович Ольденбург. Опыт биографии. Санкт-Петербург: Нестор-История, 2013. С.105.

奥登堡对科学院一些重大事件的看法和观点。实际上，她成为科学院“口述史”的首位编年史编撰者，记录有许多独一无二的信息和观点，这些信息和评论是无法根据官方文件重建的，因此非常珍贵。即使在丈夫奥登堡去世后，叶连娜仍笔耕不辍，根据奥登堡相关笔记、大量往来信函、文件等编写了《关于1925—1929年科学院常务秘书奥登堡工作札记（Записки о работе С.Ф.Ольденбурга в качестве непременного секретаря Академии наук в 1925-1929 гг.）》《奥登堡院士传记年表（Хронологическую канву для биографии академика С.Ф.Ольденбурга）》。[①]

1938年，根据叶连娜的请求，科学院主席团拨款对1914—1915年敦煌考察中奥登堡院士的笔记进行释读和誊抄，[②]这对国际敦煌学研究具有重大意义。1934年，叶连娜将奥登堡的部分文献移交至苏联科学院档案馆，构成了科学院档案馆圣彼得堡分馆С.Ф.奥登堡馆藏（编号№ 208）的主要藏品。部分材料于1937年、1949年从苏联科学院东方学研究所存入俄罗斯科学院档案馆。叶连娜的孙子Г.Д.戈洛瓦切夫（Г.Д.Головачев）也于1957年将部分资料转交至档案馆。在最后入藏的资料中，包括奥登堡的手稿、书信、叶连娜关于丈夫的回忆录，以及奥登堡生平学术材料10捆。[③]

---

① “Мы не нищие...”: к истории 200-летнего юбилея Российской Академии наук（из дневника Е.Г. Ольденбург）Сорокиной. М.Ю.Публ. // Источник. 1999. № 6. С. 28-29.

②［俄］Е.Г. 奥登堡：《代序》，俄罗斯国立艾尔米塔什博物馆、上海古籍出版社编《俄藏敦煌艺术品》Ⅵ，上海：上海古籍出版社，2005年，第10页。

③ Чугуевский Л.И. Архив востоковедов（б. Азиатский архив）// Письменные памятники и проблемыистории культуры народов Востока: 23-я годичная сессия ЛО ИВ АН СССР. Материалы по историиотечественного востоковедения.Ч.3, 1990. С.49, 75-76.

叶连娜作为奥登堡的妻子，是一位值得尊敬的贤内助。叶连娜不仅在生活上尽心尽力照顾奥登堡，相伴奥登堡度过晚年时光，而且留下了大量亲笔记录，这些笔记是珍贵的档案史料，对于研究奥登堡生平至关重要，同样对于研究 20 世纪头三十年俄国科学院、俄国科学与社会历史具有重要价值和意义。在奥登堡去世后，叶连娜为完成丈夫生前遗愿，多方奔走筹措经费对奥登堡敦煌考察笔记进行整理和誊抄，推进了奥登堡敦煌考察相关资料的刊布，也促进了国际敦煌学相关研究的发展。

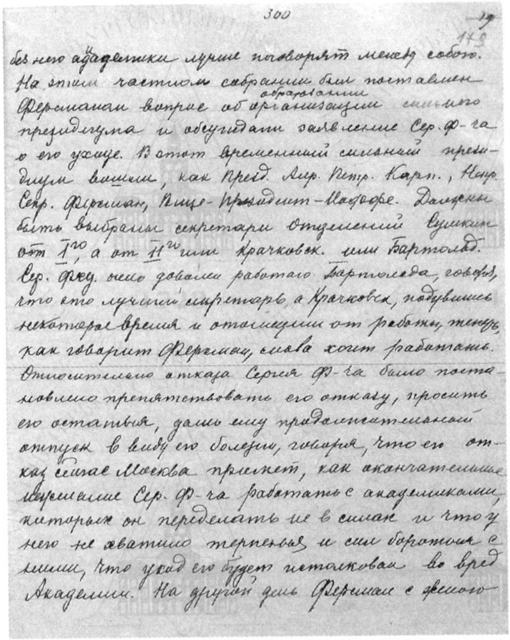

300 179

без него академики лучше поговорят между собою.
На этом частном собрании был поставлен
Ферсманом вопрос об организации (образовании) нового
президиума и обсуждали заявление Сер. Ф-ча
о его уходе. В этот временный сильный прези-
диум вошли, как През. Алер. Петр. Карп., Непр.
Секр. Ферсман, Вице-Президент-Иоффе. Должны
быть выбраны секретари Отделений Сушкин
от I-го, а от II-го или Крачковск. или Бартольд.
Сер. Фед. очень довольны работою Бартольда, говоря,
что это лучший секретарь, а Крачковск., подувшись
некоторое время и отказывался от работы, теперь,
как говорит Ферсман, снова хочет работать.
Относительно отказа Сергея Ф-ча было поста-
новлено препятствовать его отказу, просить
его остаться, дать ему продолжительный
отпуск в виду его болезни, говоря, что его от-
каз сейчас Москва примет, как окончательное
решение Сер. Ф-ча работать с академиками,
которых он переделать не в силах и что у
него не хватило терпенья и сил бороться с
ними, что уход его будет истолкован во вред
Академии. На другой день Ферсман с весьма

图 1-3 叶连娜 1927 年 11 月 13 日日记

（图片来源于俄罗斯科学院档案馆圣彼得堡分馆官方网站，网址：http://ranar.spb.ru/rus/vystavki/id/527/.ru）

三、三位重要的亲人

母亲、兄长和儿子，是奥登堡一生中极为重要的亲人，也是陪伴他时间最长的至亲，此三者对奥登堡的影响非常大。奥登堡年少失怙，在此后的成长中与母亲、兄长相依为命，母子三人感情非常深厚。奥登堡与兄长年岁相近，且自幼一同进学，不管是中学，还是大学，兄弟俩都是在同一处学习，没有分开过，因此兄弟俩的朋友圈几乎重叠，及至工作后也仍保持密切联系，可以说兄弟俩从生到死一路相互扶持，感情极深。奥登堡壮年丧妻，鳏居多年，在母亲的帮助下抚养儿子长大成人，因此奥登堡对儿子视若珍宝。即便儿子谢尔盖后来因政治问题流亡国外，奥登堡在“大清洗”时期因此受到诸多牵连，但他始终无法割舍与儿子的感情。

（一）母亲

娜杰日达 1861 年与费奥多尔·奥登堡结为伴侣。1861 年、1863 年产下奥登堡兄弟。1877 年，费奥多尔去世，之后母亲娜杰日达独自承担起了抚养两个儿子的重任。1881 年，奥登堡兄弟考入圣彼得堡大学，母亲娜杰日达领着两个儿子从华沙搬到了自己出生、成长的城市——圣彼得堡。1886 年奥登堡与亚历山德拉结婚，之后搬出与母亲分开居住。

1887 年，奥登堡携妻子游学欧洲，在此期间一直与母亲保持通信联系。奥登堡游学欧洲时，仍对俄国国内的一些事件非常关注，经常将自己的想法、政见与母亲分享、交流。1887 年，俄国自由与民主界臭名昭著的政论家 M.H. 卡特科夫（M.H.Катков）去世，在法国的刊物上出现了对卡特科夫的评论，称赞他是俄法联盟的拥护者。奥登堡在 1887 年 8 月 31 日写给母亲的信中对此进行了反驳，并陈述了自己的看法：“对于法国报界对卡特科夫与俄国谄媚逢迎的态度，整体来说，我们是极其愤怒的。罗什福尔（法国城市）的反对声压倒了在这个方面的所有声音。他的‘国家’观是那样无耻的谎言，终将一事无成，或一无所获。”①

1891 年，奥登堡的第一任妻子亚历山德拉因病去世，奥登堡沉浸在悲痛中无法自拔。在当时的情况下，奥登堡的血缘至亲只有母亲、兄长和嗷嗷待哺的儿子。而相依为命的兄长已经成家去了外省，虽然兄弟俩一直保持密切联系，但总归各有各的事业、家庭要忙，相互关心的时间有限。母亲娜杰日达念及悲痛的儿子与年幼的孙子无人照顾，便搬去和儿子奥登堡同住。母亲娜杰日达对奥登堡在精神上给予鼓励和安慰，在生活上予以了细心照料。直到奥登堡从丧妻之痛中逐渐走出，母亲娜杰日达才带着身体羸弱的孙儿去了特维尔休养。在奥登堡与导师罗森的往来信件中，两人也经常会谈到母亲娜杰日达的近况。娜杰日达不仅是一位开明坚强的母亲，还是一位有思想、受人敬重的知识女性。罗森与娜杰日达熟识，且非常敬重她。②

母亲娜杰日达于 1909 年底去世，彼时奥登堡尚在万里之外的新疆进行考古考察，闻知噩耗悲痛万分。奥登堡在 1910 年 1 月 27 日（2 月 9 日）写给俄国驻乌鲁木齐领事 Н.Н. 克罗特科夫的信中说：“现在我开始有点疲倦，但我需要做这样的脑力劳动——母亲的去世对我来说，比起我能够表达的，要痛苦沉重得多，我与她的牵绊深深贯穿于我的一生，我们已经习惯了相互分享所有的想法和感受。”③

---

① Каганович Б.С. Сергей Фёдорович Ольденбург. Опыт биографии. Санкт-Петербург: Нестор-История, 2013. С.23-24.

② Каганович Б.С. Сергей Фёдорович Ольденбург. Опыт биографии. Санкт-Петербург: Нестор-История, 2013. С.28.

③ Восточный Туркестан и Монголия. История изучения в конце XIX – первой трети XX века. Т. I: Эпистолярные документы из архивов Российской академии наук и Турфанского собрания / Под ред. чл.-корр. РАН М.Д.Бухарина. М.: Памятники исторической мысли, 2018. С.563.

母亲娜杰日达是陪伴奥登堡最久的亲人，母亲在奥登堡生命中占据极为重要的位置。少年失怙，壮年丧妻，在一定程度上加深了奥登堡对母亲的依恋和孺慕之情。

（二）兄长

奥登堡的兄长费多尔·费多罗维奇·奥登堡（Федор Федорович Ольденбург，1861—1914），俄国教育家、社会活动家。费多尔与弟弟奥登堡年岁相近，兄弟二人从小一起相伴成长，感情极好。1874 年，兄弟俩进入华沙第一古典中学学习，二人成绩优异，是班上的优等生，费多尔尤其喜欢数学和古代语言。1881 年，奥登堡兄弟以优异的成绩从中学毕业，一同升入圣彼得堡大学。兄长费多尔进入了圣彼得堡大学的历史语文系，而奥登堡进入了东方语言系梵语—波斯语专业学习。费多尔在大学一年级时学习的专业是古希腊语，三年级时师从哲学系主任 M.И. 弗拉迪斯拉夫列夫（M.И.Владиславлев，1840—1890）[①]教授，并在他的指导下开始研究柏拉图（Платон）思想。[②]

在大学学习期间，奥登堡兄弟的朋友圈进一步扩展，该朋友圈以奥登堡兄弟为首，包括 Д.И. 沙霍夫斯基、B.И. 维尔纳茨基、A.A. 科尔尼洛夫、C.E. 克利札诺夫斯基等人。该圈子在 20 世纪 80 年代中期转变成“兄弟会”（Приютинское братство），与土地自由运动（либеральное земское движение）思想最为接近。成员自称为“奥登堡人（Ольденбуржцы）”，坚持在精神和宗教伦理上进行不断探索。“兄

① M.И. 弗拉迪斯拉夫列夫，俄国著名哲学家。

② Воробьёва И.Г. Наталья Фёдоровна Ольденбург – хранитель традиций Приютинского братства // Диалог со временем. 2015. Вып.50. С.309.

弟会”的任务和宗旨——精神上不断自我完善，生活上为他人服务。[①]

在大学时，奥登堡兄弟及其友人还加入了圣彼得堡大学大学生科学和文学社，列宁的兄长也在此社，奥登堡兄弟与列宁一家的联系开始于此，详情参见后文《与列宁“终生友谊”说辨正》。可以说，奥登堡兄弟俩不仅一同求学、有着共同的朋友圈、共同的兴趣爱好，而且两人还经常一起活动、共同冒险。在奥登堡的少年和青年时期，学习、生活中几乎处处都有兄长费多尔的身影，奥登堡少年与青年时期的成长也始终与兄长费多尔密切相关。

奥登堡兄弟于 1885 年分别从圣彼得堡大学历史语文系和东方语言系毕业，获得学士学位。兄长费多尔被推荐留校任教作为教授培养，但他决定投身公共教育领域的实践活动。在 M.И. 弗拉迪斯拉夫列夫教授的指导下，费多尔撰写了关于柏拉图教育理论的硕士学位论文《柏拉图的教育体系（Система воспитания по Платону）》[②]。费多尔于 1887 年获得硕士学位后，想要成为一名中学模范教师，便放弃了留校任教的机会，去了特维尔，成为马克西莫维奇（П.П.Максимович）女子师范学院的教师。而奥登堡则留在了圣彼得堡大学任教，这是兄弟俩第一次长时间分离，由此各自走上了不同的人生轨道。

在特维尔初期，费多尔生活比较贫困，他与妻子玛丽亚·德米特里耶夫娜（Мария Дмитриевна，1864—1918）、母亲娜杰日达租住在

① Левандовский А.А. Кружок Ф.Ф.Ольденбурга（из истории либерального движения 80-х годов XIX века）// Проблемы истории СССР. Вып.6. 1977. С.21-22.

② Воробьёва И.Г. Наталья Фёдоровна Ольденбург – хранитель традиций Приютинского братства // Диалог со временем. 2015. Вып.50. С. 309.

图 1-4 奥登堡（左）与兄长（右）
（图片网址：https://worddisk.com/wiki/Sergei_Fedorovich_Ol’denburg/）

一间公寓中。[①]费多尔在学校教授教育学和心理学课程，指导教学实践，还主管教学和培训部分。费多尔在马克西莫维奇师范学院工作期间，为特维尔省培养出了大量教师，并在促进公立学校真正民主原则方面做了很多工作。[②]在他的研究著作中，还提出了教学理论和实践的现代方向，教师的自我教育和“免费教育”等问题。[③]1907 年，费多尔

① Воробьёва И.Г. Наталья Фёдоровна Ольденбург – хранитель традиций Приютинского братства // Диалог со временем. 2015. Вып.50. С. 312.

② Чугунова Г.Н. Просветительская деятельность Ф.Ф.Ольденбурга//Ключевские чтения-2007: Русский исторический процесс глазами современных исследователей: материалы Межвузовской научной конференции［март 2007г.］: сборник научных трудов. 2007. С.61.

③ Чугунова Г.Н. Просветительская деятельность Ф.Ф.Ольденбурга//Ключевские чтения-2007: Русский исторический процесс глазами современных исследователей: материалы Межвузовской научной конференции［март 2007г.］: сборник научных трудов. 2007. С.61.

组建了特维尔公共教育小组，1912 年，创建特维尔省自治区的常规教学课程。费多尔是“解放联盟（Союз освобождения）”的发起者之一，自 1905 年起领导特维尔省委会立宪民主党，还是国家杜马的复选代表。虽然奥登堡兄弟俩大学毕业后各自成家立业，但这并没有阻碍兄弟俩的交流与沟通，二人一直保持密切联系。

19 世纪末俄罗斯国内的专制制度加强，引起了社会广大阶层的不满。自 1899 年开始，圣彼得堡的高等教育院校就被各种学生动乱和罢工运动笼罩着。1899 年夏天，俄国教育部开除了一批因支持学生运动而有“政治嫌疑”的教授和副教授。奥登堡的朋友 И.М. 格列夫斯及其好友历史学家 Н.И. 卡列耶夫（Н.И.Кареев，1850—1931）[①]、文艺学家 С.А. 温格罗夫（С.А.Венгеров，1855—1920）[②]也被开除。1899 年 10 月 9 日（21 日），奥登堡向圣彼得堡大学提交了辞呈，准备离开圣彼得堡去往外省。从兄长费多尔 1899 年 8 月 29 日写给 И.М. 格列夫斯的信中可知，奥登堡事前与兄长商议过辞职之事，信中说：“我收到了谢尔盖（即奥登堡）的回信，是我所预料的，我很担心，……‘我要离开，已经这样决定了，事情究竟又会如何？’他接着写道，离开大学以后，他将不受圣彼得堡约束，去往外省的某个地方，但还是得做点什么挣钱，请帮他物色工作，即使地方自治局统计也行。”[③]可见，奥登堡兄弟始终保持着密切联系，经常沟通各自近况，遇到重大抉择相互商议、相互扶持。

1914 年 8 月，尚在中国西北考察的奥登堡闻知兄长去世的噩耗，

① Н.И. 卡列耶夫，俄国历史学家、苏联科学院名誉院士。

② С.А. 温格罗夫，俄国文学史学家、图书编目学家。

③ Каганович Б.С. Сергей Фёдорович Ольденбург. Опыт биографии. Санкт-Петербург: Нестор-История, 2013. С.39-40.

悲痛异常，他在日记中这样写道："费多尔去世了。我的生活也似终止了，因为他就是我的太阳。"[①]可见，奥登堡兄弟感情之深厚，兄长费多尔的去世对奥登堡打击之大。在兄嫂去世后，奥登堡不仅抚育兄长的两个孩子，甚至兄长费多尔已故妻子的姐妹也住在奥登堡的房子中，受奥登堡多方照顾。

奥登堡自出生起至大学毕业几乎与兄长费多尔形影不离，两人在一起学习、生活，各自的身影陪伴于彼此的幼年、少年、青年时期。在年少失怙的情况下，兄长在一定程度上之于奥登堡不仅是兄长，也是父亲和朋友的角色。两人相互扶持照应，一起成长，是彼此生命中无可取代的亲人。

（三）儿子

儿子是奥登堡生命中另一个至关重要的亲人。奥登堡的儿子谢尔盖·谢尔盖耶维奇·奥登堡（Сергей Сергеевич Ольденбург，1888—1940）[②]，历史学家、记者。1891年9月，奥登堡的妻子亚历山德拉·巴甫洛夫娜因患结核脑膜炎病逝，谢·谢·奥登堡成了一个失去母亲的孩子。

谢·谢·奥登堡自幼身体状况欠佳，心脏衰弱，并患有肺结核。儿子的健康状况很长一段时间都是奥登堡最大的牵挂和忧虑。妻子去世后，奥登堡一方面沉浸在失去妻子的悲痛中无法自拔，一方面还有大量工作要忙，无法长时间陪伴儿子。后来，奥登堡的母亲娜杰日达陪伴孙儿去了特维尔疗养。第二任妻子叶连娜后来回忆说："С.Ф.（奥

---

① Каганович Б.С. Сергей Фёдорович Ольденбург. Опыт биографии. Санкт-Петербург: Нестор-История, 2013. С.11.

② 因奥登堡的儿子与奥登堡名字相同，都是"谢尔盖"，为便于区分，除引文外，本节中用"谢·谢·奥登堡"指代奥登堡的儿子。

登堡）全部的生活、所有的安宁都取决于谢尔盖的健康状况。”[①]

谢·谢·奥登堡身体羸弱，但自幼聪慧非常，不到14岁就已精通三门语言，奥登堡经常抽时间陪儿子一同阅读拉丁文经典著作。奥登堡的孙女卓娅，在其回忆录中直白地描绘了父亲的成长片段，称父亲的很多特性暴露了他“荒诞的教养”：“在他18岁前一丝丝的用功、一点点的努力都是不被允许的，……妈妈曾回忆说：‘有一天，他在我家，突然谢尔盖·费多罗维奇（即奥登堡）来了，气喘吁吁，很是焦急，——发生了什么事？ ——谢廖沙[②]（即谢·谢·奥登堡）忘记了他的防水胶鞋，我给他送过来了’……在圣彼得堡时，他常常以用各种蠢话使父亲担心作为消遣娱乐。……从不去上学，因为他害怕微生物。多年来他在只有父亲和奶奶的家里寂寞无聊。”[③]奥登堡的好友В.И.维尔纳茨基在给叶连娜的信中也描述过相似的图景：“不知道怎样才能使早早就失去母亲的谢廖沙免于那样的孤僻、执拗，如果他的童年和少年是在另一种环境下度过的，排除掉各种轻信的压力，尽管他很聪慧，但是喜怒无常的奶奶呢？我呢，可以说是非常了解谢廖莎的那些过往的，直到现在我还能痛苦地回想起，聪明的十岁滑头与举止古怪年迈的奶奶耍了怎样不择手段的袒护花招儿。”[④]根据谢·谢·奥登堡妻女的回忆、描述，以及奥登堡好友的述说，可知奥登堡及其母娜杰日达对谢·谢·奥登堡娇惯异常，甚至是骄纵。这样的成长环境

---

① Каганович Б.С. Сергей Фёдорович Ольденбург. Опыт биографии. Санкт-Петербург: Нестор-История, 2013. С.11.

②“谢廖沙”是“谢尔盖”的爱称。

③ Oldenbourg Z. Visages d’un autoportrait. Paris: Gallimard.1977. P.199.

④ Каганович Б.С. Сергей Фёдорович Ольденбург. Опыт биографии. Санкт-Петербург: Нестор-История, 2013. С.49-50.

造成了谢尔盖孤僻、偏执的性格。

虽然谢·谢·奥登堡没有按部就班上学，但他通过了中学课程的考试进入莫斯科大学法律系学习。女儿卓娅在回忆录中这样描绘自己年轻时的父亲："不匀称的一个年轻人，粗枝大叶、好幻想、浪漫、有几分厚颜无耻，痴迷文学，诗人、散文作家，信奉右翼观点，试图从事过新闻业。"[①]令奥登堡震惊意外的是，儿子渐渐成了 П.А. 斯托雷平（П.А.Столыпин，1862—1911）的狂热拥护者、十月党人。据儿子的好友 Г.В. 维尔纳茨基[②]所说："他对政治非常感兴趣，……是坚定的君主主义者，还是加入了温和右派'10 月 17 日联盟'[③]的大学生。"[④]

奥登堡与儿子在政治信仰上产生了分歧。奥登堡认为，革命的暴力和混乱是罪恶的，但是同意把主要的罪责归于专制制度，认为专制制度阻碍了俄罗斯向法制、民主制的过渡，阻碍了必要的社会经济改革的推行。在儿子谢尔盖看来，首先应该结束革命，然后再进行改革。奥登堡在 1906 年 12 月 8 日（21 日）给莫斯科的好友 В.И. 维尔纳茨基的信中写道："这里正处在镇压农奴制的最激烈时期，已经进行过多次搜查，甚至委员会的大会也不允许进行，如是等等——就要迫使我们转入地下活动。……或许，只是抓捕十月党人，而支持斯托雷平的人，竭力为他辩护。非常遗憾，谢廖沙不愿醒悟。"[⑤]奥登堡在 1907 年 1 月 6 日（19 日）给儿子的信中写道："俄罗斯的革命是什么样的？

---

① Oldenbourg Z. Visages d'un autoportrait. Paris: Gallimard, 1977. P.197.

② 奥登堡好友 В.И. 维尔纳茨基的儿子。

③ 根据俄国沙皇尼古拉二世 1905 年 10 月 17 日（30 日）发表的宣言成立的俄国政党，旨在实施宣言中的改革，并将俄国转变为君主立宪制国家。

④ Вернадский Г.В. Из воспоминаний. Годы учения // Новый журнал. 1970. № 100. С. 202.

⑤ Россов В.А. В.И.Вернадский и русские востоковеды. СПБ., 1993. С.72.

一方面是所有先前的制度激发了这种民族心理状态，另一方面是个人激情对革命权益的承认。此处丝毫不涉及怎样的结果。”[①]上述信件反映出奥登堡的政治见解，以及对儿子政治立场的不赞同。

儿子时常在十月党人的刊物上发表涉及当时敏感话题的政论文章，这令奥登堡异常恼火。奥登堡在1907年3月8日（21日）写给儿子的信中，对其进行了严厉的批评："亲爱的儿子，我读了你在《莫斯科之声》上的短文，非常恼怒，你所发表的完全是空洞的、拼凑的报刊腔调的东西。”[②]可见，奥登堡对儿子的政治活动的不赞同。

自1904年当选为科学院常务秘书后，奥登堡的个人科研时间随之大大缩短，奥登堡在1908年2月29日（3月13日）给儿子的信中写道："除了科学院的事，我什么也干不了。”[③]虽然工作事务繁忙，但奥登堡仍与儿子保持着频繁的通信，父子二人经常互相分享各自的政见。例如，奥登堡在1911年6月30日（7月13日）给儿子的信中写道："我也在思考，在各种民主制下保持住贵族意识与天资，但我渴求民众的安乐，正如我对空气的渴求，必须使他们能够全心全意生活，领悟生活，而不只是苟且，……我知道，上等人的幸福就是这样以弱者的悲痛为代价艰难换取来的，但是，我想与之斗争，因为我认为不仅‘文化价值’是遍布的，而且‘年轻力量’的鲜血也是遍布的，这不是价值的本

① Каганович Б.С. Сергей Фёдорович Ольденбург. Опыт биографии. Санкт-Петербург: Нестор-История, 2013.С.50-51.

② Каганович Б.С. Сергей Фёдорович Ольденбург. Опыт биографии. Санкт-Петербург: Нестор-История, 2013.С.52.

③ Каганович Б.С. Сергей Фёдорович Ольденбург. Опыт биографии. Санкт-Петербург: Нестор-История, 2013.С.53.

质。”[①]奥登堡在1912年2月28日（3月12日）给儿子的信中写道：“我认为，你对罢工的看法过于目光短浅：……你忽视了问题的深刻性——很多人仍旧还是想要过人的生活，而不是狗一样的生活，而他们将为之而战。”[②]从上述信件可知，奥登堡父子虽然在政治立场上有着严重的分歧，但是，父子二人间的关系仍是深厚的，父子俩依然保持密切联系，经常分享各自近况，谈论各自的观点。

奥登堡的儿子谢·谢·奥登堡，于1914年和青梅竹马的阿达·德米特里耶夫娜·斯塔伦克维奇（Ада Дмитриевна Старынкевич）结为伴侣。阿达的父亲Д.С.斯塔伦克维奇自华沙中学时期就与奥登堡兄弟交好，两家是世交。

1917年，十月革命在俄国爆发，谢·谢·奥登堡对此持敌对态度，于1918年夏携妻儿一同去往了俄罗斯南部，后在克里米亚加入了“白军运动”。谢·谢·奥登堡是白卫军报刊的撰稿人，经常为自己的偶像П.Б.司徒卢威（П.Б.Струве，1870—1944）[③]撰文宣传其思想和口号。据女儿卓娅描述，在俄国南部时其父母的婚姻实际上就已破裂了，那时阿达·德米特里耶夫娜和孩子们住在雅尔塔附近的村子里，阿达在那里教书，而谢·谢·奥登堡则忙于白卫军活动。[④]1920年，当白卫军自克里米亚撤退时，谢·谢·奥登堡因患伤寒仍躺在医院中，有人许诺司徒卢威会派车来接他，但结果并没有，他被留在了医院里。在

① Каганович Б.С. Сергей Фёдорович Ольденбург. Опыт биографии. Санкт-Петербург: Нестор-История, 2013.С.53.

② Каганович Б.С. Сергей Фёдорович Ольденбург. Опыт биографии. Санкт-Петербург: Нестор-История, 2013.С.53.

③ П.Б.司徒卢威，俄国著名公众人物、政治人物、经济学家、哲学家、历史学家、政论家，立宪民主党的主要领导之一。

④ Oldenbourg Z. Visages d’un autoportrait. Paris: Gallimard, 1977. P.115-116.

医院里他登记的假姓名，出院后他带着伪造的文书一路艰辛，横穿俄国到了彼得格勒后，在父亲的帮助下，乔装改扮成农民，秘密越过芬兰国界，自此流亡国外。①

1921 年春天，滞留在克里米亚的阿达与孩子及其姐妹们，在奥登堡的帮助下得以返回彼得格勒，并住到了奥登堡在科学院的房子中。奥登堡非常宠爱两个孙女，在他编撰的印度神话故事集的扉页上有这样的题词“写给孙女卓娅和列娜·奥登堡”。②1923 年，奥登堡与叶连娜结婚后，由于叶连娜与阿达之间有矛盾，后来阿达带着女儿们搬到了奥登堡的另一处房子居住。之后经过奥登堡的长期周旋，终于在 1925 年将儿媳与两个孙女送往国外与儿子谢尔盖团聚，但他们在国外的生活非常穷困，奥登堡经常给他们汇款，给予了他们援助。

1923 年，奥登堡在十月革命后，在时隔十年后第一次前往了国外，去德国、法国和英国出差。6 月 24 日奥登堡与 B.M. 阿列克谢耶夫一同前往柏林，此行的主要目的是恢复苏联科学院与西方科学院及其他学术机构的学术联系，了解西方学术工作新的组织形式和战后世界各大科学中心的整体状况。③儿子流亡国外直到 1923 年，奥登堡才在柏林与儿子见了面，这在其写给妻子叶连娜的信中可知：“我与谢尔盖之间不可调和的分歧，令我感到极度的痛苦，令我无法忍受——两个人两种世界观的冲突，执拗的固守己见，坚信自己的观念。……我觉得，

---

① Каганович Б.С. Сергей Фёдорович Ольденбург. Опыт биографии. Санкт-Петербург: Нестор-История, 2013.С.99.

② Каганович Б.С. Сергей Фёдорович Ольденбург. Опыт биографии. Санкт-Петербург: Нестор-История, 2013.С.105.

③ Каганович Б.С. Сергей Фёдорович Ольденбург. Опыт биографии. Санкт-Петербург: Нестор-История, 2013.С.105.

谢廖沙[1]爱我，但是，我全部精神所寄托的东西，对于他而言异常陌生，对于我而言，他所坚信的，似乎是那样的腐朽，不必要的。”[2]

B.M. 阿列克谢耶夫是这次会面的见证人，他在 1923 年 7 月 2 日给妻子的信中写道：“奥登堡与他的儿子——狂热的君主主义者见了面。父亲与儿子——政治敌人，他们谈话时，我曾在场。他们昨天在韦特海姆整整争论了一天，我坐边上一直听着。谢·谢·奥登堡是君

图 1-5 奥登堡的儿子谢·谢·奥登堡

（图片网址：https://regnum.ru/news/innovatio/2952518.html）

① 这一段中的“谢尔盖”“谢廖沙”都是指奥登堡的儿子。

② Каганович Б.С. Сергей Фёдорович Ольденбург. Опыт биографии. Санкт-Петербург: Нестор-История, 2013.С.108.

主主义者—神秘主义者，完全新式的，我迄今哪里见过这种类型。”[①] 可见，奥登堡父子间存在严重的政治分歧，这令奥登堡感到万分痛苦，但又无法说服流亡国外的儿子改变政治立场。

尽管后来奥登堡在政治上受到儿子的牵连，但奥登堡始终无法割舍掉与儿子的联系，一直尽己所能照顾着儿子。同时，父子俩在一定程度上也彼此影响了对方的言行。儿子是奥登堡最大的牵挂，因此，虽然儿子与奥登堡在政治立场上有着无法调和的矛盾，但这并没有影响奥登堡对儿子的关爱。奥登堡父子间始终保持着密切联系。

谢·谢·奥登堡 1940 年 4 月在巴黎去世，享年 51 岁。谢·谢·奥登堡的子女定居于法国，女儿卓娅是法国著名作家，著有家庭回忆录[②]，回忆录中记录有其对于祖父、父母的一些回忆和评论，比较主观，但是为我们深入了解奥登堡家族提供了新的视角。

第三节 求学经历与学术兴趣的形成

奥登堡幼年跟随父母旅居欧洲，到了上中学的年纪，奥登堡一家至华沙定居，奥登堡进入华沙第一古典中学学习。中学期间，奥登堡尤其酷爱拉丁语和希腊语，毕业时在古希腊、罗马古典文献方面已经有了丰富的知识储备。

据奥登堡后来回忆说，在中学六年级时，他曾读到过一本关于中

---

① Баньковская М.В. В.М.Алексеев и С.Ф. Олденбург（в высказываниях и характеристиках）// Начало пути. М., 1981. С.490-491.

② Oldenbourg Z. Visages d'un autoportrait. Paris: Gallimard. 1977.

国西藏的书，“我决定学习梵语以备将来进入西藏。这本现在被遗忘了书名的书决定了我的命运。后来我给自己买了梵语语法书籍”①。此外，奥登堡后来回忆说，“阅读将我带向了东方”②。可知，偶然的契机使得奥登堡对进入中国西藏产生了兴趣，并且他为实现该目标开始学习梵语，进而阅读东方学的相关书籍，及至1881年升入大学后，他选择了东方语言系梵语—波斯语专业。

一、早年求学与学术兴趣的形成

奥登堡进入大学后，秉持中学时期的勤奋努力，怀着浓厚的兴趣深入学习梵语、波斯语和阿拉伯语。学习语言并不是其根本目的，掌握东方语言一方面是其深入了解东方的媒介手段，另一方面是为其将来进入中国西藏做准备。奥登堡对东方的文化、历史等相当感兴趣，在这方面涉猎广博，尤其对与佛教有关的书籍感兴趣。奥登堡在掌握好本专业知识之外，还努力利用课余时间学习汉学和藏学方面的知识，经常向时任系主任的著名汉学家瓦西里·巴甫洛维奇·瓦西里耶夫（Василий Павлович Васильев，1818—1900）③请教。对此，俄国当代著名历史学家A.A.维加辛（A.A.Вигасин，1846— ）称，“奥登堡东方学方面的学识是渊博的”④。

1885年，奥登堡通过题为《古印度方言摩揭陀语的语音与词法概

① Серебряков И.Д. Непременный секретарь АН академик С.Ф.Ольденбург. / Нов. и новейшая история. N1.1994.С. 219.

② Ольденбург С.Ф. Мысли о научном творчестве // Год шестнадцатый: Альманах 2. М., 1933. С.423.

③ В.П. 瓦西里耶夫，中文也译作“王西里”，俄国汉学家圣彼得堡科学院院士。

④ Вигасин А.А. Этюды о людях науки / С.Ф.Ольденбург. Москва: РГГУ, 2012. С. 406.

述（Очерк фонетики и морфологии пракритского наречия магадхи）》的学位论文答辩[①]。毕业后留校攻读梵语文学硕士学位，开始研究“佛教神话”这一主题，并试图考察所有与佛教故事有关的印度文学。1885 年 5 月末，经老师 И.П. 米纳耶夫推荐，奥登堡留在圣彼得堡大学任助教。[②]奥登堡发表的第一篇文章是大学时期在法文杂志上发表的一篇短札记。

1886—1887 年，И.П. 米纳耶夫教授前往印度和比尔马地区考察，奥登堡暂代圣彼得堡大学东方系和历史语文系梵语教师一职。其中的学生有后来鼎鼎大名的佛学家 Ф.И. 谢尔巴茨科依，他后来一直称仅比自己大 3 岁的奥登堡为老师。在这期间奥登堡通过了硕士考试，并选择了梵语中的佛教故事文学作为自己的研究方向，同时奥登堡仍坚持伊朗学方面的研究。

1933 年，在庆祝奥登堡 70 诞辰之际，著名的伊朗学家 Ф.А. 罗森堡（Ф.А.Розенберг，1867—1934）[③]回忆说：“在 1885 或是 1886 年，我刚进入大学不久，我就注意到了一个学生年纪的年轻人，……很快我了解到，他是当时学校最年轻的编外副教授，是米哈耶夫的学生、梵语学者奥登堡，他刚从国外出差回来不久，就着手开始授课。同时，他还全程旁听阿维斯陀经（波斯古经，古代伊朗祆教圣书）、巴列维语（中世纪波斯语）、亚美尼亚语等方面深奥的课程，这给我留

① Каганович Б.С. Сергей Фёдорович Ольденбург. Опыт биографии. Санкт-Петербург: Нестор-История, 2013. С.14.

② Каганович Б.С. Сергей Фёдорович Ольденбург. Опыт биографии. Санкт-Петербург: Нестор-История, 2013.С.14.

③ Ф.А. 罗森堡，俄国著名东方学家、伊朗学家，苏联科学院院士。

下了极深的印象。”[①] Ф.А. 罗森堡的这段话中有些不准确的地方：在1885—1886 年，奥登堡还不是编外副教授，只是留校任助教；奥登堡第一次前往国外游学是 1887 年 5 月—1889 年 2 月。虽然 Ф.А. 罗森堡的这些话语中存在不准确的地方，但仍可见年轻时的奥登堡兴趣广泛，且非常勤奋好学。

19 世纪有一种观点认为，除非是研究当代的东方学家，否则没有必要前往所研究的国家去了解他们的过往。比如，阿拉伯学家 В.Р. 罗森从未到过阿拉伯国家，而伊朗学家 К.Г. 扎列曼从未到过伊朗。奥登堡当时痴迷于梵文写本的研究，但他并未到过印度，可能其本人并没有特别执着于此。因此，奥登堡在圣彼得堡大学前期，主要是将目光投向西方，以西方游学的方式来研究东方文化。

奥登堡于 1887 年 5 月—1889 年 2 月，第一次去欧洲游学，其间他深入调查了英、法、德等国图书馆藏梵文写本。同时，他还经常前往当地知名大学旁听讲座。奥登堡感兴趣的课题远超其专业范围，如奥登堡在游学期间参加过法国著名作家、院士埃尔内斯特·勒南（Эрнест Ренан）在科学院的报告会，并与勒南结识。对此奥登堡非常高兴，在后来的自我评价中称自己是“一个喜欢勒南著作，并有幸结识他的人”[②]。1887 年，奥登堡发表了 3 篇有关梵语研究方面的

① Каганович Б.С. Сергей Фёдорович Ольденбург. Опыт биографии. Санкт-Петербург: Нестор-История, 2013.С.18.

② Ольденбург С.Ф. Европа в сумерках на пожарище войны: Впечатления от поездки в Германию, Англию и Францию летом 1923 г. Пг., 1924. С.104.

评论文章[①]，其中一篇名为《“巴利文圣典学会”出版物及耆那教文学札记（Заметки об изданиях〈Pali Text Society〉и литературе по джайнизму）》[②]。

奥登堡在第一次游学期间，将佛教本生故事研究确定为硕士学位论文的研究方向。1889年，奥登堡发表其第一篇重要研究文章《印度神话故事集〈苏摩提婆〉研究材料（Материалы для исследования Индийского сказочного сборника Bṛhatkathā）》[③]。1889年初，因导师米纳耶夫患病，为维持学院教学任务正常运行，奥登堡提前结束游学回到国内，接手梵语教学工作。

第一次国外游学所获进一步奠定了奥登堡在梵文写本方面的研究基础，拓宽了研究视野。在此次游学中，一些西方学者引起了他的关注，也因此和很多西方学者初次建立了联系，如当时奥登堡对法国社会学家、作家A. 德－戈比诺（А.де Гобино，1816—1882）伯爵的著作很感兴趣。A. 德－戈比诺伯爵不仅有波斯方面的著述，而且他还在

① Ольденбург С.Ф. Wortham B.H. The Śatakas of Bhartṛihari // Записки Восточного Отделения Императорского Русского Археологического Общества. Том первый. 1886. СПб.: Типография Императорской Академии Наук, 1887. С. 335-336; Ольденбург С.Ф. Jolly, J. Manuṭîkâ Sangraha etc. // Записки Восточного Отделения Императорского Русского Археологического Общества. Том первый. 1886. СПб.: Типография Императорской Академии Наук, 1887. С. 334-335; Ольденбург С.Ф. Hunter, W.W. The Imperial Gazetteer of India, vol. VI // Записки Восточного Отделения Императорского Русского Археологического Общества. Том первый. 1886. СПб.: Типография Императорской Академии Наук, 1887. С. 336-337.

② Ольденбург С.Ф. Заметки об изданиях «Pali Text Society» и литературе по джайнизму // ЗВОРАО. 1886. Т. I. С.154-160.

③ Ольденбург С.Ф. Материалы для исследования Индийского сказочного сборника Bṛhatkathā // Записки Восточного Отделения Императорского Русского Археологического Общества. Том третий.1888. СПб.: Типография Императорской Академии Наук, 1889. С.41-50.

19 世纪 50 年代担任过驻法国、驻波斯公使，还有中亚宗教和哲学方面的著述[①]。奥登堡为更加深入了解 A. 德－戈比诺伯爵其人，还曾拜访过其遗孀，这在奥登堡自巴黎写给 B.P. 罗森的信中谈道："对于戈比诺极其丰富的各类作品我已相当熟悉，因而我决定稍微地了解其生平，为此我为自己争取到接近其遗孀戈比诺伯爵夫人的机会。她很和善地接待了我，她是一位来自那个正逐渐逝去年代的具有高度代表性的老妇人。"[②]

奥登堡在第一次欧洲游学期间，经常与米纳耶夫和罗森交流自己的感想、计划和工作进度。奥登堡在一封自巴黎写给导师米纳耶夫的信中，向米纳耶夫汇报了其关于毕业论文题目的想法："我正在推进的历史研究目标，也就是努力尽我所能地弄明白人类过去的生活，总之这对于阐明世界的形成及世界的使命是必要的，尤其是对于人类，找到最好、最真实的生活条件。……重要的历史文化问题之一——词语的发展与影响，以及传说、童话、文学神话由于直接的民间创作问题从起源地传到另一个地方的研究。"[③]

奥登堡通过游学期间对欧洲藏梵文写本的调研及对大量写本、著作的研读，决定从事印度故事汇编方面的研究，更确切地说是题材移植问题的研究。奥登堡的导师米纳耶夫曾研究过大量佛教本生故事。德国印度学家特奥多尔·本菲（Теодор Бенфей，1809—1881）在研究印度古典文献《五卷书（Pantschatantra）》的过程中认为，世界各

① Eribon D. Conversations with Claude Levi-Strauss. Chicago; London, 1991. P. 160-161.

② Каганович Б.С. Сергей Фёдорович Ольденбург. Опыт биографии. Санкт-Петербург: Нестор-История, 2013.С.21.

③ Каганович Б.С. Сергей Фёдорович Ольденбург. Опыт биографии. Санкт-Петербург: Нестор-История, 2013.С.21-22.

地情节相近的大量作品是同一情节在各民族中间迁徙、流动的结果，并把印度看作为世界民间故事题材的发源地，该观点在当时影响很大。奥登堡作为梵文写本研究者，对本生故事同样感兴趣。在他看来，德国印度学家特奥多尔·本菲于 1859 年出版的德文版《五卷书》[①]中关于这一问题的解答并不是非常令人满意。

奥登堡硕士学位论文研究主题在很大程度上是基于以下两个方面确定的：一方面，他对比较文学感兴趣，这从大学时期他经常旁听历史比较语言学家 A.H. 维谢洛夫斯基（А.Н.Веселовский，1838—1906）[②]在历史语文系开设的《世界文学》课程可知；另一方面，他对民俗学研究领域感兴趣，同时又受到俄国国内“民粹主义”研究氛围和“奥登堡氏朋友圈”的影响。[③]

就奥登堡的论文题目，导师米纳耶夫在写给奥登堡的信中说：“这些都非常棒，都是学位论文需要的，但需要回到国内准备。……硕士学位论文取自深思熟虑的较大篇幅著述中的一章就完全够了，一篇甚至是不大的某篇文章中的一部分。”[④]1889 年 2 月，奥登堡携家人回到了圣彼得堡，一方面是出于对论文写作的考虑，另一方面是由于奥登堡的导师 И.П. 米纳耶夫患上了非常严重的肺结核，无法继续教授梵语课程，为保证圣彼得堡大学教学活动的顺利进行，奥登堡提前结

① Theodor Benfey. Benfey T. Pantschatantra. Leipzig, 1859. Bd. I-II.

② А.Н. 维谢洛夫斯基，俄国文史学家、圣彼得堡大学荣誉教授、圣彼得堡科学院院士。1900 年，А.Н. 维谢洛夫斯基与奥登堡、克列门茨向俄国考古学会提交了组织塔里木盆地考察的提案报告。

③ Каганович Б.С. Сергей Фёдорович Ольденбург. Опыт биографии. Санкт-Петербург: Нестор-История, 2013.С.22.

④ Каганович Б.С. Сергей Фёдорович Ольденбург. Опыт биографии. Санкт-Петербург: Нестор-История, 2013.С.22.

束了游学行程。在第一次游学国外期间，奥登堡完成了自己的第一篇重要论著《印度神话故事集〈苏摩提婆〉研究材料》[①]，但硕士学位论文并没有完成。

奥登堡从国外归来的当月，便在圣彼得堡大学进行了两次试讲：一次是按照系里给的题目——“关于曼纳律法（О законах Ману）”，另一次是他本人所选的题目——“关于印度叙事文献（Об индийской повествовательной литературе）”[②]。奥登堡在这之后晋升为圣彼得堡大学东方系的编外副教授，从1889年秋天开始在圣彼得堡大学东方系和历史语文系教授梵语课程。

1891年9月，奥登堡的第一任妻子亚历山德拉因罹患结核脑膜炎病逝。这对奥登堡打击非常大，致使他长时间沉浸在悲痛中无法自拔，另一方面他还得照顾年幼的儿子，因而硕士毕业论文一直未能完成。1893年秋至1894年夏初，奥登堡为完成硕士学位论文第二次前往国外游学。

奥登堡的硕士学位论文进展并不是非常顺利，其间经过了很长一段时间的游移不定，当时他的导师米纳耶夫院士已过世，因此他同一向有着密切联系的罗森商议修改之前拟定的框架的可行性。罗森回信赞同了这一想法：“我应该对您说，在我内心最深处，一直小心压抑着这个想法，如果您决定从《贤劫譬喻经（Bhadrakalpāvadāna）》中抽取部分来形成您的学位论文，那就太棒啦！但是，我早前一直不能

① Ольденбург С.Ф. Материалы для исследования Индийского сказочного сборника Bṛhatkathā // Записки Восточного Отделения Императорского Русского Археологического Общества. Том третий.1888. СПб.: Типография Императорской Академии Наук, 1889. С.41-50.

② Каганович Б.С. Сергей Фёдорович Ольденбург. Опыт биографии. Санкт-Петербург: Нестор-История, 2013.С.24.

下定决心向您提出这一建议，现在您本人提出了这个想法——这太棒啦！”[①]在罗森的鼓励帮助下，奥登堡最终确定了学位论文的具体研究方向。

1894 年夏，奥登堡完成学位论文《佛教神话第一部分〈贤劫譬喻经〉〈菩萨本生鬘论〉（Буддийские легенды. Часть 1. Bhadrakalpāvadāna. Jātakamālā.）》[②]，返回俄国，并于同年秋天发表了该论文。奥登堡 1895 年 2 月 3 日（15 日）在日记中写道：“悲伤仍旧无处不在。后天就要论文答辩了，但对于答辩，我甚至不知道要说些什么。更确切点说，我只不过是不想去思考，唯独被悲伤笼罩。”[③]可见，奥登堡对自己的毕业论文并不是很满意，并且仍旧沉浸在丧妻之痛中，对毕业答辩这样重要的事情也兴致不高。1895 年 3 月 5 日（17 日），奥登堡在圣彼得堡大学东方语言系进行了学位论文答辩，获得梵文文学硕士学位。学位论文答辩会的答辩委员有当时的系主任 В.П. 瓦西里耶夫院士和伊朗学家 К.Г. 扎列曼。

奥登堡的硕士学位论文是有关梵语本生故事方面的研究，实际上是《贤劫譬喻经（Бхадракальпавадана）》《菩萨本生鬘论（Гирлянда джатак）》[④]的梵语本生故事集的转述。奥登堡在转述过程中涉及不同写本的版本问题，还附带一些关于合集的时间起源及各部分的注释。奥登堡的论文实际上是按照最低要求完成的，他于 1893 年发表的文章

① Каганович Б.С. Сергей Фёдорович Ольденбург. Опыт биографии. Санкт-Петербург: Нестор-История, 2013.С.30-31.

② Ольденбург С.Ф. Буддийские легенды. Часть 1. Bhadrakalpāvadāna. Jātakamālā., СПб., 1894.

③ Каганович Б.С. Сергей Фёдорович Ольденбург. Опыт биографии. Санкт-Петербург: Нестор-История, 2013.С.31.

④ Арья Шура. Гирлянда джатак, или Сказания о подвигах Бодхисатвы / Пер. А. П. Баранникова и О. Ф. Волковой. М., 1962.

《〈菩萨本生鬘论〉与本生故事札记（Буддийский сборник«Гирлянда джатак» и заметки о джатаках）》[①]就是学位论文中的一部分。奥登堡在《〈菩萨本生鬘论〉与本生故事札记》一文中对文学作品中的本生故事结构及不同汇编的特点做了重点研究。据《奥登堡传记》的作者、俄罗斯学者Б.С. 卡冈诺维奇研究认为，奥登堡的硕士学位论文让人有堆砌材料之感，在当时并没有引起广泛关注，但如果回过头去看奥登堡同时代的一些教授及前辈们的硕士学位论文，那么我们将会发现，这些论文以后来的视角来看，在体裁和内容上的影响都相当有限。[②]

二、大学时期的良师

大学期间对奥登堡影响比较大的老师有印度学家伊万·巴甫洛维奇·米纳耶夫（Иван Павлович Минаев，1840—1890）[③]、伊朗学家卡尔·格尔马诺维奇·扎列曼（Карл Германович Залеман，1849—1910）[④]、阿拉伯学家维克多·罗曼诺维奇·罗森（Виктор Романович Розен，1849—1908）[⑤]、汉学家В.П. 瓦西里耶夫等。此外，著名的语文学家、历史比较语言学家А.Н. 维谢洛夫斯基当时在历史语文系开设的《世界文学》课程对奥登堡影响也很大。其中，印度学

① Ольденбург С.Ф. Буддийский сборник «Гирлянда джатак»и заметки о джатаках // ЗВОРАО. 1893. Т. VII. С. 205-263.

② Каганович Б.С. Сергей Фёдорович Ольденбург. Опыт биографии. Санкт-Петербург: Нестор-История, 2013.С.31,34.

③ И.П. 米纳耶夫，俄国东方学家—印度学家，俄国印度学派创始人，国务委员。

④ К.Г. 扎列曼，俄国东方学家、伊朗学家，1890 年担任科学院亚洲博物馆馆长，1895 年当选为彼得堡科学院院士。

⑤ В.Р. 罗森，俄国东方学家、阿拉伯学家，枢密院大臣，1890 年当选为彼得堡科学院院士，1900 年担任科学院副院长。

家 И.П. 米纳耶夫是奥登堡的直系导师，奥登堡 1885 年大学毕业时，经 И.П. 米纳耶夫推荐留校担任梵语文学教研室助教，后师从 И.П. 米纳耶夫读研。[①] К.Г. 扎列曼院士是教授奥登堡中古波斯语方面的老师，为人严谨、不苟言笑，奥登堡对其始终怀有很深的敬意。

对奥登堡的学术生涯产生最大影响、最具代表性的，不是伊朗学家 К.Г. 扎列曼院士，也不是他的直系导师印度学家 И.П. 米纳耶夫，而是在欧洲理论基础之上开创了俄国东方学的 В.Р. 罗森院士。罗森院士是一个机敏、睿智且热忱的人，奥登堡曾在生命最后这样写道："我的第一位真正意义上的导师不是印度学家，而是阿拉伯学家——В.Р. 罗森，他是俄国整整一代东方学家的老师。这位卓越的学者不仅使我明白了阿拉伯学是门怎样的学科、由哪些学术著作构成，而且他还是自己学术领域的榜样。"[②]

奥登堡还在大学一年级的时候，В.Р. 罗森就对他说，一个人不可能成为同等程度的印度学家和阿拉伯学家，因为或多或少会有侧重。奥登堡听取罗森的建议，最终选择了以梵语作为研究重点，同时仍关注着伊朗学、阿拉伯学的研究动向。

В.Р. 罗森在奥登堡第一次出国游学时，曾催促奥登堡抓紧写作论文："我由衷地高兴，您此刻身在国外，而不是在亚洲博物馆。我欣喜地回想起，当年我投入伦敦、牛津、巴黎等地的写本中的情景。但是，您仍然需要稍微考虑一下硕士学位论文，要选定出一篇篇幅不是

① Каганович Б.С. Сергей Фёдорович Ольденбург. Опыт биографии. Санкт-Петербург: Нестор-История, 2013.С.14.

② Ольденбург С.Ф. Мысли о научном творчестве // Год шестнадцатый: Альманах 2. М., 1933. С.423.

太过庞大的论文。期盼一年半以后能够看到您身着燕尾服，手持论文答辩。”[①]奥登堡回信向罗森汇报了自己论文的进展情况。对此，罗森回复道：“我非常高兴您的归来，要是您能带回写好的论文的话。等你们在这里安顿好，这里就会变得非常冷了。我不赞成您沉迷东方科学通俗读物。”[②]可见，罗森非常关心奥登堡的学业，经常对其进行督促和引导。

1891 年，奥登堡的第一任妻子去世，奥登堡沉浸在悲痛中无法自拔。根据奥登堡与 B.P. 罗森这一时期的通信可以了解到，两人当时的感想、计划、工作进度等。奥登堡在写给罗森的信中将自己的悲痛、苦闷及现状向其倾诉，罗森对奥登堡给予肯定与鼓励，想方设法地缓解其悲痛。如罗森曾在信中这样鼓励奥登堡：“我们不应该止步于过去的生活，相较于目前，还没有真正创造出俄罗斯东方学家的学术派别，问题是单独存在的，但是，同时要站在欧洲学者的肩膀上，并承认挑选出的欧洲学术方法的合理性。我看好您——这不是奉承话，在这方面我对您寄予厚望，并且完全相信您将不负众望。”[③]可见，奥登堡与罗森关系密切，罗森对奥登堡非常器重，甚至把他视作俄国东方学组织者的继任人。在罗森及亲友的关怀下，奥登堡逐渐重新振作起来，并在罗森的帮助下最终确定了硕士论文的具体研究方向。

---

① Каганович Б.С. Сергей Фёдорович Ольденбург. Опыт биографии. Санкт-Петербург: Нестор-История, 2013.С.22.

② Каганович Б.С. Сергей Фёдорович Ольденбург. Опыт биографии. Санкт-Петербург: Нестор-История, 2013.С.22-23.

③ Каганович Б.С. Сергей Фёдорович Ольденбург. Опыт биографии. Санкт-Петербург: Нестор-История, 2013.С.23.

图 1–6 B.P. 罗森

（图片网址：https://ros–vos.net/sr/osn/pochet/n/1/）

在罗森与奥登堡的往来信函中，还有许多对于现实生动的回答和机智的评述，表现出其现实主义人生观。奥登堡在 1893 年秋至 1894 年夏初，为完成硕士学位论文第二次国外游学时，与罗森有过如下有趣的通信。奥登堡在抵达巴黎后不久，给罗森写信道："人常常可以分为两种，一种是聪明人——他们妥协；另一种是愚钝人，他们不能够妥协。我就属于第二种。拒绝妥协的这一种人——将成为无人问津默默被抛弃于世间的可怜人。"[①]罗森回复说："我无论如何也不能同意您把人分成聪明和愚钝两类。您所做的分类不是把人分成聪明的和愚钝的，而是坚强的和懦弱或是软弱的。在我看来，您不属于后一

① Каганович Б.С. Сергей Фёдорович Ольденбург. Опыт биографии. Санкт-Петербург.Нестор-История, 2013.С.28.

种。……您的儿子、您的母亲，以及您的朋友和崇拜者（这些人是存在的，相信我的话，笔者——我就是其中之一）请求您‘放弃拒绝妥协’。”[①]

奥登堡与罗森亦师亦友的情谊，不仅体现在罗森对奥登堡学业与生活的指导与帮助上，还体现在面临重大抉择时的相互推心置腹。如罗森于 1893 年在面对职业生涯重大抉择——是成为科学院常务秘书还是外交部东方语言教育局局长时，曾给奥登堡写信袒露心声，他在信中写道："如果注定我将除了教授和院士外，还有其他的身份，那么，我将更愿意成为面向更广阔领域的自主‘行当’的领头者，而不是科学院院务委员会的‘小弟’。你知道的，我不是很‘推崇’立宪政体。另外，我更倾向与青涩的年轻人打交道，……”[②]最后罗森在 1893 年成为圣彼得堡大学东方系的系主任。对此，奥登堡非常高兴，他在信中写道："您真将要成为我们的系主任吗？在这种情况下，我甚至打算原谅外交部错失您的愚蠢行为，——毕竟大学比中学要重要。"[③]

此外，罗森对奥登堡的帮助，还体现在对其事业上的帮扶。1899 年 11 月 24 日（12 月 7 日），В.Р. 罗森与 В.В. 拉德洛夫、В.П. 瓦西里耶夫、К.Г. 扎列曼等诸院士推荐奥登堡为科学院梵语课初级研究员候选人，此前该课程是由旅居德国多年的奥托·伯特林克（Отто Бетлингк，1815—1904）[④]院士教授的。后经科学院两番投票决定，

① Каганович Б.С. Сергей Фёдорович Ольденбург. Опыт биографии. Санкт-Петербург: Нестор-История, 2013.С.28-29.

② Каганович Б.С. Сергей Фёдорович Ольденбург. Опыт биографии. Санкт-Петербург: Нестор-История, 2013.С.29.

③ Каганович Б.С. Сергей Фёдорович Ольденбург. Опыт биографии. Санкт-Петербург: Нестор-История, 2013.С.29.

④ 奥托·伯特林克，德国著名印度学家、梵语专家。

奥登堡于 1900 年 2 月入职科学院，这是奥登堡当选院士的第一步。之后，罗森又发起了提名奥登堡为院士的倡议，奥登堡于 1903 年当选为科学院编外院士，1908 年当选为正式院士。[①]当然，对于罗森对奥登堡的各种扶持与帮助也存在非议，如古文献学家 В.Г. 德鲁日宁（В.Г.Дружинин，1824—1864）对此指责道："阿拉伯语教授 В.Р. 罗森男爵喜爱他，尽管奥登堡的硕士学位论文不是很出彩，但是，罗森男爵却帮助他成了科学院初级研究员，……他所具备的行政管理能力越来越强，超过了其学术能力，并很快当选为常务秘书。"[②]对于奥登堡的反对者来说，最后一句话是典型的注解[③]。

罗森是旧派人物、温和的保守分子、沙皇的拥护者，虽然罗森与有着贵族意识、真诚、热情年轻的奥登堡没能成为政治上志同道合的伙伴，但与奥登堡保持着亦师亦友的情谊，对奥登堡的学业、生活、事业给予了大力帮助。奥登堡在 19 世纪 90 年代还与罗森的学生 Н.Я. 马尔[④]、В.В. 巴托尔德（В.В.Бартольдый，1869—1930）[⑤]、П.К. 科科夫佐夫（П.К.Коковцов，1861—1942）[⑥]成了关系密切的好友。可以说，В.Р. 罗森不仅是奥登堡学术上的导师，还是奥登堡生活上、事业上的良师。

① Князев Г.А. Первые годы С.Ф.Ольденбурга в Академии Наук（По архивным материалам）// ВАН. 1933. № 2. Стлб. 25-28.

② Дружинин В.Г. Воспоминания. – РГАЛИ. Ф. 167. Оп. 1. Д. 10. Л. 139-140 .

③ Каганович Б.С. Сергей Фёдорович Ольденбург. Опыт биографии. Санкт-Петербург: Нестор-История, 2013.С.40.

④ Н.Я. 马尔，俄国东方学家和语言学家、苏联科学院院士。

⑤ В.В. 巴托尔德，俄国东方学家、苏联科学院院士。

⑥ П.К. 科科夫佐夫，俄国闪米特学家、苏联科学院院士。

小　结

奥登堡出身于文化程度颇高的贵族家庭，父母就其天赋给予了那个时代最好的教育。奥登堡幼年时曾随父母旅居欧洲数年，精通英、法、德等语，这为其之后与欧洲诸多东方学家建立联系，与斯坦因、伯希和、格伦威德尔（А.Грюнведель，1856—1935）等人探讨新疆考察问题，奠定了语言基础。此外，父母早年的培养使得奥登堡具备了坚韧不拔、吃苦耐劳的品性，这些品性是支撑奥登堡 20 世纪初克服重重困难，完成两次中国西北盗宝的重要因素之一。

奥登堡年少时受到一本有关中国西藏的书籍启发，萌生了去中国西藏考察的念头。这一偶然的契机使得奥登堡对进入西藏产生了兴趣，为实现该目标他学习梵语，阅读东方学相关书籍，并在一定程度上促使奥登堡大学时期选择了圣彼得堡大学东方语言系梵语—波斯语专业。这是奥登堡 20 世纪初进行两次中国西北考察最初的契机。

奥登堡于 1881 年进入圣彼得堡大学东方语言系梵语—波斯语专业学习，1885 年大学毕业后留校任助教，后师从著名印度学家 И.П. 米纳耶夫攻读硕士学位。1887 年 5 月—1889 年 2 月，奥登堡第一次前往欧洲游学，受本身兴趣及俄国国内"民粹主义"研究氛围、"奥登堡氏朋友圈"的影响，在此次游学中确定了硕士学位论文的研究方向，但未能完成论文写作。1893 年秋，奥登堡第二次前往国外游学，1894 年夏完成论文归国，1895 年 5 月通过硕士论文答辩。

奥登堡早年求学时，主要是将目光投向西方，以西方游学的方式来研究东方文化。奥登堡在攻读梵语文学硕士学位期间,开始研究“佛教神话”，这一主题后来成为其主要研究方向之一，并且在这一方面取得了显著成果。

第二章　从学术研究者到组织者

奥登堡于 1895 年通过硕士学位答辩，1897 年晋升为圣彼得堡大学梵语文学编外副教授，1899 年离开圣彼得堡大学。奥登堡于 1900 年以初级研究员的身份入职科学院，1903 年当选为科学院编外院士，1908 年当选为科学院正式院士，1904—1929 年任科学院常务秘书，1917 年任克伦斯基临时政府教育部部长。奥登堡领导科学院二十余年，历经沙皇政权被推翻、临时政府执政、十月革命爆发、苏维埃政权建立等重大历史变革，对科学院的发展作出了突出贡献。圣彼得堡大学后期和科学院时期，是奥登堡从学术研究者转变为学术领导者的重要阶段。

第一节　早期学术研究与交游

对于奥登堡来说，19 世纪 90 年代是繁忙科研工作的开端。圣彼得堡大学时期和科学院早期是奥登堡国内外交游，并形成稳定“朋友圈”的重要阶段。

一、早期学术研究

奥登堡早期的研究主要集中在佛教方面，关注的有佛教与印度传统宗教婆罗门教之间的相互关联、佛教在印度的演化与沿革，随着佛教传入底层民众衍生出的大量神话故事等，[①]如僧侣的传教活动、佛教文化中的哲学思想、教派问题等。

奥登堡认为，“在最佛教的文化里区分出核心的哲学学说与大众的宗教意识是非常必要的。这种研究佛教的社会学方法，对于当时20世纪开端的历史文献学还是非常不同寻常的”[②]。奥登堡还指出，“在通常情况下，将佛教神话与佛教教义相比较，能够从中弄清楚，佛教是怎样试图渗透到与婆罗门教会观点、宗教仪式的斗争中的，继而快速反转并与之斗争，也就是说，教派、教堂的创立，不可避免地与宗教仪式联系在了一起”[③]，“在佛教寺院，始现其经过改良的规则时，男性不可避免的渴望以自身来代替寺院祭司中的女性领袖，并认为女性领袖理应屈从，在女性领袖之前的一千年里，印度民族中的祭司都是婆罗门。而印度佛教遗留下来的仅仅是宏伟庙堂的废墟，以及佛教先师、圣人的面孔，其吸收了婆罗门的众神，作为现在祭祀的对象，但从未曾听闻过以佛的名义祭神”。[④]

佛教对艺术的影响也是奥登堡研究的一大课题，尤其是佛本生故

---

① Каганович Б.С. Сергей Фёдорович Ольденбург. Опыт биографии. Санкт-Петербург: Нестор-История, 2013.С.32-33.

② Вигасин А.А. С.Ф.Ольденбург // История отечественного востоковедения с середины XIX в. до 1917 г. М., 1997. С.413-414.

③ Ольденбург С.Ф. Буддийские легенды и буддизм. Санкт-Петербург: тип. Имп. Акад. наук, 1895.С.158.

④ Серебряный С.Д. О советской парадигме（Заметки индолога）. М., 2004. С.30.

事题材在印度造型艺术上的体现。奥登堡在这方面最早的文章是有关佛教艺术和肖像研究的，在文章中他对印度创作出来的一些雕塑题材进行了区分[①]，并与民间文化结合起来深入研究。同时，他还指出，题材和图样的移植，可能会在神话比较与文艺理论比较方面开辟出新的研究空间。[②]奥登堡在上述研究领域发表有两篇篇幅较小的文章[③]。

奥登堡还对“数量庞大的八十多万首的民谣《摩诃波罗多（Махабхарата）》进行过研究”[④]，并发表了一篇有关波斯散文体《辛巴达（Синдбада）》的文本学方面的研究文章。[⑤]

主持编撰大型国际性出版物《佛教文库》是奥登堡在圣彼得堡大学的一项代表性科研工作。奥登堡自 1897 年主持该项工作，止于去世的 1934 年。《佛教文库》由奥登堡提议并主持编撰，科学院在几经研讨后，采用了奥登堡提出的多卷本方案，将涉及“北传佛教”历史的经文以梵文、中文、藏文及蒙文出版。参与该项工作的不仅有大量优秀的俄国东方学家，如谢尔巴茨科依、拉德洛夫、弗拉季米尔佐夫（Б.Я.Владимирцов）、马洛夫（С.Е.Малов）、罗森堡

① Ольденбург С.Ф. Заметки о буддийском искусстве. О некоторых скульптурных и живописных изображениях буддийских джатак // Восточные заметки: Сб. ст. СПб., 1895. С. 337-365.

② Каганович Б.С. Сергей Фёдорович Ольденбург. Опыт биографии. Санкт-Петербург: Нестор-История, 2013.С.34.

③ Ольденбург С. Ф. Сцена из легенды царя Ашоки на гандхарском фризе // ЗВОРАО. 1896. Т. IX. С. 274-275; К вопросу о Махабхарате в буддийской литературе // Там же. 1897. Т. X. С. 195-196.

④ Щербатской Ф. И. С. Ф. Ольденбург как индианист //Сергею Федоровичу Ольденбургу к 50-летиюнаучно-общественной деятельности. 1882-1932: Сб. ст. Л., 1934. С. 18.

⑤ Ольденбург С.Ф. О персидской прозаической версии «Синдбада»// Сборник статей учеников профессора барона В. Р. Розена ко дню 25-летия его первой лекции. 1872-1897. СПб., 1897. С. 253-278.

（О.О.Розенберг）、斯塔利－戈尔施坦因（А.А.Сталь-Гольштейн）、奥别尔米列尔（Е.Е.Обермиллер）等，还有许多著名西方学者，如本德尔（С.Бендалл）、烈维（С.Леви）、费诺（Л.Фино）、拉瓦莱－普桑（Л.де ла Вале-Пуссен）、科恩（Г.Керн）、格伦威德尔等。《佛教文库》所涉经文的导言和附录有英文、法文和德文三种形式，[①]目前已经出版40余卷，是世界佛教文库汇编的权威版本之一。对此，Ф.И.谢尔巴茨科依院士评价说："每一页的面世，都倾注了奥登堡的心血，甚至有时是吹毛求疵地精益求精。"[②]20世纪50年代末60年代初，列宁格勒的汉学家们曾计划重新整理由奥登堡发起并主持出版的著名系列丛书《佛教文库》，[③]由此可见该系列丛书的重要性。

随着国际印度学的发展，19世纪末各国印度学界纷纷投入对古印度语言文献的搜寻中，导致了国际中亚考古活动的兴起。库车文书的出土、"鲍尔写本"的发现，是中亚考察史上具有划时代意义的重大事件。[④]奥登堡的目光也随之转向了中亚考古及对考察所获写本的研究上，并且制定了到中国新疆进行实地考察的计划。这一时期，佛教文献成为奥登堡的主要研究课题，他对这一课题的研究直至去世。

① Каганович Б.С. Сергей Фёдорович Ольденбург. Опыт биографии. Санкт-Петербург: Нестор-История, 2013.С.36-37.

② Щербатской Ф.И. С.Ф.Ольденбург как индианист //Сергею Федоровичу Ольденбургу к 50-летию научно-общественной деятельности. 1882-1932: Сб. ст. Л., 1934. С. 19-20.

③ Кальянов В.И. Академик С.Ф.Ольденбург как ученый и общественный деятель //ВАН. 1982. № 10. С.105-106.

④ 王冀青：《斯坦因与日本敦煌学》，兰州：甘肃教育出版社，2004年，第21—22页。

奥登堡自19世纪90年代初期开始对俄国领事、探险家们带回国内的古写本进行研究，在梵文写本的破译和解读方面成果突出[1]，尤其是对用普拉克利特语（中古印度语）书写在桦树皮上的古写本的公布及研究——《达摩婆罗（Дхармапады）》《疑似现存最古老的印度写本（Едва ли не самой древней из сохранившихся индийских рукописией）》等。[2]

奥登堡自1891年开始着手对俄国驻喀什噶尔领事Н.Ф.彼得罗夫斯基（Н.Ф.Петровский，1837—1908）[3]寄给俄国考古学会东方分会的写本残片进行研究。Н.Ф.彼得罗夫斯基自1882年任俄国驻中国喀什噶尔总领事，直至1903年退休离任。在职期间劫掠了大量新疆地区历史、考古学方面的珍贵文物和资料。1892年，奥登堡向圣彼得堡大学和科学院提交了前往中国新疆考察的申请，[4]“东方语言系曾向学校的管理委员会提交关于编外副教授С.Ф.奥登堡于1893年5月1日至6月1日前往中国新疆考察的申请。В.Р.罗森院士请求科学院予以援助编外副教授С.Ф.奥登堡于1893年夏天前往喀什噶尔的活动。……

① Ольденбург С. Ф. Отрывки кашгарских санскритских рукописей из собрания Н. Ф. Петровского // ЗВОРАО. 1894. Т. VIII. С. 47-67; 1899. Т. XI. С. 207-264（переизд.: Памятники индийской письменности из Центральной Азии. С. 34-74）； Предварительная заметка о буддийской рукописи, написанной письменами кхарошти. СПб., 1897. 6 с., 2 л. табл.

② Бонгард-Левин Г.М., Воробъева-Десятовская М. И., Темкин Э. Н. Об исследовании памятников индийской письменности из Центральной Азии // Материалы по истории и филологии Центральной Азии. Вып. 3. Улан-Удэ, 1968. С. 105-117.

③ Н.Ф.彼得罗夫斯基，俄国外交官、考古学家、历史学家、东方学和中亚探险家。英、俄“大博弈”中的著名人物，驻新疆期间极力对抗英国在喀什噶尔的政治影响。

④ Попова И.Ф. Первая Русская Туркестанская экспедиция С.Ф. Ольденбурга（1909-1910）// Российские экспедиции в Центральную Азию в конце XIX – начале XX века / Сборник статей. Под ред. И.Ф. Поповой. СПб.: Славия, 2008. С.148.

此次考察未能付诸实践，因为Н.Ф. 彼得罗夫斯基认为，考察最好暂时推迟”[①]，故此次考察申请未能落实。

1893—1894 年是奥登堡研究彼得罗夫斯基所获梵文写本成果显著的时期。仅在俄罗斯考古学会东方分会会刊上就发表了四篇有关彼得罗夫斯基所获写本的研究文章：1893 年《Н.Ф. 彼得罗夫斯基所获喀什噶尔写本（Кашгарская рукопись Н.Ф.Петровского）》[②]介绍彼得罗夫斯基所获喀什噶尔写本的情况；1894 年《论喀什噶尔佛教经文（К кашгарским буддийским текстам）》[③]《再论喀什噶尔佛教经文（Еще по поводу кашгарских буддийских текстов）》[④]，介绍喀什噶尔梵文佛经写本；1894 年《Н.Ф. 彼得罗夫斯基藏品中的喀什噶尔梵文写本残片第一部分（Отрывки кашгарских санскритских рукописей из собрания Н.Ф.Петровского. Ⅰ）》[⑤]，奥登堡在之后的 1899 年、1904 年相继发表了关于这部分梵文写本第二部分、第三部分的研究论述[⑥]。

1893 年秋至 1894 年夏，奥登堡第二次前往欧洲游学，一方面为完成硕士学位论文的写作，另一方面则是为了解欧洲印度学研究的最

---

①［俄］Е.Г. 奥登堡：《代序》，俄罗斯国立艾尔米塔什博物馆、上海古籍出版社编《俄藏敦煌艺术品》Ⅵ，上海：上海古籍出版社，2005 年，第 9 页。

② Ольденбург С.Ф. Кашгарская рукопись Н.Ф.Петровского // ЗВОРАО. T.VII. СПб., 1893. С.81-82.

③ Ольденбург С.Ф. К кашгарским буддийским текстам// ЗВОРАО.T.VIII. СПб., 1894. С.151-153.

④ Ольденбург С.Ф. Еще по поводу кашгарских буддийских текстов// ЗВОРАО. T.VIII. СПб., 1894. С.349-351.

⑤ Ольденбург С.Ф. Отрывки кашгарских санскритских рукописей из собрания Н.Ф.Петровского. Ⅰ // ЗВОРАО.T.VIII. СПб., 1894. С.47-67.

⑥ Ольденбург С.Ф. Отрывки кашгарских санскритских рукописей из собрания Н.Ф.Петровского. Ⅱ // ЗВОРАО.T. Ⅺ. СПб., 1899. С.207-264; Отрывки кашгарских санскритских рукописей из собрания Н.Ф.Петровского. Ⅲ // ЗВОРАО.T. ⅩⅤ（1903-1904）. СПб., 1904. С.113-114.

新进展。奥登堡于 1894 年夏完成学位论文回到俄国，并于 1895 年 5 月通过硕士论文答辩。1897 年，奥登堡晋升为圣彼得堡大学梵语文学编外副教授。①

1895 年，奥登堡与汉学家 A.O. 伊万诺夫斯基（А.О.Ивановский，1861—1903）②一同对 В.И. 罗博罗夫斯基（В.И.Роборовский，1856—1910）③、П.К. 科兹洛夫寄给俄国地理学会的写本进行研究。此后不久，俄国科学院历史科学和语言部为研究中国新疆考古考察所劫获的搜集品成立了专门委员会，委员会由 В.В. 拉德洛夫④、А.А. 库尼科（А.А.Куник，1814—1899）⑤、В.П. 瓦西里耶夫、К.Г. 扎列曼、В.Р. 罗森及特邀专家 Д.А. 克列门茨和 С.Ф. 奥登堡组成。⑥

奥登堡在研究一份桦树皮写本时发现其中包含《法句经（Дхармапада）》片段。该件《法句经》与法国探险家杜特列·德·兰斯（Jules-Leon Dutreuil de Rhins）所获写本残片《法句经》是同一件。奥登堡发表了《婆罗米文佛教写本浅论（Предварительная заметка

① Каганович Б.С. Сергей Фёдорович Ольденбург. Опыт биографии. Санкт-Петербург: Нестор-История, 2013.С.35.

② А.О. 伊万诺夫斯基，俄国汉学家、圣彼得堡大学教授。

③ В.И. 罗博罗夫斯基，俄国上校、中亚军事研究员、俄国著名探险家尼古拉·普尔热瓦尔斯基的学生和助手。

④ В.В. 拉德洛夫，俄国著名东方学家、突厥学家、民族学家、考古学家。1837 年出生于柏林，1858 年毕业于柏林大学，同年移居俄国。

⑤ А.А. 库尼克，俄国历史学家、语文学家、科学院院士。

⑥ Попова И.Ф. Первая Русская Туркестанская экспедиция С.Ф. Ольденбурга（1909-1910）// Российские экспедиции в Центральную Азию в конце XIX – начале XX века / Сборник статей. Под ред. И.Ф. Поповой. СПб.: Славия, 2008. С.149.

о буддийской рукописи, написанной письменами kharoṣṭhi)》[①]。1897 年 9 月，在巴黎召开的第十一届国际东方学家代表大会上，法国印度学家埃米尔·塞纳（Èmile Senart，1847—1928）公布了其刚刚解读出来的杜特列·德·兰斯所获《法句经》写本，奥登堡紧随其后也公布了自己的研究成果。二人的发言引起了学界轰动，印度分会决议成立一个以搜集中国新疆塔里木盆地出土印度系统语言文字遗物为主要目的的“印度基金会（India Exploration Fund)”，其总部设在英国伦敦，临时委员会由英、法、德、俄、奥、意的学者组成。[②]

1898 年，根据俄国科学院新疆考古搜集品专门研究委员会的提议，科学院拟派遣由人类学与民族学博物馆（珍品陈列馆）研究员 Д.А. 克列门茨率考察队前往中国新疆调查研究吐峪沟（Туюк）和高昌故城（Идикут-шари）遗址。对于此次考察，“С.Ф. 奥登堡以极大的热情参与到了考察计划的制定中，Д.А. 克列门茨甚至拟邀请他加入，然而儿子的病阻碍了奥登堡的行程”。[③]虽然未能去中国新疆进行实地考察，但奥登堡对克列门茨考察所获藏品给予了高度关注，并进行了深入研究。奥登堡自 1898—1905 年还同时担任俄国考古学会东方分会秘书一职，俄国考古学会东方分会的主席自 1885 年起由奥登堡的老师 В.Р. 罗森担任。奥登堡担任此职，一方面是由于已身研究兴趣、成果，另一方面也应与罗森的引荐有关。

---

① Ольденбург С.Ф. Предварительная заметка о буддийской рукописи, написанной письменами kharoṣṭhi (Издание факультета восточных языков Имп. СПбУ ко дню открытия XI Междунар. съезда ориенталистов в Париже) . СПб.: Факультет восточных языков СПбУ, 1897.

② 王冀青 :《斯坦因与日本敦煌学》，兰州 : 甘肃教育出版社，2004 年，第 24—25 页。

③ Попова И.Ф. Первая Русская Туркестанская экспедиция С.Ф. Ольденбурга (1909-1910) // Российские экспедиции в Центральную Азию в конце XIX–начале XX века / Сборник статей. Под ред. И.Ф. Поповой. СПб.: Славия, 2008. С.149.

1899 年，奥登堡与 В.В. 拉德洛夫在第十二届罗马国际东方学家代表大会上公布了 Д.А. 克列门茨吐鲁番考察所获写本、艺术品的情况，报告引起了与会各国的兴趣。经拉德洛夫提议，为研究中亚和东亚地区成立了国际协会——中亚与远东历史、考古、语言及人种学考察国际协会（Association internationale pour I'exploration historique, archéologique, linguistique et ethnog-raphique de I'Asie centrale et del'Extrême Orient）[①]。

1899 年 10 月 9 日（21 日），奥登堡向圣彼得堡大学提交了辞呈。1899 年 11 月 24 日（12 月 7 日），В.В. 拉德洛夫、В.П. 瓦西里耶夫、К.Г. 扎列曼与 В.Р. 罗森诸院士推荐奥登堡为科学院梵语课初级研究员候选人。自此奥登堡离开圣彼得堡大学进入俄国科学院工作，直至退休。

1918 年夏，奥登堡在时隔近 20 年之后，回到圣彼得堡大学做过关于《东方对中世纪叙事文学的影响（Восточное влияние на средневсковую повествовательную литературу Запада）》[②]的讲座。在1919—1920 年，他还在圣彼得堡大学历史系讲授过《印度艺术历史概论（Введение в историю индийского искусства）》课程[③]。

二、交游与“朋友圈”

青年时代的良师益友在很大程度上影响了奥登堡的人生观、价值观、事业观，对其学术思想也有着重要的导向作用。

---

① 季羡林主编：《敦煌学大辞典》，上海：上海辞书出版社，1998 年，第 879 页。

② Ольденбург С.Ф. Культура Индин. М., 1991. С.41-98.

③ Ольденбург С.Ф. Культура Индин. М., 1991. С.99-221.

1874 年，由于奥登堡兄弟俩到了升入中学的年纪，奥登堡一家遂迁居至华沙，兄弟俩进入俄属华沙第一中学学习。在华沙生活期间，奥登堡一家建立了亲密友好的朋友圈，朋友圈中包括很多不同文化背景的人，圈子主体是当时在波兰任职的俄国军官及其子女。奥登堡兄弟在华沙中学时的好友有 Д.И. 沙霍夫斯基、А.А. 科尔尼洛夫、Д.С. 斯塔伦克维奇（Д.С.Старынкевич，1858—1906）[①]等人。后来这些中学时期的好友还与奥登堡兄弟成了圣彼得堡大学时期的校友。奥登堡兄弟与 Д.И. 沙霍夫斯基等人自少年时的友谊一直延续到生命的最后，他们在此后的学习、生活、工作中相互帮扶、共同成长。[②]Д.И. 沙霍夫斯基等人与奥登堡兄弟在圣彼得堡大学时一同参与了大学生科学和文学社。А.А. 科尔尼洛夫是奥登堡结婚时的男傧相。Д.С. 斯塔伦克维奇[③]后来还与奥登堡做了亲家——奥登堡的儿子娶了 Д.С. 斯塔伦克维奇的女儿。

1881 年，奥登堡兄弟进入圣彼得堡大学学习。好友 Д.И. 沙霍夫斯基等人也考入了圣彼得堡大学，分别进入历史系、法律系、数学系等学习。在圣彼得堡大学，奥登堡兄弟的朋友圈进一步扩大。这其中包括很多具有自由主义意识的年轻知识分子，如自然学科的大学生 В.И. 维尔纳茨基、历史学科大学生 И.М. 格列夫斯及其他一些人。这些年轻的知识分子们围绕奥登堡兄弟形成了“奥登堡氏朋友圈

① Д.С. 斯塔伦克维奇，俄国政治家，曾任辛比尔斯克州州长。

② Корнилов А.А. Воспоминания о юности Ф.Ф.Ольденбурга // Русская мысль. 1916. № 8. С. 49-53.

③ Д.С. 斯塔伦克维奇 1880 年考入莫斯科大学，1881 年转入圣彼得堡大学。大学毕业前后离开“奥登堡氏朋友圈”，走上仕途。1905 年后，他成为斯托利平最亲密的助手，先后担任内政部长助理和国务卿。

(Ольденбургский кружок)”。[1]奥登堡青年时代的朋友圈在很大程度上影响了其对生活和事业的观念和信仰。当时对于年轻的奥登堡等人而言，寻找生命的意义与探索科学同等重要。[2]

在“奥登堡氏朋友圈”中，不仅有Д.И. 沙霍夫斯基、И.М. 格列夫斯、В.И. 维尔纳茨基等年轻的男性知识分子，还有一些优秀的女性成员。[3]一些女性成员后来与圈中的男性成员结为夫妻，这其中的女性有奥登堡兄弟、Д.И. 沙霍夫斯基、И.М. 格列夫斯，以及В.И. 维尔纳茨基等人的妻子。圈内成员取领头三人的姓氏——沙霍夫斯基(Шаховский)、维尔纳茨基(Вернадский)、奥登堡(Ольденбург)姓氏中的部分字母组成新词“沙赫维尔堡(Шахвербург)”，并以此戏称其圈子。

圈内众人努力探索世界、积极探寻生命的意义，其世界观的宗旨——服务科学与人类。他们反对君主专制制度，拒绝暴力革命，并认为俄国当务之急要大力发展教育、文化与民主自治，而这些将会使俄国的制度得以根本改变。在大学时期，圈子里的成员崇尚科学，并且热衷于大学生科学、文化、艺术等社团的活动。

随着大学时光的结束，奥登堡兄弟与大学时期的好友们将“奥登堡氏朋友圈”进一步改组为“兄弟会”，成员们本着真正的基督教和人文精神在道德革新的基础上团结在一起，旨在建立一个理性的王国，

---

① Карпачев М.Д. Сергей Ефимович Крыжановский - политический деятель и публицист начала XX века// Вестник ВГУ. Серия: История. Политология. Социология. 2013. №2. С.53.

② Воробьёва И.Г. Наталья Фёдоровна Ольденбург – хранитель традиций Приютинского братства // Диалог со временем. 2015. Вып.50. С. 309.

③ Корнилов А.А. Воспоминания о юности Ф.Ф.Ольденбурга // Русская мысль. 1916. № 8. С. 57.

并认识到有必要非暴力地革新国民生活和俄国政治制度。[①]成员们决定将他们共同构建的生活纲领付诸实践，还集资在乡下购置了房子，以便他们可以在那里共度炎热的夏季。后来“兄弟会”的房子一度成了他们的“容身处”。“兄弟会”名为“普里尤季诺（Приютино）”，意为“庇护”“栖身”，奥登堡的兄长在信件中常署名为“庇护人费多尔（Федор приютенец）”[②]，可见对这一名称的认同。

兄弟会的成员们还曾对列夫·托尔斯泰（Лев толстой，1828——1910）的学说非常感兴趣，但他们反对谴责因循守旧的卢梭主义者们的文明与科学观，也不赞成对简化了的极端的托尔斯泰主义进行鼓吹。在多年之后的1918—1920年，奥登堡仍旧对托尔斯泰主义学说的某些方面表示赞同，他这样写道：“在我年轻的时候，那是在19世纪80年代，托尔斯泰的观点第一次如惊雷般响起，连同我在内的那一代人永远不会忘记，伟大的俄国导师对于那代人的那些话语。”[③]托尔斯泰精神道义上的激情及其对于社会丑恶与世间“谎言”的揭示，深刻鼓舞、影响了奥登堡那一代人。[④]

在19世纪后几十年中，奥登堡等人一方面积极投身科研事业，另一方面将专业知识与自身“完善世界”的渴望相结合，积极地参与到启蒙运动的大量民主活动中。虽然奥登堡等人遇到过挫折、迷失

① Карпачев М.Д. Сергей Ефимович Крыжановский – политический деятель и публицист начала XX века// Вестник ВГУ. Серия: История. Политология. Социология. 2013. №2. С.53.

② Воробьёва И.Г. Наталья Фёдоровна Ольденбург – хранитель традиций Приютинского братства // Диалог со временем. 2015. Вып.50. С. 309.

③ Ольденбург С.Ф. Толстой – учитель жизни（Из воспоминаний 1880-х гг.）// Толстой: Памятники жизни и творчества. М., 1920. Т. II. С. 118.

④ Каганович Б.С. Сергей Фёдорович Ольденбург. Опыт биографии. Санкт-Петербург: Нестор-История, 2013.С.16.

过自我，但他们中的一些人直至去世前仍坚持不懈地将“兄弟会”维持了下去。兄弟会一直延续了几十年，直至二战时期，有些成员如奥登堡的兄长费多尔等人彼时早已逝去，但尚在的成员及兄弟会第二代人仍经常聚在一块读书、聊天、忆往昔。这一点可从 В.И. 维尔纳茨基的日记中得到印证，他在 1942 年 1 月 25 日的日记中这样写道：“近日兄弟会的我们经常聚在一起。聚会的召集人是 Д.И. 沙霍夫斯基（Д.И.Шаховский）。昨天阿尼亚（Аня）[①]、娜塔莎（Наташа）[②]、卡嘉（Катя）[③]、普拉斯科维亚·基里尔洛夫娜·卡扎科娃（Прасковья Кирилловна Казакова，1874—1958）[④]和我在兄弟会聚会。阿尼亚朗读了德米特里·伊万诺维奇（即 Д.И. 沙霍夫斯基）的书信和诗作节选及小说《恰达耶夫之死（Смерть Чаадаева）》。……娜塔莎朗读了 1893 年写给费多尔的信件节选。”[⑤]

“奥登堡氏朋友圈”及“兄弟会”对俄国科学和文化事业作出了突出贡献。尤为令人津津乐道的是，他们中的很多人后来成了俄国杰出的院士、思想家、史学家、社会活动家，等等。如 В.И. 维尔纳茨基成了院士、思想家、著名学者；И.М. 格列夫斯——著名中世纪史学家，圣彼得堡大学教授；Д.И. 沙霍夫斯基——著名社会教育活动家；А.А. 科尔尼洛夫——著名历史学家、社会活动家；Ф.Ф. 奥登堡（即奥登堡的

① 此处的“阿尼亚”即阿·德·沙霍夫斯卡娅（А.Д.Шаховская，1889—1859），俄国地质学家、人种学家，奥登堡好友 Д.И. 沙霍夫斯基的女儿。

② 此处的“娜塔莎”即尼·弗·维尔纳茨卡娅（Н.Е.Вернадская，1898—1985），俄国精神病学家、医生，奥登堡好友弗·伊·维尔纳茨基（В.И. 维尔纳茨基）的女儿。

③ 此处的“卡嘉”，可能是“叶·瓦·伊利因斯卡娅”（Е.В.Ильинская），具体信息不详。

④ 普拉斯科维亚·基里尔洛夫娜·卡扎科娃，Е.В. 维尔纳茨基的家政工人。从 1908 年到 Е.В. 维尔纳茨基 1945 年逝世，她一直与维尔纳茨基一家生活在一起。

⑤ Воробьёва И.Г. Наталья Фёдоровна Ольденбург – хранитель традиций Приютинского братства // Диалог со временем. 2015. Вып.50. С. 309.

兄长）——著名教育家。“奥登堡氏朋友圈”及“兄弟会”的思想和活动，值得专门研究，它们是19世纪末20世纪初俄国左翼自由主义核心思想形成的中心地之一，自由—立宪制、资产阶级民主思想在这里与一些民粹主义元素相互碰撞、结合，带来了半宗教性质的关于克服“非兄弟”世界状态的乌托邦憧憬[①]。同时，“奥登堡氏朋友圈”及“兄弟会”与当时其他几个小组是立宪民主党的发源地。1905年10月，政党在俄国合法化后，立宪民主党成立，奥登堡与“兄弟会”的大部分成员都加入了立宪民主党，Д.И. 沙霍夫斯基、В.И. 维尔纳茨基、А.А. 科尔尼洛夫等人在党内担任要职。奥登堡因其在帝国科学院的职务等原因，未能入选党内领导机构，但作为立宪民主党人，非常知名。

奥登堡在圣彼得堡大学求学期间曾两次前往欧洲游学，其间奥登

图 2-1　1933年烈维在奥登堡陪同下参观苏联科学院
（图片由俄罗斯科学院档案馆圣彼得堡分馆提供）

① Каганович Б.С. О генезисе идеологии «Ольденбурговского кружка» и «Приютина братства» // Русская эмиграция до 1917 года лаборатория либеральной и революционной мысли. СПб., 1997. С.90-103.

堡不仅在各地图书馆、高校钻研学习东方学，提升其东方学研究水平，并且凭借其自身语言优势，还结交了很多欧洲学者。

奥登堡在1887年至1889年第一次欧洲访学期间，就结识了许多西方学者。据俄国学者Б.С.卡冈诺维奇统计，“这其中包括大量东方学家和语文学家，如法国的А.别尔津（А.Бергень）、О.巴尔特（О.Барт）、埃米尔·塞纳、Д.达姆斯特特尔（Д.Дармстетер）、М.布雷尔（М.Бреаль）；英国的С.本多尔（С.Бендалл）、Т.李斯－戴维斯（Т.Рис-Дэвидс）、Ф.托马斯（Ф.Томас）、Дж.伯吉斯（Дж.Берджесс）、А.斯坦因（А.Стейн）；德国的Г.比勒（Г.Бюлер）、Г.雅克比（Г.Якоби）、Г.奥登堡（Г.Ольденберг）、Г.刘戴尔斯（Г.Людерс）；荷兰的Г.科恩（Г.Керн）；比利时的Л.德·拉·瓦莱－普桑；还有当时还很年轻的，后来声名远扬的法国印度学家С.烈维（С.Леви）、福斯（Фуш）、Л.费诺（Л.Фино），汉学家Э.沙畹（Э.Шаван）、印欧语语言学家А.梅耶（А.Мейе）。”[①]可以说，奥登堡欧洲交游圈几乎涵盖了当时东方学研究方面的西方大半知名学者。

1893年秋至1894年夏，奥登堡第二次前往欧洲访学，在巴黎和伦敦进行硕士学位论文写作，同时试图克服抑郁，走出丧妻之痛。奥登堡在专注硕士论文写作之余，还阅读了大量非专业内容的书籍。正是在这一时期，奥登堡开始对法国民间文化产生了兴趣，还专门写了文章，向俄国读者介绍这一方面的书籍[②]。正是在这一时期，奥登堡结识了法国著名东方学家沙畹和梅耶。奥登堡在1894年2月7日（19

① Каганович Б.С. Сергей Фёдорович Ольденбург. Опыт биографии. Санкт-Петербург: Нестор-История, 2013. С.19-20.

② Ольденбург С. Ф. Смерть в представлении современных бретонцев (По поводу книги A. Le Braz’a) // ЖМНП. 1894. № 2. С. 427-442.

日）在巴黎给罗森的信中写道："最近我又认识了一些东方学家，其中的两位是沙畹和梅耶，我很喜欢他们。"[①]在这期间，他的西欧学者朋友圈也愈加壮大，同时，他的语文学和历史学方面的学识也愈加渊博。

法国著名印度学家西尔万·烈维（Сильвен Леви，1863—1935）是与奥登堡最为亲密的西方学者。奥登堡在1887年5月—1889年2月第一次欧洲游学期间，在巴黎结识了烈维。因两人同龄、研究领域相近，且脾性相投，故很快熟识起来，成了至交。后来，烈维不仅成为大名鼎鼎的印度学家、索邦神学院[②]印度文明学院的院长，还成为法国第三共和国以色列人的领袖。奥登堡与烈维的友谊维持了一辈子。烈维曾五次到访俄国，最后的一次是在1933年即奥登堡去世的前一年[③]。

奥登堡在第一次游学巴黎时，不仅与烈维讨论印度学方面的研究成果，还谈到了他的朋友圈、"兄弟会"、政治见解等，如奥登堡在1887年7月7日（19日）告诉И.М.格列夫斯说："烈维，……非常招人喜欢。在散步的时候，我们聊了很多有关科学与生活方面的话题。我告诉他关于我们的想法，关于兄弟会和'容身处'，他对此抱有同感。然而，他说，这里不可能也难以想象有相似的境况。他在一定程度上对于这些想法能够广泛传播表示怀疑。他也相信将会看到农民阶级和土地的解放，而谈到工人阶级，他认为这是最具智慧和劳动性的

① Миханкова В.А. Николай Яковлевич Марр. Очерк его жизни и научной деятельности. М.; Л., 1949. С.31.

② 欧洲最古老的大学之一，17世纪起为巴黎大学的别名。

③ Bongard-Levin G. M., Lardinois R., VigasinA.A.（éd）. Correspondances orientalistes entre Paris et Saint-Pétersbourg（1887-1935）. Paris, 2002. P. 49-58.

阶层。”[①]

1906年夏天，法国理论民族学家、社会学家马塞尔·莫斯（Марсель Мосс，1872—1950）要前往俄国，烈维向他引荐了好友奥登堡。莫斯在圣彼得堡受到了奥登堡的热情款待，并在科学院人类学与民族学博物馆作了报告，结识了博物馆的领导B.B.拉德洛夫、Л.Я.斯滕伯格（Л.Я.Штернберг，1861—1927）[②]。莫斯此行还通过奥登堡见了很多自由主义反对派的活动家，还将俄国第一届国家杜马解散后出版的一份《维堡起义（Выборгского восстания）》带回了法国巴黎[③]。同样，在烈维的推荐下，1916年日本著名学者矢吹庆辉自欧洲调查海外敦煌文献的返程途中，经过列宁格勒时拜访了奥登堡，并在奥登堡的帮助下查阅了奥登堡1914—1915年敦煌考察所获部分敦煌文献[④]。

1923年，奥登堡在十月革命后第一次前往欧洲，在法国待了一个月左右。奥登堡在巴黎与法国同行的朋友们见了面，还见到了一些侨居海外的俄国侨民。奥登堡在1923年8月15日给妻子叶连娜的信中写道："烈维如同接待亲人般接待了我。巴黎从表面上看变化不大，而那些年轻时代的美好情感充斥在我的心头。"[⑤]

1933年，即奥登堡去世的前一年，烈维前往苏联访学，这是烈维第五次也是最后一次去往俄国。烈维在列宁格勒受到奥登堡的热情款

① Каганович Б.С. Сергей Фёдорович Ольденбург. Опыт биографии. Санкт-Петербург: Нестор-История, 2013.С.40.

② Л.Я. 斯滕伯格，俄国人种学家，苏联科学院通讯院士。

③ Bongard-Levin G. M., Lardinois R., VigasinA.A.（éd）. Correspondances orientalistes entre Paris et Saint-Pétersbourg（1887-1935）. Paris, 2002. P. 123.

④［日］高田时雄著，徐铭译:《俄国中亚考察团所获藏品与日本学者》，刘进宝主编《丝路文明》第一辑，上海：上海古籍出版社，2016年，第218—219页。

⑤ Bongard-Levin G. M., Lardinois R., VigasinA.A.（éd）. Correspondances orientalistes entre Paris et Saint-Pétersbourg（1887-1935）. Paris, 2002. P. 123.

待，并在奥登堡的陪同下参观了苏联科学院。奥登堡与烈维的这次相见，也是二人的最后一次见面，之后两人于1934年、1935年相继去世。

此外，奥登堡还与日本考古学家梅原末治有过往来。1926年夏，在英国游历的梅原末治与到访英国的奥登堡结识。以此为契机，促成了第二年梅原末治的列宁格勒之行。在1927年、1928年两次列宁格勒之行期间，梅原末治查阅了科兹洛夫考察带回的诺因乌拉遗址文物。1930年，梅原末治第三次前往苏联，查阅了奥登堡考察队拍摄的一千多张敦煌莫高窟壁画照片。关于此次在苏联的见闻，梅原末治在《考古学六十年》中有相关论述。①

奥登堡青年时期的交游网络主要由两部分构成，一部分是俄国国内“奥登堡氏朋友圈”，另一部分是当时西方的一些著名学者。奥登堡的交游网络，对其学术思想的形成具有重要影响，一定程度上也可折射出俄国东方学的发展脉络。

第二节　俄苏科学院的实际领导人

俄罗斯科学院东方文献研究所圣彼得堡分所所长И.Ф.波波娃（И.Ф.Попова，1961— ）称：“谢尔盖·费多罗维奇·奥登堡院士是20世纪上半叶俄罗斯科学院历史上最为重要的人物之一。从1904—1929年的25年间，他一直担任科学院的常务秘书一职。科学院一直

①［日］梅原末治:《考古学六十年》，东京：平凡社，1973年，第83、149—155页。

保持着该国领先的科学组织地位，很大程度上要归功于他的努力。”[①]

1899年11月24日（12月7日），B.B. 拉德洛夫、B.П. 瓦西里耶夫、K.Г. 扎列曼与B.P. 罗森等院士推举奥登堡为科学院历史语文部梵语课初级研究员候选人。此前该课程由旅居德国多年的奥特戈·伯特林克院士教授，他也因此荣升为科学院名誉院士。奥登堡于1900年2月正式入职科学院历史语文部，担任科学院梵语课初级研究员，这是奥登堡为当选科学院院士迈出的第一步。接着B.P. 罗森于1903年1月15日（28日），在历史语文部提名奥登堡为科学院院士候选人，4月19日（5月2日）在科学院全体大会上通过[②]此提名，奥登堡当选为科学院编外院士。1908年奥登堡当选为正式院士。B.P. 罗森与奥登堡虽然政见不同，但非常器重他，将他作为俄国东方学组织者的继任人培养。[③]

入职科学院后，奥登堡更加繁忙。在科学院工作初期，奥登堡发表了一些有关佛教艺术与圣像学方面的研究论述。[④]其中比较有影响的文章中他提出了与德国印度学家A. 格伦威德尔相左的观点。格伦威德尔认为印度造型艺术是在佛教影响下产生的。奥登堡则认为，

① Попова И.Ф. «Сергей Федорович Ольденбург – ученый и организатор науки». Международная конференция, посвященная 150-летию со дня рождения академика С.Ф.Ольденбурга // Письменные памятники Востока, 2（19）, 2013. С. 271.

② Князев Г.А. Первые годы С.Ф.Ольденбурга в Академии Наук.（По архивным материалам）// ВАН. 1933. № 2. Стлб. 25-27.

③ Каганович Б.С. Сергей Фёдорович Ольденбург. Опыт биографии. Санкт-Петербург: Нестор-История, 2013.С.40.

④ Ольденбург С.Ф. Буддийское искусство в Индии // ИАН. 1901. Т. XIV, № 2. С. 215-225; Буддийское искусство в Индии, Тибете и Монголии // ЖМНП. 1902. № 10. С. 369-381; Материалы по буддийской иконографии // Сб. МАЭ. 1901. Т. 1, вып. 3. С. 1-10; 1903. Т. 1, вып. 4. С. 1-15; Краткие заметки о некоторых непальских миниатюрах // ЗВОРАО. 1904-1905. Т. XVI. С. 213-223.

这种艺术有着更悠久的起源，“艺术曾是广义上婆罗门的，在史诗般的论丛和地方祭祀基础之上成长起来”[①]。现代学者更倾向于奥登堡的观点[②]。20 世纪 20—30 年代，考古学家们在发掘印度半岛的早期雅利安人古代文明中心哈拉帕和摩亨佐达罗遗址时，出土有大量雕塑，这也在一定程度上证明了奥登堡观点的正确性。

奥登堡一直对“北佛教”和西域文化十分感兴趣，并且在一些评论文章中经常探讨这一领域的最新研究成果，如 1904 年奥登堡发表的有关斯坦因在于阗进行发掘的考察概述[③]、在《国家教育部杂志（Журнал Министерства народного просвещения）》上发表的一系列关于中国西藏文化的论述[④]。

1904 年发生了一件对奥登堡的生活、对俄罗斯科学院历史影响较大的事情。1904 年 6 月，科学院常务秘书 Н.Ф. 杜布罗温（Н.Ф.Дубровин，1837—1904）院士去世，有院士提议让奥登堡作为继任者。1904 年 8 月 6 日（19 日），奥登堡写信给罗森道：“我见过了 А.С. 法明岑（А.С.Фаминцын，1835—1918），……从他、扎列曼及拉德洛夫处得知，我有资格竞选常务秘书一职。此事，您怎么看？”[⑤]

---

① Ольденбург С.Ф. Буддийское искусство в Индии. СПБ.1902. С. 218.

② Сидорова В.С. Художественная культура Древней Индии. М., 1972. С. 15-27; Тюляев С.И. Искусство Индии. М., 1988. С. 68-75.

③ Ольденбург С.Ф. Исследования памятников старинных культур Китайского Туркестана. I. Южная часть Китайского Туркестана // ЖМНП. 1904. № 7. С. 366-397.

④ Ольденбург С.Ф. Новейшая литература о Тибете // Журнал Министерства народного просвещения. 1904. Часть CCCLVI. № 11, отд. 2. С. 129-168; Англо-китайский поход в Тибет 1904 г. // Журнал Министерства народного просвещения. 1905. № 7. С. 197-227; № 9. С. 134-150; Новые книги о Тибете // Журнал Министерства народного просвещения.

⑤ Каганович Б.С. Сергей Фёдорович Ольденбург. Опыт биографии. Санкт-Петербург: Нестор-История, 2013.С.45.

罗森对此十分支持。8 月 13 日（26 日），奥登堡再次给他写信道：“当然，我还记得我们的谈话，但是，那时是理论上的决定，而现在这是事实。……我在科学院没有比您更亲近、更了解我的人，所以我再次写信给您。”[①]根据 1904 年 8 月，罗森与科学院副院长 П.В. 尼基京（П.В.Никитин，1849—1916）[②]的往来信函可知，П.В. 尼基京表示支持奥登堡作为常务秘书候选人[③]。1904 年 10 月 2 日（15 日），科学院全体大会上，奥登堡当选为科学院常务秘书。自此奥登堡开始了长达 25 年的任职，成为科学院的主要领导之一。

俄国古文献学家 В.Г. 德鲁日宁（В.Г.Дружинин，1859—1936）在其回忆录中这样评论奥登堡：“阿拉伯语教授 В.Р. 罗森男爵喜爱他，虽然奥登堡的硕士学位论文不是特别出彩，但是，罗森男爵帮助他成了科学院初级研究员，……他所具备的行政管理能力越来越强，超过了其学术能力，并很快当选为常务秘书。”[④]

当选为科学院常务秘书后，奥登堡的个人科研工作时间随之大大缩减。奥登堡在 1908 年 2 月 29 日（3 月 13 日）给儿子的信中写道：“除了科学院的事，我什么也干不了。”但是，奥登堡并没有停止研究工作，他陆续发表了一些有关佛教、印度学方面的文章，其中比较有代表性的是《黑水城佛像资料（Материалы к буддийский иконографии

---

① Каганович Б.С. Сергей Фёдорович Ольденбург. Опыт биографии. Санкт-Петербург: Нестор-История, 2013.С.46.

② П.В. 尼基京，俄国古典语言学家，圣彼得堡大学教授、校长，俄科学院院士、科学院副院长。

③ Басаргина Е.Ю. Вице-президент Императорской Академии наук П.В. Никитин. СПб., 2004. С. 189.

④ Дружинин В.Г. Воспоминания. – РГАЛИ. Ф. 167. Оп. 1. Д. 10. Л. 139-140.

Хара-Хото)》[①]，对 П.К. 科兹洛夫考察带回的黑水城佛像资料进行了初步描述，并对其中的佛教艺术品进行了分类。1908 年初，В.Р. 罗森去世，享年 59 岁。奥登堡十分悲痛，专门发文悼念了罗森。

此外，奥登堡还全力支持民间创作。可以说，奥登堡对民间创作的态度是与浪漫主义的观点相反，与带有形而上学的守旧—民粹主义的观点也是对立的，在对民间创作的研究上，奥登堡坚持历史主义与现实主义。为了协调俄罗斯民俗学家的工作，奥登堡于 1912 年组建了故事委员会，该委员会隶属于俄罗斯地理学会民族学分部，并担任该委员会常务主席近 20 年。[②]

奥登堡在担任科学院常务秘书之余，还进行了两次中国西北考察，实现了他长久以来想要前往中亚探险的夙愿。奥登堡 1909—1910 年的新疆考察带有“勘探”性质。俄罗斯当代历史学家 А.А. 维加辛这样评价奥登堡新疆考察：“奥登堡主持的新疆考察意义重大。成功地发现并描绘了大量古代佛教文化文物，绘制保留下来大量建筑物的图纸。……奥登堡带到圣彼得堡的那些物品，是需要抢救与修复的。艺术品丰富了艾尔米塔什的馆藏，而珍贵的写本是亚洲博物馆的骄傲。”[③]显然，奥登堡对于中国西北文物的劫掠是不可否认的事实。由于繁忙的行政工作，奥登堡无暇整理、出版新疆考察的详细报告，仅于 1914

---

① Ольденбург С.Ф. Материалы к буддийский иконографии Хара-Хото (Образа тибетского письма) // Материалы по этнографии России. СПБ., 1914. Т. Ⅱ . С.79-157.

② Каганович Б.С. Сергей Фёдорович Ольденбург. Опыт биографии. Санкт-Петербург: Нестор-История, 2013.С.54.

③ Каганович Б.С. Сергей Фёдорович Ольденбург. Опыт биографии. Санкт-Петербург: Нестор-История, 2013.С.55.

年出版了初步的考察简报[①]。

奥登堡在1914年5月—1915年春进行的敦煌考察，不仅劫获颇丰，而且产生了一定影响。奥登堡考察队不仅盗取了大量敦煌写本、艺术品，还对莫高窟进行了非法调查、测绘，拍摄了近2000张珍贵照片，记录了6本洞窟笔记。奥登堡考察结束回到俄国后做了两场相关报告。奥登堡制定了出版敦煌考察资料的计划，但由于俄国随后爆发的革命及之后很长一段时间的战乱，加之奥登堡在科学院繁重的行政工作，影响了考察报告的整理和出版。

图2-2　在科学院中工作的奥登堡

（图片来源于俄罗斯人类学与民族学博物馆官方网站，网址：https://www.kunstkamera.ru/en/museum_structure/research_departments/department_of_south_and_southwest_asia）

① Ольденбург С.Ф. Русская Туркестанская Экспедиция 1909-1910 года / Краткий предварительный отчет. СПб.: Императорская Академия Наук, 1914.

在1917年十月革命前的十多年里，科学院主要由三人执政：院长康斯坦金·康斯坦金维奇·罗曼诺夫（Константин Константинович Романов，1858—1915）[①]大公、副院长П.В.尼基京，以及常务秘书奥登堡。1905年，俄国爆发动乱，大量知识分子参与了自由民主抗议活动，奥登堡与科学院其他16位院士也参与其中，并联合署名了《教育诉求呈文（Записка о нуждах просвещения）》。[②]康斯坦金大公向参与署名呈文的院士发了通函，指责他们把搞政治活动替代了搞科研，奥登堡对此回应说："我不仅是院士，我还是一个人一个公民，而我虽不了解法律，但我敢断言它不是禁止我畅言自己对俄罗斯教育见解的法令。"[③]根据康斯坦金大公1907年4月28日（5月11日）的日记来看，他对奥登堡所具备的上流社会举止与教养是肯定的，但对其政治活动不解："怎么也弄不明白奥登堡，一个非常愉快的交谈者，知识渊博、有教养、彬彬有礼，但与此同时，他还积极参加解放运动。"[④]虽然他们政治立场上有着分歧，且奥登堡还是自由主义院士小组的领头人，但得益于他的分寸、毅力、与人交好的能力，使得科学院没有发生政治上的严重冲突。奥登堡与康斯坦金大公仍旧保持了相当好的工作关系。在很多时候，有着皇族身份的康斯坦金大公帮助科学院免受了国民教育部的制约。副院长П.В.尼基京院士则在维护和谐工作局势方面发挥了重要作用，他是著名的古典语文学家，精明能干，品行

---

① 康斯坦金·康斯坦金维奇·罗曼诺夫（1858—1915），罗曼诺夫皇室成员、大公，侍从将官、步兵上将，军事教育机构监察长，圣彼得堡帝国科学院院长，诗人，翻译和剧作家。本书中称之为"康斯坦金大公"。

② Каганович Б.С. Сергей Фёдорович Ольденбург. Опыт биографии. Санкт-Петербург: Нестор-История, 2013.С.47.

③ Романовский С.И. А.П.Карпинский. Л., 1981.С. 306-307.

④ Басаргина Е.Ю. Вице-президент Императорской Академии Наук П.В.Никитин. С.208.

端正，虽与立宪民主党人的观点相去甚远，但对奥登堡评价十分高。[①]

奥登堡的行政业务能力被他的朋友们、志同道合者，甚至是反对者认可，差别只在于第一类人将他的工作视为科学、为自身理想而自我牺牲的活动，第二类人则认为他是揽权、坚持个人路线。[②]《奥登堡传记》作者Б.С.卡冈诺维奇认为，科学院活动家В.М.阿列克谢耶夫在奥登堡去世后不久发表的演说[③]，是对奥登堡最恰当的评价。阿列克谢耶夫指出，奥登堡不仅是工作上的组织者，还是“志向与性情上的组织者”，“当他成为科学院领导时，就已经具备了罕见的管理才能”。[④]阿列克谢耶夫这样评价奥登堡的举止风度：“他是那样有分寸、关怀他人、细心周到，记得数千张面孔、名字、父称及姓，每一个都记得，且不会将之混淆。他的兴趣爱好广泛，眼界开阔，文化修养高，性情纯朴，追求尽善尽美，十分罕见的绅士举止，令人愉悦的温柔风度，和蔼可亲、富有同情心，无可挑剔的礼仪，且有原则，行事周密，……所有的这些都起了作用，当然，在很多方面，乃至在方方面面。”[⑤]

奥登堡在担任常务秘书的25年里，对作为科学研究这张大网中心的老式机构进行了第一阶段的现代化改组，并且在改善院士待遇、维

---

① Ольденбург С.Ф. Памяти П.В. Никитина // Русская мысль.1916. № 10. С.6-8.

② Каганович Б.С. Сергей Фёдорович Ольденбург. Опыт биографии. Санкт-Петербург: Нестор-История, 2013.С.58-59.

③ Алексеев В.М. Сергей Федорович Ольденбург как организатор и руководитель наших ориенталистов // Записки ИВАН. 1935.Т. Ⅳ . С.31-57.

④ Каганович Б.С. Сергей Фёдорович Ольденбург. Опыт биографии. Санкт-Петербург: Нестор-История, 2013.С.59.

⑤ Алексеев В.М. Сергей Федорович Ольденбург как организатор и руководитель наших ориенталистов // Записки ИВАН. 1935.Т. Ⅳ . С. 55.

护科学院运行、扩大科学院建制等方面也发挥了重要作用。[①]

在奥登堡的倡议下，科学院领导层于1924年同意将科学院改属于苏联人民委员会，这是俄国科学院历史上的一次重大决议。奥登堡还是1927年苏联科学院章程制定者之一。1929年10月30日，奥登堡卸任科学院常务秘书职务，避免了之后的被逮捕和迫害。从1930—1934年去世前，奥登堡任苏联科学院东方学研究所所长，苏联科学院东方学研究所前身即亚洲博物馆，奥登堡于1916—1930年任亚洲博物馆馆长，于1930年改组亚洲博物馆为苏联科学院东方学研究所（即今天的俄罗斯科学院东方文献研究所圣彼得堡分所）。[②]

奥登堡作为俄罗斯科学院常务秘书、亚洲博物馆馆长，以及诸多理事会、编委会和委员会的主席、委员，行政管理工作异常繁多。“奥登堡几乎没有空闲时间。这是一种对于自己的工作非同一般的勤恳。他希望自己可以亲自把所有的事情做完。甚至，在他去世的前不久还极其热切地对自己已取得的研究和未来的工作提出了想法”。[③]

第三节　时代巨变中的政治参与

奥登堡曾于1917年二月革命后任临时政府教育部部长一职，这在其履历上是重要的一笔，但实际上奥登堡担任这一职位时间非常短，仅

① Академия наук СССР. История Академии Наук СССР. Т. Ⅱ. Ленинград : Изд-во Акад. наук СССР, 1964. С.458-461.

② ［俄］波波娃：《俄罗斯科学院档案馆 С.Ф. 奥登堡馆藏中文文献》，郝春文主编《敦煌吐鲁番研究》第14卷，上海：上海古籍出版社，2014年，第209页。

③ Щербатской Ф.И. С.Ф. Ольденбург как индианист // Записки ИВ АНСССР. Вып. IV. М.; Л., 1935. С. 27.

1917年7月25日（8月7日）至8月31日（9月13日）的一个多月。

1917年2月23日（3月8日）至27日（3月12日），俄国爆发二月革命，罗曼诺夫王朝被推翻。二月革命后，奥登堡一心从政。这在奥登堡的好友B.M.阿列克谢耶夫院士1917年4月12日（25日）写给法国汉学家П.伯希和的信中有提及："С.Ф.奥登堡向您致以崇高的敬意。他现在已经一心扑在政治上，非常遗憾，极少从事科学创作了。"[①]

1917年4月26日（5月9日），奥登堡遵照临时政府指令，成为紧急侦察委员会委员，该委员会负责对旧制度下最高职权人员不法活动进行纠察。他还曾列席对罗曼诺夫王朝的部长及达官显贵们的审讯，并了解到很多末代沙皇时期俄国行政管理的内幕。其间，奥登堡结识了著名诗人A.A.勃洛克，他曾是编辑委员会下辖的创作委员会委员。由于二人同为学者，尽管他们的性格和世界观完全不同，但二人之间产生了共鸣，成了好友。在1917年5月初举行的立宪民主党代表大会上，奥登堡与好友A.A.沙赫马托夫（А.А.Шахматов，1864—1920）[②]、В.И.维尔纳茨基一起当选为中央委员会委员[③]。这为奥登堡之后当选为教育部部长做了铺垫。

奥登堡还是П.Б.司徒卢威1917年创立的俄国文化联盟（Лига русской культуры）[④]创始人之一。联盟的参与者是"有着各色政治

---

① Алексеев В.М. Письма к Эдуарду Шаванну и Полю Пеллио / Сост. И.Э. Циперович. СПБ., 1998. С.81.

② A.A.沙赫马托夫，俄国语文学家、俄国科学院院士。

③ Съезды и конференции Конституционно-демократической партии. М., 2000. Т.1, кн. 3. С.658.

④ 特殊的无党派协会，旨在追求防止社会陷入革命的无政府状态的"国家和文化"，由俄国著名政治活动家П.Б.司徒卢威1917年创立。参见http://summa.rhga.ru/edin/inst/detail.php?r-raz=&ELEMENT_ID=5859（2021.02.01）

倾向的”知识分子，联盟的纲领性宣言指出联盟旨在“寻求俄罗斯的解放，在巨大的分歧与蜕变中，团结一切清醒的人民，开启巩固俄罗斯文化、国家观念的创造性工作，以真正的、光明正大的民主的方式，预言我们所有的历史”。[①]有关奥登堡参与俄国文化联盟活动的资料非常少，且奥登堡本人没有在联盟的刊物《俄罗斯之自由（Русская свобода）》上发表过任何文章。[②]奥登堡在对待联盟宗旨的态度上，与 И.М. 格列夫斯相近[③]，格列夫斯认为联盟是“超党派、超阶级、超民族、全民性的”组织，是俄罗斯所有民族的“受欢迎与被邀请的联盟人员”代表[④]。

1917 年 6 月，奥登堡发表公开演讲，反驳著名政论家 В.Л. 布尔采夫（В.Л.Бурцев, 1862—1942）[⑤]攻讦著名作家高尔基（М.Горький, 1868—1936）的言论[⑥]，反对他对被称为“俄罗斯文学的美与骄傲”的作家叛变的指摘[⑦]。奥登堡与高尔基早在 1899 年就已相识，而在这之前两人间从未有过密切接触。但是，基于 1917 年奥登堡的演说，高尔基在此后对奥登堡满怀好感。及至后来奥登堡被布尔什维克政府逮捕，高尔基写信给列宁请求释放奥登堡，言辞激烈，抗议称逮捕奥

---

① Обращение Лиги «К русским гражданам»: Русская свобода.1917. № 9. С.20.

② Ольденбург С.С. Старый порядок // Русская свобода. 1917.№8 С.23-25.

③ Каганович Б.С. Сергей Фёдорович Ольденбург. Опыт биографии. Санкт-Петербург: Нестор-История, 2013.С.71-72.

④ Гревс И.М. Лига русской культуры // Речь. 1917. № 195, 20 августа. С.6.

⑤ В.Л. 布尔采夫，俄国政论家、出版人。

⑥ 高尔基原名阿列克谢 · 马克西莫维奇 · 彼什科夫（Алексей Максимович Пешков），俄国作家、诗人、剧作家、社会主义—现实主义文学奠基人、文学批评家、政论家、社会活动家。

⑦ Ольденбург С.Ф. Травля Горького（Письмо в редакцию）// Биржевые ведомости.1917. №16335. 14 июля. С.3.

登堡是“毁灭俄罗斯人民最好、最宝贵的力量”。[①]

1917 年 7 月 17 日（30 日），诗人勃洛克在日记中这样写道：“今天报纸上报道称 С.Ф. 奥登堡是教育部部长的重要候选人，据报道，他将以士兵身份前往前线。前线比后方重要得多，……克伦斯基（А.Ф.Керенский，1881—1970）[②]劝阻他前往前线，……奥登堡是立宪民主党人，且出身军人家庭。”[③]

1917 年 7 月 25 日（8 月 7 日），奥登堡作为立宪民主党代表被任命为临时政府国民教育部部长，临时任期至 10 月 3 日（16 日）。好友 В.И. 维尔纳茨基任其下属，主管高等教育与科研方面。奥登堡上任后，继续着手推进前任部长经济学家 А.А. 马努伊洛夫（А.А.Мануйлов，1816—1929）在彼尔姆、萨拉托夫创建新型大学的计划，计划在梯弗里斯[④]创建高加索大学、在塔什干创建土耳其斯坦大学等，还提出对高校的学术委员会和学术机构进行改组，并草拟了改革大纲。此外，奥登堡在任期内还创建了隶属于科学院的高加索历史考古研究所、扩大了科学院建制。[⑤]8 月，奥登堡以教育部部长身份参加了在莫斯科举行的国家组织会议，同时代的人评价该会议就像是“革命温和派人士停止革命转向民主化的尝试之一”[⑥]。会后两个多星期之后的 1917 年 8 月 31 日（9 月 13 日），奥登堡与其立宪民主党的朋友们一同向克

① Исаков С.Г. Неизвестные письма М.Горького В.Ленину. Радуга, 1992 №5. С.79-80.

② 克伦斯基，俄国政治活动家、律师，俄国资产阶级临时政府总理。

③ Блок А.А. Записные книжки. М., 1965. С.378.

④ 梯弗里斯，格鲁吉亚城市第比利斯的旧城。

⑤ Каганович Б.С. Сергей Фёдорович Ольденбург. Опыт биографии. Санкт-Петербург: Нестор-История, 2013.С.73.

⑥ Титлинов Б.В. Церковь во время революции. Пг., 1924. С.9.

伦斯基政府递交了辞呈。[①]

奥登堡的同事、科学院副院长 B.A. 斯捷科洛夫（B.A.Стеклов，1864—1926）[②]在奥登堡就任教育部部长初期，曾对此发表过非常有预见性的见解。1917 年 8 月，他在给科学院新任院长 A.П. 卡尔宾斯基（A.П.Карпинский，1847—1936）[③]的信中写道："首先，恭喜您荣升为俄罗斯科学院院长。同样还有件要'恭喜'的事，但我不认为要恭喜谢尔盖·费多罗维奇（即奥登堡）担任国民教育部部长，而是真心为他惋惜。我还为科学院失去了这样一位无可替代的常务秘书而遗憾。令人慰藉的是，部长更替频繁，这在'旧制度'时期就由来已久，而现在更是有过之而无不及。暂寄希望于谢尔盖·费多罗维奇（奥登堡）能够很快重新'完整地'回归科学院。"[④]9 月，奥登堡向克伦斯基政府提交辞呈，辞去了教育部部长的职务。奥登堡辞去部长一职后，成了俄罗斯共和国临时协商理事会理事，但是，该理事会随着 11 月 7 日十月革命的爆发而解散。

十月革命后，奥登堡的重心再次回归到科学院的领导工作上，直至 1929 年卸任常务秘书一职。奥登堡从 1916 年起担任亚洲博物馆馆长，并于 1930 年将亚洲博物馆改组为苏联科学院东方学研究所，之后奥登堡任苏联科学院东方学研究所所长，1933 年卸任，1934 年去世。[⑤]

---

① Каганович Б.С. Сергей Фёдорович Ольденбург. Опыт биографии. Санкт-Петербург: Нестор-История, 2013.С.73.

② B.A. 斯捷科洛夫，俄国数学家、机械师、科学院院士，1919—1926 年任科学院副院长。

③ A.П. 卡尔宾斯基，俄国科学院、矿业工程师、地质学家、科学院院士，1917—1936 年任科学院院长。

④ Романовский С.И. А.П.Карпинский. Л., 1981. С.332.

⑤［俄］波波娃：《俄罗斯科学院档案馆 C.Ф. 奥登堡馆藏中文文献》，郝春文主编《敦煌吐鲁番研究》第 14 卷，上海：上海古籍出版社，2014 年，第 209 页。

奥登堡在二月革命后毅然从政，有着特殊的历史背景，有国家危难、乱世变革之际“救国救民”的书生意气，有知识分子心怀天下、一展所学的远大抱负，是大变局下知识分子痛苦、彷徨及艰难求索历程的写照。整体而言，奥登堡的临时部长任期非常短暂，其所作贡献也有限，但在奥登堡生平履历中留下了浓墨重彩的一笔。

第四节　与列宁“终生友谊”说辨正

改革开放以来，随着敦煌学研究的推进，中国学界对于奥登堡及其敦煌考察愈发关注，在介绍奥登堡时往往称他与苏联领导人列宁是终生好友。这一话题数十年来为人们所传颂，并逐渐成为学界通行说法。奥登堡与列宁在青年时期就已相识，在十月革命前后有过多次会面，奥登堡在列宁去世后还多次发文悼念，[①]看起来二人的“终生友谊”说似乎十分真实可信。实际上，这种说法无论是曾在苏联，[②]还是现今在中国都非常流行。[③]仅在近年才有俄罗斯学者Б.С. 卡冈诺维奇等人对奥登堡与列宁1917—1918年的两次会面及二人关系提出了质疑，[④]但并未引起广泛关注，还有待进一步深入探究。

① 工冀青:《谢尔盖·费多罗维奇·鄂登堡》，陆庆夫、王冀青主编《中外敦煌学家评传》，兰州：甘肃教育出版社，2002年，第320—332页。

② Копанев А.И. Об одной легенде // Зайцева А.А., Копанева Н.П., Сомов В.А. Книга в России XⅧ – середины XⅨ в. Ленинград: БАН.1989. С.75-83.

③ 王冀青:《谢尔盖·费多罗维奇·鄂登堡》，陆庆夫、王冀青主编《中外敦煌学家评传》，兰州：甘肃教育出版社，2002年，第322页。

④ Каганович Б.С. Начало трагедии (Академия наук в 1920-е годы по материалам архива С.Ф. Ольденбурга) . Звезда. 1994. №12. С. 124-144.

一、奥登堡与列宁接触缘起

奥登堡与列宁之间产生联系，关键人物是列宁的哥哥亚历山大·伊里奇·乌里扬诺夫（Александр Ильич Ульянов，1866—1887）[①]。亚·伊·乌里扬诺夫是俄国革命家、民意党“恐怖派”的组织者和领导者，与奥登堡是大学时期的同学。

亚·伊·乌里扬诺夫于1874年进入辛比尔斯克古典中学学习，1883年以优异的成绩获得金牌从中学毕业，随后进入圣彼得堡大学物理和数学系自然科学所学习。而奥登堡和兄长费多尔比乌里扬诺夫早两年进入圣彼得堡大学学习。

乌里扬诺夫在大学期间非常勤奋刻苦，表现出了出色的科研能力。[②]1886年乌里扬诺夫凭借《淡水环节动物的分节器与生殖器》一文获得了无脊椎动物科学研究金奖。[③]乌里扬诺夫于1886年3月20日（4月1日）加入圣彼得堡大学大学生科学和文学社，10月2日（14日）当选为委员会委员，10月9日（21日）成为委员会秘书。[④]奥登堡兄弟在当时已是大学生科学和文学社的元老，在学社成立初期还与好友Д.И.沙霍夫斯基成功解除了学社面临的解散危机，“奥登堡氏朋友圈”

---

① 由于本节涉及列宁的几位亲人，为便于区分，除引文外，本节用“亚·伊·乌里扬诺夫”“乌里亚诺夫”指代列宁的兄长。

② Ульянова-Елизарова А.И. Воспоминания об Александре Ильиче Ульянове // Ульянова-Елизарова А.И. О В.И.Ленине и семье Ульяновых. Воспоминания. Очерки. Письма. Статьи. Москва: Политиздат, 1988. С. 65.

③ Полянский Ю.И. Работа Александра Ильича Ульянова о строении сегментарных органов пресноводных кольчатых червей // Перфильева П.П. Из истории биологических наук. Ленинград: Изд-во АН СССР. 1961. С. 16-17.

④ Штейн М.Г. Александр Ульянов – студент С.-Петербургского университета. Вестник Санкт-Петербургского университета. 2005. №2. С. 56-57.

在学社中有一定的影响力和领导力。[①]很可能正是通过大学生科学和文学社，奥登堡与乌里扬诺夫相互熟识起来。

1886年12月，乌里扬诺夫与民意党人П.Я.舍维廖夫（П.Я.Шевырёв，1863—1887）一起组建了民意党“恐怖派”。1887年2月，乌里扬诺夫起草了刺杀沙皇亚历山大三世的恐怖计划，并出售了金牌以筹集制作炸弹所需化学药物的资金。1887年3月，乌里扬诺夫等人刺杀沙皇计划失败，此次计划的组织者与参与者共15人被捕。后经调查表明，参与刺杀活动的5位主谋中，包括乌里扬诺夫和舍维廖夫在内共有4人是圣彼得堡大学大学生科学和文学社的成员，很快大学生科学和文学社被查封。

乌里扬诺夫在被捕前曾与同学将一只大箱子寄存在法律系大学生B.B.沃多沃佐夫（B.B.Водовозов，1864—1933）公寓的阁楼里。奥登堡在此之前并不知晓乌里扬诺夫的政治活动，[②]乌里扬诺夫被捕时，请求将这只箱子从阁楼里带出来。奥登堡兄弟得知此事后，与好友一同前往沃多沃佐夫的公寓，[③]将箱子里的部分粉末带去了实验室进行化验，发现这些粉末是制作达那马特炸药的重要组成成分。[④]年轻的奥登堡等人当时很是惶恐，几经周折，最后他们将箱子里的粉末倒入一个大袋子中，运到了好友A.И.雅洛茨基（A.И.Яроцкий，1866—

① Ольденбург Е.Г. Студенческое научно-литературное общество при С.-Петербургском университете. Вестник ЛГУ. 1947. №2. С. 145-154.

② Ольденбург С.Ф. Несколько воспоминаний об А.И. и В.И.Ульяновых. Красная летопись. 1924. №2. С. 17-18.

③ Ольденбург Е.Г. Студенческое научно-литературное общество при С.-Петербургском университете. Вестник ЛГУ. 1947. №2. С. 154-155.

④ Каганович Б.С. Сергей Фёдорович Ольденбург. Опыт биографии. Санкт-Петербург: Нестор-История. 2013. С.19.

1944）处，雅洛茨基在移植花卉时将粉末与土壤混合在一起悄悄掩埋了。[①]如此，乌里扬诺夫非常担心的箱子问题才算得以解决。1887 年 4 月，谋刺计划的五位主谋被判处死刑，其他一些人被判监禁、流放，其中包括乌里扬诺夫的姐姐。

乌里扬诺夫被捕后，其母玛丽亚·乌里扬诺娃（Мария Ульянова，1835—1916）向亚历山大三世上呈了一份请求宽大处理的请愿书，被获准探望儿子。据列宁的妻子 Н.К. 克鲁普斯卡娅（Н.К.Крупская，1869—1939）回忆："后来，当我们彼此认识时，弗拉基米尔·伊里奇[②]曾告诉我，人们对他哥哥的被捕做出的反应。所有的朋友都远离了乌里扬诺夫一家，即使是晚上经常来下棋的老教师也不复往来了。当时辛比尔斯克还没有铁路，弗拉基米尔·伊里奇的母亲不得不骑马前往塞兹兰，再转往圣彼得堡去看望她的儿子。17 岁的弗拉基米尔·伊里奇被派去寻找同伴，但是，没人愿意与被捕者的母亲一同出行。据弗拉基米尔·伊里奇所说，这种普遍的'怯懦'给他留下了非常深刻的印象。"[③]

奥登堡等人冒险帮忙处理箱子，悄悄帮乌里扬诺夫销毁部分罪证，在当时是冒了极大风险的，一旦泄露，他们的前途很可能会因此葬送。但这并不能表明奥登堡与列宁的兄长关系非常密切：第一，奥登堡与乌里扬诺夫不同系还相隔两个年级，两人的结识交往很可能主要是通

---

① Ольденбург Е.Г. Студенческое научно-литературное общество при С.-Петербургском университете. Вестник ЛГУ. 1947. №2. С.154.

② 即列宁，列宁原名弗拉基米尔·伊里奇·乌里扬诺夫（Владимир Ильич Ульянов，1870—1924）。

③ Крупская Н.К. Воспоминания о В.И. Ленине. Москва: Государственное издательство политической литературы. 1956. С.11-12.

图 2-3　幼年列宁与家人（后排左一为列宁、左三为列宁的兄长）
（图片网址：https://123ru.net/mix/240929853/）

过大学生科学和文学社的活动，而乌里扬诺夫在学社的时间仅数个月；第二，奥登堡反对革命暴力，且事发前并不知晓乌里扬诺夫的政治活动，[①]说明当时二人的政治主张不同；第三，箱子藏匿于他人处而非奥登堡处，也说明乌里扬诺夫与奥登堡关系有限。奥登堡作为大学生科学和文学社的元老，帮忙处理箱子，很可能一是为朋友减罪帮忙，二是使学社免受牵连。

对比当时远亲近邻对乌里扬诺夫一家的疏远，奥登堡等人的冒险

① Ольденбург С.Ф. Несколько воспоминаний об А.И. и В.И.Ульяновых. Красная летопись, 1924. №2. С.15.

帮忙无疑在列宁心中留下了温暖的一笔。尽管乌里扬诺夫最终未能获得赦免，但为奥登堡与列宁的第一次会面埋下了伏笔。

奥登堡后来回忆起与乌里扬诺夫一家的渊源时说："与亚历山大·伊里奇（即列宁的兄长）的相识促成了我与他兄弟（即列宁）的第一次会面，如果没有记错的话，那时他还是一名大学生。在共同朋友的要求下，我对一位年轻的女学生多加照顾，这位女学生是我在大学生科学和文学社的已故同志的妹妹——叶连娜·伊里伊尼奇娜（Елена Ильинична），但不幸的是不久后她因感染肠伤寒而病逝。我记得她是一位非常可爱、谦虚而沉默的年轻人，非常好学且学识渊博。"[①]这里提到的叶连娜·伊里伊尼奇娜，正是乌里扬诺夫与列宁的妹妹奥尔加·伊里伊尼奇娜·乌里扬诺娃（Ольга Ильинична Ульянова，1871—1891），奥登堡把她的名字记错了。奥尔加受乌里扬诺夫事件影响，成绩优异的她在中学毕业后不被允许担任教师职务，直到1890年4月获得"守法证书"，才被圣彼得堡高等女校别斯图热夫女子学院录取，但入学半年后不幸于1891年5月病逝。奥登堡曾担任别斯图热夫女子学院委员会委员多年，因故友之故，对奥尔加有过不少照顾。

二、奥登堡与列宁的几次会面及相关分析

奥登堡与列宁的"多次"会面是支撑"终生友谊"说的一大基石。目前发现材料记载的奥登堡与列宁的会面共有五次：第一次，1891年，列宁在一次彼得堡之行中拜访奥登堡，了解兄长和妹妹的情况；第二次，1917年末，奥登堡等人前往斯莫尔尼宫抗议布尔什维克逮捕临时政府的部长们；第三次，1918年初，奥登堡因"紧急事务"请求列宁

① Ольденбург Е.Г. Студенческое научно-литературное общество при С.-Петербургском университете. Вестник ЛГУ. 1947. №2. С.154.

接见；第四次，1921 年初，列宁接见包括奥登堡在内的学术代表团；第五次，十月革命后奥登堡出国归来后与列宁的会面。

通过对这一时期大量相关文献的梳理分析，笔者发现在上述奥登堡与列宁的五次会面中，只有两次是切实可信的，其他三次则疑点重重。

（一）切实可信的两次会面

奥登堡与列宁的哥哥亚·伊·乌里扬诺夫的相识，促成了奥登堡与列宁的第一次会面。据奥登堡后来回忆说："弗拉基米尔·伊里奇（即列宁）在一次彼得堡之行中拜访了我，向我了解他的兄长和妹妹的情况。我记得他的忧郁和沉默，兄长的死使他经历了很多磨难。他想要从曾与兄长一起共事过的人那里了解兄长的情况。他的问题主要涉及科学工作，这是我对那次会面最深刻的印象之一。弗拉基米尔·伊里奇显然非常珍视其兄所从事过的科研活动。"[①]

这是奥登堡与列宁的第一次会面，发生在 1891 年。当时 28 岁的奥登堡已经是圣彼得堡大学的教师，而列宁因参与 1887 年 12 月的学生运动被喀山大学开除，此后直到 1890 年才被准许以校外生的资格参加法律考试。1891 年 3—5 月，21 岁的列宁从萨马拉前往圣彼得堡大学参加法律课程的考试，9 月初列宁再次前往圣彼得堡大学参加其他课程的考试。[②]在这两次圣彼得堡之行期间，列宁拜访了奥登堡。

这次会面在《列宁年谱》中记录如下："列宁拜访住在瓦西里岛六条 17 栋 16 号房的圣彼得堡大学副教授谢·费·奥登堡，向他了解哥哥亚·伊·乌里扬诺夫生活和学习的详细情况，以及有关妹妹奥·伊·乌

① Ольденбург Е.Г. Студенческое научно-литературное общество при С.-Петербургском университете. Вестник ЛГУ. 1947. №2. С.154-155.

② Институт марксизма-ленинизма при ЦК КПСС. Владимир Ильич Ленин Биографическая Хроника том 1. Москва: Политиздат. 1970. С.53-55.

里扬诺娃的详细情况。”[①]此外，在奥登堡后来的回忆文章《追忆列宁兄弟》[②]、奥登堡第二任妻子叶连娜·奥登堡的文章《圣彼得堡大学大学生科学和文学社》[③]中都有对此次会面的记录，由此可以确信这一次会面真实发生过。

1891 年 9 月，奥登堡第一任妻子因患结核脑膜炎去世，奥登堡陷入悲痛中无暇他顾。虽然列宁 1893 年 9 月—1895 年 5 月居住在圣彼得堡，但是列宁与奥登堡在十月革命胜利前再无联系。在这期间两人还走上了不同的政治道路。1905 年 10 月政党在俄国合法化后，奥登堡加入了立宪民主党，成了非常有影响力的立宪民主党人。而列宁最初受其兄长的影响，多次秘密参加民意党的活动，后深入马克思著作的研读思想发生转变，逐步开始了他的社会主义革命之路。

1917 年的二月革命推翻了罗曼诺夫王朝专制统治，奥登堡及其朋友以极高的热情迎接了二月革命的胜利。[④]二月革命后，奥登堡积极从政，1917 年 7 月，奥登堡作为立宪民主党代表被任命为克伦斯基临时政府国民教育部部长。这显然与列宁的政治立场不同。

之后十月革命爆发，布尔什维克获取政权。由于起初对布尔什维克的不了解，奥登堡如同俄国大多数资产阶级知识分子那样，对其持抵触态度。奥登堡在科学院 1917 年年底的工作报告中指出：“今年的

---

① Институт марксизма-ленинизма при ЦК КПСС. Владимир Ильич Ленин Биографическая Хроника том 1. Москва: Политиздат. 1970. С.55.

② Ольденбург С.Ф. Несколько воспоминаний об А.И. и В.И.Ульяновых. Красная летопись. 1924. №2. С. 16-18.

③ Ольденбург Е.Г. Студенческое научно-литературное общество при С.-Петербургском университете. Вестник ЛГУ. 1947. №2. С.145-155.

④ Каганович Б.С. Сергей Фёдорович Ольденбург. Опыт биографии. Санкт-Петербург: Нестор-История. 2013. С.69.

工作报告是在无比艰难的时刻进行的，……俄罗斯正处在生死存亡的危急关头。”[①]

国内战争与战时共产主义时期，从某种意义上来说是俄国科学院最困难时期。这一时期维系科学院正常运行的重任落到了常务秘书奥登堡的肩上。[②]由于当时俄国国内外严峻的形势，科学院的科研活动基本上处于停滞状态，[③]仅1918—1920年，就有12位院士因各种原因去世，[④]奥登堡等人为了科学院今后的出路四处奔走。

1918年3月，人民教育委员会委员A.B.卢那察尔斯基（A.B.Луначарский，1875—1933）携带委员会信件前往科学院院长A.П.卡尔宾斯基处，信中提议科学院参与到国民经济建设中。考虑到科学院的现实处境，为了更好地发展科学院，科学院同意该项提议，开始与布尔什维克尝试进行合作。

1919年9月，在国内战争的紧要关头，布尔什维克逮捕了立宪民主党人，以及与立宪民主党人关系亲近的知识分子，奥登堡被捕。[⑤]奥登堡的被捕引起了很多人的抗议。科学院领导人A.П.卡尔宾斯基、B.A.斯捷科洛夫、A.A.沙赫马托夫等人以科学院的名义给中央委员会委员Л.Б.卡梅涅夫（Л.Б.Каменев，1883—1936）写信，要求释放

① Каганович Б.С. Сергей Фёдорович Ольденбург. Опыт биографии. Санкт-Петербург: Нестор-История. 2013. С.74.

② Кольцов А.В. В первые Октябрьские годы (По материалам Архива АН СССР) . ВАН, 1957. №10. С.151.

③ Каганович Б.С. Сергей Фёдорович Ольденбург. Опыт биографии. Санкт-Петербург: Нестор-История. 2013. С.80.

④ Колчинский Э.И. Борьба за выживание: Академия наук и Гражданская война // Академическая наука в С.-Петербурге в XVIII – XX веках. Москва: Наука. 2003. С. 381.

⑤ Кремера Н. Два эпизода из жизни литературных организаций // Кремера Н, Баха Р. Минувшее. Москва: Прогресс, Феникс. 1990. №2. С.324-325.

奥登堡，并组织了专门的代表团前往莫斯科。高尔基闻知此事写信给列宁，言辞激烈，抗议称，逮捕奥登堡是“毁灭俄罗斯人民最好、最宝贵的力量”。[①]奥登堡两周后被释放，后来在谈到当时狱友被枪决时的感受，他说：“我觉得自己死要更容易。”[②]

1920年在国内战争临近结束之际，俄国国内百废待兴。在奥登堡的倡议下，科学院迈出了决定性的一步，决定与布尔什维克政权合作 。奥登堡起草了向人民委员会递交的呈文，呈文中要求与西方科学相互交流、推进科学论著的出版、建立能够保障学者安心工作的科研机构等。[③]

1921年1月27日，列宁在高尔基的陪同下接见了科学院副院长B.A.斯捷科洛夫、科学院常务秘书奥登堡、军事医院院长B.H.通科夫（B.H.Тонков，1872—1954）。这是奥登堡与列宁自1891年第一次会面后的第二次会面，时隔近30年之久。

这次会面的真实性毋庸置疑，关于此次会面，《列宁全集》中记录如下：“1月27日，……下午2点30分，接见阿·马·高尔基和彼得格勒学术机关和高等学校联合委员会代表团成员谢·费·奥登堡教授、弗·安·斯切克洛夫教授和弗·尼·通科夫教授，同他们谈关于在苏维埃共和国创造科学研究工作条件的问题。谈话时学者们向列宁递交了关于保证苏维埃共和国科研工作的法令草案。”[④]奥登堡在1926年

---

① Исаков С.Г. Неизвестные письма М.Горького В.Ленину. Радуга. 1992. №5. С. 79-80.

② Алпатов В.М., Сидоров М.А. Дирижер академического оркестра. Вестник РАН, 1997. №2. С.168,172.

③ Каганович Б.С. Сергей Фёдорович Ольденбург. Опыт биографии. Санкт-Петербург: Нестор-История. 2013. С.84.

④ 中共中央马克思恩格斯列宁斯大林著作编译局编译:《列宁全集》第40卷，北京：人民出版社，1986年，第605页。

发表的文章《列宁与科学》中称："列宁最后总结谈话说：'我个人对科学有着浓厚的兴趣，并认为科学有着巨大的意义。如果诸位还有什么需求，请直接来找我。'"①

在列宁与奥登堡等人会谈后，人民委员会做出了一系列的安排，同时宣布了新的经济政策，科学家与学者的处境得到逐步改善。奥登堡与列宁 1921 年的会面及后来的事件发展，促使科学院最终确立了奥登堡的领导方案。方案实质上是基于以下原则形成的：科学院要忠于苏维埃政权，并参与苏维埃的经济与文化建设，同时科学院享有内部自治权。②

1921 年 2—3 月，奥登堡与著名画家、艺术理论家 И.Э. 格拉巴里（И.Э.Грабарь，1871—1960）被任命为俄罗斯苏维埃联邦社会主义共和国文化价值代表团专家，该代表团引导了《里加和约》的谈判结果。奥登堡同意担任这一职务，意味着他对苏维埃政权合法化的承认，同时也是他对苏维埃政权效忠的表示。奥登堡与布尔什维克的合作，引起了当时很多不了解布尔什维克的人的非议，如历史学家 М.И. 罗斯托夫采夫（М.И.Ростовцев，1870—1952）等人对他进行了无情的批判，甚至是侮辱性的谩骂，③奥登堡在当时承受了很大的压力。

（二）疑点重重的三次会面

除以上两次切实可信的会面之外，据苏联革命家、社会活动家

① Ольденбург С.Ф. Ленин и наука. Научный работаник. 1926. №1. С. 51.

② Каганович Б.С. С.Ф. Ольденбург - непременный секретарь Российской Академии наук // Попова И. Ф. Сергей Федорович Ольденбург - ученый и организатор науки. Москва: Наука - Восточная литература. 2016. С.122-135.

③ Каганович Б.С. Сергей Фёдорович Ольденбург. Опыт биографии. Санкт-Петербург: Нестор-История. 2013. С.87-88.

В.Д. 邦奇－布鲁耶维奇(В.Д.Бонч-Бруевич，1873—1955)的回忆录《列宁在彼得格勒与莫斯科（ 1917—1920 年)》[①]中记载，奥登堡与列宁在 1917—1918 年还有过这样的两次会面：第一次，1917 年 11 月 3 日（ 16 日)，奥登堡参与由社会活动家组成的代表团，前往斯莫尔尼宫抗议布尔什维克政府逮捕临时政府的部长们，代表团受到列宁接见；[②]第二次，1918 年 1 月底奥登堡就“重要的紧急事务”请求列宁接见。[③]

邦奇－布鲁耶维奇在这一时期担任苏维埃人民委员会办公厅主任，按理说他的回忆录所载应当是真实可信的。但是，综合这一时期其他相关俄文资料加以分析考证，可以发现邦奇－布鲁耶维奇记录的这两次会面有着诸多疑点：

首先，有关 1917 年的会面，根据奥登堡本人在事后当月 26 日发表的文章《彼得保罗要塞的部长们》所记，[④]当时这一代表团是由邦奇－布鲁耶维奇接待，而非列宁。这与邦奇－布鲁耶维奇回忆录中称此次会面是由列宁接待相矛盾。就记载的可靠性来说，奥登堡本人当时发表的文章距离事件发生时间更近，记载更清楚，比邦奇－布鲁耶维奇多年后的回忆更可靠。

其次，邦奇－布鲁耶维奇回忆录中还提到 1917 年会面后奥登堡的一些感叹，如“太令人惊讶啦！……这位拥有最高权力的先知，……

---

① Грабарь И.Э. Письма 1917-1941. Москва: Наука. 1977. С.45-56.

② Бонч-Бруевич В.Д. В.И.Ленин в Петрограде и в Москве (1917-1920 гг.) . Москва: Политиздат. 1956. С. 32-33.

③ Алпатов В.М., Сидоров М.А. Дирижер академического оркестра. Вестник РАН. 1997. №12. С.172.

④ Ольденбург С.Ф. Министры в Петропавловской крепости. Русские ведомости, 1917. №249. С.4.

能与他谈话，我非常高兴！”[①]这些话语后来被作为奥登堡早期“转向”布尔什维克的证据，多次被苏联刊物原文引用。[②]但是这些话语在内容上与事实情况有冲突，此次活动本身就是抗议布尔什维克逮捕临时政府的官员，不太可能奥登堡与列宁见一次面后，就立马转变态度，而在随后发表的文章《彼得保罗要塞的部长们》、1917 年年末的工作报告中又转而抵触布尔什维克，如此前后反复，十分可疑。

再次，在 1919 年 9 月奥登堡被捕后，科学院转而直接由列宁接管，虽然二十多年前列宁曾拜访过奥登堡，但是，列宁并没有对他有所关照，最后是在人民委员会干预后奥登堡才被释放。并且这前后至 1922 年，奥登堡还被搜查了六次。[③]这显然与邦奇 – 布鲁耶维奇记录的两次会面与事实情况有所矛盾。

更值得注意的是，这两次会面记录的原始出处都是邦奇 – 布鲁耶维奇 1956 年出版的回忆录《列宁在彼得格勒与莫斯科（1917—1920 年）》，后人所有关于这两次会面的说法，也全都出自邦奇 – 布鲁耶维奇的这本回忆录。但这样著名的两次“会面”，不仅在奥登堡本人当时的文章、后来的回忆录中没有被提及，在其妻子编写的详尽的奥登堡年表中也没有记录，甚至在苏联官方编写的《列宁全集》中也未有一词提及。《列宁全集》记录有非常详细的列宁日常活动，尤其是十月革命后的，通常具体到每个小时，而如此详细的史料中居然没有关

① Бонч-Бруевич В.Д. В. И. Ленин в Петрограде и в Москве (1917-1920 гг.) . Москва: Политиздат. 1956. С. 32.

② Каганович Б.С. Начало трагедии (Академия наук в 1920-е годы по материалам архива С.Ф. Ольденбурга). Звезда. 1994. №12. С.126.

③ Алпатов В.М., Сидоров М.А. Дирижер академического оркестра. Вестник РАН, 1997. №2. С.168.

于这两次会面的任何记录，这就令人非常怀疑这两次会面的真实性。

而之所以这两次很可能并不存在的“会面”会被广为接受，主要在于邦奇－布鲁耶维奇本人在1917—1918年任人民委员会办公厅主任，以亲身经历者的身份撰写回忆录，后人多是信从不疑，当时有关奥登堡与列宁的相关资料公布非常少，而邦奇－布鲁耶维奇记录的这两次“会面”还多次被苏联期刊援引宣传，从而致使邦奇－布鲁耶维奇回忆录中记录的奥登堡与列宁的两次“会面”逐渐成为权威说法，广为流传。

除以上两次会面的说法之外，在著名蒙古学家H.H.鲍培（H.H.Поппе，1897—1991）的英文回忆录中，也记录有奥登堡与列宁的一次会面，即文中所说的第五次会面，但是这条记录与事实情况存在相互矛盾的地方，也是疑点重重。

鲍培曾于1918—1924年在圣彼得堡大学东方语言系跟随奥登堡、A.Д.鲁德涅夫（A.Д.Руднев，1878—1958）、B.Б.巴托尔德等人学习东方语言。在他于1983年出版的英文回忆录中，记录有奥登堡与列宁的一次会面：“奥登堡从巴黎回来后，与列宁结束工作会谈后，列宁问奥登堡：‘你在巴黎与你的儿子见面了？’奥登堡的回答是肯定的，列宁说‘我完全理解你。’”[①]这段对话内容及语气，都显得奥登堡与列宁的私人关系相当亲密。

但是，鲍培记录的这次会面与历史事实有重大冲突。十月革命后奥登堡第一次前往国外是在1923年6月，11月才返回，而列宁1923年3月再次中风后一直卧床不起，不能说话，基本停止工作；根据当

① Poppe N. Reminiscences. Bellingsham (western Washington) : Western Washington University, 1983. C.51.

时奥登堡写给妻子的信件记载，奥登堡与儿子是在柏林见面，而不是在巴黎；[①]并且这次会面在奥登堡、列宁等人的相关资料中都没有被提及过。因此 П.П. 鲍培回忆录中记录的奥登堡与列宁的会面，真实性非常可疑，很可能并不存在。此外，由鲍培回忆录中记录的奥登堡与列宁的"会面"及对话内容，也可看出奥登堡与列宁"终生友谊"说影响之深。

三、奥登堡之子与苏维埃政权的对立及其影响

在奥登堡与列宁的关系中，奥登堡的儿子谢尔盖·谢尔盖耶维奇·奥登堡[②]也是一大关键影响因素。谢·谢·奥登堡是历史学家、记者，也是斯托雷平的狂热拥护者、十月党人、坚定的君主主义者，"非常有才华，……在国际关系领域，他是真正的活的百科全书，能够在一两个小时内就任何外交问题写出一篇社论"。[③]

1917 年俄国爆发十月革命，谢·谢·奥登堡对此怀有敌意，之后他离开彼得格勒去往俄国南部，在那里加入了白卫军运动。谢·谢·奥登堡是白卫军著名撰稿人，国内战争期间他多次为自己的偶像 П.Б. 司徒卢威撰稿，宣传其思想和口号。1920 年秋白卫军战败，谢·谢·奥登堡因患伤寒未能与 П.Н. 弗兰格尔（П.Н.Врангель，1878—1928）男爵的军队一同撤离。伤寒痊愈后，他乔装改扮用假证件从克里米亚回到了彼得格勒，后来在父亲的帮助下越过芬兰边境逃到了法国。

历史学家 Н.П. 安齐费罗夫（Н.П.Анциферов，1889—1958）在

① Каганович Б.С. Сергей Фёдорович Ольденбург. Опыт биографии. Санкт-Петербург: Нестор-История, 2013. С.108.

② 为便于区分，除引文外，此节中用"谢·谢·奥登堡"指代奥登堡的儿子。

③ Любимов Л.Д. На чужбине. Ташкент: Узбекистан. 1963. С. 212.

回忆录中记录有与奥登堡父子的一次会面："……我与谢尔盖·费多罗维奇辩论了俄罗斯的路线问题。他苦恼地指责父亲对十月革命的'接受'，甚至是非难他的活动：'你作为科学院的科研秘书你要担负用政策奴役科学的责任。'谢尔盖·费多罗维奇说：'旧的世界已经破灭了。爱着俄罗斯的我们应该建立新的世界。'儿子反驳说：'布尔什维克能建立什么？'然后就开始吹捧П.Б.司徒卢威的不妥协，……"[①]谢·谢·奥登堡对布尔什维克的敌视由此可见。

侨居国外期间，谢·谢·奥登堡仍是П.Б.司徒卢威坚定的支持者，是《俄国思想》[②]的长期撰稿人，长期发表抨击苏维埃政权的文章。作为俄国十月革命后第一批海外侨民、著名的白卫军政论家，列宁在1922年12月24日《写给代表大会的信》[③]中还提到过他："当然，一个白卫分子，大概是谢·谢·奥登堡，在《俄国思想》上说得对，第一，在他们反对苏维埃俄国的赌博中，他把赌注押在我们党的分裂上；第二，在这种分裂方面，他又把赌注押在党内最严重的意见分歧上。"[④]可见谢·谢·奥登堡作为白卫军政论家是相当知名的，列宁对他也颇有印象。此外，谢·谢·奥登堡还受最高君主制委员会的委托，耗费

---

① Анциферов Н.П. Отец и сын Ольденбурги［DB/OL］,（Компьютерная база данных）Воспоминания о ГУЛАГе и их авторы（ с оставлена Сахаровским центром. С.174. https://www.sakharov-center.ru/asfcd/auth/?t=page&num=10563（2020.5.16）

②《俄国思想（Русская Мысль）》，原本是俄国宪政民主党的机关刊物，十月革命后于1918年被查封。后由司徒卢威在国外复刊，是白卫军御用杂志。

③ 1922年12月22—23日，列宁的健康状况进一步恶化，经过俄共中央政治局委员会与医生研究决定，列宁每天可以口授5~10分钟，禁止会客。《给代表大会的信》由列宁口授，速记员玛·阿·沃洛季切娃（М.А.Володичева）记录。参见中共中央马克思恩格斯列宁斯大林著作编译局编译：《列宁全集》第43卷，北京：人民出版社,1986年，第696页。

④ Ленин В.И. Полное собрание сочинений: Т.45. Москва: Издательство политической литературы, 1964. С. 344.

数年时间完成了沙皇尼古拉二世的传记《沙皇尼古拉二世时代》。[①]

谢·谢·奥登堡 1920 年只身逃往国外时，由于当时形势危急，将妻儿留在了国内。后经奥登堡长期周旋，1925 年才终于将儿媳与两个孙女送往国外与儿子团聚。谢·谢·奥登堡夫妇在国外的生活非常贫困，奥登堡曾多次给予金钱和物质上的帮助。虽然后来奥登堡深受于苏维埃政权敌对儿子的连累，但无论如何也无法割舍与儿子的父子之情。

从苏维埃政权的角度看，白卫军儿子的存在及与他保持的联系，这些对于有关机构并不是秘密，因此不会提升对奥登堡的信任。[②]这从 20 世纪 20 年代末，奥登堡被排除出科学院领导层，并且在他去世后的近二十年中,他的著述基本不被允许公开发表可见一斑。谢·谢·奥登堡与苏维埃政权的敌对，在很大程度上限制了奥登堡与列宁友谊的发展。

四、奥登堡与列宁“终生友谊”说的流行及其原因

奥登堡与列宁“终生友谊”说，曾流行于苏联，并且目前在中国学界仍非常盛行。仔细梳理相关文献记载，笔者发现这一说法始于 20 世纪 50 年代中后期，也就是说，在奥登堡、列宁等当事人在世时并未出现所谓的“终身友谊”说，而是到两人去世二三十年后，这种说法才流行开来。

由于受奥登堡早年政治立场、白卫军儿子的影响，奥登堡相关著述自 20 世纪 30 年代后半期之后的几十年间都难以通过“审核”。[③]

---

① Ольденбург С.С. Царствование императора Николая Ⅱ. Санкт-Петербург: Петрополь. 1991.

② Oldenbourg Z. Visages d’un autoportrait. Paris: Gallimard, 1977. C.192-195.

③ Кальянов В.И. Академик С.Ф. Ольденбург как ученый и общественный деятель. ВАН. 1982. №10. С.97-106.

直至20世纪50年代中期，苏联当局开始对部分人进行名誉恢复，奥登堡的名字才重新出现在苏联的学术著作中。20世纪50年代美苏争霸格局逐步形成，苏联当局恰在这一时期开始公布奥登堡与列宁会面的相关材料，[①]推动“终生友谊”说盛行，在一定程度上是鉴于奥登堡本身是社会名流，又领导科学院多年，在知识分子阶层中有相当大的影响力。这种影响，从今日俄罗斯学者的话语中我们仍可感受到，如著名东方学家、俄罗斯科学院东方文献研究所圣彼得堡分所所长И.Ф.波波娃女士所说：“在俄罗斯，作为在十月革命后能够重建科学院并使其在俄罗斯研究机构中保持领先地位的社会活动家，С.Ф.奥登堡是最著名的公众人物。”[②]显然，宣传奥登堡与列宁的友好关系有助于缓和当局与科学院、与知识分子阶层的关系。可以说，奥登堡、列宁“终生友谊”说的流行，与当时苏联国内外局势有关，有其特定的历史背景因素在内。

“终身友谊”说之所以能够广为流行，除顺应国家政治环境转变的需求之外，还有其他一些因素，如上文中讨论的奥登堡与列宁一家的早期渊源、盛传的多次会面。此外，可能还与奥登堡十月革命后在科学院的领导地位、公开发文悼念列宁等有一定关系。

奥登堡在十月革命后仍担任科学院常务秘书，担负着维系科学院运行、掌控科学院发展方向的重任，即人们所说的“得到重用”，但这种情况很大程度上是客观实际使然，缘于他与列宁“友谊”的因素

① Две встречи（Воспоминания академика С.Ф. Ольденбурга о встречах с В.И. Лениным в 1891 и 1921 гг.）// П.Н.Поспелова. Ленин и Академия наук: Сб. документов. Москва: Наука. 1969. С.88-93.

②［俄］波波娃：《俄罗斯科学院档案馆С.Ф.奥登堡馆藏中文文献》，郝春文主编《敦煌吐鲁番研究》第14卷，上海：上海古籍出版社，2014年，第209—216页。

较小。这一方面是由于奥登堡本人担任科学院实际领导人多年，有一定影响力和地位，而布尔什维克在革命胜利初期作为执政党执政能力较弱，出于现实考虑，不得不重用他；另一方面，从奥登堡个人来说，为更好地发展科学院，在内战结束前夕，他实际上已倾向与布尔什维克政权合作。

列宁去世后，奥登堡先后发表了两篇文章加以缅怀悼念，分别是 1924 年《追忆列宁兄弟》[①]和 1926 年《列宁与科学》[②]。以奥登堡当时的身份、所处位置，发文悼念列宁是他的职责所在，也是其分内之事。此外，奥登堡在文章中追忆与乌里扬诺夫的交往、与列宁的会面，叙述列宁对科学院发展的支持，其用词客观，并没有表现出二人情谊深厚。

综上所述，奥登堡与列宁的兄长乌里扬诺夫的相识是奥登堡与列宁最初产生联系的源头。奥登堡与列宁虽然在青年时期就已相识，但两人之间真正的私人往来仅有 1891 年一次，目前所见材料未有关于两人在 1891 年、1921 年两次会面间往来联系的记录，并且 1921 年的会面也仅限于工作性质。而奥登堡在十月革命后仍担任要职，与其自身影响力有关；发文悼念列宁更多是其作为科学院领导的职责所在。并且由于奥登堡早年的身份、地位、政治立场等都与列宁有着相当大的差异，加之白卫军儿子的存在及父子间的联系，这些因素都影响和限制了奥登堡与列宁友谊的发展。因此，奥登堡与列宁之间并非如盛传的那样有着“终生友谊”。

---

① Ольденбург С.Ф. Несколько воспоминаний об А.И. и В.И.Ульяновых. Красная летопись.1924. №2. С.17-18.

② Ольденбург С.Ф. Ленин и наука. Научный работаник. 1926. №1. С.51.

小　结

圣彼得堡大学后期，奥登堡开始对俄国领事彼得罗夫斯基寄给俄国考古学会的新疆写本进行研究，进而加深了前往中国新疆考察的想法。1892 年，奥登堡向圣彼得堡大学和科学院提交了前往中国新疆考察的申请，后因彼得罗夫斯基认为考察最好暂缓而未能成行，但这为奥登堡 20 世纪初的两次中国西北考察埋下了伏笔。奥登堡从 1900 年进入科学院工作，直至 1934 年去世。奥登堡自 1904 年任科学院常务秘书，1929 年卸任，期间历经罗曼诺夫王朝覆灭、临时政府执政、十月革命爆发等重大历史事件。奥登堡作为科学院重要领导是这些重要事件的亲历者，甚至是直接参与者。奥登堡在临时政府时期，还曾任教育部部长一职，但仅一月有余。圣彼得堡大学后期和科学院时期是奥登堡由学术研究者转变为科研领导者的重要阶段。

国内外学界一直盛传奥登堡与列宁有着“终生友谊”的说法，但通过对列宁、奥登堡相关文献的梳理与分析，可知奥登堡与列宁多年前就已相识，但仅有过两次会面，并且，两人真正的私人往来仅 1891 年一次，此后数十年中两人再无任何私人往来，1921 年的会面也仅限于工作性质。因此,奥登堡与列宁并非如盛传的那样有着“终生友谊”。

第三章　1909—1910 年新疆考察

19 世纪末 20 世纪初在欧洲中亚考察热的背景下，俄国、英国、德国等为研究中亚和东亚地区的地理、人种及考古等，成立了国际中亚和东亚研究委员会，并在许多国家成立了委员会分会。1903 年，国际中亚和东亚研究委员会的中央委员会俄国中亚和东亚研究委员会成立（简称“俄国委员会”）。在俄国委员会的筹划下，1909 年奥登堡新疆考察得以成行。奥登堡新疆考察为俄国“取得了十分可观的成就，提供了有关真实的新疆中世纪艺术遗迹的丰富信息”。本章将从俄国委员会、奥登堡新疆考察细节、卡缅斯基“早退事件”三个方面来展开论述，具体梳理俄国委员会的发展过程、组织的考察活动，揭示奥登堡新疆考察路线、文物运出路径等细节，并对卡缅斯基“早退事件”的真实内情进行探讨。

第一节　俄国中亚和东亚研究委员会

近代俄国人进入新疆地区活动，目前所见较早的记录是俄国士官

Ф.С. 叶夫列莫夫（Ф.С.Ефремов，1750—1811？）18 世纪在喀什噶尔（Кашгар）和叶尔羌（Яркенд）的游历。叶夫列莫夫在回忆录中记录了他在新疆地区旅行的见闻，着重描述了他在喀什噶尔和叶尔羌城见到的居民和贸易情况。[①]

19 世纪初，“中亚”成为俄国科学界研究的一大课题。俄国著名学者、传教士 Н.Я. 比丘林（Н.Я.Бичурин，1777—1853）是俄国中亚及中央亚细亚学术研究的开创者，其著作在远东和太平洋地区产生了广泛影响，并开始使俄国人了解到真正的亚洲内部的地缘政治，继而意识到对亚洲进行全方位研究的必要性和迫切性。[②]

1845 年，根据沙俄政府最高指令，俄国地理学会于圣彼得堡成立，学会的首要任务是收集和传播有关俄国的信息，第二大任务则是与他国交流，首当其冲的是与俄国毗邻的土耳其、波斯、中国。[③]1846 年，俄国考古学会创立，学会由斯拉夫—俄罗斯、古希腊罗马—拜占庭及东方考古所三个分部构成。19 世纪中后期至 20 世纪初，在俄国当局的大力扶持下，俄国地理学会和俄国考古学会迅速发展，组织了多次中亚考察，在人文和自然科学方面取得了不少极具价值的研究成果。这些考察活动或多或少都带有政治扩张色彩，这些考察活动成就了 П.П. 谢苗诺夫（П.П.Семенов，1827—1914）、Н.М. 普尔热瓦尔

① Попова И.Ф. Российские экспедиции в Центральную Азию на рубеже XIX– XX веков // Российские экспедиции в Центральную Азию в конце XIX – начале XX века / Сборник статей. Под ред. И.Ф. Поповой. СПб.: Славия, 2008. С. 13.

② Попова И.Ф. Российские экспедиции в Центральную Азию на рубеже XIX– XX веков // Российские экспедиции в Центральную Азию в конце XIX – начале XX века / Сборник статей. Под ред. И.Ф. Поповой. СПб.: Славия, 2008. С. 13.

③ Матвеева М.Ф. Исследование Центральной Азии – одна из самых ярких страниц в истории Русского Географического общества // Санкт-Петербург – Китай: три века контактов. СПб. 2006. С. 128.

斯基（Н.М.Пржевальский，1839—1888）、Г.Н. 波塔宁（Г.Н.Потанин，1835—1920）、Г.Н. 科兹洛夫（Петр Кузьмич Козлов，1863—1935）、Н.Ф. 彼得罗夫斯等一众俄国探险家和外交官，他们将俄国的中亚考察活动推向了繁荣。[①]但是，他们给中亚地区带来了殖民和掠夺。

19 世纪中叶，英、俄两国在中亚展开了激烈角逐。1867 年“西土耳其斯坦”被划归俄国版图，自此俄国与英属印度领土接壤。在这场“大博弈”中，不仅涉及政治领域，还包括科研领域——地理学、考古学、东方学等方面的“大博弈”，而地理因素在其中起着非常大的作用，通常边界的划分在很大程度上依照的是自然边界线的分布。在这种情况下，英、俄两国争相派遣勘探队前往中亚地区，尽可能地向前推进己方的前哨，以求最大限度地探究各自的利益范畴，以便在今后的谈判中掌握更大的胜算。[②]

19 世纪末，随着“鲍尔写本”“杜烈特·德·兰斯写本”的公布，在欧洲掀起了前往中国新疆考察的全新运动。西方各国纷纷派遣考古考察队前往中亚地区考察，一方面为发掘古迹遗址，劫掠文物、考察资料；另一方面则为收集情报，以便进一步向中亚地区渗透扩张。

正是在 19 世纪末“中亚考察热”及英、俄两国中亚“大博弈”的时代背景下，俄国在已有地理学会和考古学会的基础上，创立了俄国中亚和东亚研究委员会。

① Восточный Туркестан и Монголия. История изучения в конце XIX – первой трети XX века. Том I: Эпистолярные документы из архивов Российской академии наук и Турфанского собрания / Под ред. чл.-корр. РАН М.Д. Бухарина. М.: Памятники исторической мысли, 2018. С.11-18.

② Лужецкая Н.Л. Материалы к истории разграничения на Памире в Архиве востоковедов СПбФ ИВ РАН（фонд А.Е. Снесарева）: «Отчет Генерального штаба капитана Ванновского по рекогносцировке в Рушане»（1893）// Письменные памятники Востока. 2005. № 2（3）. С.135.

1897 年，在第 11 届国际东方学家代表大会上，法国印度学家埃米尔·塞纳与奥登堡先后公布了《法句经》同一写本不同残片的研究成果。二者的发言引起了与会者的极大兴趣，印度分会随即决定成立一个以搜集中国新疆塔里木盆地（Таримский бассейн）出土印度系统语言文字遗物为主的“印度考察基金会”。[①]会后，俄国开始将中亚考察的目光转移到中国新疆吐鲁番地区,并迅速组织了 1898 年 Д.А. 克列门茨（Д.А.Клеменц）吐鲁番考察。克列门茨考察队在吐鲁番发现了此前鲜为人知的古文化遗址，非法收集到一些独特的文字、图像方面的资料。关于此次考察，克列门茨于 1899 年出版了德文《吐鲁番及其古迹（Турфан и его древности）》[②]一书，引起了多方关注。之后德国人迅速组织考察队于 1902 年进行了吐鲁番考察。

1899 年，B.B. 拉德洛夫院士与奥登堡在第 12 届东方学家代表大会上做报告，介绍了 Д.А. 克列门茨在吐鲁番发现的古代回鹘文和卢尼文文献及艺术品。报告引起了学界轰动，许多欧洲国家闻风而动。1899 年 10 月 14 日，经 B.B. 拉德洛夫倡议，与会各国为研究中亚和东亚地区的人文历史而迅速组建了“中亚与东亚历史、考古、语言及民族学考察国际协会”[③]。在 1902 年汉堡第 13 届国际东方学家代表大会上，确立了协会的章程，会后在许多国家成立了研究委员会，并

① 王冀青 :《斯坦因与日本敦煌学》，兰州 : 甘肃教育出版社，2004 年，第 24—25 页。

② Klementz А.Д. Nachrich ten ȕber die von der Kaiserlichen Akademie der Wissensch aften zu St. Petersburg im Jahre 1898. Au sgerȕ stete Expedition nach Turf an, 1899.

③ “Association internationale pour I'exploration historique, archéologique,linguistique et ethnographique de I'Asie centrale et del'Extrême Orient，1899 年在罗马召开的第十二届国际东方学家会议上俄国东方学家拉得洛夫（W.Radloff）建议成立此会。1902 年在汉堡举行的第十三届国际东方学家会议上正式成立。”参见季羡林主编 :《敦煌学大辞典》，上海 : 上海辞书出版社，1998 年，第 879 页。

且诸国委员会就西方学者在新疆考察疆域的划分达成了共识。由于当时俄国侵占中国新疆伊犁地区，进入新疆的西方探险家大都需要得到俄国政府的协助，另外协会由 B.B. 拉德洛夫和奥登堡倡议组建，因此俄国在协会中占主导地位。

1903 年 2 月，沙皇政府正式批准了《俄国委员会宪章》，俄国中亚和东亚研究委员会即俄国委员会在圣彼得堡成立。俄国委员会由科学院、圣彼得堡大学东方语言系、俄国考古学会、俄国地理学会及许多政府部门的代表组成。委员会最高章程确立了由人类学与民族学博物馆主任 B.B. 拉德洛夫院士担任俄国委员会主席，奥登堡任委员会副主席，著名东方学家 B.B. 巴托尔德与民族学家 Л.Я. 斯特恩伯格（Л.Я.Штернберг,1861—1927）任委员会秘书。[①]执行委员会由东方学家 B.A. 茹科夫斯基（B.A.Жуковский，1858—1918）、B.B. 巴托尔德、Л.Я. 斯特恩伯格组成。[②]

俄国委员会隶属于外交部，委员会有权向考察研究区域派遣代表、组织考察队、出版俄语和法语会刊。委员会宣称旨在协助相应国家和地区研究保存下来的一切物质上及精神上的古迹，[③]其实质是“联合俄国研究远东及中亚学术机构的代表，并联合政府各部的代表，在更为广泛的研究中亚与东亚的任务方面，比各学术机构更为有力”地劫

① Кисляков В.Н. Русский комитет для изучения Средней и Восточной Азии и МАЭ // Радловский сбор-ник: Научные исследования и музейные проекты МАЭ РАН в 2010 г. СПб., 2011. С. 70.

② Попова И.Ф. Российские экспедиции в Центральную Азию на рубеже XIX– XX веков // Российские экспедиции в Центральную Азию в конце XIX – начале XX века / Сборник статей. Под ред. И.Ф. Поповой. СПб.: Славия, 2008. С. 30.

③ Ольденбург С.Ф. Русский комитет для изучения Средней и Восточной Азии // ЖМНП, 1903. Ч.349. № 9. Отд.4. С. 45.

掠中亚文物资料。[①]包括德国在内的对中亚研究感兴趣的一些国家也成立了类似的委员会。俄国委员会的机关刊物《俄国中亚和东亚研究委员会会刊（Известия Русского комитета для изучения Средней и Восточной Азии）》在1903年第1期上刊登了国际委员会和俄国委员会章程[②]、1905年第5期刊登了匈牙利委员会章程[③]、1906年第6期刊登了法国委员会章程[④]、1907年第7期刊登了意大利委员会章程[⑤]。但《俄国中亚和东亚研究委员会会刊》未刊布德国吐鲁番委员会的章程，德国吐鲁番委员会的主席是印度学家P. 皮舍利（Р.Пишель，1849-1908），其助手是著名考古学家格伦威德尔。[⑥]

俄国当局对俄国中亚和东亚研究委员会予以大力支持。1904年1月16日（29日），尼古拉二世下令拨给俄国中亚和东亚研究委员会"12000卢布用以当年新疆的考古考察研究"。同时，授予外交部自1905—1909年，每年对该项目拨款7000卢布的权利。但就在第二年由于严重的财政危机，该项经费被暂停。[⑦]

1908年3月，俄国国家杜马预算委员会提议，将俄国中亚和东亚研究委员会改由科学院经管，这一建议未被采纳，基于以下四点考量，

① 姜伯勤：《沙皇俄国对敦煌及新疆文书的劫夺（哲学社会科学版）》，《中山大学学报》1980年第3期，第33—44页。

② Известия Русского комитета для изучения Средней и Восточной Азии. 1903.№1. С.7-12.

③ Известия Русского комитета для изучения Средней и Восточной Азии. 1905.№5. С.31-32.

④ Известия Русского комитета для изучения Средней и Восточной Азии. 1906.№6. С.17-18.

⑤ Известия Русского комитета для изучения Средней и Восточной Азии. 1907.№7. С. 9-11.

⑥ Восточный Туркестан и Монголия. История изучения в конце XIX – первой трети XX века. Том I: Эпистолярные документы из архивов Российской академии наук и Турфанского собрания / Под ред. чл.-корр. РАН М.Д. Бухарина. М.: Памятники исторической мысли, 2018. С.27.

⑦ Попова И.Ф. Российские экспедиции в Центральную Азию на рубеже XIX– XX веков // Российские экспедиции в Центральную Азию в конце XIX – начале XX века / Сборник статей. Под ред. И.Ф. Поповой. СПб.: Славия, 2008. С. 30.

经决议俄国委员会仍由外交部经管："（1）俄国委员会作为中亚和东亚研究国际联盟的中央机构，要经常与其他国家进行接洽，因此将委员会置于外交部下会更加便于运行。（2）委员会学术研究的大部分疆域处在俄帝国边界之外，因此委员会需要经常与相关的各大使馆和领事馆进行直接联系。（3）俄国委员会需要向外交部就外国人在俄国境内及俄国学者在亚洲国家境内的这样或那样的学术活动问题提交申请鉴定，为此需要与外交部进行直接和密切的接触。执行委员会的委员应该完全信任外交部的部长，外交部对委员会委员的提名进行审核，这是对当前委员会机制的充分保障。（4）俄国委员会作为国际学术联盟的中央委员会，需要保持自身的学术和国际声望，为此就必须完全从这样或那样的学术机构中独立出来。"①

财政问题给考察工作增添了困难，俄国委员会就此不断上报外交部，并指出财政拨款的削减"对委员会在新疆的考察工作已经带来了不利影响。首先，严重拖延了委员会的工作；其次，我们被迫完全中止了的大型考察活动，德国人和法国人却根据我们的踪迹进行了数次考察。如果委员会的工作不能以最有利的方式立马重新恢复，那么，俄国学者在新疆的多年勘探研究将面临全面倾覆的危险"。②

在此期间，俄国中亚和东亚研究委员会仅为小型考察寻求到了经费，如 1903 年 А.Д. 鲁德涅夫前往东蒙古对蒙古方言的考察；1905—

① Попова И.Ф. Российские экспедиции в Центральную Азию на рубеже XIX– XX веков // Российские экспедиции в Центральную Азию в конце XIX – начале XX века / Сборник статей. Под ред. И.Ф. Поповой. СПб.: Славия, 2008. С. 30-31.

② Попова И.Ф. Российские экспедиции в Центральную Азию на рубеже XIX– XX веков // Российские экспедиции в Центральную Азию в конце XIX – начале XX века / Сборник статей. Под ред. И.Ф. Поповой. СПб.: Славия, 2008. С. 31.

1908 年 M.M. 别列佐夫斯基对中国新疆苏巴什、龟兹、克孜尔等地的考察；1905—1907 年 Б.Б. 巴拉金（Б.Б.Барадийн，1878—1937）与科学院合作进行的甘肃拉卜楞寺的考察。[①]

俄国中亚和东亚研究委员会在很长一段时间内都无法筹集到组织大规模中亚考古考察的经费，大型考察活动因此被迫中止。但与此同时，俄国地理学会对中亚地区的地理、自然、古迹等的研究仍旧照常进行。其中比较著名的有：1906—1907 年，К.Г. 曼纳海姆（К.Г.Маннергейм，1867—1951）[②]奉沙皇密令对吐鲁番地区古遗址进行的考察，[③] П.К. 科兹洛夫 1907—1909 年发现并盗劫黑水城的考察。[④]

俄国委员会组织比较有代表性的考察有：1904 年杜金和 В.Л. 维亚特金（В.Л.Вяткин，1869—1932）在撒马尔罕的考古发掘、奥登堡 1909—1910 年新疆考察和 1914—1915 年敦煌考察，以及 1912 年及之后的 В.М. 阿列克谢耶夫中国考察、Б.Э. 佩特里（Б.Э.Петри，1884—1937）在伊尔库茨克州的考古发掘、А.Н. 萨摩伊洛维奇（А.Н.Самойлович，1880—1938）在土库曼斯坦进行的人种学和语言学考察、В.И. 阿努钦（В.И.Анучин，1875—1943）对叶尼塞河奥斯

---

① Попова И.Ф. Российские экспедиции в Центральную Азию на рубеже XIX–XX веков // Российские экспедиции в Центральную Азию в конце XIX – начале XX века / Сборник статей. Под ред. И.Ф. Поповой. СПб.: Славия, 2008. С. 31-32.

② К.Г. 曼纳海姆，俄国和芬兰军事活动家、瑞典政治家，俄罗斯陆军中将，芬兰陆军骑兵将军、陆军元帅、芬兰元帅。1918 年 12 月 12 日—1919 年 6 月 26 日，任芬兰王国摄政王，1944 年 8 月 4 日至 1946 年 3 月 11 日任芬兰总统。

③ Восточный Туркестан в древности и раннем средневековье. Очерки истории / Под ред. С.Л.Тихвинского и Б.А.Литвинского. М., 1988. С. 37.

④ Попова И.Ф. Российские экспедиции в Центральную Азию на рубеже XIX– XX веков // Российские экспедиции в Центральную Азию в конце XIX – начале XX века / Сборник статей. Под ред. И.Ф. Поповой. СПб.: Славия, 2008. С. 32.

加克人的考察研究、A.B. 阿诺欣（A.B.Анохин，1869—1931）在西伯利亚南部进行的调查研究、C.M. 希罗科戈洛夫（C.M.Широкогоров，1887—1939）对黑龙江沿岸地区民族的考察等。[①]

俄国委员会组织进行的多次考察，盗劫了大量珍品，极大地丰富了人类学与民族学博物馆馆藏，这与委员会主席 B.B. 拉德洛夫院士同时担任人类学与民族学博物馆的主任有一定关联。[②]当时俄国委员会组织的考察所获（即“所劫获”，下文同）藏品大多都保存在了人类学与民族学博物馆中。1930—1931 年根据苏联科学院主席团的决定，这些藏品从人类学与民族学博物馆转移到了艾尔米塔什博物馆，后来又转存到了艾尔米塔什博物馆下辖的东方部。俄国委员会在 20 世纪 20 年代初解散前，一直和人类学与民族学博物馆保持着密切的交流与合作。2008 年，艾尔米塔什博物馆主办了一场题为“千佛洞”的展览，展出了俄国委员会组织考察所获部分藏品，其中以奥登堡敦煌考察所获文物为主。[③]

俄国中亚和东亚研究委员会自 1903 年成立，1921 年并入东方学家委员会，至 1923 年解散，共运行了 20 年，组织进行了数十次考察活动，对于俄国在东方民族、民俗、考古等方面的研究具有重要意义。这些考

---

① Кисляков В.Н. Русский комитет для изучения Средней и Восточной Азии и МАЭ // Радловский сбор-ник: Научные исследования и музейные проекты МАЭ РАН в 2010 г. СПб., 2011. С. 71.

② Кисляков В.Н. Русский комитет для изучения Средней и Восточной Азии и МАЭ // Радловский сбор-ник: Научные исследования и музейные проекты МАЭ РАН в 2010 г. СПб., 2011. С. 70.

③ Кисляков В.Н. Русский комитет для изучения Средней и Восточной Азии и МАЭ // Радловский сбор-ник: Научные исследования и музейные проекты МАЭ РАН в 2010 г. СПб., 2011. С. 71.

察非法所获的材料为俄国学界进一步研究中世纪东方国家文化的各个方面奠定了基础，同时极大地丰富了俄国博物馆馆藏。①

第二节　新疆考察的最初提案

俄国学者开始制订新疆考察计划，缘于“鲍尔写本”的公布。1890年，英国陆军情报官汉密尔顿·鲍尔（Гамильтон Бауэр，1858—1940）从库车居民那里购得了七件桦树皮写本，后经研究发现该写本是用婆罗米文写成，时间上可追溯到4—6世纪。1890年11月，该写本在孟加拉亚洲学会（Бенгальском Азиатском обществе）上展出。1891年4月，英籍德裔东方学家А.Ф.Р. 霍恩勒（А.Ф.Р.Хёрнле，1841—1918）公布了对该写本研究的第一份报告。②

1891年11月28日（12月11日），奥登堡在俄国考古学会东方分会的例会上，报告了鲍尔中尉的发现及他在孟加拉亚洲学会上的演讲，此次会议记录刊登在俄国考古学会东方分会会刊第六卷③。奥登堡提议俄国考古学会东方分会向俄国驻喀什噶尔的领事Н.Ф. 彼得罗夫斯基求助，咨询以下问题：

① Кисляков, В. Н. Русский Комитет для изучения Средней и Восточной Азии（РКСВА）и коллекции по Восточной Азии МАЭ РАН / В. Н. Кисляков // Кюнеровский сборник : материалы восточноазиат. и юго-восточноазиат. исслед. - СПб., 2013. С.118.

② Восточный Туркестан и Монголия. История изучения в конце XIX – первой трети XX века. Том I: Эпистолярные документы из архивов Российской академии наук и Турфанского собрания / Под ред. чл.-корр. РАН М.Д. Бухарина. М.: Памятники исторической мысли, 2018. С.18-19.

③ Протоколы // Записок императорского Русского археологического общества（ЗРАО）. Том Ⅵ. 1891: X-XI.

（1）领事馆是否知晓，或者是否能够通过打探获取到有关库车古遗址或喀什噶尔一些古遗址的信息？

（2）前往库车进行考古考察的个人或探险队，有多大可能会受到清政府和当地民众的阻挠？[①]

俄国考古学会东方分会委员会决议就奥登堡提出的问题向俄国驻喀什噶尔领事 Н.Ф. 彼得罗夫斯基征求意见。[②]

尼古拉·费多罗维奇·彼得罗夫斯基（Николай Федорович Петровский，1837—1908）是 19 世纪末 20 世纪初俄国与英国“大博弈”进程中的重要人物，同时还是俄国著名的外交家、中亚写本和文物的收集者。彼得罗夫斯基自 1882 年担任俄国驻喀什领事，1895—1903 年担任驻喀什噶尔总领事。彼得罗夫斯基在任期间对新疆喀什噶尔周边进行了多次非法挖掘，还通过“代理人”在各地非法收集文物，并且促成了许多探险家和考察队的新疆活动。

彼得罗夫斯基从 1886 年开始寄送新疆文物给俄国科学院和考古学会进行科学鉴定，并与 В.Р. 罗森、奥登堡合作，将其藏品引入学术研究中。彼得罗夫斯基藏品中有婆罗米文（брахми）、梵文（санскрит）、粟特文（согдийский язык）、吐火罗文（тохарский язык），以及和田－撒克逊语（хотано-сакский язык）写本，尤其是和田－撒克逊语写本

---

① Протоколы // Записок императорского Русского археологического общества（ЗРАО）. Том Ⅵ. 1891: XI.

② Восточный Туркестан и Монголия. История изучения в конце XIX – первой трети XX века. Том I: Эпистолярные документы из архивов Российской академии наук и Турфанского собрания / Под ред. чл.-корр. РАН М.Д. Бухарина. М.: Памятники исторической мысли, 2018. С.19, 20.

是此前学界所未知的，它们的发现曾引起学界轰动。①

Н.Ф. 彼得罗夫斯收到俄国考古学会的咨询后，在回信中对喀什噶尔地区的古迹遗址做了非常详细的描述，概述了鲍尔获得写本的经过，还提出了对新疆进行探索性考古学考察的想法。Н.Ф. 彼得罗夫斯还在寄给俄国考古学会东方分会的一封信中，从考古学角度描述了一些重要的古遗址，随信附有几张照片，以及几件写本残片，他称这些写本残片"是两年前我在喀什噶尔买的，用未知的语言写成，类似鲍尔写本"②。1893 年，奥登堡发表了对彼得罗夫斯基所获喀什噶尔写本的第一篇研究成果。奥登堡认为根据写本残片上的字母来看，该未知语言有可能源于印度语，但也可能有其他来源。③

俄国著名语言学家 Н.И. 维谢洛夫斯基在见到彼得罗夫斯基寄给考古学会的资料后指出，对于在喀什噶尔担任正式职务的人来说，进入该地区并不总是很方便（例如，不可能在全中国范围内旅行以探查古迹和遗址）。但是，在与当地人的关系上，在长期客居当地的情况下，一方面可以追踪所有偶然发现的文物，将这些文物吸引到身边，从而组织购买文物；另一方面，他们可以逐步少量地收集有关当地古迹的信息。④

彼得罗夫斯基在 1890 年、1897 年俄国考古学会东方分会的会议

① Восточный Туркестан и Монголия. История изучения в конце XIX – первой трети XX века. Том II: Археологические, географические и исторические исследования / Под ред. чл.-корр. РАН М.Д.Бухарина. М.: Памятники исторической мысли, 2018 С.9-10.

② Петровский Н.Ф.Ответ консула в Кашгаре, Н.Ф. Петровского, на заявление С.Ф.Ольденбурга // ЗВОРАО. 1892（1893）. T. VII.Вып. I-IV. С.294.

③ Ольденбург С.Ф. Кашгарская рукопись Н.Ф. Петровского // ЗВОРАО. 1892（1893）. VII. С. 81-82.

④ Восточный Туркестан и Монголия. История изучения в конце XIX – первой трети XX века. Том I: Эпистолярные документы из архивов Российской академии наук и Турфанского собрания / Под ред. чл.-корр. РАН М.Д.Бухарина. М.: Памятники исторической мысли, 2018. С.19, 22.

上谈到了他的文物收藏情况。彼得罗夫斯基的第一批收藏品被艾尔米塔什博物馆收购，其中写本部分由亚洲博物馆收购。艾尔米塔什博物馆的保管员 Г.Е. 基泽里茨基（Г.Е.Кизерицкий）对其中的赝品进行了研究，艾尔米塔什博物馆还计划于 1900 年由奥登堡将这些文物资料刊布在专门研究古文物的帝国考古委员会主编的《俄国考古资料（Материалы по археологии России）》系列书籍中。彼得罗夫斯基的第二批新疆文物藏品，根据其遗嘱捐赠给了俄国考古学会博物馆，在苏联时期也转存入了艾尔米塔什博物馆。1905 年，其第二批文物藏品中的写本被捐赠给了俄国中亚和东亚研究委员会，后又从委员会转存到了亚洲博物馆。彼得罗夫斯基藏品中的写本共有 582 个存储单元，现藏于俄罗斯科学院东方文献研究所分类号 SIP（Ser Indica, Petrovsky）名目下。[①]

奥登堡曾这样评价 Н.Ф. 彼得罗夫斯基新疆活动的意义："Н.Ф. 彼得罗夫斯基之名将在科学界享有盛誉，因为他是首个使人们接触到这处奇妙文化往昔遗迹之人。在这些遗迹中，希腊、印度和中国三种文化以最紧密的方式融合在了一起。在这里，随着时间的推移，想必我们会发现基督教和佛教世界互动的痕迹，无疑还有伊斯兰影响的痕迹。"[②] 但是，彼得罗夫斯基给中国新疆带来了掠夺。

近年来，俄罗斯有关机构刊布了 Н.Ф. 彼得罗夫斯基与罗森、奥

---

① Восточный Туркестан и Монголия. История изучения в конце XIX – первой трети XX века. Том II: Археологические, географические и исторические исследования / Под ред. чл.-корр. РАН М.Д.Бухарина. М.: Памятники исторической мысли, 2018 С.10.

② Ольденбург С.Ф. Исследование памятников старинных культур Китайского Туркестана / / ЖМНП. Ч.353. 1904, № 6. Отд. II. С.369.

登堡的往来信函，以及马继业[①]、斯坦因、格伦威德尔等人写给彼得罗夫斯基的信件，共有数百封之多。[②]这一批数量可观的信函，是研究19世纪末20世纪初英俄两国“大博弈”细节、俄国近代新疆考察、清末边疆治理等方面的重要史料。关于彼得罗夫斯基在新疆任职期间的往来信函，可参见2010年俄国出版的《彼得罗夫斯基西域信函集（Туркестанские письма）》[③]。

奥登堡对前往中国新疆考古考察的兴趣，可以追溯到奥登堡还在圣彼得堡大学读硕士之时。1892年，奥登堡向圣彼得堡大学和科学院提交了前往新疆的申请，“东方语言系曾向学校的管理委员会提交关于编外副教授С.Ф.奥登堡于1893年5月1日至6月1日前往中国新疆考察的申请。В.Р.罗森院士请求科学院予以援助编外副教授С.Ф.奥登堡1893年夏天前往喀什噶尔的活动。……此次考察未能付诸实践，因为Н.Ф.彼得罗夫斯基认为，考察最好暂时推迟”[④]，故此次考察申请未能落实。

1896年，科学院历史科学和语言部为研究中国新疆考古“收集品”成立了由В.В.拉德洛夫、А.А.库尼科（А.А.Куник）、В.П.瓦西里耶夫、К.Г.扎列曼、В.Р.罗森及特邀专家Д.А.克列门茨和奥登堡组成的

---

① 乔治·马嘎尔尼（Джордж Макартни，1867—1945），中文名“马继业”，1909年正式成为英国驻喀什噶尔总领事，是20世纪初英国在我国新疆地区与俄国进行“大博弈”的代表人物之一。

② Восточный Туркестан и Монголия. История изучения в конце XIX – первой трети XX века. Том I: Эпистолярные документы из архивов Российской академии наук и Турфанского собрания / Под ред. чл.-корр. РАН М.Д.Бухарина. М.: Памятники исторической мысли, 2018. С.83-205.

③ Петровский Н.Ф. Туркестанские письма/ Отв. ред. ак. В.С.Мясников, сост. В.Г. Бухерт. М.: «Памятники исторической мысли», 2010.

④［俄］Е.Г. 奥登堡：《代序》，俄罗斯国立艾尔米塔什博物馆、上海古籍出版社编《俄藏敦煌艺术品》Ⅵ，上海：上海古籍出版社，2005年，第9页。

特别委员会。

1898 年，俄国地理学会委派人类学与民族学博物馆保管员 Д.А. 克列门茨进行了吐鲁番考察。奥登堡以非常大的热情投入考察计划的制订中，但是，由于儿子生病，他未能参加 Д.А. 克列门茨 1898 年的吐鲁番北部绿洲考察。[①]对此，奥登堡深感遗憾，并表示："在吐鲁番地区干上一百年，抵得上在整个欧洲干一百年。"[②]克列门茨的考察成功地确立了吐鲁番古迹的巨大科学意义，在科学和政治领域引起了广泛关注，促使奥登堡与考古学会的一些成员开始筹备对新疆地区进行全面系统的长期考察。基于 Д.А. 克列门茨此次短期带有勘探性质考察的重要影响，俄国考古学会开始了筹备新的、长期的中国新疆考察。[③]

1900 年 2 月，奥登堡、克列门茨、维谢洛夫斯基向俄国考古学会东方分会提交了《关于组织塔里木盆地考古考察报告（Записка о снаряжении экспедиции с археологической целью в бассейн Тарима）》，提议对新疆进行系统的考古学考察。报告指出，所有不久前考察所获成果，都表明这一区域不仅是古代的高度文明地带，还受到了从前统治这里的不同文化的影响。[④]然而，目前新疆活跃的经济开发致使很多文物毁灭，"而现在我们能够看到，对于科学来说，大

①［俄］Е.Г. 奥登堡：《代序》，俄罗斯国立艾尔米塔什博物馆、上海古籍出版社编《俄藏敦煌艺术品》Ⅵ，上海：上海古籍出版社，2005 年，第 9 页。

② Д.А.Клеменца С.Ф.Ольденбургу // Ольденбург С.Ф.Этюды о людях науки. Сост. А.А.Вигасин. М., 2012. С.233.

③ Попова И.Ф. Первая Русская Туркестанская экспедиция С.Ф.Ольденбурга（1909-1910）// Российские экспедиции в Центральную Азию в конце XIX – начале XX века / Сборник статей. Под ред. И.Ф. Поповой. СПб.: Славия, 2008. С.149.

④ Попова И.Ф. Первая Русская Туркестанская экспедиция С.Ф.Ольденбурга（1909-1910）// Российские экспедиции в Центральную Азию в конце XIX – начале XX века / Сборник статей. Под ред. И.Ф. Поповой. СПб.: Славия, 2008. С.150.

量完整的文物已经永远消失了。据吐鲁番当地居民所掌握的经验，古老石窟中细碎的涂层石膏是一种很好的肥料。大量的石窟和寺庙现在都已经是去了皮的。一些幸存下来的石膏碎块表明，古代绘画和文字的完整的瑰宝在这里已经遭到了毁坏”。[①]清末民众的文物保护意识较弱，但这不是近代外国探险家盗劫中国文物的理由。

整个东天山及整个塔里木盆地都曾是俄国考古学会研究的兴趣所在。但鉴于“任务的艰巨性”，报告的提交者们建议在接下来的工作中排除一些区域，建议首先从待选清单上排除从库车（Куча）到和田（Хотан）直至喀什噶尔以西的大片区域，同样要排除的还有“喀什噶尔、和田及列城（Лех）之间的三角地带”，因为彼得罗夫斯基已经在此进行过积极的搜集工作[②]。此外，自和田到敦煌（Дуньхуан）地区在没有大规模探险预案之前也不予考察。最初计划是将所有精力集中在吐鲁番一域，自西边的托克逊（Токсун）到东边的辟展（Пичан），自北边天山山脉到南边的却勒塔格（Чолтаг）和库鲁克塔格（Куруктаг），库车地区直至其西部边境，以及自天山北麓到巴巴湖（Бабакуль）和沙雅（Шахьяр）。[③]

俄国考古学会原计划组织连续两次新疆考察。第一次拟考察吐

---

① Веселовский Н.И., Клеменц Д.А., Ольденбург С.Ф. Записка о снаряженииэкспедиции с археологической целью в бассейн Тарима // Записки Восточного отделения Русского Археологического общества. Т. 13. Вып. 1. СПб., 1901. С.10.

② Веселовский Н.И., Клеменц Д.А., Ольденбург С.Ф. Записка о снаряженииэкспедиции с археологической целью в бассейн Тарима // Записки Восточного отделения Русского Археологического общества. Т. 13. Вып. 1. СПб., 1901. 12.

③ Попова И.Ф. Первая Русская Туркестанская экспедиция С.Ф.Ольденбурга（1909-1910）// Российские экспедиции в Центральную Азию в конце XIX – начале XX века / Сборник статей. Под ред. И.Ф. Поповой. СПб.: Славия, 2008. С.150.

鲁番和库车地区，第二次自吐鲁番到和田的广袤区域，包括罗布泊（Лопнор）附近地区及且末（Черчен）和克里雅（Керия）绿洲在内。考察队原定由 5 人组成，其中一人须是画家。考察期限第一次原定是 8~10 个月，第二次是 12~15 个月。第一次考察的预算经费是 1.7 万卢布[①]，但是，财政部表示无法为俄国考古学会所进行的吐鲁番考察提供所需经费。[②]此外，《关于组织塔里木盆地考古考察报告》在德国考古学家中引起了热烈讨论。德国著名考古学家 Г. 胡特（Г.Хут，1867—1906）还给奥登堡写了一封信，询问在塔里木盆地工作的最佳时间，信件内容如下：

上个星期天，斯坦因教授在从伦敦回印度的途中访问了柏林。他说，根据他在南土耳其斯坦和新疆的观察，由于靠近山脉，库钦地区（Кучинскийрайон）和库车当地的气候条件不太可能发生巨大改变，以致能够在夏季在此进行考察。另外，您本人也会指出这种情况——我们将不得不在库钦地区南部进行考察，如撒哈拉（Шахйар）地区，即直接在与沙漠接壤的边界上工作。此外，他建议不要在1月份出发，建议我们在7月份出发，并在1902年9月至1903年4月在天山考察。

出于这一原因，我请您和克列门茨先生给我写信提供关于这个

① Веселовский Н.И., Клеменц Д.А., Ольденбург С.Ф. Записка о снаряжениии экспедиции с археологической целью в бассейн Тарима // Записки Восточного отделения Русского Археологического общества. Т. 13. Вып. 1. СПб., 1901. С. 17.

② Восточный Туркестан и Монголия. История изучения в конце XIX – первой трети XX века. Том I: Эпистолярные документы из архивов Российской академии наук и Турфанского собрания / Под ред. чл.-корр. РАН М.Д. Бухарина. М.: Памятники исторической мысли, 2018. С.25.

问题的最为恳切的信息，因为我们离开的最后时机将取决于此。①

从上述信件可知，此前胡特已经就前往吐鲁番考察的问题向斯坦因进行过咨询，同时也从侧面反映出克列门茨 1898 年吐鲁番考察影响之大。

由于未能筹集到考察经费，该提案直至 1909 年由俄国中亚和东亚研究委员会筹备才得以实施。而在这期间，英、法、德等国纷纷派遣了考察队前往中亚地区寻宝和收集情报，这给俄国的考察造成了压力。

俄国中亚和东亚研究委员会向外交部呈文指出新疆考察的迫切性，经费的削减“对委员会在新疆的考察工作已经带来了不利影响。首先，严重拖延了委员会的工作；其次，我们被迫完全中止了的大型考察活动，德国人和法国人却根据我们的踪迹进行了数次考察。如果委员会的工作不能以最有利的方式立马重新恢复，那么，俄国学者在新疆的多年勘探研究将面临全面倾覆的危险”。②

1908 年 11 月 30 日（12 月 13 日），俄国委员会为吸引沙皇尼古拉二世等人的注意，在圣彼得堡南部的皇村大殿举办了“新疆和撒马尔罕古文物展览会”，以寻求经费。此次展会展出了 M.M. 别列佐夫斯基考察队在龟兹发现的文物及 C.M. 杜金考察队在新疆的劫掠品，展览时间仅 1908 年 11 月 30 日（12 月 13 日）11 点至 16 点。展会无疑是成功的，尼古拉二世“欣然同意将俄国中亚和东亚研究委员会置于其特别保护之下”，同时展会成功使得政府深信派遣大规模的探险队

---

① Восточный Туркестан и Монголия. История изучения в конце XIX – первой трети XX века. Том I: Эпистолярные документы из архивов Российской академии наук и Турфанского собрания / Под ред. чл.-корр. РАН М. Д. Бухарина. М.: Памятники исторической мысли, 2018. С.26-27.

② Люстерник Е. Я. Русский комитет для изучения Средней и Восточной Азии // Народы Азии и Африки. 1975. № 3. С.226-227.

前往新疆是必要的。[①]通过此次展览，俄国中亚和东亚研究委员会获得了政府提供的新疆考察经费。

第三节　新疆考察的具体过程

1909—1910 年，奥登堡在中国新疆进行了考古考察，非法所得颇丰。据俄国中亚和东亚研究委员会1910年4月5日（18日）的会议记录，“尽管考察组织前发生了各种困难，但 1909—1910 年第一次俄国新疆考察仍取得了十分可观的成就，提供了有关真实的新疆中世纪艺术遗迹的丰富信息”。[②]

1909 年，格伦威德尔领导的德国第一次吐鲁番考察报告刊布之时，俄国第一次新疆考察的经费问题才得以解决。此次考察最终敲定由考察提案的拟定者之一奥登堡领队。[③]彼时斯坦因、勒克柯及伯希和的考察成果尚未享誉国际学界。“目前为止，从英国人、德国人、法国人已经出版的考察著述中，除格伦威德尔教授的第一次考察外，什么有效信息也没有，因此，在圣彼得堡完全无法决定究竟将要在何处展开系统考察”[④]。鉴于此，奥登堡认为其此次考察带有勘探性质。

---

① Ольденбург С. Ф. Русские археологические исследования в Восточном Туркестане // Казанский музейный вестник. 1921. № 1-2. С.27.

② Дьяконова Н.В. Шикшин. Материалы первой Русской Туркестанской экспедиции академика С.Ф.Ольденбурга. М.: Изд. фирма “Вост. лит.” РАН, 1995. С.10.

③ Попова И. Ф. Первая Русская Туркестанская экспедиция С.Ф.Ольденбурга（1909-1910）// Российские экспедиции в Центральную Азию в конце XIX – начале XX века / Сборник статей. Под ред. И. Ф. Поповой. СПб.: Славия, 2008. С.151.

④ Ольденбург С. Ф. Русская Туркестанская Экспедиция 1909-1910 года / Краткий предварительный отчет. СПб.: Императорская Академия Наук, 1914. С.5.

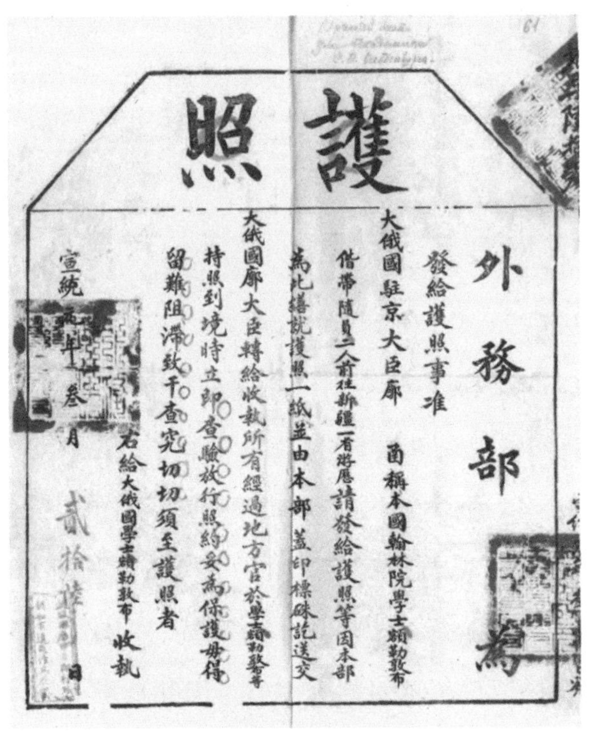
護照

外務部 爲

發給護照事准

大俄國駐京大臣廓 函稱本國翰林院學士鄂勒登布

偕帶隨員二人前往新疆一帶游歷請發給護照等因本部

爲此繕就護照一紙並由本部蓋印標硃訖送交

大俄國廓大臣轉給收執所有經過地方官於學士鄂勒登布等

持照到境時立即查驗放行照約妥爲保護毋得

留難阻滯致干查究切切須至護照者

右給大俄國學士鄂勒登布 收執

宣統[illegible]年叁月貳拾[illegible]日

图 3-1 奥登堡新疆考察护照

（图片由俄罗斯科学院档案馆圣彼得堡分馆提供，

编号 СПБФ АРАН.Ф.208.Оп.1.Д.178.Л.61.）

奥登堡为此次考察进行了充分的准备，搜集了易懂的带有插图的资料，其中包括一些地图。在奥登堡档案中保存有其前辈探险家在1880—1890 年拍摄的库车和吐鲁番的照片，以及素描和绘制的地图。其中包括吐鲁番州府地图，该地图是奥登堡基于俄国探险家 Г.Е. 格鲁姆 - 格尔日迈洛（Г.Е.Грумм-Гржимайло，1860—1936）、В.И. 罗博罗夫斯基、П.К. 科兹洛夫、Д.А. 克列门茨等人的考察资料绘制的。[①] 出发前，奥登堡还向德国探险家 А. 格伦威德尔和法国探险家 П. 伯希

① Попова И.Ф. Первая Русская Туркестанская экспедиция С. Ф. Ольденбурга（1909-1910）// Российские экспедиции в Центральную Азию в конце XIX – начале XX века / Сборник статей. Под ред. И. Ф. Поповой. СПб.: Славия, 2008. С.151-152.

和进行了咨询，并对格伦威德尔的考察进行了分析，认为“格伦威德尔教授的考察在他本人的工作中仍然还有很多空白：一些计划的搁浅；完全缺乏对洞窟的整体描述；并且由于未能统筹好全局，致使一系列问题悬而未决”。[①]

奥登堡通过相关资料、信息的收集，以及向格伦威德尔、伯希和的咨询，拟定了如下考察路线：焉耆（Карашар）→吐鲁番→焉耆→库尔勒（Корла）→库车→拜城（Бай）→阿克苏（Аксу）→乌什（Уч Турфан）→柯坪（Калпын）→巴楚（Маралбаши）→喀什噶尔。[②]按照1900年提交的考察提案，考察队拟由5人组成，[③]成员除了奥登堡外，还有人种学家、摄影师、中亚艺术方面的专家С.М.杜金，矿业工程师Д.А.斯米尔诺夫（Д.А.Смирнов，1883—1945），考古学家В.И.卡缅斯基（В.И.Каменский，？—1912），以及他的助手——刻赤博物馆的研究员С.П.彼得连科（С.П.Петренко）。卡缅斯基和彼得连科在考察出发途中提前返回，未能全程参与考察，具体内情详见下文。

奥登堡考察队于1909年6月6日（19日）从圣彼得堡出发。由铁路到达鄂木斯克（Омск）[④]，后乘坐汽轮到达塞米巴拉金斯克

① Восточный Туркестан и Монголия. История изучения в конце XIX – первой трети XX века. Том II: Археологические, географические и исторические исследования / Под ред. чл.-корр. РАН М.Д.Бухарина. М.: Памятники исторической мысли, 2018 С.14.

② Протоколы РКСА. СПб., 1909. Протокол № 3. 22 сентября, § 49. С. 4.

③ Веселовский Н. И., Клеменц Д.А., Ольденбург С. Ф. Записка о снаряжении экспедиции с археологической целью в бассейн Тарима // Записки Восточного отделения Русского Археологического общества. Т. 13. Вып. 1. СПб., 1901. С. 17.

④ 俄罗斯西南部城市，鄂木斯克州的首府。

（Семипалатинск）[①]，在此取了提前寄到的行李、装备等。

根据卡缅斯基 1909 年 6 月 19 日（7 月 2 日）自谢尔吉奥波尔（Сергиопол）[②]写给奥登堡的信：“除对马车右后轮的嘈杂声不满外，我已顺利抵达。早上 9 点抵达谢尔吉奥波尔，昨晚在宽敞的四轮马车上过夜，结果有点感冒，但心情却很愉快。一两个小时后，我会出发去往塔城。”[③]又根据奥登堡新疆考察简报，6 月 22 日（7 月 5 日），考察队乘坐马车抵达塔城，在这里购买备用装备，并雇用了翻译 Б.Т. 霍霍（Б.Т.Хохо）。[④]可知，奥登堡新疆考察开始时，考察队分为两组出发：一组是奥登堡、杜金和斯米尔诺，另一组则是卡缅斯基与其助手彼得连科，两队分别从俄国出发。又根据奥登堡在 1909 年 7 月 15 日（28 日）写给俄国驻乌鲁木齐领事 Н.Н. 克罗特科夫的信中说，由于考察同伴彼得连科生病了，且比较严重，此外他本人也发烧了，因此考察队不得不放缓行程。[⑤]据此可知，在抵达乌鲁木齐前，奥登堡与卡缅斯基已经会合，又根据入境路线推测，两组人员很可能是在塔城附近会合。

6 月 29 日（7 月 12 日），考察队从塔城出发前往乌鲁木齐。奥登堡 7

① 哈萨克斯坦东北部城市，塞米巴拉金斯克州首府，2007 年根据总统令更名为“谢梅（Семей）”，中文也写作“塞米伊”。

② 哈萨克斯坦东北部小城市，2007 年更名为阿亚古兹（Аягоз）。

③ Бухарин М.Д., Тункина И.В. Русские туркестанские экспедиции в письмах С. М. Дудина к С. Ф. Ольденбургу из собрания санкт-петербургского филиала Архива РАН. Восток. 2015. №3. С.115,124-125.

④ Ольденбург С.Ф. Русская Туркестанская Экспедиция 1909-1910 года / Краткий предварительный отчет. СПб.: Императорская Академия Наук, 1914. С.1.

⑤ Восточный Туркестан и Монголия. История изучения в конце XIX – первой трети XX века. Т.I: Эпистолярные документы из архивов Российской академии наук и Турфанского собрания / Под ред. чл.-корр. РАН М.Д.Бухарина. М.: Памятники исторической мысли, 2018. С.535.

月 15 日（28 日）在距乌鲁木齐约 10 俄里（верста）[①]处给俄国驻乌鲁木齐领事 Н.Н. 克罗特科夫写了一封信，信中询问可否明天前去拜访。[②]奥登堡可能在第二天拜访了克罗特科夫，受到热情款待，并且考察队在离开乌鲁木齐前一直住在克罗特科夫处。[③]Н.Н. 克罗特科夫是边疆文物的鉴定专家，曾在吐鲁番的吐峪沟麻扎（Туюк-мазар）和乌鲁木齐周边的乌兰泊（Уланбай）进行过盗掘。克罗特科夫还给奥登堡赠送了一些吐鲁番出土的丝绸佛像画残片。[④]

7 月 24 日（8 月 6 日），杜金自乌鲁木齐给奥登堡写了一封信，说明当时他们没有一块行动，信件内容如下：

> 我很乐意去尼古拉·尼古拉耶维奇[⑤]的别墅，尽管我还没有把东西打包好（所剩不多），因为之前没有急着做这些，我一整天都在乌鲁木齐拍摄照片，以便拍摄到各种主题的照片。但是，我对如何将床、手提箱、毛毡斗篷、被褥、圈椅等打包驮运感到发愁。这太麻烦了。此外，我也不放心我们的勤务人员（实际上主要是博苏克[⑥]和萨哈里[⑦]）独自留下来看守行李。因此，我更倾向于留在这里等您

① 1 俄里 ≈ 1.067 公里。

② Восточный Туркестан и Монголия. История изучения в конце XIX – первой трети XX века. Т.I: Эпистолярные документы из архивов Российской академии наук и Турфанского собрания / Под ред. чл.-корр. РАН М.Д.Бухарина. М.: Памятники исторической мысли, 2018. С.534-535.

③ Попова И.Ф. Первая Русская Туркестанская экспедиция С. Ф. Ольденбурга（1909-1910）// Российские экспедиции в Центральную Азию в конце XIX – начале XX века / Сборник статей. Под ред. И. Ф. Поповой. СПб.: Славия, 2008. С.153.

④ Восточный Туркестан и Монголия. История изучения в конце XIX – первой трети XX века. Том II: Археологические, географические и исторические исследования / Под ред. чл.-корр. РАН М.Д.Бухарина. М.: Памятники исторической мысли, 2018 С.14.

⑤ 即 1902—1911 年俄国驻乌鲁木齐领事克罗特科夫。

⑥ 即考察队所雇翻译霍霍。

⑦ 即考察队所雇伙夫。

回来。

我打听了马车的行情，不管是汉人还是萨尔特人，都不愿快于12天赶到焉耆（每天1站）。价格大约30卢布，还不算贵。我还打听到阿哈迈占（Ахмеджан）[①]“多多少少”会说点俄语。他是一个机灵的家伙，久经世故且很麻利，但是低于45~50卢布他不去。价格当然是不合适的。如果要找其他人去，只要不像比萨姆拜[②]那样愚蠢就行。事实证明，博苏克会点细木工活，还干得不错。他还会打猎，我和弗拉基米尔·伊万诺维奇[③]同意把步枪给他用，以便他可以打猎。祝您健康。向德米特里·阿尔谢尼耶维奇[④]问好。[⑤]

由上述信函内容可知：7 月 24 日（8 月 6 日），奥登堡与杜金不在一处。结合奥登堡新疆考察简报："在 Н.Н. 克罗特科夫的带领下，我们在距离乌鲁木齐约 60 俄里的山中考察了数天。我们还考察了乌鲁木齐河谷内的乌兰泊古城遗址，拍摄了照片，对其中的一处早前矗立有建筑物，可能是佛堂的土丘进行了部分发掘。"[⑥]又根据 1909 年 7 月 15 日（28 日）奥登堡写给克罗特科夫的信可知，他可能在 7 月 16 日（29 日）拜访克罗特科夫后，在克罗特科夫的带领下，与斯米尔诺夫一同跟随克罗特科夫在乌鲁木齐周边进行了考察，而杜金则留在乌

① 乌鲁木齐当地的萨尔特人货运马车夫。

② 即考察队所雇马夫。

③ 即考察队员卡缅斯基。

④ 即考察队员 Д.А. 斯米尔诺夫。

⑤ Восточный Туркестан и Монголия. История изучения в конце XIX – первой трети XX века. Т. I: Эпистолярные документы из архивов Российской академии наук и Турфанского собрания / Под ред. чл.-корр. РАН М.Д.Бухарина. М.: Памятники исторической мысли, 2018. С.579-580.

⑥ Ольденбург С. Ф. Русская Туркестанская Экспедиция 1909-1910 года / Краткий предварительный отчет. СПб.: Императорская Академия Наук, 1914. С.2.

鲁木齐拍摄照片、整理行李、安排考察后勤事务等。此外，7 月 24 日（8 月 6 日），杜金与卡缅斯基是一起留在乌鲁木齐的，而彼得连科则可能在乌鲁木齐养病。

据奥登堡新疆考察简报所载：1909 年 8 月 4 日（17 日），奥登堡、杜金、Д.А. 斯米尔诺夫在翻译 Б.Т. 霍霍、领事馆护卫队中的两名哥萨克——罗曼诺夫（Романов）和西兰季耶夫（Силантьев），以及伙夫扎哈里（Захарь）、马夫比萨姆拜（Бисамбай）的陪同下从乌鲁木齐出发，途中经托克逊，前往焉耆。[①]可知，奥登堡考察队从乌鲁木齐出发时，卡缅斯基和彼得连科就已经没有同行了。

考察队在从乌鲁木齐前往焉耆的途中，考察了乌沙塔拉（Ушак-тал）古城遗址和佛教寺庙，还查看了沿途佛塔和一些用途不明的建筑。奥登堡在前往焉耆途中第一次直面勒柯克考察工作所带来的破坏。对此，奥登堡在 1909 年 8 月 22 日（9 月 4 日）写给 Н.Н. 克罗特科夫的信中说："勒柯克的工作方式使我们感到震惊——这是抢劫，的确非常狡猾，非常聪明，但不是科学发掘，而是抢劫。这里仍还有很多工作要做，要尽可能弄清楚古迹遗址，但这是第二年的事，因为现在要做的工作至少得花费三个月时间。但是，我认为我们不会空手而归。尽管，我再次强调我们的前辈抢劫了这里，但仍有许多重要的工作要做。即便不能带走很多文物。但是，我们在这里尚未发现写本的痕迹。"[②]

---

① Ольденбург С.Ф. Русская Туркестанская Экспедиция 1909-1910 года / Краткий предварительный отчет. СПб.: Императорская Академия Наук, 1914. С.2.

② Восточный Туркестан и Монголия. История изучения в конце XIX – первой трети XX века. Т. I: Эпистолярные документы из архивов Российской академии наук и Турфанского собрания / Под ред. чл.-корр. РАН М.Д.Бухарина. М.: Памятники исторической мысли, 2018. С.536-537.

之后，考察队抵达七个星（Шикшин）[①]地区，对七个星的两处古迹遗址——明屋（Минуй）寺院遗址和石窟建筑群遗址进行了详细考察。考察队在七个星的考察工作从 8 月 28 日（9 月 10 日）开始直到 9 月 20 日（10 月 3 日）结束。斯米尔诺夫负责这两座遗址的平面测绘工作，杜金对遗址进行了专业拍摄。考察队在七个星收获丰富，有绘画品、制作雕塑用的模具、石灰雕塑的片块、卧佛石雕残片等。[②]此外，斯米尔诺夫在七个星建筑遗址 K9e 中发现了“令人惊叹的、鲜活的、写有非常有趣文字的”彩绘壁画，壁画被从裸露在外的墙壁上剥离了下来，后被非法运到了圣彼得堡。[③]通过实物考察，奥登堡认为：“新疆佛教寺庙中的雕塑都是按照黏土冲压成形这种单一的技艺制作而成：粗制的躯干，是由两根棍棒交叉构成可拆卸的骨架，外面再以稻草和芦苇包裹而成。考察队队员们在七个星遗址还发现了两件石雕及一些石灰雕塑碎块。”[④]此外，考察队还对位于明屋西北处的石窟进行了勘测，共编号 11 个洞窟，而此前格伦威德尔在这里编号的是 10 个洞窟。[⑤]奥登堡还对写在白色佉卢文上的黑色梵文题记及供

---

① 也译作“锡克沁”，位于今天的焉耆回族自治县七个星镇霍拉山山前。

② Ольденбург С.Ф. Русская Туркестанская Экспедиция 1909-1910 года / Краткий предварительный отчет. СПб.: Императорская Академия Наук, 1914. С. 8.

③ Ольденбург С.Ф. Русская Туркестанская Экспедиция 1909-1910 года / Краткий предварительный отчет. СПб.: Императорская Академия Наук, 1914. С. 9.

④ Попова И.Ф. Первая Русская Туркестанская экспедиция С.Ф.Ольденбурга（1909-1910）// Российские экспедиции в Центральную Азию в конце XIX – начале XX века / Сборник статей. Под ред. И. Ф. Поповой. СПб.: Славия, 2008. С. 153.

⑤ Ольденбург С.Ф. Русская Туркестанская Экспедиция 1909-1910 года / Краткий предварительный отчет. СПб.: Императорская Академия Наук, 1914. С.10-11.

养人像给予了特别关注。[①]

9 月 20 日（10 月 3 日），奥登堡考察队离开焉耆经托克逊前往吐鲁番，于 9 月 29 日（10 月 12 日）抵达。考察队对位于吐鲁番盆地内的交河故城（Старинный город на Яре）、旧吐鲁番城、高昌故城（Идикут-шари），以及阿斯塔那的台藏塔（Тайзан）遗址进行了考察。

考察队在清理交河故城遗址的一座小寺庙时，发现了大量汉文和回鹘文写本残片，以及绘在亚麻布上的绘画残片、及腰高的带有装饰画的雕塑底座，“还有非常吸引人的同一基座上的 101 座佛塔”。[②]考察队在交河故城考察期间绘制了一些建筑物的平面图，并拍摄了百余张照片。[③]

考察队随后考察了乌什的古迹遗址，后出发前往高昌故城，并在那里对一些建筑遗址进行了盗掘。考察队调查研究了高昌故城与交河故城风格相似的建筑遗迹：101 座佛塔及位于城内西南部的寺院。考察队因没有充足的时间，未对古迹进行详细的考察研究。奥登堡认为非常有必要对古城遗址进行全面系统发掘。[④]在这里奥登堡见到了勒柯克考察后的一些遗址情况，对此，奥登堡在笔记中这样写道：“专为追求博物馆藏品而考察，缺乏专业筹备。没有勘测调查，照片有限。库车、吐鲁番、哈密、图木舒克。特点是他也不知道法国人究竟做了

① Восточный Туркестан и Монголия. История изучения в конце XIX – первой трети XX века. Том II: Археологические, географические и исторические исследования / Под ред. чл.-корр. РАН М.Д.Бухарина. М.: Памятники исторической мысли, 2018 С.15.

② Ольденбург С.Ф. Русская Туркестанская Экспедиция 1909-1910 года / Краткий предварительный отчет. СПб.: Императорская Академия Наук, 1914. С.23.

③ Туманова О. А. Городище Яр-Хото（Цзяохэ）// Труды Государственного Эрмитажа. Вып. 27. Л., 1989. С.15-56.

④ Ольденбург С.Ф. Русская Туркестанская Экспедиция 1909-1910 года / Краткий предварительный отчет. СПб.: Императорская Академия Наук, 1914. С.29.

什么。”奥登堡对伯希和的工作则给予了另一种评价:“测量师、摄影师。平面图、地图。有计划系统性地发掘。图木舒克、库车地区。遗憾的是,还没有以著作的形式公开发表。敦煌遗珍。”①

之后，考察队对位于吐鲁番新城以北的一些峡谷：库鲁特卡（Курутка）（即小桃儿沟石窟）、塔尔雷克布拉克（Таллык-булак）（即大桃儿沟石窟）、萨西克布拉克（Сасык-булак）等进行了非法勘测，考察队还对胜金口（Сенгим-агыз）千佛洞、木头沟（Муртук）、柏孜克里克（Безеклик）石窟群、吐峪沟麻扎（Туюк-мазар），以及七康湖（Чикан- кӧл）附近的一些废墟遗址进行了非法探查和发掘。②俄国植物学家 А.Э. 列格利（А.Э.Регеля，1815—1892）是向俄国提供有关高昌故城和吐峪沟麻扎信息的第一人，他曾于 1879 年对这两处遗址进行了简要描述，但根据杜金的说法，列格利提供的信息在当时“几乎没有引起任何关注”。③

由于天气寒冷,杜金与斯米尔诺夫按照之前的计划,于 11 月 15 日(28 日）从喀拉和卓（Кара-ходжо）踏上返程，奥登堡独自考察了吐鲁番地区的斯尔克甫（Сыркип）和连木沁峡谷（Лемджинское ущелье）。④

俄国驻乌鲁木齐领事克罗特科夫对杜金和斯米尔诺夫的提前离开非常不满，对此在与奥登堡的往来信函中多次提到。如他在 1909 年

① Попова И.Ф. Первая Русская Туркестанская экспедиция С.Ф.Ольденбурга（1909-1910）// Российские экспедиции в Центральную Азию в конце XIX – начале XX века / Сборник статей. Под ред. И. Ф. Поповой. СПб.: Славия, 2008. С.153.

② Ольденбург С.Ф. Русская Туркестанская Экспедиция 1909-1910 года / Краткий предварительный отчет. СПб.: Императорская Академия Наук, 1914. С.22.

③ Дудин С.М. Архитектурные памятники Китайского Туркестана（Из путевых записок）// Архитектурно-художественный еженедельник. 1916. №6. С.75.

④ Ольденбург С.Ф. Русская Туркестанская Экспедиция 1909-1910 года / Краткий предварительный отчет. СПб.: Императорская Академия Наук, 1914. С.22.

11 月 4 日（17 日）写给奥登堡的信中说 ：“那么，您将一个人前往库车，您的同伴将经乌鲁木齐返回俄国，仅仅是因为天气寒冷这一个原因吗？”[①]

奥登堡 1909 年 11 月 30 日（12 月 13 日）在吐鲁番写给克罗特科夫的信中，说明了缘由，相关信件内容如下 ：

对于您深深打动我的关心电报，我以电报回复。我认为这里存在一些误解：这里有很多工作，在我看来冬天可以进行的工作非常多。我和我的同伴之间存有完全可以理解的差别：作为有文化和尽责的人，他们进行的是已知的工作——拍照片、测绘，在一定程度上引起了人们对这个项目的兴趣。他们中一个的兴趣在于绘画，另一个的兴趣在于采矿业。对他们来说，这次考察是一段插曲，不是被束缚地共同工作。这就是为什么对于他们来说，冬天在这里的生活非常困难。我还要补充一点，即使他们受一点冻，他们的身体也会遭受很大的痛苦。他们的工作只能在下午4点前完成，剩下的大部分时间怎么打发？对于他们来说，更进一步地了解这个国家不重要，这不能把他们束缚于工作，不可能一直睡觉。我建议他们学习语言，他们从自身观点出发，他们这样回答：“为什么？”而我的情况是另一样的——我是东方学研究者，这里的一切对我来说都很重要，也很有趣，无论新的还是旧的，我总是在忙着，的确很忙。我没有挨冻。我能够拍照，并且应该可以很好地完成这项工作。我不仅仅知道草图，我还可以通过测量来绘制略图。在这种情况下我为

① Восточный Туркестан и Монголия. История изучения в конце XIX – первой трети XX века. Т. I: Эпистолярные документы из архивов Российской академии наук и Турфанского собрания / Под ред. чл.-корр. РАН М.Д.Бухарина. М.: Памятники исторической мысли, 2018. С.552.

什么提前回去？同样，不要忘了，确定俄国学者在中国新疆的进一步工作方向是我的责任。我的同伴没有这样的责任。作为此次考察的负责人，我必须去库车看看，确定在那里可以做些什么，而且我不认为我可以像萨穆伊尔·马丁诺维奇[1]那样不在当地也可以完成工作。在这里的这两个星期内，我在阿斯塔那拍摄了台藏塔，在斯尔克甫和连木沁峡谷拍了照片并在那里记录了些东西……我在途中孜孜不倦地收集，如蒙天佑，我能明天离开，我将在库尔勒停留2天，预计将在库车逗留15~16天，我会从那里给您写信。[2]

由上述信件内容可知，奥登堡向克罗特科夫解释了杜金二人提前离开的原因，并透露了自己下一步的行程安排。克罗特科夫对杜金二人的提前离开非常不满，在收到奥登堡的说明后，仍多次对杜金二人的行为进行了质疑，如他在 1909 年 12 月 30 日（1910 年 1 月 12 日）写给奥登堡的信中说："我只补充说，在我看来，斯米尔诺夫和杜金不应该抛弃您。如果他们想帮助您，那么他们应该能找到事做。如果他们非常想念自己的妻子，以致无法再待上 2~3 个月，那么，抱歉，他们是哪门子的旅行家？"[3]而奥登堡也一再为二人解释，在写给克罗特科夫的回信中表示："我赶紧打消您的这层疑虑——只有寒冷才是我的同伴离开的原因，他们热爱工作，对工作尽责。如果他们能够继

① 即此次考察的摄影师兼画师杜金。

② Восточный Туркестан и Монголия. История изучения в конце XIX – первой трети XX века. Т. I: Эпистолярные документы из архивов Российской академии наук и Турфанского собрания / Под ред. чл.-корр. РАН М.Д.Бухарина. М.: Памятники исторической мысли, 2018. С.554-555.

③ Восточный Туркестан и Монголия. История изучения в конце XIX – первой трети XX века. Т. I: Эпистолярные документы из архивов Российской академии наук и Турфанского собрания / Под ред. чл.-корр. РАН М.Д.Бухарина. М.: Памятники исторической мысли, 2018. С.558.

续正常工作，他们会留下来，尽管他们想念家人。我完全坚定这一点。”[①]从奥登堡的解释中可知，杜金二人的离开，主要是因为天气寒冷，每天工作时间减少，并且由于专业不同，二人对新疆的文化兴趣不大，提不起兴趣做其他事情。奥登堡本身是东方学家，对新疆当地的历史文化非常感兴趣，而且他是此次考察的负责人，肩负着弄清楚俄国学者在中国新疆下一步工作方向的重任，因此即便同伴提前离开，他也要去库车实地看一看。

根据斯米尔诺夫在1909年11月21日（12月4日）自乌鲁木齐写给奥登堡的信可知，杜金和斯米尔诺夫在从吐鲁番返回乌鲁木齐的途中，曾在吐鲁番阿克萨卡尔处借宿，并且斯米尔诺夫感冒很严重。至于二人到达乌鲁木齐的时间，根据杜金在11月23日（12月6日）的信中所说：“许多完全无法预料的情况使我们离开乌鲁木齐的问题变得复杂，花了3天多的时间才办妥，因此我们只能明天（11月24日/12月7日）离开。”[②]可知，杜金二人可能是在11月20日（12月3日）前后抵达的乌鲁木齐。

根据克罗特科夫11月30日（12月13日）写给奥登堡的信可知，杜金和斯米尔诺夫于11月25日（12月8日）星期三从乌鲁木齐离开。[③]公历1910年11月25日是星期四，而12月8日则是星

① Восточный Туркестан и Монголия. История изучения в конце XIX – первой трети XX века. Т. I: Эпистолярные документы из архивов Российской академии наук и Турфанского собрания / Под ред. чл.-корр. РАН М.Д.Бухарина. М.: Памятники исторической мысли, 2018. С.553.

② Восточный Туркестан и Монголия. История изучения в конце XIX – первой трети XX века. Т. I: Эпистолярные документы из архивов Российской академии наук и Турфанского собрания / Под ред. чл.-корр. РАН М.Д.Бухарина. М.: Памятники исторической мысли, 2018. С.580.

③ Восточный Туркестан и Монголия. История изучения в конце XIX – первой трети XX века. Т. I: Эпистолярные документы из архивов Российской академии наук и Турфанского собрания / Под ред. чл.-корр. РАН М.Д.Бухарина. М.: Памятники исторической мысли, 2018. С.556.

期三，这也证明了奥登堡等人的信函中使用的日期通常都是旧俄历时间。此外，杜金在12月7日（20日）从塔城给奥登堡的信中也提到，他们是在11月25日（12月8日）离开的乌鲁木齐。[①]又根据杜金在信中说："货运马车夫车驾驶得很好，在期限内即12天内把我们送到了。"可推断，杜金和斯米尔诺夫不晚于12月7日（20日）抵达塔城。杜金12月7日（20日）在塔城给奥登堡写了信，部分信件内容如下：

> 我们明天即12月8日从这里出发。天气晴好，寒意消融。我们没有买到皮袄，但我们希望在一定程度上能够用毛毯代之。我们在这里找不到前往塞米巴拉金斯克的马车，如果去往巴赫特（Бахт）[②]，这个问题可能会得到很好的解决。至于从鄂木斯克出发的路途，好心的К.В.卢契奇[③]拍了电报托А.П.利亚普诺夫（А.П.Ляпунов）[④]帮我们找一辆马车，希望他能给弄到。
>
> 我们都被详细询问了有关弗拉基米尔·伊万诺维奇[⑤]的情况，我们对他离开的原因的解释与他自己在这里所说的一致。我们发现他变化很大，瘦了很多。甫一踏上俄国的土地，彼得连科就像个孩子一样哭了。离开这里他变得相当强壮，我们也养胖了，但他始终对弃我们而去感到遗憾。[⑥]

---

① Восточный Туркестан и Монголия. История изучения в конце XIX – первой трети XX века. Т. I: Эпистолярные документы из архивов Российской академии наук и Турфанского собрания / Под ред. чл.-корр. РАН М.Д.Бухарина. М.: Памятники исторической мысли, 2018. С.580.

② 乌兹别克斯坦的一个边境小城。

③ 即俄国驻塔城领事馆管事。

④ 即卡缅斯基兄弟贸易公司的代理人。

⑤ 即提前返回的考察队员卡缅斯基。

⑥ Восточный Туркестан и Монголия. История изучения в конце XIX – первой трети XX века. Т. I: Эпистолярные документы из архивов Российской академии наук и Турфанского собрания / Под ред. чл.-корр. РАН М.Д.Бухарина. М.: Памятники исторической мысли, 2018. С.583.

从上述信件内容可知，杜金与斯米尔诺夫于12月8日（21日）离开塔城。杜金还在塔城见到了在考察初期就从乌鲁木齐返回的考察队员——考古学家卡缅斯基及其助手彼得连科，并且卡缅斯基、彼得连科与杜金、斯米尔诺夫应该是一同从塔城出境返回俄国的。此外，由于在塔城找不到前往塞米巴拉金斯克的马车，杜金等人很可能转道去了巴赫特。

杜金回到圣彼得堡后，于1910年1月10日（23日）给奥登堡写了信，相关内容如下：

> 我们十分顺利地抵达了我们的目的地。在我们到达塞米巴拉金斯克之前，天气都有点冷。我们在塞米巴拉金斯克储备了很多皮袄，并且在顺利乘车抵达鄂木斯克前没有遇到任何意外，除了德米特里·阿尔谢尼耶维奇[①]的皮带由于捆扎被剪断了外。而他们从我这里不仅拿走了皮带，还因为毛毯在捆绳中也被拿走了。……我差点忘了要写弗拉基米尔·伊万诺维奇[②]。我在家里见到了他。他去克里米亚旅行后看起来精力充沛，而且强壮。
>
> ……
>
> 米哈伊尔·米哈伊洛维奇（Михаил　Михайлович）[③]发生了不幸。他中风了，他的整个右半边身子瘫痪了，无法说话。在这种状况下，他被人在其位于利哈切夫卡（Лихачевка）的公寓中发现。委员会给了他300卢布的津贴，并将他安置在了圣三一社区的医院（位于第二罗日杰斯特文大街）。我抵达后不久（12月28日）就去看望

① 即考察队员斯米尔诺夫。
② 即提前返回的考察队员卡缅斯基。
③ 即俄国中亚探险家M.M.别列佐夫斯基。

了他[①]。

由上述信件内容可知，杜金在塔城见到了卡缅斯基，第二天从塔城出境，很可能杜金二人与卡缅斯基二人是一同离开塔城，进入俄国境内的，之后卡缅斯基应该是去了克里米亚考察。杜金应该不晚于1909年12月28日（1910年1月10日）抵达圣彼得堡。

斯米尔诺夫于1909年12月27日（1910年1月9日）自莫斯科给奥登堡写了信，信中提到他写信的前一天去看了奥登堡的儿子，但没见到人，据说18日（31日）去了圣彼得堡。[②]据此，可知斯米尔诺夫不晚于1909年12月26日（1910年1月8日）抵达莫斯科。

综上可知，杜金、斯米尔诺夫于1909年11月15日（28日）返程。11月20日（12月3日）前后抵达乌鲁木齐，11月25日（12月8日）从乌鲁木齐离开。12月7日（20日）抵达塔城，在此见到了卡缅斯基和彼得连科，12月8日（21日）很可能四人一起离开塔城入境俄国，中途可能为了找到马车还转道去了巴赫特。斯米尔诺夫不晚于1909年12月26日（1910年1月8日）抵达莫斯科，杜金不晚于1909年12月28日（1910年1月10日）抵达圣彼得堡。

奥登堡在杜金和斯米尔诺夫离开后，又独自考察了吐鲁番地区的斯尔克甫和连木沁。根据奥登堡与克罗特科夫的往来信函，结合奥登堡新疆考察简报，可以简要勾勒出奥登堡在库车的行程。

---

① Восточный Туркестан и Монголия. История изучения в конце XIX – первой трети XX века. Т. I: Эпистолярные документы из архивов Российской академии наук и Турфанского собрания / Под ред. чл.-корр. РАН М.Д.Бухарина. М.: Памятники исторической мысли, 2018. С.585.

② Восточный Туркестан и Монголия. История изучения в конце XIX – первой трети XX века. Том II: Археологические, географические и исторические исследования / Под ред. чл.-корр. РАН М.Д.Бухарина. М.: Памятники исторической мысли, 2018 С.475.

奥登堡 11 月 30 日（12 月 13 日）在吐鲁番写给克罗特科夫的信中表示，他打算第二天离开吐鲁番，将在库尔勒停留两天，预计将在库车逗留 15~16 天。[①]很可能，奥登堡于 12 月 1 日（12 月 14 日）在翻译霍霍和伙夫扎哈里的陪同下离开吐鲁番前往库车绿洲，沿途经焉耆、库尔勒、轮台（Бугур），于 12 月 19 日（1910 年 1 月 1 日）抵达库车。奥登堡 1910 年 1 月 27 日（2 月 9 日）在库车写给克罗特科夫的信中说："我刚从克孜尔旅行回来，昨晚收到了您 12 月 30 日（1910 年 1 月 12 日）的来信，匆忙给您回信。……首先，关于库车：这里的工作使我相信我来这里是正确的，……我本人在库车拍摄了 100 张照片，并绘制了大约 30 张草图（几乎全是洞窟的）。"[②]

奥登堡在库车地区走访了很多遗址，如明腾阿塔（Мин-тен-ата）、苏巴什（Субаш）、森木塞姆（Сымсым）、克里什（Криш）、克孜尔尕哈（Кызыл-карга）、克孜尔（Кызыл）、库木吐喇（Кумтура）、铁吉克（Тäджик）、托乎拉克艾肯（Тограклык-акын），以及达坂库姆（Даван-кум）沙漠中的一些寺院遗址。[③]奥登堡对库车绿洲古迹遗址的丰富多样大为惊叹，并指出此前格伦威德尔、伯希和、勒柯克等曾在库车地区进行过长时间考察。奥登堡在 1914 年出版的考察简报中这样描述格伦威德尔等人的考察情况：格伦威德尔对库车地区石窟和

① Восточный Туркестан и Монголия. История изучения в конце XIX – первой трети XX века. Т. I: Эпистолярные документы из архивов Российской академии наук и Турфанского собрания / Под ред. чл.-корр. РАН М.Д.Бухарина. М.: Памятники исторической мысли, 2018. С.556.

② Восточный Туркестан и Монголия. История изучения в конце XIX – первой трети XX века. Т. I: Эпистолярные документы из архивов Российской академии наук и Турфанского собрания / Под ред. чл.-корр. РАН М.Д.Бухарина. М.: Памятники исторической мысли, 2018. С.562

③ Ольденбург С.Ф. Русская Туркестанская Экспедиция 1909-1910 года / Краткий предварительный отчет. СПб.: Императорская Академия Наук, 1914. С.56.

寺院的壁画做了很多研究工作，伯希和进行过几次带有精细平面图测绘的大型挖掘，还有别列佐夫斯基兄弟，其中 M.M. 别列佐夫斯基拍摄了很多非常好的照片、测绘了一些平面图，H.M. 别列佐夫斯基用描图纸描绘了一些精美的壁画。最后是致力于搜寻写本和切割壁画的勒柯克和巴尔图斯。他们都运走了大量的资料，目前在很大程度上只有格伦威德尔对其中的资料进行了仔细研究。①由于没有足够的时间，奥登堡等人只来得及对库车的上述遗址进行粗略探查。奥登堡 1910 年 2 月 6 日（19 日）在库车写给克罗特科夫的信中告知克罗特科夫，他第二天将动身离开，并且认为在库车的某些收获要比在吐鲁番更大。②

此前对于奥登堡离开库车的时间，俄罗斯学者根据奥登堡新疆考察简报所载“1910 年 1 月 12 日（25 日）我们离开库木吐喇，沿路进入沙漠”③，认为奥登堡于 1910 年 1 月 12 日（25 日）离开库木吐喇穿过沙漠，返回圣彼得堡。④根据奥登堡 1910 年 2 月 6 日（19 日）的信，可以确定奥登堡 1910 年 1 月 12 日（25 日）离开库木吐喇，并非返程，而是去了达坂库姆沙漠考察遗址，他可能是在 1910 年 2 月 7 日（20 日）踏上的返程。

① Ольденбург С.Ф. Русская Туркестанская Экспедиция 1909-1910 года / Краткий предварительный отчет. СПб.: Императорская Академия Наук, 1914. С.57.

② Восточный Туркестан и Монголия. История изучения в конце XIX – первой трети XX века. Т. I: Эпистолярные документы из архивов Российской академии наук и Турфанского собрания / Под ред. чл.-корр. РАН М.Д.Бухарина. М.: Памятники исторической мысли, 2018. С.567.

③ Ольденбург С.Ф. Русская Туркестанская Экспедиция 1909-1910 года / Краткий предварительный отчет. СПб.: Императорская Академия Наук, 1914. С.72.

④ Бухарин М.Д., Тункина И.В. Русские Туркестанские экспедиции в письмах С.М.Дудина к С.Ф. Ольденбургу из собрания Санкт-Петербургского филиала архива РАН // Восток (Oriens).2015.№3. С.110.

由上可知，奥登堡很可能于 1909 年 12 月 1 日（12 月 14 日）离开吐鲁番，12 月 19 日（1910 年 1 月 1 日）抵达库车，1910 年 2 月 7 日（20 日）踏上返程。关于奥登堡新疆考察的时间、路线，由于此前资料过少，只能粗略概括介绍。本书根据俄方公布的奥登堡新疆考察中与克罗特科夫、杜金、斯米尔诺夫等人的往来信函，并在前辈学人研究基础之上，结合考察简报，将奥登堡新疆考察主要的行程和路线绘制成如下表格：

表 3–1　奥登堡新疆考察主要时间、路线

<table>
<tr><th>日期</th><th>地点</th><th colspan="2">人员及活动</th></tr>
<tr><td>1909年6月6日（19日）[1]出发</td><td>圣彼得堡</td><td></td><td>奥登堡、杜金、斯米尔诺夫出发</td></tr>
<tr><td></td><td>鄂木斯克</td><td></td><td>由铁路到达</td></tr>
<tr><td></td><td>塞米巴拉金斯克</td><td></td><td>乘汽轮抵达，取提前寄到的行李、装备</td></tr>
<tr><td>6月19日（7月2日）抵；同日离</td><td>谢尔吉奥波尔</td><td>卡缅斯基、彼得连科前往塔城，给奥登堡写信</td><td></td></tr>
<tr><td rowspan="2">6月22日（7月5日）抵；6月29日（7月12日）离</td><td rowspan="2">塔城</td><td></td><td>乘坐马车抵达塔城，并购买马匹、雇佣翻译</td></tr>
<tr><td colspan="2">卡缅斯基二人与奥登堡等会合，一同前往乌鲁木齐</td></tr>
<tr><td rowspan="3">6月22日（7月5日）抵；8月4日（17日）离</td><td rowspan="3">乌鲁木齐</td><td colspan="2">考察队拜访领事，雇佣伙夫、马夫、护卫</td></tr>
<tr><td>杜金、卡缅斯基、彼得连科留在乌鲁木齐</td><td>奥登堡、斯米尔诺夫去乌鲁木齐周边考察</td></tr>
<tr><td>卡缅斯基、彼得连科自乌鲁木齐提前返回</td><td>奥登堡、杜金、斯米尔诺夫携随从离开乌鲁木齐</td></tr>
<tr><td>8月28日（9月10日）抵；9月20日（10月3日）离</td><td>七个星遗址</td><td></td><td>奥登堡三人考察明屋遗址、石窟建筑群遗址</td></tr>
</table>

① 全书括号内为公历时间，括号前为旧俄历时间，换算成公历时间需加上 13 天。

续表

日期	地点	人员及活动				
9月29日（10月12日）抵	吐鲁番			考察交河故城、旧吐鲁番城、高昌故城、阿斯塔那台藏塔、吐鲁番以北的小峡谷、胜金口、柏孜克里克、木头沟、七康湖、吐峪沟麻扎等遗址		
11月15日（28日）离；12月1日（12月14日）离	吐鲁番			杜金、斯米尔诺夫从喀拉和卓提前返回		奥登堡考察斯尔克甫、连木沁峡谷等遗址
11月20日（12月3日）前后抵；11月25日（12月8日）离	乌鲁木齐			杜金二人经乌鲁木齐返回		
12月7日（20日）抵；12月8日（21日）离	塔城	卡缅斯基二人见到杜金、斯米尔诺夫		杜金见到卡缅斯基、彼得连科，给奥登堡写信		
		杜金四人一同离开塔城，入境俄国				
12月19日（1910年1月1日）抵；1910年2月7日（20日）离	库车					奥登堡在翻译陪同下考察了明腾阿塔、苏巴什、克孜尔、托乎拉克艾肯等遗址，自库木吐喇返程
12月底1月初抵	俄国	卡缅斯基去克里米亚考察	彼得连科返赤	杜金返圣彼得堡	斯米尔诺夫返莫斯科	
1910年3月	圣彼得堡					奥登堡回到圣彼得堡

奥登堡新疆考察是在较为困难的情况下进行的：缺少经费、缺少必要的设备、地图精确度极低、经常受冻挨饿。并且，在队友提前离开后，奥登堡的左轮手枪也丢失了，这使得他在野外没有安全保障。

在此次考察期间他的母亲去世了，这令奥登堡非常悲痛。在他1910年1月27日（2月9日）写给克罗特科夫的信中说："现在我开始有点疲倦，但我需要做这样的脑力劳动——母亲的去世对我来说，比起我能够表达的，要痛苦沉重得多：我与她的牵绊深深贯穿于我的一生，我们已经习惯了相互分享所有的想法和感受。"[①]尽管条件非常艰苦，但奥登堡在考察中巧妙地将"鞭子和蜜糖"结合起来，与新疆地方官府和居民建立起了联系，并且在当地人翻译霍霍的陪同下完成了后续考察。[②]

奥登堡新疆考察非法运回圣彼得堡30多箱藏品（壁画、木制雕像还有其他艺术品），其中有近百件写本，这些写本大多是在挖掘中发现的，还有1500多张寺院、洞窟、庙宇等遗址照片。[③]写本中约有50件是汉文—回鹘文写本，还有少量粟特文、梵文写本，此外，还有几件汉文经济律法类文书。这批写本主要是回鹘文文献，时间大致是9—10世纪。最令人感兴趣的是法律方面的债务票据、买卖土地和葡萄园的契约、遗嘱、赋税和捐税登记等。许多文件都带有印章和钤记。在俄国科学院东方文献研究所藏品存储单元"物件、摹塑品、石头"中收藏有80件带有梵文文字的长方形碑子，其中有几件是回鹘文的，出自柏孜克里克，是誓愿场景的灰泥题字碎片。题字自上而下垂直位

① Восточный Туркестан и Монголия. История изучения в конце XIX – первой трети XX века. Т. I: Эпистолярные документы из архивов Российской академии наук и Турфанского собрания / Под ред. чл.-корр. РАН М.Д.Бухарина. М.: Памятники исторической мысли, 2018. С.563.

② Восточный Туркестан и Монголия. История изучения в конце XIX – первой трети XX века. Том II: Археологические, географические и исторические исследования / Под ред. чл.-корр. РАН М.Д.Бухарина. М.: Памятники исторической мысли, 2018. С.34.

③［俄］波波娃：《俄罗斯科学院档案馆 С.Ф.奥登堡馆藏中文文献》，郝春文主编《敦煌吐鲁番研究》第14卷，上海：上海古籍出版社，2014年，第213页。

于壁画的顶部。其中一部分壁画被德国考察队带到了柏林。带有题字的灰泥块则被奥登堡考察队带到了圣彼得堡。①

因为奥登堡考察队宣扬文物保护原则——“如果当地的古迹没有面临毁灭的威胁，概不触动”，②所以奥登堡新疆考察所获搜集品并不太多。此次考察所获文物最初存放于人类学与民族学博物馆，并在这里进行了初步整理，后于1931—1932年移存于艾尔米塔什博物馆，1935年在艾尔米塔什博物馆展出了其中的部分文物。

1910年3月，奥登堡回到圣彼得堡，向俄国委员会和俄国考古学会东方分会报告了此次考察情况，并指出新疆考察的进一步研究任务——“迫切需要对个别地方进行彻底研究，而不是到目前为止进行的泛泛研究”③。虽然在奥登堡1909年考察之前，斯坦因、伯希和等人已经公布了部分所获敦煌文物，并引起了学界的轰动，但由于经费、时间所限，奥登堡第一次考察未能到达敦煌。然而，奥登堡1909—1910年的新疆考察丰富了俄国国内关于新疆的研究，同时也在考察队成员构成、路线设定、考察装备、发掘操作等方面积累了经验，为其1914—1915年敦煌考察奠定了基础。

根据1909—1910年新疆考察的情况，奥登堡于1914年出版了《奥登堡1909—1910年新疆考察简报》④。此外，杜金在1916—1918年

① Восточный Туркестан и Монголия. История изучения в конце XIX – первой трети XX века. Том II: Археологические, географические и исторические исследования / Под ред. чл.-корр. РАН М.Д.Бухарина. М.: Памятники исторической мысли, 2018 С.28.

② Щербатской Ф.И. С. Ф. Ольденбург как индианист // ЗапискиИВ АН СССР Вып. 4. М.; Л., 1935. С. 27.

③ Разведочная археологическая экспедиция в Китайский Туркестан в 1909-1910 гг. // ЗВОРАО. 1913. Т. XXI. С. XXI.

④ Ольденбург С.Ф. Русская Туркестанская Экспедиция 1909-1910 года / Краткий предварительный отчет. СПб.: Императорская Академия Наук, 1914.

发表了几篇有关七个星、交河故城、高昌故城等遗址古建筑的文章。[①]奥登堡新疆考察的笔记共六本，每本约30印张字数，[②]但是，到目前为止仍未完全刊布。[③]

第四节　卡缅斯基“早退”事件

奥登堡新疆考察队原本配备的人员较为全面专业，除佛教专家奥登堡、艺术家兼摄影师杜金、矿业工程师斯米尔诺夫外，还有考古学家卡缅斯基及刻赤博物馆的研究员彼得连科，其中彼得连科作为卡缅斯基的助手参与。但是，卡缅斯基与彼得连科未能全程参与考察，在出发途中从乌鲁木齐提前返回了。[④]

弗拉基米尔·伊万诺维奇·卡缅斯基（Владимир Иванович Каменский，？—1912），俄国考古学家，曾在俄国和哈萨克斯坦的

① Дудин С.М. Архитектурные памятники Китайского Туркестана（Из путевых записок）// Архитектурно-художественный еженедельник. 1916. №6. С.75-80; №10. С.127-132; №19. С. 218-220; №22. С. 241-246; 28. С. 292-296; №31. С. 315-321; Техника стенописи и скульптуры в древних буддийских пещерах и храмах Западного Китая // Сборник Музея Антропологии и Этнографии. 1918. 5. 1. С. 21-92.

② 俄国作家计酬单位，每一字数印张合为四万个字母。参见П.Е.斯卡奇科夫著，冰夫译：《1914—1915年俄国西域（新疆）考察团记》，钱伯城主编《中华文史论丛》第50期，上海：上海古籍出版社，1992年，第115页。

③ Восточный Туркестан и Монголия. История изучения в конце XIX – первой трети XX века. Том II: Археологические, географические и исторические исследования / Под ред. чл.-корр. РАН М.Д.Бухарина. М.: Памятники исторической мысли, 2018 С.26-28.

④ Тихонов И. Л. Археология в этнографических музеях Санкт-Петербурга XIX – начала XX веков // Российский археологический ежегодник. 2011. №1. С.535.

一些地区进行过多次考古发掘，并取得了一定成果。[①]卡缅斯基曾是圣彼得堡考古学院的理事、诺夫哥罗德省档案委员会的委员，还曾任人类学与民族学博物馆考古分部的领导。由于卡缅斯基与奥登堡间的往来信函未公布，目前能够见到的其他相关信息也较少。下文将在前辈学者研究的基础上，利用有限资料对卡缅斯基其人及其在1909—1910年新疆考察中的“早退”进行论述。

1906年，卡缅斯基受人类学与民族学博物馆派遣前往巴拉赫纳（Балахна）[②]地区进行考古考察。早在卡缅斯基还是圣彼得堡考古学院的一名学员时，就与著名考古学家A.A.斯皮岑（A.A.Спицын，1858—1931）[③]建立了合作关系，之后卡缅斯基的著作开始出现在俄国考古学会的《斯拉夫俄国考古分部学报（Записки отделения славяно-русской археологии）》上。[④]1907年，卡缅斯基开始以编外人员的身份在人类学与民族学博物馆的考古部门工作，并与民族学家阿德列尔（Б.Ф.Адлер）一起从事藏品的登记和博览会的筹备工作。

1908年，卡缅斯基从博物馆获得了少量经费，考察了俄国博戈洛茨克（Богородск）、奥多耶夫地区（Одоевский район）的几处废墟遗址，并在韦特卢加（Ветлуга）附近的“魔鬼城遗址（Чортов городища）”和“切列米斯墓（Черемисское кладбище）”进行了发掘。

---

① Тихонов Д.И. Сокровища Азиатского музея и их собиратели（Исторический очерк）// СМАЭ. 1973. №29. С.12.

② 俄罗斯城市。

③ A.A. 斯皮岑，俄国著名考古学家。

④ Тихонов И. Л. Археология в этнографических музеях Санкт-Петербурга XIX – начала XX веков // Российский археологический ежегодник. 2011. №1. С.534.

卡缅斯基关于“魔鬼城遗址”的发掘报告[①]于 1908 年刊布在人类学与民族学博物馆的论文集中，有关“切列米斯墓”的发掘报告笔记则被保存在人类学与民族学博物馆的档案中。[②]

1909 年，卡缅斯基受俄国中亚和东亚委员会邀请加入了奥登堡新疆考察队。此次考察的重要目标之一是对中国新疆的吐鲁番、焉耆、库车地区进行考古调查，因此考古学家卡缅斯基和 С.П. 彼得连科被纳入考察队，负责发掘工作的部分。

卡缅斯基自奥登堡新疆考察队中提前退出后，于 1910 年根据考古委员会第 790 号文件和俄国中亚和东亚研究委员会的指示，前往塞米巴拉金斯克地区进行考察。[③]卡缅斯基回到俄国后，接管了人类学与民族学博物馆的考古分部。[④]

此外，考古学家 В.И. 卡缅斯基与卡缅斯基兄弟贸易事务处所有人费多尔·卡缅斯基(Федор Каменский)、格里高利·卡缅斯基(Григорий Каменский) 是堂兄弟。卡缅斯基兄弟贸易事务处成立于 1871 年，业务范围遍及欧洲和亚洲。在一定程度上，考古学家卡缅斯基参与奥登堡新疆考察也算是带资进组。

卡缅斯基兄弟贸易事务所在奥登堡新疆考察中发挥了重要作用，

① Каменский В. И. «Чортово городище»в Ветлужском уезде по раскопкам 1908 г. // СМАЭ . 1909. №. 1-14.

② Тихонов И. Л. Археология в этнографических музеях Санкт-Петербурга XIX – начала XX веков // Российский археологический ежегодник. 2011. №1. С.534.

③ Тихонов И. Л. Археология в этнографических музеях Санкт-Петербурга XIX – начала XX веков // Российский археологический ежегодник. 2011. №1. С.535.

④ Восточный Туркестан и Монголия. История изучения в конце XIX – первой трети XX века. Том I: Эпистолярные документы из архивов Российской академии наук и Турфанского собрания / Под ред. чл.-корр. РАН М.Д. Бухарина. М.: Памятники исторической мысли, 2018. С.586.

该事务所在奥登堡新疆考察装备配置、考察文物和资料的运输方面给予了考察队大力协助。比如：奥登堡考察队通过塔城的卡缅斯基兄弟贸易事务处代理人 А.П. 利亚普诺夫完成了新疆考察的装备配置，并将收集到的材料运送到了圣彼得堡[①]。奥登堡在新疆考察简报中称："在卡缅斯基兄弟事务处代理人 А.П. 利亚普诺夫的积极协助下，我们乘坐四轮马车前往塔城，于 6 月 22 日（7 月 5 日）到达塔城。我们在塔城进行了补给，……卡缅斯基兄弟办事处代理人 А.П. 利亚普诺夫，以及邮电局局长 М.В. 格列比翁金（М.В.Гребенкин）给予了考察队有效的帮助。"[②]

在此前有关卡缅斯基和彼得连科提前返回未能全程参与奥登堡新疆考察的论述中，皆称二人在考察初期突然离开的原因是异常的气候条件、旅途艰难等引发疾病，不得不离开。例如：奥登堡在 1914 年出版的新疆考察简报中称，"卡缅斯基和彼得连科在从塔城至乌鲁木齐的途中生病了，因此不得不从乌鲁木齐提前返回俄国"[③]；Н.В. 佳科诺娃在 1995 年出版的《七个星遗址——С.Ф. 奥登堡院士新疆考察资料（Шикшин. Материалы первой Русской Туркестанской экспедиции академика С.Ф.Ольденбурга）》中也称，"6 月 29 日（7 月 12 日），考察队出发前往乌鲁木齐，在那停留了几天，一方面是

① Бухарин М.Д., Тункина И.В. Русские туркестанские экспедиции в письмах С.М. Дудина к С.Ф. Ольденбургу из собрания санкт-петербургского филиала Архива РАН. Восток. 2015. №3. С.109.

② Ольденбург С. Ф. Русская Туркестанская Экспедиция 1909-1910 года / Краткий предварительный отчет. СПб.: Императорская Академия Наук, 1914. С.1.

③ Ольденбург С. Ф. Русская Туркестанская Экспедиция 1909-1910 года / Краткий предварительный отчет. СПб.: Императорская Академия Наук, 1914. С.1.

为了走马观花地探查该地区，另一方面多少也是为了在开始主要工作前进行休息，某种程度上也是希望在旅途中生病的 С.П. 彼特连科和 В.И. 卡缅斯基得以康复。但遗憾的是，两位考古学家无法继续工作，不得不返回”[①]；2008 年 И.Ф. 波波娃在《奥登堡 1909—1910 年新疆考察》中称，“在出发途中，卡缅斯基与彼得连科因病返回，未能参与考察”[②]；2015 年 М.Д. 布哈林和 И.В. 童金娜也指出，“考察的两名参与者——考古学家 В.И. 卡缅斯基和‘实地挖掘专家’С.П. 彼得连科，因病被迫中途回国”[③]。甚至在 2018 年时，俄国学者在谈及奥登堡新疆考察队成员时，仍称卡缅斯基及其助手是因生病发疟疾提前返回。[④]我国国内方面的相关论述，此前多是遵从俄方学者的上述“生病说”。[⑤]

由上述研究可见，一个多世纪以来，对于卡缅斯基和彼得连科的提前离开，此前学者们大多依从《奥登堡 1909—1910 年新疆考察简报》给出的理由，一直认为二人因生病未能参加考察。但根据 2020 年俄罗斯档案馆圣彼得堡分馆刊布的考察队员 Д.А. 斯米

① Дьяконова Н.В. Шикшин. Материалы первой Русской Туркестанской экспедиции академика С.Ф.Ольденбурга. 1909-1910. М.Изд. фирма “Вост. лит.” РАН, 1995.С. 9.

② Попова И. Ф. Первая Русская Туркестанская экспедиция С.Ф.Ольденбурга (1909-1910) , Российские экспедиции в Центральную Азию в конце XIX – начале XX века. И.Ф.Попова (ред.) , СПб.: Славия, 2008, С.152.

③ Бухарин М. Д., Тункина И.В. Русские туркестанские экспедиции в письмах С. М. Дудина к С. Ф. Ольденбургу из собрания санкт-петербургского филиала Архива РАН. Восток. 2015 №3. С.109.

④ Восточный Туркестан и Монголия. История изучения в конце XIX – первой трети XX века. Том I: Эпистолярные документы из архивов Российской академии наук и Турфанского собрания / Под ред. чл.-корр. РАН М. Д. Бухарина. М.: Памятники исторической мысли, 2018. С.583.

⑤ 李梅景:《奥登堡新疆与敦煌考察研究》,《敦煌学辑刊》2018 年第 4 期，第 158 页;郑丽颖:《奥登堡考察队新疆所获文献外流过程探析——以考察队成员杜丁的书信为中心》,《敦煌学辑刊》2020 年第 1 期，第 173 页。

尔诺夫的妻子艾米利亚·亚历山德罗夫娜·斯米尔诺娃（Эмилия Александровна Смирнова）与奥登堡的往来信函可知，卡缅斯基的离开实际上是因为考察队内部的矛盾。[①]下面是艾米利亚写给奥登堡的信件的部分内容：

> 德米特里·阿尔谢尼耶维奇[②]的来信让我感到非常难过，您的同伴已经散伙了，你们中只有三个人正在继续前进。每个人在出发之时似乎都是那么的开朗和友善。相信，如果即便队员不开朗，那么至少队员间存在友谊、同心协力或者即便是围绕同一个目标也能团结到最后，如此结果就会不同。[③]

由上述信件可知，考察队内部的不团结是导致卡缅斯基提早离开的主要原因。虽然，卡缅斯基在抵达谢尔吉奥波尔前有点感冒[④]，但根据之后奥登堡、斯米尔诺夫、杜金等人的往来信函内容，卡缅斯基后来并非因此前的感冒而病倒。[⑤]实际上，卡缅斯基的助手彼得连科

---

① Восточный Туркестан и Монголия. История изучения в конце XIX – первой трети XX века. Том IV. Материалы Русских Туркестанских экспедиций 1909-1910 и 1914-1915 гг. академика С.Ф. Ольденбурга / Под общ. ред. М.Д. Бухарина, В.С. Мясникова, И.В. Тункиной. М.: «Индрик», 2020. С.187.

② 即 Д.А. 斯米尔诺夫。

③ Восточный Туркестан и Монголия. История изучения в конце XIX – первой трети XX века. Том IV. Материалы Русских Туркестанских экспедиций 1909-1910 и 1914-1915 гг. академика С.Ф. Ольденбурга / Под общ. ред. М.Д. Бухарина, В.С. Мясникова, И.В. Тункиной. М.: «Индрик», 2020. С.187.

④ Бухарин М.Д., Тункина И.В. Русские туркестанские экспедиции в письмах С.М. Дудина к С.Ф. Ольденбургу из собрания санкт-петербургского филиала Архива РАН. Восток. 2015 №3. С.115,124-125.

⑤ Тихонов И.Л. Археология в этнографических музеях Санкт-Петербурга XIX – начала XX веков // Российский археологический ежегодник. 2011. №1. С.534-535.

当时确实是生病了，这在奥登堡 1909 年 7 月 15 日（28 日）写给克罗特科夫的信中有写到，奥登堡本人当时也出现了身体不适，信件内容如下：

> 我和我的翻译（他曾给格瑞纳[①]和吕推[②]工作过）从我们距乌鲁木齐最近的约10俄里的营地给您寄送的这封信。我们不得不行动迟缓，因为我们的一位来自刻赤（博物馆）的同伴彼得连科生了病。他的情况很糟糕。我也发了烧，不是十分严重，好像已经退烧了。
>
> 我有一件事要请求您，请告诉翻译您所租赁公寓的位置。如果可能的话，我非常希望今天能为彼得连科和我请来您的医生。要怎么做?
>
> 我最后还有一件事情要请求您，请您派一位骑士协助我们，让骑士送我们到公寓。我们有一辆四轮马车、三辆大车，以及两个骑马的人。
>
> 我今天仍然很累，恐怕走不了了，明天可否去拜访您，什么时间对您来说比较方便？[③]

从上述信件可知，彼得连科确实是生病了，而且病情很严重，考察队还因此放缓了行程，奥登堡本人也有些发热，奥登堡还向克罗特科夫咨询如何能在当天请到医生。但是，奥登堡在此封信中并没有提到卡缅斯基也有生病，因此当时卡缅斯基应该是没有生病，或是即便

---

① 格瑞纳（Гренар,1866—1945）法国旅行家，曾到过中国西藏考察。

② 吕推（Дютрейль де Рен，1846—1894），法国地理学家、旅行家，曾到过中国西藏考察。

③ Восточный Туркестан и Монголия. История изучения в конце XIX – первой трети XX века. Т. I : Эпистолярные документы из архивов Российской академии наук и Турфанского собрания / Под ред. чл.-корр. РАН М.Д.Бухарина. М.: Памятники исторической мысли, 2018. С.535.

生病也是没有什么大碍的。至于彼得连科后来更多是因为生病严重以致无法继续考察提前返回，还是因为他本人是作为卡缅斯基的助手参与的此次考察，而卡缅斯基因内部矛盾不愿继续考察，导致彼得连科也随同一起提早返回，具体不可考。

前文中，笔者根据对奥登堡生平事迹及同时代人对其性格、待人接物的评述，大致描摹了其形象。可以说，奥登堡是一个非常有涵养且处事周全的人。但是，卡缅斯基的离开，说明当时考察队内部矛盾非常严峻，并且是奥登堡无法调和的，以至于考察队在新疆考察初期就有队员提前退出。

根据奥登堡在考察途中写给当时俄国驻乌鲁木齐领事克罗特科夫的信，可以了解到奥登堡对卡缅斯基的一些态度。在新疆进入寒冷的冬季后，斯米尔诺夫和杜金因天气寒冷按照原计划提前返回，留下奥登堡继续考察。对此，克罗特科夫非常不满，认为杜金与斯米尔诺夫该与奥登堡同进退，不该提早离开。[①]奥登堡在回信中解释称，杜金二人是因天气寒冷，无法正常工作，按照之前的计划返回。因卡缅斯基和彼得连科二人也是提前离开，奥登堡在 1909 年 10 月 29 日（11 月 11 日）写给克罗特科夫的信中，将杜金二人的离开与卡缅斯基的离开进行了对比，相关信件部分内容如下：

我请求您和玛丽亚·罗曼诺夫娜（Мариия Романовна）[②]一件重

---

① Восточный Туркестан и Монголия. История изучения в конце XIX – первой трети XX века. Том I: Эпистолярные документы из архивов Российской академии наук и Турфанского собрания / Под ред. чл.-корр. РАН М.Д. Бухарина. М.: Памятники исторической мысли, 2018. С.558.

② 即克罗特科夫的妻子。

要的事——真诚地温暖我可怜的同伴们：他们[①]不是弗拉基米尔·伊万诺维奇[②]，他们是迫不得已离开的，丝毫不情愿。他们表现出色，做了很多，我可以诚实地告诉你们。[③]

之后奥登堡在 11 月中旬前后写给克罗特科夫的信中，再一次解释了杜金二人的离开是因为天气寒冷，无法正常工作，并且再次提到了卡缅斯基，他说："如果他们能够继续正常工作，尽管他们想念家人，他们也会留下来，这一点我完全坚信。他们不是神经衰弱患者弗拉基米尔·伊万诺维奇[④]，而是知晓明白责任与义务的人。"[⑤]由上述信件内容可知，奥登堡与卡缅斯基在考察出发途中相处并不愉快。

杜金在 1909 年 12 月 7 日（20 日）返程途中自塔城写给奥登堡的信中提到了卡缅斯基的信息："我们都被详细询问了有关弗拉基米尔·伊万诺维奇[⑥]的情况，我们对他离开的原因的解释与他自己在这里所说的原因一致。我们发现他变化很大，瘦了很多。甫一踏上俄国的土地，彼得连科就像个孩子一样哭了。离开这里他变得相当强壮，

① 即卡缅斯基。

② 即杜金和斯米尔诺夫。

③ Восточный Туркестан и Монголия. История изучения в конце XIX – первой трети XX века. Том I: Эпистолярные документы из архивов Российской академии наук и Турфанского собрания / Под ред. чл.-корр. РАН М.Д. Бухарина. М.: Памятники исторической мысли, 2018. С.549.

④ 即卡缅斯基。

⑤ Восточный Туркестан и Монголия. История изучения в конце XIX – первой трети XX века. Том I: Эпистолярные документы из архивов Российской академии наук и Турфанского собрания / Под ред. чл.-корр. РАН М.Д. Бухарина. М.: Памятники исторической мысли, 2018. С.553.

⑥ 即卡缅斯基。

我们也养胖了，但他始终对弃我们而去感到遗憾。”[①]由此可知，卡缅斯基与彼得连科提前离开考察队，但并未提前归国，而是与早一步结束工作的杜金、斯米尔诺夫在塔城会合，而后一同离开的塔城。此外，信中还提到了彼得连科对于未能参与考察表示遗憾，但并没有提及卡缅斯基对未能全程参与此次考察的态度。

杜金返回俄国后，于 1910 年 1 月 10 日（23 日）自圣彼得堡写信给仍在新疆考察的奥登堡，在信中再次提到了卡缅斯基："P.S. 我差点忘了要写弗拉基米尔·伊万诺维奇（即卡缅斯基）。我在家里见到了他。他去克里米亚旅行后看起来精力充沛，而且强壮了。他没给我们写信，是因为他在旅行后疲惫不堪，又匆忙去往了斋桑（Зайсан）。他所说的返回这里的动机与您在乌鲁木齐和塔城的动机相同，即担心、害怕回不来，等等。他在斋桑进行了挖掘，但陷入了沙丘中，什么也没挖到。目前，他已经接管了博物馆的考古部门，并正在为新展览做准备。关于彼得连科，我这里没有任何消息。”[②]

由上述杜金写给奥登堡的两封信可以推测出，卡缅斯基之后的行程。卡缅斯基、彼得连科与杜金、斯米尔诺夫在塔城会合后，应该是一同出境塔城返回了俄国，之后卡缅斯基可能直接去了克里米亚进行考察。并且，卡缅斯基在克里米亚考察后，接管了人类学与民族学博物馆的考古学分部。

---

① Восточный Туркестан и Монголия. История изучения в конце XIX – первой трети XX века. Том I: Эпистолярные документы из архивов Российской академии наук и Турфанского собрания / Под ред. чл.-корр. РАН М.Д. Бухарина. М.: Памятники исторической мысли, 2018. С.583-584.

② Восточный Туркестан и Монголия. История изучения в конце XIX – первой трети XX века. Т. I: Эпистолярные документы из архивов Российской академии наук и Турфанского собрания / Под ред. чл.-корр. РАН М.Д.Бухарина. М.: Памятники исторической мысли, 2018. С.586.

此外，卡缅斯基与奥登堡在1909—1910年新疆考察后，也有往来联系，如1911年10月，卡缅斯基参与负责了M.M.别列佐夫斯基1905—1908年库车考察所获藏品在人类学与民族学博物馆的登记入藏和展出工作。为此，他于1911年10月18日（31日）向奥登堡寻求指导与帮助。[①]在此之后不久，卡缅斯基于1912年去世。[②]

小 结

俄国中亚和东亚研究委员会自1903年成立，1921年并入东方学家委员会，至1923年解散，共运行了20年，组织进行了数十次考察活动。奥登堡新疆考察提案早在1900年就已提交，但由于一直未能获得考察所需经费，直至1909年才在俄国委员会的筹备下得以落实。通过对奥登堡考察队相关信函的梳理与分析可知，在奥登堡新疆考察伊始，考察队分成两队抵达塔城，并且考察队在返程中也是分为两队。根据奥登堡考察简报、考察队信函，并结合已有研究，可揭示奥登堡1909—1910年新疆考察的主要时间、路线。

考察队员卡缅斯基及其助手彼得连科，在新疆考察出发途中就从乌鲁木齐踏上了返程，并未参与此次考察。对于卡缅斯基二人的“早

① Восточный Туркестан и Монголия. История изучения в конце XIX – первой трети XX века. Том I: Эпистолярные документы из архивов Российской академии наук и Турфанского собрания / Под ред. чл.-корр. РАН М.Д. Бухарина. М.: Памятники исторической мысли, 2018. С.579.

② Восточный Туркестан и Монголия. История изучения в конце XIX – первой трети XX века. Том I: Эпистолярные документы из архивов Российской академии наук и Турфанского собрания / Под ред. чл.-корр. РАН М.Д. Бухарина. М.: Памятники исторической мысли, 2018. С.579.

退”，此前学界的说法一直是因病无法继续进行考察，故提前返回。但是，通过对新疆考察中的地形测绘师斯米尔诺夫及妻子与奥登堡、奥登堡与领事克罗特科夫的往来信函的梳理与分析可知，卡缅斯基二人的“早退”别有内情。实际上，卡缅斯基的“早退”主要是因为考察队内部矛盾引发。

对奥登堡新疆考察进行深入探究，可揭示奥登堡新疆考察的更多细节与内情，澄清以往论述中存在的讹误，有利于推进 19 世纪末 20 世纪初俄国探险家中国西北考察的研究。

第四章　新疆考察获取文物途径[①]

奥登堡在新疆考察期间，与俄国驻乌鲁木齐领事克罗特科夫有数十封往来信函，信函透露出奥登堡 1909—1910 年在新疆考察期间与克罗特科夫、俄籍阿克萨卡尔、文物贩子间的往来互动及收购文物的细节。这些资料揭示了奥登堡新疆考察获取文物的两种途径：一是通过考察中非法清理挖掘和“取样”“保护”所得；二则主要是在克罗特科夫和阿克萨卡尔的帮助下非法收购所得。

此前学界对于奥登堡 1909—1910 年新疆考察有过诸多论述，如荣新江、波波娃、高田时雄等学者就其考察大致过程、[②]考察始末、[③]

① 此部分主要内容于 2021 年发表，详情参见李梅景：《奥登堡新疆考察文物获取途径——以俄国驻乌鲁木齐领事克罗特科夫与奥登堡往来信函为中心》，《敦煌研究》2021 年第 3 期，第 150—158 页。

② 荣新江：《海外敦煌吐鲁番文献知见录》，南昌：江西人民出版社，1996 年，第 118—119 页。

③ Попова И.Ф. Первая Русская Туркестанская экспедиция С.Ф.Ольденбурга（1909-1910），Российские экспедиции в Центральную Азию в конце XIX – начале XX века. И.Ф.Попова（ред.），СПб.: Славия, 2008, С.148-157.

具体考察点、[①]与新疆官府的互动、[②]考察所获写本[③]和壁画[④]等方面做了诸多研究，成果丰硕，此不赘述。但就奥登堡新疆考察获取文物尤其是收购文物途径的问题，以往研究鲜有涉及，因此尚有很大探讨空间。

关于奥登堡新疆考察，俄国方面仅刊布了考察简报、[⑤]七个星佛寺遗址资料，[⑥]以及奥登堡[⑦]和杜金[⑧]的几篇小文章，详细的考察报告至今仍未公布，根据上述已刊布的考察资料很难弄清奥登堡新疆考察非法获取文物尤其是收购文物的具体途径。近年俄罗斯有关机构刊布了奥登堡与俄国驻乌鲁木齐领事克罗特科夫往来信函中的 39 封俄文原件，[⑨]这

---

① 张惠明:《1898 至 1909 年俄国考察队在吐鲁番的两次考察概述》,《敦煌研究》2010 年第 1 期，第 86—91 页。

② 朱玉麒 :《奥登堡在中国西北的游历》，北京大学中国古代史研究中心编《田余庆先生九十华诞颂寿论文集》，北京 : 中华书局，2014 年，第 720—729 页。

③ [日] 高田时雄著，徐铭译:《俄国中亚考察团所获藏品与日本学者》，刘进宝主编《丝路文明》第一辑，上海 : 上海古籍出版社，2016 年，第 218—219 页。

④ 赵莉、Kira Samasyk、Nicolas Pchelin:《俄罗斯国立艾尔米塔什博物馆藏克孜尔石窟壁画》,《文物》2018 年第 4 期，第 57—96、1、98 页。

⑤ Ольденбург С.Ф. Русская Туркестанская экспедиция 1909-1910 года / Краткий предварительный отчет, СПБ: Издание императорской Академии Наук. 1914.

⑥ Дьяконова Н.В. Шикшин. Материалы первой Русской Туркестанской экспедиции академика С.Ф.Ольденбурга. М.: Изд. фирма “Вост. лит.” РАН, 1995.

⑦ Ольденбург С.Ф. Доклад С.Ф.Ольденбурга на заседании ВОРАО 16 декабря 1910 г., ЗВОРАО, 1912（21）: 11-17; С.Ф.Ольденбург. Русские археологические исследования в Восточном Туркестане, Казанский музейный вестник. 1921（1-2）, С.27.

⑧ [俄] С.М. 杜金著，何文津、方九忠译:《中国新疆的建筑遗址》，北京:中华书局，2006 年。

⑨ 奥登堡和克罗特科夫之间的往来信函保存在俄罗斯科学院档案馆圣彼得堡分馆和俄罗斯科学院东方文献研究所东方学家档案馆中，其中 1908 年 5 月 9 日至 1911 年 10 月 30 日，克罗特科夫写给奥登堡的 39 封信件保存在俄罗斯档案馆圣彼得堡分馆中，存储编号 Ф.208. О п .30. Д. 305. Л.1–44 ; 1909 年 7 月 17 日至 1911 年 8 月 12 日奥登堡写给克罗特科夫的 14 封信件保存在俄罗斯科学院东方文献研究所东方学家档案馆中，存储编号 Ф.28.Оп.2.Д.9. Л.1–25。2018 年在俄罗斯出版了奥登堡与克罗特科夫往来信函中的 39 封，参见 Переписка Н.Н.Кроткова и С.Ф.Ольденбурга // Восточный Туркестан и Монголия. История изучения в конце XIX – первой трети XX века. Т.I: Эпистолярные документы из архивов Российской академии наук и Турфанского собрания. чл.-корр. РАН М.Д.Бухарина（ред.）, М.: Памятники исторической мысли, 2018. С.533-575.

些信函是研究奥登堡新疆考察的重要史料，但目前尚未有专文对这些信函进行过研究。笔者现结合相关史料，对这些信函进行梳理与分析，拟从中揭示一些以往研究中未见的奥登堡新疆考察收购文物“内情”，如俄国驻乌鲁木齐领事克罗特科夫任职新疆期间搜集的文物、情报，与晚清地方官员的往来活动及对奥登堡考察的协助，俄籍阿克萨卡尔在近代新疆的活动及在奥登堡新疆考察中发挥的重要作用等，以期对19世纪末20世纪初我国西北文物的流散情况有更多了解，深化对近代外国探险家中国西北考察的研究，也为研究同时期中国西部地区的经济、文化、外交等提供新史料。

第一节 非法清理发掘与“取样”“保护”

奥登堡1909—1910年新疆考察的主要成员，除奥登堡外，还有民族学家、摄影师杜金，矿业工程师斯米尔诺夫考古学家卡缅斯基，以及刻赤博物馆的研究员彼得连科。在考察队抵达乌鲁木齐后，卡缅斯基因考察队内部矛盾，携其助手彼得连科提前返回，未参与考察。1909年6月6日，[1]考察队自圣彼得堡出发，6月22日抵达塔城，进入中国境内，并在此进行补给，采购了马匹、雇用了翻译。[2]此次考察主要集中在焉耆、吐鲁番和库车地区，其中，杜金和斯米尔诺夫由于天气寒冷先行回国，没有参与斯尔克甫、连木沁遗址及库车地区的

① 这一章涉及多封信函日期，为便于阅读，仅使用旧俄历日期，不标注公历日期。

② Ольденбург С.Ф. Русская Туркестанская Экспедиция 1909-1910 года / Краткий предварительный отчет. СПб.: Императорская Академия Наук, 1914. С.1.

考察。[①]

奥登堡考察队在此次考察中探访了七个星、交河故城、高昌故城、胜金口、柏孜克里克、木头沟、吐峪沟、苏巴什、克孜尔、库木吐喇等处遗址。考察中，斯米尔诺夫主要负责测绘，杜金负责拍摄，奥登堡则统筹安排工作、研究材料和全面检测。[②]奥登堡等人通过非法清理挖掘在上述遗址获取到一些雕塑、钱币、写本残片等文物及大量考察资料。

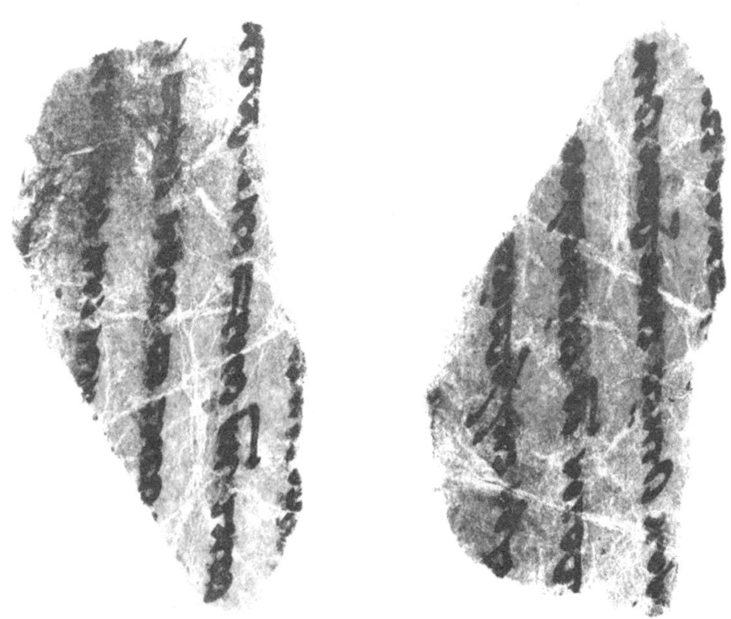

图 4-1 奥登堡新疆考察所获摩尼教写本残片的正反面
（图片由俄罗斯科学院档案馆圣彼得堡分馆提供，
编号 СПБФ АРАН.Ф.208.Оп.1.Д.130.Л.31а，б.）

---

① Ольденбург С.Ф. Русская Туркестанская Экспедиция 1909-1910 года / Краткий предварительный отчет. СПб.: Императорская Академия Наук, 1914. С.56.

② Ольденбург С.Ф. Русская Туркестанская Экспедиция 1909-1910 года / Краткий предварительный отчет. СПб.: Императорская Академия Наук, 1914. С. Ⅵ.

奥登堡在1909年10月5日写给克罗特科夫的信中说："我们在交河故城考察，发现了一些壁画、物件和写本（碎片）。这座古城值得认真关注和发掘。"[①]根据奥登堡1914年出版的考察简报，考察队在交河故城清理了一座小寺庙，发现了许多汉文和回鹘文写本残片、麻布画、两侧带有彩绘的塑像底座，以及"一处有着同一基座的101座佛塔的奇特建筑物"。[②]交河故城引起了考察队的极大兴趣，考察队在此通过非法清理发掘收获丰厚。

奥登堡在10月29日自吐鲁番写给克罗特科夫的信中说：

> 从我的电报中，您知道我们在这里停留的时间不会超过三周。我对完成的工作很满意，只是写本很少，甚至是碎片。在已故的地方官那里只有汉文和其他的碎片，而且价格高得离谱。我认为，在这里长时间的逗留，仍然可以找到一些东西。我们现在要转去胜金口，再从那里去吐峪沟麻扎。我来吐鲁番是为了地方官的写本，但是徒劳无功。[③]

从这封信中可以了解到考察队的行程安排、工作进展、文物获取等细节。其中奥登堡谈到去"已故地方官"那里收购文物的情况。另

① Переписка Н.Н.Кроткова и С.Ф.Ольденбурга // ВосточныйТуркестан и Монголия. История изучения в конце XIX – первой трети XX века. Т.I: Эпистолярные документы из архивов Российской академии наук и Турфанского собрания. чл.-корр. РАН М.Д.Бухарина（ред.）, М.: Памятники исторической мысли, 2018. С.543.

② Ольденбург С.Ф. Русская Туркестанская Экспедиция 1909-1910 года / Краткий предварительный отчет. СПб.: Императорская Академия Наук, 1914. С.23.

③ Переписка Н.Н.Кроткова и С.Ф.Ольденбурга // Восточный Туркестан и Монголия. История изучения в конце XIX – первой трети XX века. Т.I: Эпистолярные документы из архивов Российской академии наук и Турфанского собрания. чл.-корр. РАН М.Д.Бухарина（ред.）, М.: Памятники исторической мысли, 2018. С.549.

外，奥登堡在此次考察简报中也谈道："不管是在台藏塔发现的写本，还是物件，我一件都没有买到；一捆汉文写本，是我从托赫特谢赫（Тохт-шейх）[①]（阿斯塔那阿里阿塔麻扎的谢赫）那里买到的，属于高昌故城的发现物。"[②]可见，奥登堡本人在考察中还进行了直接的文物收购活动。

奥登堡考察队通过非法"取样"和"保护"获取到的文物，部分是作为研究材料被"取样"，部分是为"保护"其免受毁灭而采集。如考察队在柏孜克里克考察时，"从洞窟中采集了一些壁画样本，因为窟中的壁画非常有意义"[③]；斯米尔诺夫在七个星佛寺遗址发现的"令人惊叹的、极其生动的壁画"即建筑物 K9 的彩绘壁画，也被考察队剥下来运往了圣彼得堡。[④]奥登堡在 1910 年 1 月 27 日从库车写给克罗特科夫的信中明确提到了他们剥取壁画之事，还对德国考察队的行径进行了抨击：

> 在这些考察中，我对德国人的考察感到害怕：被他们弄坏了的壁画，可能不少于他们运走的壁画的两倍。在这里，壁画很难剥下来，灰泥非常薄，需要先进的技术和工具，但是谁都没采用，只局限于用简单的锯子和刀子。我在这里弄到的壁画数量不超过1.5箱，

---

① 谢赫（Шейх），阿拉伯语音译，伊斯兰教教职称谓，原意为"长老"，近代以来专指麻扎的管理者。参见蒲开夫、朱一凡、李行力主编：《新疆百科知识辞典》，西安：陕西人民出版社，2008 年，第 838 页。

② Ольденбург С.Ф. Русская Туркестанская Экспедиция 1909-1910 года / Краткий предварительный отчет. СПб.: Императорская Академия Наук, 1914. С.30.

③ Ольденбург С.Ф. Русская Туркестанская Экспедиция 1909-1910 года / Краткий предварительный отчет. СПб.: Императорская Академия Наук, 1914. С.47-48.

④ Ольденбург С.Ф. Русская Туркестанская Экспедиция 1909-1910 года / Краткий предварительный отчет. СПб.: Императорская Академия Наук, 1914. С.8.

我不想重复德国人的野蛮行径，我只在可以确定不会破坏它的地方采集。[1]

奥登堡在考察中虽然声称保护文物，“但是尽管他反对移走艺术作品，他自己也并没有空手而归”。[2]

杜金在接受报纸采访时说：

在距焉耆以南40俄里处，我们成功找到了一些旧寺院遗址，并在被沙子掩埋的4俄尺[3]深的地方发现了近150座建筑物：寺庙、佛塔、禅室。到处是大块的雕塑和壁画（绘在黏土上的彩画）残片，……在这里我们收集到12箱壁画和雕塑……[4]

他还进一步回忆说：

根据穿透沙子的干草，猜想我们是在建筑物的顶上行走。果不其然，挖掘后，我们找到了两座大寺庙和一些小寺庙。在这里干了不少活，但我们收集到20箱的壁画和雕塑。[5]

---

① Переписка Н.Н.Кроткова и С.Ф.Ольденбурга // Восточный Туркестан и Монголия. История изучения в конце XIX – первой трети XX века. Т.I: Эпистолярные документы из архивов Российской академии наук и Турфанского собрания. чл.-корр. РАН М.Д.Бухарина（ред.）, М.: Памятники исторической мысли, 2018. С.563.

②[美]彼得·霍普科克著，杨汉章译：《丝绸路上的外国魔鬼》，兰州：甘肃人民出版社，1983年，第202页。

③ 1俄尺≈0.711米。

④ Бухарин М.Д., Тункина И.В. Русские туркестанские экспедиции в письмах С.М.Дудина к С.Ф.Ольденбургу из собрания санкт-петербургского филиала Архива РАН, Восток（Oriens）, 2015（3）, С.109.

⑤ Бухарин М.Д., Тункина И.В. Русские туркестанские экспедиции в письмах С.М.Дудина к С.Ф.Ольденбургу из собрания санкт-петербургского филиала Архива РАН, С.109.

如果杜金所言属实，那么考察队仅在这两个地方就盗劫了32箱壁画和雕塑，这在此次考察中所占的比重极大。关于奥登堡新疆考察运回的文物数量，波波娃曾发文称："奥登堡第一次俄国中亚考察带到圣彼得堡超过30箱藏品（壁画、木制雕像还有其他艺术作品），为亚洲博物馆收藏中添加中亚藏品近百项文献片段，这些片段大多是在挖掘中发现的，还有1500多张寺院、洞窟、庙宇等照片。"①

综上所述，在此次考察中，考察队通过非法清理发掘和"取样""保护"获取到不少文物，且在考察中所占比重非常大。此外，奥登堡还进行了直接的文物收购活动。从俄国委员会和波波娃的论述来看，奥登堡新疆考察获取到的文物数量较大，且极具价值。

第二节　乌鲁木齐领事帮助收购与赠予

尼古拉·尼古拉耶维奇·克罗特科夫（Николай Николаевич Кротков，1869—1919）——俄国东方学家、外交官，毕业于圣彼得堡大学东方语言系，1897—1899年担任俄国驻伊宁领事馆的译员，1899—1902年先后任吉林、齐齐哈尔、伊宁领事馆秘书，1902年9月任乌鲁木齐领事。1911年获俄国科学院人类学与民族学博物馆通讯员，以及俄国中亚和东亚研究委员会通讯院士头衔，1911年从乌鲁木齐离职，之后任索非亚贸易和工业部代表，1919年任职于俄罗斯苏维

① ［俄］波波娃：《俄罗斯科学院档案馆С.Ф.奥登堡馆藏中文文献》，郝春文主编《敦煌吐鲁番研究》第14卷，上海：上海古籍出版社，2014年，第213页。

埃联邦社会主义共和国北部地区公社联盟执委会下属的外国情报局。

克罗特科夫在新疆任职期间进行过多次发掘，还通过“代理人”大肆进行文物收购活动，盗劫了一批珍贵藏品。这些藏品主要由出自和田的回鹘文和汉文写本残片构成，包括 1907 年底被带到圣彼得堡的 29 件粟特文写本。在扎列曼院士的建议下，克罗特科夫的藏品以 5000 卢布的价格被收购，其写本部分后被移交给了波兰科学院亚洲博物馆。[①]

在克罗特科夫 1910 年 1 月 19 日写给奥登堡的信中，提到了他在新疆进行的一次考察挖掘：

> 顺便说一句，您不要拒绝提供建议，我是否要写一下自己在柴窝堡（Са-ё-пу）[②]附近挖掘古墓的行程？如果您需要我就写一写，但是关于这次旅行的简要札记寄往哪里？要附上照片吗？您需要这些照片吗？目前我本人在闲暇时间正在进行北京和甘肃方言的俄汉字典编写。此外，我还在收集有关现在新疆全部的历史，尤其是有关维吾尔人的资料，我弄到了一些。在寻求材料时，有时不得不诉诸各种手段。例如，前不久我从一位中国官员那里见到了一本有趣的关于西域（西部的边疆区）的书。书主不愿意将这本书借给我一天。然后我求助了王爷。他从固执的中国人（或汉人）那里拿了这本书，然后给了我。通过一位中国学生，我往北京写了信。也许在当地的书店里能够找到我所需要的书。但是，我不指望在北京的搜

① Рагоза А.Н. К истории сложения коллекции рукописей на среднеиранских языках из Восточного Туркестана, хранящихся в рукописном отделе ЛО ИВАН // Письменные памятники Востока. Историко-филологические исследования. Ежегодник 1969. М., 1972. С. 254.

② 此地名承北京大学朱玉麟教授指正，特致谢忱。

寻能取得令人满意的结果，而是着手准备我手上一本有趣的作品的抄录。部分我自己抄，部分由一个中国人（或汉人）抄写。后者的工作进度非常慢，一个月内，他抄写了不超过15页，而我不得不为这项工作支付了他15卢布。如果继续这样下去，这本书的抄写将要花费100卢布，有点贵！①

从上述信件可知，克罗特科夫在 1910 年 1 月 19 日在柴窝堡进行过一次遗址发掘，并拍摄有照片。克罗特科夫不仅搜集有关新疆的资料，还在编纂俄汉字典。上述信件还透露出克罗特科夫与“王爷”有交往，但由于俄罗斯科学院档案馆公布的信件不全，缺少此封信的相关信件，因而一些信息缺失，对“王爷”的身份暂时还无法确定。

在克罗特科夫与奥登堡的往来信函，还透露出一些他与清末新疆地方官员的往来交涉，以及他对当时中国人的一些认识和看法。

在克罗特科夫 1909 年 12 月 30 日写给奥登堡的信中，克罗特科夫详细谈到了他动员在新疆的俄商为甘肃饥荒捐赠以在中国获取到更多利益和地位，以及他对于当时中国的看法和态度：

现在，我正在努力鼓励向中国内地推进我们的贸易，并加强俄国商人在肃州、兰州，以及甘肃的其他城市的地位。山西、甘肃和新疆的省长是我的老朋友。我尽量保持与他们的往来。另外，我发现将以下技巧用于上述目的很有用。在甘肃省，由于作物歉收，今年饥荒加剧。为了救济民众，中国皇帝从自己的私库捐出了很多

① Восточный Туркестан и Монголия. История изучения в конце XIX – первой трети XX века. T.I: Эпистолярные документы из архивов Российской академии наук и Турфанского собрания / Под ред. чл.-корр. РАН М.Д.Бухарина. М.: Памятники исторической мысли, 2018. С.561-562.

钱。同样还有来自其他省份的捐赠。尽管如此，据说，民众仍在遭受贫困。似乎，欧洲人中谁也没有伸出援手。在与乌鲁木齐的洋行老板进行了长时间的交谈后，我提议在洋行开设认购书，以帮助甘肃省的饥民。我的详细解释对商人起了作用——他们意识到了自身的利益，并且在短时间内捐赠了200两白银。我将这笔款项派送给了荣道台[1]，并要求以乌鲁木齐领事馆和居住在乌鲁木齐的俄民的名义将钱带去给陈省长[2]，发放给甘肃省最贫困的百姓。顺便说一句，我在所附公文中这样说："大清国与俄罗斯帝国保持了200多年的友谊。在此期间，不止一次发生过一种情况：当一方处于困境中时，另一方进行了援助。在极少数居住在乌鲁木齐的俄民中，有一些人前往肃州、兰州和甘肃省的其他城市，并在那里进行贸易，受到了当地民众的热情款待和地方当局的支持。考虑到所有这些，我作为领事，去找了当地的俄民，向他们提出建议，以帮助新疆邻省挨饿的百姓。商人们非常乐意响应我的提议，并在短时间内捐集了200两白银。这笔钱是在没有任何胁迫的情况下捐赠的，友善的俄罗斯民众真诚地希望减少苦难。"领事馆和洋行的关怀使中国当局极为感动。在乌鲁木齐和在甘肃做生意的俄民抱怨过当地的中国官员对他们不予援助。现在，在"友善行为"之后，将有可能会给予我们的商人更多关照。

欧洲人愚蠢自满和鄙夷的外壳，开始在中国巨人的庞大身躯

① 荣道台即荣霈。荣霈，满洲正白旗人，1906至1911年任镇迪道兼按察使。参见中国新疆维吾尔自治区档案馆、日本佛教大学尼亚学术研究机构编：《近代外国探险家新疆考古档案史料》，乌鲁木齐：新疆美术摄影出版社，2001年，第302页。

② 暂未考证出"陈省长"具体是何人。

上剧烈崩裂，并脱落成大量碎块。中国正在唤醒新的生活。在这种民族自豪感和民族自尊心存在的时期，应特别谨慎和客气地对待。对我们而言，与中国保持友谊极其重要，但与此同时，我们通过武器的碰撞声和恐吓对天朝的男儿们施加影响的时代已经过去了。因此，为了加强我们在中国的地位，现在必须要使用比以前更多的手段。在我看来，与之保持友谊的这些方式中，最可靠和有效的方式是公正并真正仁慈地对待之。①

上述信件透露出克罗特科夫在 1909 年（宣统元年）甘肃旱灾之时，通过组织俄国商人筹集钱款，来帮助清政府及甘肃地方官府进行赈灾之事。此中显示出，克罗特科夫与晚清地方官员的往来、手段，及当时欧洲人、克罗特科夫本人对中国人的认识和看法。

在克罗特科夫 1910 年 5 月 20 日写给奥登堡的信中也提到了他与清末新疆地方官员的往来交涉：

我与中国人共事得非常好，没有任何误会，关系极好。最近，又有几起寻求中国西部我们的其他领事协助的案子找上了我。顺便说一句，不久前我圆满地解决了一起争端，这起令人不愉快的争端起因是塔城的地方官拒绝将俄国商人恰内谢夫（Чанышев）提交的俄钞兑换成白银，引起了卢契奇先生与塔尔巴哈台当局之间的激烈争执。地方政府非常满意的是，在上达北京之前，俄国领事馆与在喀什噶尔、伊宁和塔城的中国人的争执在乌鲁木齐领事馆的协助

① Восточный Туркестан и Монголия. История изучения в конце XIX – первой трети XX века. Т. I : Эпистолярные документы из архивов Российской академии наук и Турфанского собрания / Под ред. чл.-корр. РАН М.Д.Бухарина. М.: Памятники исторической мысли, 2018. С.560-561.

下得以成功解决。乌鲁木齐市的中国官员反复表达了他们的愿望，即对于因某种原因在喀什噶尔、伊宁和塔城领事区内无法完成的案件，现在要建立起有法律效力的规章，而不是像现在这样直接依赖于谁是这里的领事。根据所听到过的类似愿望的中国人的看法，在中国西部乌鲁木齐领事比其他俄国领事在他们心中的地位更高，其中的一点是由于它是俄国政府在新疆行政中心的代表，并且与该地区的长官及其直系副手保持着稳定关系。这就是中国官员所说的乌鲁木齐领事馆的意义和作用。在我看来，很难不承认他们的判断是十分正确的。也许尚未到在乌鲁木齐建立真正的总领事馆的时候，但是授予其个人总领事的头衔，以保持外交部在乌鲁木齐当地代理人的声望，对进一步发展俄国在中国西部的事务是绝对必要和极其重要的，因为在中国西部我们有很多重要利益。

在时间允许的情况下，我将尝试向驻北京的公使进行解释，并指出，如果上级认为授予我个人总领事的头衔仍为时过早的话，那么我愿意将我的位置让给在使团心中更有价值的另一位官员，而且我不会有任何委屈地接受转调到另一个地方，尤其是生活条件不像乌鲁木齐那么困难的地方。

但是，无论我在上述问题上与公使之间的联络有何结果，目前我在这里的时候，将尽可能广泛地进行自己的活动，以收集文物。我会将我所获得的中亚古文物寄送给您。[①]

---

①Восточный Туркестан и Монголия. История изучения в конце XIX – первой трети XX века. Т. I : Эпистолярные документы из архивов Российской академии наук и Турфанского собрания / Под ред. чл.-корр. РАН М.Д.Бухарина. М.: Памятники исторической мысли, 2018. С.569-571.

从上述信件可知，克罗特科夫利用职务之便，一方面进行有关当地文物、信息的收集；另一方面，在长期驻扎乌鲁木齐的情况下，在与清末地方官员的交涉中积累了大量经验。同时，克罗特科夫希望俄国驻北京的公使能够将他升任为总领事，但这从后来 Д.А. 斯米尔诺夫写给奥登堡的信中可知，克罗特科夫非但没有得到“总领事”的头衔，反而还被当时俄国驻伊犁领事 А.А. 季亚科夫（А.А.Дьяков，1886—1945）取代了他乌鲁木齐领事的位置。①

克罗特科夫在奥登堡新疆考察过程中给予了诸多帮助，为此，奥登堡在新疆考察简报中特意向克罗特科夫进行了致谢——“我们全体成员满怀感激之情，诚挚感谢俄罗斯帝国驻乌鲁木齐领事 Н.Н. 克罗特科夫为考察队所做的事情，感谢他的体贴关照、感谢他对中国新疆古迹的浓厚兴趣，我们衷心感谢他所给予我们的一切帮助”！②

1909 年 6 月 29 日，奥登堡考察队从塔城出发去往乌鲁木齐，抵达乌鲁木齐后考察队受到了俄国驻乌鲁木齐领事克罗特科夫的热情款待。克罗特科夫还将吐鲁番出土的一些丝绸佛像画残片作为赠礼送给了奥登堡，这些丝绸画残片现保存在俄罗斯科学院东方文献研究所的

---

① Восточный Туркестан и Монголия. История изучения в конце XIX – первой трети XX века. Том IV. Материалы Русских Туркестанских экспедиций 1909-1910 и 1914-1915 гг. академика С.Ф. Ольденбурга / Под общ. ред. М.Д. Бухарина, В.С. Мясникова, И.В. Тункиной. М.: «Индрик», 2020. С.497-498.

② Ольденбург С.Ф. Русская Туркестанская Экспедиция 1909-1910 года / Краткий предварительный отчет. СПб.: Императорская Академия Наук, 1914. С. Ⅶ .

奥登堡个人存储资料中。[①]克罗特科夫还亲自带领奥登堡等人在距乌鲁木齐约 60 俄里的山中考察了数天。[②]

奥登堡在新疆考察期间与克罗特科夫往来通信频繁，约半个月一次。两人间的密集通信，是目前我们了解奥登堡新疆考察动态，尤其是文物收购情况的一个重要渠道。奥登堡 1909 年 11 月 30 日在吐鲁番写给克罗特科夫的信中谈到了收购文物之事：

在这里，我离开时给阿克萨卡尔留了100两，让他尽可能地购买写本和文物，并将之寄给您。顺便说一句，我正在寻找一方有趣的印章，阿斯塔那人台吉那里有35个，而他现在找不到，我可以用印章在纸上印出很好的印戳，它是摩尼教或是基督教的。我想它会被找到。现在这里的写本几乎只有汉文的。我在这里的电报局偶遇到了一个来自乌鲁木齐的汉族（或中国）年轻人，他说他有卡尔梅克的，大概也就是回鹘文写本及两件高昌故城的器皿。我叫他以我的名义去找您并向您展示。您乐意我转一笔款项到您的名下用来购买物件吗？我坚信，通过对这里出现的物件进行逐步和系统地追踪，仍然可以获得很多有趣的物件。这里有两个人是危险的：俄国萨尔特小商人阿布杜勒-卡德尔（Абдул-кадыр），另一个是阿斯塔那的倒卖商吉萨（Джиса），可能他还是一个抬高价格的大骗子。他对

① Бухарин М.Д., Попова И.Ф., Тункина И.В. Русские Туркестанские экспедиции 1909-1910 и 1914-1915 гг., Восточный Туркестан и Монголия. История изучения в конце XIX – первой трети XX века. Т.Ⅱ : Археологические, географические и исторические исследования / Архивы Российской академии наук и Национальной академии наук Кыргызской Республики. чл.-корр. РАН М.Д.Бухарина（ред.）, М.: Памятники исторической мысли, 2018. С.14.

② Ольденбург С.Ф. Русская Туркестанская Экспедиция 1909-1910 года / Краткий предварительный отчет. СПб.: Императорская Академия Наук, 1914. С.2.

我非常殷勤、客气，但我不会夸赞他（他是台吉的兄弟）的殷勤，我确信他暗中劝阻居民不向旅行者进行售卖，并为中国当局获取文物。新的地方官也在收集藏品。我见到了原地方官的藏品，一些篇幅简短的写本和几个头像，他的儿子出于某种原因不想将之卖掉，或许阿克萨卡尔会给弄到。①

这封信件透露出很多重要信息：

第一，奥登堡叮嘱阿克萨卡尔买到文物后要将之寄给克罗特科夫，这在后面 1 月 27 日、4 月 2 日的信中均有同样嘱咐，由此可见克罗特科夫在奥登堡新疆考察中曾协助其进行文物收购。

第二，信中提到奥登堡在邮电局遇到的年轻人，由于某些原因奥登堡当时未能够直接从他那里购买文物，可能二人偶遇没来得及进行交易，因此奥登堡推荐他去找克罗特科夫。该年轻人后来去找了克罗特科夫，克罗特科夫在 1910 年 3 月 15 日写给奥登堡的信中对此事有回应：

您在吐鲁番中国电报局偶遇的那个汉族（或中国）年轻人，那个您建议向我展示其文物的人，来过我这了。我从他那里买了几件回鹘文写本（总共13页），这次购买用俄国货币算的话，花了我15卢布。……3月11日，我将32箱考察队的文物寄往了塔城。1箱较早寄到了那里。由于道路条件恶劣，行李运输的价格明显高于往常：要将33个箱子运到塔城，要为此支付的不是预估的360两而是435两，或

① Переписка Н.Н.Кроткова и С.Ф.Ольденбурга // Восточный Туркестан и Монголия. История изучения в конце XIX – первой трети XX века. Т.I: Эпистолярные документы из архивов Российской академии наук и Турфанского собрания. чл.-корр. РАН М.Д.Бухарина（ред.）, М.: Памятники исторической мысли, 2018. С.555-556.

者根据目前乌鲁木齐俄国卢布的汇率计算为580卢布。[①]

从克罗特科夫的回信中，不仅可以了解到克罗特科夫购买文物的具体内容和花费，而且可以了解到他帮助奥登堡考察队安排运输文物至边境的情况。此外，根据信中提到的确切日期和银钱数额，还可换算出1910年3月15日（28日）在乌鲁木齐卢布与银子的汇率约为1.34。

第三，信中提到的倒卖商“吉萨”，奥登堡在1909年11月9日吐峪沟麻扎日记中也曾提及，“吉萨带来了他的发掘成果，一堆小写本和某些碎屑”。[②]穆米德·吉萨（Мумид Джиса）其人，奥登堡在新疆考察简报中也有提及——当地人多年以来都不敢搬运阿斯塔那台藏塔的泥土，但是就在奥登堡新疆考察的前一年，吉萨在台藏塔开始了挖掘，他是当地一名非常有势力的狡猾的小吏，其日常生活极力仿效汉人。[③]可见，文物贩子吉萨还是新疆当地一名很有势力的小吏，其兄是阿斯塔那的台吉，[④]吉萨不仅从事文物贩卖活动，并且还自行多次挖掘。奥登堡与吉萨及其兄均有过文物交易。

第四，奥登堡信中提到的“原地方官”，笔者推测很可能与其在

---

① Переписка Н.Н.Кроткова и С.Ф.Ольденбурга // Восточный Туркестан и Монголия. История изучения в конце XIX – первой трети XX века. Т.I: Эпистолярные документы из архивов Российской академии наук и Турфанского собрания. чл.-корр. РАН М.Д.Бухарина（ред.）, М.: Памятники исторической мысли, 2018. С.569.

② Бухарин М.Д., Попова И.Ф., Тункина И.В. Русские Туркестанские экспедиции 1909-1910 и 1914-1915 гг., Восточный Туркестан и Монголия. История изучения в конце XIX – первой трети XX века. Т. Ⅱ : Археологические, географические и исторические исследования / Архивы Российской академии наук и Национальной академии наук Кыргызской Республики. чл.-корр. РАН М.Д.Бухарина（ред.）, М.: Памятники исторической мысли, 2018. С.16-25.

③ Ольденбург С.Ф. Русская Туркестанская Экспедиция 1909-1910 года / Краткий предварительный отчет. СПб.: Императорская Академия Наук, 1914. С.30.

④ 台吉是吐鲁番札萨克旗职官名称。

上述1909年10月29日信中提到的“已故的地方官”和克罗特科在1910年5月20日信中谈到的“地方官曾”是同一人。在5月20日的信中克罗特科夫谈到了他派专人用手段弄到了“地方官曾”的藏品：

我的文物收集工作非常成功。我设法在自己的俄籍萨尔特代理人中招募到了一位小商人，他是一个非常有头脑、机灵的人。这个萨尔特人前不久去了吐鲁番。在那里，他很幸运地得到了阿斯塔那台吉的信任。台吉称，已故的吐鲁番地方官曾（Цзэн）在他的帮助下，获得了许多古代写本，其中包括不少回鹘文写本。我的代理人找到了已故曾的儿子，结识了他，并用礼物和各种效劳博得了其好感，说服他展示了其父去世后留给他的写本。在小曾的藏品中有许多写本是非汉文的，这一点是确信无疑的，这位机智的商人向这个名为汉人[①]的人证明了，把持有的文物收藏起来毫无用处，并说服他出售了一部分藏品。这次购买进行的，在我看来，非常成功：获得了许多大张的精美回鹘文写本，有的还带汉文翻译。[②]

“吐鲁番地方官曾”很可能就是曾任吐鲁番厅同知的曾炳熿。[③]曾炳熿（ —1909），字晓棠，湖南人，撰有《吐鲁番直隶厅乡土志》[④]。根据《清代新疆档案选辑》中光绪三十三年（1907年）二月十五日“吐

① 文中提到的“小曾”，其名字发音可能是“han-ren”。

② Переписка Н.Н.Кроткова и С.Ф.Ольденбурга // Восточный Туркестан и Монголия. История изучения в конце XIX – первой трети XX века. T.I: Эпистолярные документы из архивов Российской академии наук и Турфанского собрания. чл.-корр. РАН М.Д.Бухарина（ред.）, М.: Памятники исторической мысли, 2018. C.569-570.

③ “曾炳熿”也写作“曾柄潢”“曾炳潢”“曾炳煌”等，文中除引用资料外，均写作“曾炳熿”。

④ 曾炳熿：《吐鲁番直隶厅乡土志》，马大正等编《清代乡土志》，乌鲁木齐：新疆人民出版社，2010年，第125—136页。

鲁番同知曾炳熿就到任点卯办公事之牌示”、[①]宣统元年（1909 年）八月二十四日“新疆巡抚部院就吐鲁番厅同知曾柄潢病故遗职暂由巡检叶云香接任之电文”，[②]可知曾炳熿于 1907 年 2 月 15 日到任吐鲁番同知，1909 年 8 月 24 日前病故。这与上述信件中提到的“地方官”信息相符，且检索新疆地方官档案，符合条件的这一时期的吐鲁番地方官只有曾炳熿一位“曾”姓官员，因此上述“地方官”很大可能就是曾炳熿。另根据《近代外国探险家新疆考古档案史料》所载“曾炳熿就斯坦因至焉耆一带游历事给差役的护票”[③]“曾炳潢为报野村荣三郎、橘瑞超入出吐鲁番日期事给荣霈的申文”，[④]可见，曾炳熿对到新疆游历的外国探险家有了解，可能还有过直接接触。此外，在上述 1909 年 11 月 30 日信中提到的“新的地方官也在收集藏品”，“新的地方官”很可能是王秉章，他于宣统元年（1909 年）九月十八日至宣统三年（1911 年）四月在任。[⑤]

第五，关于奥登堡留给吐鲁番阿克萨卡尔 100 两用以购买文物及询问克罗特科夫是否乐意为其代购文物之事，克罗特科夫在 1909 年 12 月 30 日的信中作出了回应：

> 在11月30日的信中，您写道，您给吐鲁番的阿克萨卡尔留下了100两，用于购买写本和文物。亲爱的谢尔盖·费多罗维奇，我得

① 新疆档案局编：《清代新疆档案选辑》吏 5，桂林：广西师范大学出版社，2012 年，第 6 页。

② 新疆档案局编：《清代新疆档案选辑》吏 5，桂林：广西师范大学出版社，2012 年，第 21 页。

③ 中国新疆维吾尔自治区档案馆、日本佛教大学尼亚学术研究机构编：《近代外国探险家新疆考古档案史料》，乌鲁木齐：新疆美术摄影出版社，2001 年，第 110 页。

④ 中国新疆维吾尔自治区档案馆、日本佛教大学尼亚学术研究机构编：《近代外国探险家新疆考古档案史料》，乌鲁木齐：新疆美术摄影出版社，2001 年，第 211 页。

⑤ 胡志华：《新疆职官志 1762—1949 年》，乌鲁木齐：新疆维吾尔自治区人民政府办公厅，新疆维吾尔自治区地方志编委会，新疆维吾尔自治区地方志档案馆内部印刷，1992 年，第 139 页。

为此责怪您！在此前不久，从我这里我同样也给阿克萨卡尔阿赫拉尔汉（Ахрархан）寄去了100两。现在无法确定他为您买到的会是什么，为我买到的又是什么。还是在那封信中，您问我是否希望您给我转一些款项用来购买具有科学意义的有趣的东西。对于这个问题，下面我坦率地回答您：寻找和购买古写本和各种文物需要大笔金钱；某些花费是完全无法证明的，因为您寻求帮忙效力的当地居民中，某一些人拿了钱后就完全下落不明，另一些人显然提供了不诚信的账目，还有一些人没有与我商量就自行发掘却一无所获，第四类人则寄来的是一些毫无价值或是完全不值钱的东西。但我只能拿自己的钱冒险，对此我只对自己负责。当我用从您那里收到的钱为科学院购买文物时，情况就变了：我会为别人的钱而战栗，我将不得不就所产生的费用提交一份报告；如果所买到的物品被证明无关紧要，那么这会让人感到多么不愉快！我现在希望的是，一次或两次成功地购买能够弥补我已经花了的无用的花费；就此我对这种希望非常怀疑。再说为谁以及为了什么我要为科学院勤恳而系统地工作？我们学术协会并不十分关心我，这使我打消为其做些什么的愿想。①

由此信可知，克罗特科夫一方面也给了吐鲁番的阿克萨卡尔阿赫拉尔汉100两用以为其购买文物，并对阿赫拉尔汉将为他们二人买到的文物的分属问题表示了担心；另一方面克罗特科夫拒绝了奥登堡提

① Переписка Н.Н.Кроткова и С.Ф.Ольденбурга // Восточный Туркестан и Монголия. История изучения в конце XIX – первой трети XX века. Т.I: Эпистолярные документы из архивов Российской академии наук и Турфанского собрания. чл.-корр. РАН М.Д.Бухарина（ред.）, М.: Памятники исторической мысли, 2018. С.559.

出的请其代购文物的提议，但后经双方协商，克罗特科夫在 1910 年 3 月 1 日的信中表示："为了完全消除怀疑竞争的可能性，今后我获得的所有文物都将寄给您，并由您全权处理。如果我有幸被民族学博物馆选为通讯员，这对我来说将是莫大的荣幸。"[①] 1911 年初，克罗特科夫得偿所愿，收到了俄国科学院人类学与民族学博物馆通讯员及俄国中亚和东亚研究委员会通讯院士头衔的证书。[②] 1909 年 12 月 30 日的信还透露从新疆当地居民中找寻的文物收购"代理人"往往不可靠，同时也反映出当时新疆的"寻宝热"。

克罗特科夫是在"中亚考察热"和英俄"大博弈"的时代背景下，任俄国驻乌鲁木齐领事，并在其位发挥了重要作用。克罗特科夫与奥登堡的数十封往来信函透露出克罗特科夫在新疆的政治、外交、文化活动的具体细节和手段，如挖掘遗址与文物资料收集、政治外交活动、协助奥登堡考察等，可为研究中俄外交提供新的史料和视角。

在克罗特科夫与奥登堡的往来信函中涉及克罗特科夫与清政府的一些官员的往来，奥登堡在两次考察中也与清末新疆的一些地方官员有过往来。在存储于俄罗斯科学院档案馆中的奥登堡中文馆藏资料中保存有一些中国官员的名帖，并且这些名帖背面有奥登堡留下的注释。虽然奥登堡两次考察获取到的名帖混杂在了一起，但通过这些名帖，

---

① Переписка Н.Н.Кроткова и С.Ф.Ольденбурга // Восточный Туркестан и Монголия. История изучения в конце XIX – первой трети XX века. Т.I: Эпистолярные документы из архивов Российской академии наук и Турфанского собрания. чл.-корр. РАН М.Д.Бухарина (ред.) , М.: Памятники исторической мысли, 2018. С.567.

② Переписка Н.Н.Кроткова и С.Ф.Ольденбурга // Восточный Туркестан и Монголия. История изучения в конце XIX – первой трети XX века. Т.I: Эпистолярные документы из архивов Российской академии наук и Турфанского собрания. чл.-корр. РАН М.Д.Бухарина (ред.) , М.: Памятники исторической мысли, 2018. С.572.

可以梳理出与奥登堡有过往来的清末地方官员的名单，如杨增新、荣霈、王树枏、彭绪瞻等。[①]目前这些名帖尚在整理中，这些材料的刊布将会对奥登堡与晚清边疆地方官员的往来交涉研究提供新的材料和视角。

奥登堡与克罗特科夫的上述信函披露出克罗特科夫在奥登堡新疆考察中发挥了重要作用的几点史实：一是克罗特科夫参与奥登堡新疆考察，代为收发信函、包裹、安排文物运输等，可见克罗特科夫在一定程度上是奥登堡 1909—1910 年考察的新疆联络人；二是克罗特科夫不仅为自己发掘、收购文物，还受奥登堡嘱托为科学院收购文物，在收购文物过程中甚至派专人有针对性地进行收购；三是奥登堡与克罗特科夫在收购新疆文物过程中，一方面相互竞争，另一方面又相互合作，双方皆旨在劫掠到更多的新疆文物。

第三节　通过俄籍阿克萨卡尔收购

奥登堡在新疆的文物收购活动，一方面是由其本人直接收购，另一方面则是通过“中间人”间接收购。其中吐鲁番、库车等地的俄籍阿克萨卡尔在奥登堡收购文物过程中发挥了极其重要的作用。

阿克萨卡尔“又作阿克沙哈勒，原为突厥语，意为长老、头目、首领、族长等。清道光年间，中亚浩罕汗国在喀什噶尔等城设商目，称‘呼岱达’，亦称‘阿克萨卡尔’。19 世纪下半叶，俄国在伊犁等城建贸易

①［俄］波波娃：《俄罗斯科学院档案馆 С.Ф. 奥登堡馆藏中文文献》，郝春文主编《敦煌吐鲁番研究》第 14 卷，上海：上海古籍出版社，2014 年，第 215 页。

圈，圈内俄国领事任命的商约（或商董）也称阿克沙哈勒，可代表当地俄国领事并在俄国领事直接指导下处理贸易圈内的日常事务，兼管圈内拘留所，掌有若干警官，维持圈内治安，并且还可代表贸易圈内俄民向领事反映意见和要求”①。阿克萨卡尔还有另一层解释——突厥语音译，原意为“白胡子”，引申为“德高望重的长者”“绅耆”，旧时新疆柯尔克孜族亦用以称其主要头人。②

本书提到的阿克萨卡尔专指19世纪下半叶由俄国驻中国新疆领事任命的称为“阿克萨卡尔”的商约、乡约或商董。

“阿克萨卡尔”在新疆一些地方的设立，始于浩罕汗国，由“呼岱达”演化而来，“呼岱达”中文也译作“胡岱达”“胡达依达”“呼岱依达”，意为商目、商头。据史料记载，18世纪中后期，清政府就在浩罕商人中“设立呼岱达，约束伊等买卖人安静贸易”③，“又查胡岱达一项，系专管在喀什噶尔贸易之浩罕回子，向来均由阿奇木伯克选派，霍罕伯克从不干预”。④可见，呼岱达是由清政府基层官员阿奇木伯克挑选任命老成持重的浩罕商人担任，辅助新疆地方官吏，约束管理浩罕商人，以保证贸易正常进行。其任免、具体活动都由清新疆地方官吏管辖，与浩罕没有任何关系。⑤

19世纪前期，浩罕作为中亚重要的商业中转国，“浩罕的贸易活

① 余太山等主编：《新疆各族历史文化词典》，北京：中华书局，1996年，第62页。

② 陈永龄等主编：《民族词典》，上海：上海辞书出版社，1987年，第630页。

③《清实录》第12册《高宗实录》卷283，乾隆十二年（1747）正月庚申，北京：中华书局1985年影印本，第21页。

④《清实录》第32册《仁宗实录》卷366，道光十六年（1836）五月癸未，北京：中华书局1986年影印本，第18页。

⑤ 张永新：《从呼岱达到商（乡）约——清以来外国商人头目在新疆的发展考察》，《内蒙古农业大学学报（社会科学版）》2010年第1期，第312页。

动中尤以对清代新疆的贸易有着重要的意义”，随着浩罕国力的增强，试图进一步扩大与清政府的贸易，插手干涉新疆与浩罕的贸易。1820年，浩罕国“请添阿克萨哈尔管理买卖事务”，并在没有知会的情况下直接向喀什噶尔派驻了阿克萨卡尔，被清廷严令谴责，浩罕仍暗中派遣阿克萨卡尔。

1834年夏，浩罕向北京派遣了使臣，重新提出要求，即在喀什噶尔派驻享有领事权和向六城地区所有外商征税权力的代表。清朝的档案资料中没有记录使臣在离开之前已将1832年的谅解变成与清帝的直接协定中，并加以扩大，迫使清帝承认浩罕派遣使节到北京来的真正的目标，即：

（一）浩罕有权在喀什噶尔派驻一名政治代表（即阿克沙哈勒），并在乌什、喀什噶尔、英吉沙尔、阿克苏、叶尔羌、和阗派驻商务代办（也称阿克沙哈勒），他们受喀什噶尔代表的管辖。

（二）这些阿克沙哈勒应有领事权力，对来到六城地区的外国人有行使司法和治安权限。

（三）阿克沙哈勒有权对运入六城地区的全部货物征收关税。①

实际上，1831年清政府只是准许按旧例从浩罕商人中挑选一人充任“呼岱达”，协助清政府管理浩罕商务，并未同意由浩罕政府派驻“阿克沙哈勒”，更不承认“阿克沙哈勒”对外商有管辖权。②而后来浩罕趁张格尔叛乱、阿古柏入侵之际，往喀什噶尔擅自派驻“阿克沙哈勒”，

①［美］费正清编，中国社会科学院历史研究所编译室译：《剑桥中国晚清史》上卷，北京：中国社会科学出版社，2006年，第412页。

②《清实录》第37册《宣宗实录》卷283，道光十六年（1836）五月癸未，北京：中华书局1986年影印本，第356页。

但清政府仍把他们当作“商头”和“大班”看待。[①]1876 年，俄国吞并浩罕，直接接管了浩罕派驻新疆的“阿克沙哈勒”。

随着 1851 年、1860 年中俄《伊犁塔尔巴哈台通商章程》《北京条约》的签订，俄国向我国新疆大规模渗透，在喀什噶尔、伊犁、塔城皆设领事，领事以下各处设有代理，名曰“阿克萨哈尔”[②]，又“查新疆通商各城于迪化省城，……各处俄国领事署中均设副领事官，……其不设领事之处，则由商民公举代表一人曰阿克沙哈勒，即商务董事之意，亦有沿用乡约旧名者”[③]。可见，“阿克萨卡尔”又称“乡约”，代表当地俄国领事并在俄国领事直接指导下处理贸易圈内的日常事务，“各地领事和商约结成了旅居新疆俄国商民的管理体系”[④]。

俄罗斯科学院档案馆圣彼得堡分馆收藏有奥登堡新疆考察期间的一件汉文文书（馆藏编号全宗 208，目录 1，第 130 号，第 75 页），该文件中明确提到了“俄乡约”及其职能：

（1）扎　　库车州

（2）［印章:］钦命二品衔

甘肃新疆镇迪兵备道兼按察使陆军督练□□

参议官兼参谋处总办随带加六级记录二十次

（3）为札饬事。案准

① 余绳武：《殖民主义思想残余是中西关系史研究的障碍——对〈剑桥中国晚清史〉内容的评论》，中国社会科学院近代史研究所科研组织处编《走向近代世界的中国——中国社会科学院近代史研究所成立 40 周年学术讨论会论文选》，成都：成都出版社，1992 年，第 39 页。

②［清］王树枬纂修，朱玉麒整理：《新疆图志》上册，上海：上海古籍出版社，2015 年，第 398—399 页。

③［俄］尼·维·鲍戈亚夫连斯基著，新疆大学外语系俄语教研室译：《长城外的中国西部地区》，北京：商务印书馆，1980 年，第 274 页。

④ 厉声：《新疆对苏（俄）贸易史（1600—1990）》，乌鲁木齐：新疆人民出版社，1994 年，第 129 页。

（4）驻乌鲁木齐俄领事官科照称：兹有寄

（5）致俄翰林额勒敦布查第五百二十八号包

（6）封一个相应备文，照请贵道饬驿进至库

（7）车州，交该处俄乡约哈勒木哈灭得转呈。

（8）该俄翰林查收可也。为此照会，烦请查照

（9）施行。等因。到司准此合行札，饬为此札。仰

（10）该州即便道，照饬差妥，交该处俄乡约哈

（11）勒木哈灭得，转呈该俄翰林额勒敦布查收，

（12）并取收条存查，切切。此札。

（13）计付包封一个。

（14）宣统元年十一月[①]

该公文中的“俄乡约哈勒木哈灭得”即下文中要提到的库车阿克萨卡尔哈利–穆罕默德。由上述公文可知，俄阿克萨卡尔在清末公文中也作“俄乡约”，其职责有代收信函、包裹、公文，转达通知等，职权类似我国乡约。[②]

俄国派驻新疆各地的俄籍阿克萨卡尔，一方面负责打理当地俄商的日常贸易事务，维持秩序；另一方面还负责收集情报，利用各种手段不断加深对我国新疆的渗透，如以金钱笼络回民，[③]以免除商税为

①［俄］波波娃：《俄罗斯科学院档案馆 C.Φ. 奥登堡馆藏中文文献》，郝春文主编《敦煌吐鲁番研究》第 14 卷，上海：上海古籍出版社，2014 年，第 215—216 页。笔者在原录文基础上做了部分修订。

② 乡约，清代乡村小吏，不入品级。原在回、汉族居民中设置。光绪十年（1884）新疆建省后，维吾尔、柯尔克孜族中亦设此职，以所裁部分伯克充任，酌给租粮。参见郑天挺、谭其骧主编：《中国历史大辞典》上册，上海：上海辞书出版社，2010 年，第 249 页。

③［清］王树枏纂修，朱玉麒整理：《新疆图志》上册，上海：上海古籍出版社，2015 年，第 399 页。

诱饵，鼓动当地居民改入俄籍。[①]这些遍布新疆的俄籍阿克萨卡尔，还于1912年夏在新疆和田制造了“策勒村事件”，妄图颠覆和分裂我国新疆。[②]直至俄国十月革命后苏联成立，俄籍阿克萨卡尔才逐渐退出历史舞台。[③]

在俄国驻乌鲁木齐领事克罗特科夫1910年3月1日写给奥登堡的信中，透露了有关阿克萨卡尔在新疆协助俄国进行扩张的活动：

> 俄商对阿赫拉尔汉不满，因此，根据他们的要求可以用另一个人代替阿赫拉尔汉。如果我被迫将阿赫拉尔汉从吐鲁番阿克萨卡尔的职位上撤下，他将失去对当地村社的一切影响和意义，并且也就完全不适合担任收集文物代理人的角色。在我所说的顾虑中，其中的一点已经得到证实：1月12日，那些居住在乌鲁木齐的买卖人，通过在吐鲁番进行的大型贸易的掌柜和其代办，向我递交了呈文，呈文中他们抱怨来自吐鲁番阿克萨卡尔的援助非常少，并请求任命另一个人——阿布巴基尔·亚雷舍夫（Абубакир Ялышев）取代阿赫拉尔汉的位置。我不得不承认商人的抱怨完全是公道的：由于腿脚不利索，阿赫拉尔汉几乎从不离开家，很少去吐鲁番京官（Тин-гуан）衙门，这自然对在吐鲁番的俄民与中国人之间的事务产生了不利影响。为了更好地监控中国人在吐鲁番警署的活动，领事馆还是需要有一个精力充沛、健康、行动敏捷的人，而不是一个只会说别人是非且病恹恹的老头。因此，非我所愿，但有必要用阿布巴基尔·亚

① 谢彬：《国防与外交》，上海：上海中华书局，1926年，第32页。

② 傅孙铭编：《沙俄侵华史简编》，长春：吉林人民出版社，1982年，第390—393页。

③ 张永新：《从呼岱达到商（乡）约——清以来外国商人头目在新疆的发展考察》，《内蒙古农业大学学报（社会科学版）》，2010年第1期，第316页。

雷舍夫或其他人来代替阿赫拉尔汉。①

可见俄国驻新疆领事有权任命当地阿克萨卡尔，而阿克萨卡尔一方面需积极配合俄商开展贸易，为其提供便利；另一方面还负责搜集新疆各地情报、文物。

俄籍阿克萨卡尔在奥登堡新疆考察中发挥了重要作用，在奥登堡与克罗特科夫的往来信函中多次提及阿克萨卡尔，如奥登堡在 1909 年 12 月 12 日从焉耆写给克罗特科夫的信中说：

> 不论到什么地方我都被招待得很好，满是关心和关照。在这里，甚至一位武官借调了两个士兵来守卫阿克萨卡尔家的大门，我在那里住了两天。阿克萨卡尔给您写了关于写本的信；别人只给他寄来了一些碎片，唉，在某种程度上是写本粉末。在这里，我重复见到了在吐鲁番见到的同样的事情，当地人把写本留在家里，随意地卷起，它们被弄碎，直到毫无用处，想象一下字符碎片的价值！一些古梵文和印度文写本；如果箱子中确实有很多完整的纸页，那么这对于科学来说是一项有价值的发现。所有者害怕汉族人，现在他说他什么都没有，但是大概还是有些什么的。我很谨慎地讲，随同梵文碎片一块寄来的还有几乎没有价值的藏文咒语祈祷文，不是很古老。阿克萨卡尔去了他在恰格拉克的兄弟那里，我给了他钱用来购买，他从恰格拉克到库车，我了解到那里写本的命运。我向他解释说我正在和您一起行动。我认为您是这些写本的所有者（若

---

① Переписка Н.Н.Кроткова и С.Ф.Ольденбурга // Восточный Туркестан и Монголия. История изучения в конце XIX – первой трети XX века. Т.I: Эпистолярные документы из архивов Российской академии наук и Турфанского собрания. чл.-корр. РАН М.Д.Бухарина（ред.）, М.: Памятники исторической мысли, 2018. С.566-567.

是能够找到它们），如果您不赞成我为考察队购买它们，我随时随地会将它们转交给您。对我来说，重要的是安置好它们，以免它们变成灰尘，并为科学而拯救落在当地人手中的受到威胁的写本。但是，这一切看起来都像是一只未被杀死的熊的皮，我在这里习惯了在写本问题上失望，尽管写本很诱人。我会仔细地把它们包裹好。要到库车了！[①]

从这封信中，可以梳理出以下信息：

首先，新疆地方官对奥登堡颇为照顾，甚至派兵护卫。这在1909年11月30日奥登堡致克罗特科夫的信中也有谈到"在这里的两周，我在阿斯塔那拍摄了台藏塔，在斯尔克甫和连木沁峡谷拍了照片并在那里记录了些东西，完成了去往乌鲁木齐商队的装备，这要归功于地方官的殷勤，使商队得以带着一面公家的黄色旗帜和一名官兵上路"，[②]由此可见，清末新疆地方官在奥登堡考察期间，往往对其殷勤招待，并给予各种便利，从中亦可窥见清末新疆地方官府与外国探险家的往来交涉情况。[③]

第二，当地居民对待文物态度较随意，反映出清末民众文物保护

① Переписка Н.Н.Кроткова и С.Ф.Ольденбурга // Восточный Туркестан и Монголия. История изучения в конце XIX – первой трети XX века. Т.I: Эпистолярные документы из архивов Российской академии наук и Турфанского собрания. чл.-корр. РАН М.Д.Бухарина (ред.) , М.: Памятники исторической мысли, 2018. С.557-558.

② Переписка Н.Н.Кроткова и С.Ф.Ольденбурга // Восточный Туркестан и Монголия. История изучения в конце XIX – первой трети XX века. Т.I: Эпистолярные документы из архивов Российской академии наук и Турфанского собрания. чл.-корр. РАН М.Д.Бухарина (ред.) , М.: Памятники исторической мысли, 2018. С.555.

③ 荣新江：《19世纪末20世纪初俄国考察队与中国新疆官府》，荣新江著《辨伪与存真——敦煌学论集》，上海：上海古籍出版社，2010年，第188页。

意识不足，以及当地文物保存状况不良。奥登堡接下来 1910 年 1 月 27 日的信中将确切的工作细则交代给了尤勒达什拜 – 霍贾（Юлдашбай-ходжа），要求他一旦找到写本，要将每一件写本分开在盒子里放好，并加急递送给克罗特科夫，以降低写本损耗。从奥登堡交代的细则，以及信末“对我来说，重要的是安置好它们，以免它们变成灰尘，并为科学而拯救落在当地人手中的受到威胁的写本”的言论，体现出奥登堡的一些文物保护理念。但是，部分俄藏新疆文物在俄国并未得到妥善保护。

第三，奥登堡给银两请阿克萨卡尔代购文物之事，这在 1909 年 11 月 30 日和 1910 年 1 月 27 日奥登堡写给克罗特科夫的信中都有提及，其中 1909 年 11 月 30 日奥登堡给吐鲁番阿克萨卡尔 100 两白银用以购买文物的相关信件内容见上文，1910 年 1 月 27 日的相关信件部分内容如下：

> 阿克萨卡尔一直没有进展，我担心我无法等到带走较为完好的写本（如果它们存在的话），正如我写给您的信中所说那样，没有预先决定它们的归属问题。圣彼得堡的电报使我非常着急，科学院有很多事情要做，现在，显然，它们非常需要我。我会将确切的工作细则留给非常机灵的阿克萨卡尔的替代人尤勒达什拜–霍贾，细则——一旦找到写本，要将每一件分开在盒子里放好，并加急递送给您。您大概希望尽快将它们转寄给我以进行整理，请告知，您是如何看待它们的，如何看待考察队的或是您的（写本的）。我给了阿克萨卡尔200两用以旅行。[①]

① Переписка Н.Н.Кроткова и С.Ф.Ольденбурга // Восточный Туркестан и Монголия. История изучения в конце XIX – первой трети XX века. Т.I: Эпистолярные документы из архивов Российской академии наук и Турфанского собрания. чл.-корр. РАН М.Д.Бухарина（ред.）, М.: Памятники исторической мысли, 2018. С.564.

可见，奥登堡请吐鲁番、库车等地的阿克萨卡尔为其收购文物，具有广泛性，意在"广撒网"以获取更多文物。在 1 月 27 日的信中提到的给库车的阿克萨卡尔 200 两购买文物之事的后续，在之后 3 月 15 日和 4 月 2 日的信中有交代：

您之前的伙夫扎哈里到了。与他一起到的还有库车的阿克萨卡尔哈利–穆罕默德（Халь-мухамед）给我的一封信和两箱子文物。这两个箱子中，一箱是给您的，一箱是给我的。哈利－穆罕默德在信中写道，他在恰格拉克为您和我购买了3件佛像、2件铜铃、3件写本和几个带有古文字的纸包；上述物品花了94两。从阿克萨卡尔的信中可以明确看出，他将写本与佛像放在了一起。我认为，以这种形式进一步寄送写本将有可能损坏它们。因此，我打开了两个箱子并重新安置了文物。在给您的箱子中：2件佛像，2件藏文写本，1件铃铛和14件经文卷。给我的箱子中包含1件佛像，1件铃铛，1件藏文写本和12件经文卷。我将这3件藏文写本放在了一起，在随同这封信寄给您的一件包裹中，用轻邮寄的。铜件我会过三天左右用慢信寄给您。

请接受我从哈利－穆罕默德那收到的文物（以防它们被混淆，我做了特别标记），并请将之视作考察队的。①（3月15日信件）

4月2日，连同公家的第80号慢信，我寄给了科学院民族学博物馆，以便将从阿克萨卡尔哈利－穆罕默德那里收到的剩余款项转交

① Переписка Н.Н.Кроткова и С.Ф.Ольденбурга // Восточный Туркестан и Монголия. История изучения в конце XIX – первой трети XX века. Т.I: Эпистолярные документы из архивов Российской академии наук и Турфанского собрания. чл.-корр. РАН М.Д.Бухарина（ред.）, М.: Памятники исторической мысли, 2018. С.568-569.

给您。阿克萨卡尔寄给我的佛像和铃铛上贴有条子。这些东西，像早前在第36号包裹中寄去给您的写本那样，请接受我的这些，并将之视作考察队所获。[①]（4月2日信件）

通过 1910 年 1 月 27 日和 3 月 15 日、4 月 2 日的信件，可以揭示出奥登堡新疆考察获取文物的阿克萨卡尔支线完整途径：奥登堡给阿克萨卡尔钱款请其代购文物——阿克萨卡尔获取文物后直接交给奥登堡或是转交给克罗特科夫——克罗特科夫再转寄给奥登堡。在 3 月 15 日和 4 月 2 日的信中克罗特科夫请奥登堡将其转给他的文物视为考察队所获，很可能奥登堡新疆考察所获文物中就包含有克罗特科夫转给他的部分文物。

库车的阿克萨卡尔哈利－穆罕默德，因表现突出还曾多次受到俄国政府的嘉奖。1908 年 10 月 24 日，沙皇尼古拉二世应俄国中亚和东亚研究委员会主席拉德洛夫院士的申请，授予“一直为我们在中国西部的科研考察效力”的哈利－穆罕默德·拉赫梅特·乌拉耶夫（Халь-Мухаммед Рахмет Уллаев）银牌。银牌上刻有“为尽心竭力而嘉奖”，银牌配有绶带可以戴在脖子上。[②]此外，1908 年 11 月 17 日，外交大臣恰雷科夫（Н.В.Чарыков，1855—1930）的朋友告诉拉德洛夫，根据外交部负责人伊兹沃利斯基（А.П.Извольский）的提议，通过土耳其斯坦总督米先科（П.И.Мищенко）的书面文件拟“授予我们在库车

① Переписка Н.Н.Кроткова и С.Ф.Ольденбурга // Восточный Туркестан и Монголия. История изучения в конце XIX – первой трети XX века. Т.I: Эпистолярные документы из архивов Российской академии наук и Турфанского собрания. чл.-корр. РАН М.Д.Бухарина（ред.）, М.: Памятники исторической мысли, 2018. С.569.

② Пухарин М.Д., Тункина И.В. Русские Туркестанские экспедиции в письмах С.М.Дудина к С.Ф.Ольденьбургу из собрания санкт -перерпургского филиала архива РАН. ВОСТОК. 2015. С.110

的俄国公民商董哈利－穆罕默德·拉赫梅特·乌拉耶夫一等荣誉袍”[①]。从奥登堡新疆考察简报“我在库车安顿好了，住在好客的哈利·穆罕默德阿克萨卡尔的房子里，阿克萨卡尔现如今已经去世了”。[②]可知奥登堡在1910年结束新疆考察后,仍与哈利－穆罕默德有着音讯往来,哈利－穆罕默德当是在奥登堡新疆考察简报出版的1914年之前去世的。

此外，阿克萨卡尔还直接参与到奥登堡新疆考察中的实地发掘工作中,如奥登堡考察日记中记录有“1909年8月22日:在初步察看后，决定今天开始工作。因为要向焉耆发送邮件,所以耽搁了。5点起床后，我与比萨姆拜[③]和库尔勒的阿克萨卡尔萨比尔（Сабир）一起于8点开始工作,后来有个路过的萨尔特人给帮了一会儿忙。工具有:3把铁锹、丁字镐、芨芨草做的小扫帚、折叠刀”。[④]

阿克萨卡尔是19世纪末20世纪初特殊时代背景下的产物。俄籍阿克萨卡尔是奥登堡新疆考察中极为重要的一环，不仅帮助奥登堡收购文物，还帮助置办考察物资，如奥登堡在1909年10月5日和28日写给克罗特科夫的信中说 :“有件事要求您 : 请您将随信所附的尺码转达给阿克萨卡尔，以便其为两个哥萨克人订购靴子 ,”[⑤]“请阿克

---

① Пухарин М.Д., Тункина И.В. Русские Туркестанские экспедиции в письмах С.М.Дудина к С.Ф.Ольденьбургу из собрания санкт -перерпургского филиала архива РАН. ВОСТОК. 2015. С.110.

② Ольденбург С. Ф. Доклад С.Ф.Ольденбурга на заседании ВОРАО 16 декабря 1910 г., ЗВОРАО, 1912（21）: 11-17; С.Ф.Ольденбург. Русские археологические исследования в Восточном Туркестане, Казанский музейный вестник. 1921（1-2）, С.56.

③ 即奥登堡新疆考察中的马夫。

④ Дьяконова Н.В. Шикшин. Материалы первой Русской Туркестанской экспедиции академика С.Ф.Ольденбурга. 1909-1910. М.: Изд. фирма “Вост. лит.” РАН, 1995. С.100.

⑤ Переписка Н.Н.Кроткова и С.Ф.Ольденбурга // Восточный Туркестан и Монголия. История изучения в конце XIX – первой трети XX века. T.I: Эпистолярные документы из архивов Российской академии наук и Турфанского собрания. чл.-корр. РАН М.Д.Бухарина（ред.）, М.: Памятники исторической мысли, 2018. С.543.

萨卡尔给找一辆四轮马车，并物色雇两辆三套车。”[①]此外，阿克萨卡尔与俄国驻新疆领事间的往来互动，揭示出阿克萨卡尔协助俄国驻新疆领事收购文物的过程，以及在新疆为俄国政府收集清政府情报的过程。同时，也为观察俄国驻新疆领事与地方社会之间的互动提供了一个新视角。由此也可见，阿克萨卡尔在近代俄国妄图渗透新疆的过程中扮演了极其重要的角色。

小　结

通过梳理分析奥登堡与俄国驻乌鲁木齐领事克罗特科夫的往来信函，能够发现一些以往少为人知的史实，对以往旧说可有所补正，也可对这一时期新疆文物流失的复杂多面性有更多了解与更深的认识。

首先，奥登堡考察队一方面通过非法清理发掘与“取样”“保护”获取文物，而且这方面获取到的文物所占比重极大；另一方面则通过直接和间接的非法收购获取，包括奥登堡本人与当地文物贩子进行直接交易的收购、通过新疆的俄籍阿克萨卡尔的间接收购等。其中文物贩子“吉萨”的形象尤为突出，吉萨在某种程度上是19世纪末20世纪初“中亚考察热”背景下，新疆众多文物贩子的一个缩影，具有典型性。

其次，俄国驻乌鲁木齐领事克罗特科夫曾协助奥登堡进行文物收

① Переписка Н.Н.Кроткова и С.Ф.Ольденбурга // Восточный Туркестан и Монголия. История изучения в конце XIX – первой трети XX века. T.I: Эпистолярные документы из архивов Российской академии наук и Турфанского собрания. чл.-корр. РАН М.Д.Бухарина（ред.）, М.: Памятники исторической мысли, 2018. C.549.

购，甚至为奥登堡代购文物，并转赠过奥登堡少量文物，因此奥登堡新疆考察所获文物中有一部分系克罗特科夫所赠。克罗特科夫在一定程度上是奥登堡 1909—1910 年考察的新疆联络人，不仅代为收发信函、转寄包裹、安排运输文物等后勤事宜，还协助考察队进行勘测发掘、收购文物等活动。

最后，俄籍阿克萨卡尔在奥登堡新疆考察中扮演了极其重要的角色，他们一方面替奥登堡、克罗特科夫进行文物收购，另一方面协助考察队完成后勤事务，如为考察队购置皮靴、物色大车等。19 世纪末 20 世纪初，新疆各地的俄籍阿克萨卡尔是俄国探险家和驻华领事进行实地考察、文物收购、情报收集中重要的一环。

总而言之，奥登堡与俄国驻乌鲁木齐领事克罗特科夫的往来信函包含有大量信息，具有重要价值，是了解一百多年前奥登堡新疆考察获取文物途径、近代中俄外交、边疆贸易往来、文物交易与流散等的珍贵新史料，对研究 19 世纪末 20 世纪初外国探险家在中国西北的考察具有重要意义。

第五章　1914—1915 年敦煌考察

1914—1915 年，奥登堡考察队对敦煌进行了考察，获取到大量敦煌写本，并对敦煌石窟进行了首次系统地清理、勘测和记录，使得俄罗斯成为当今敦煌文献四大收藏地之一。本章首先对 19 世纪末 20 世纪初俄国人敦煌考察进行简要梳理，其次根据俄方首次公布的《杜金敦煌考察日记》《龙贝格返程日记》，以及考察信函等，对奥登堡考察队敦煌考察往返时间和路线、抵达莫高窟的确切时间等进行论述，最后对三名考察队员做简略介绍。

第一节　1914 年前俄国人敦煌考察活动

自 1900 年敦煌藏经洞被发现，在此后的二三十年间，西方探险家蜂拥而至，采取各种手段，通过多种途径从敦煌劫掠走大批珍贵文物。此前在谈及欧洲人到达莫高窟获取藏经洞文物时，国内外有学者认为，俄国学者奥布鲁切夫是第一个抵达莫高窟，并获取藏经洞文物的欧洲人。例如：日本学者金冈照光在其著作中，以奥布鲁切夫游记为依据，认为他是第一个到莫高窟获取到敦煌藏经洞文物的欧洲人；[①] 耿昇称："1900 年藏经洞发现，之后，欧洲探险家纷至沓来，第一个捷足先登的是俄国地质学家奥布鲁切夫（1905 年），1907 年是英国人斯坦因，1908 年是法国人伯希和"；[②]陆庆夫、齐陈骏称："这一消息不胫而走，西方国家的'学者们'闻风而至。先是俄国的奥布鲁切夫，骗取了两大包各种文本的手稿。"[③]

B.A. 奥布鲁切夫（B.A.Обручев，1863—1956），俄国著名地质学家、地理学家、古生物学家，苏联科学院院士，苏联地理学会名誉会长，伦敦地理学会、柏林自然地理学会、汉堡等地理学会会员。1881 年进入圣彼得堡矿业学院学习，1885 年毕业。1888 年成为伊尔库茨克矿业管理局编制内地质工作者，1901 年应邀担任托木斯克工业大学采矿部主任。1905 年、1906 年、1909 年被托木斯克工业大学派遣到中国喀什噶尔边境与沙漠地带进行了三次地质考察。此外，奥布鲁切夫还是著名科幻小说家，代表作《萨尼科夫发现地（Земля Санникова）》。

此前，国内外有学者认为奥布鲁切夫是首个抵达敦煌获取藏经洞文物的欧洲人，多是依据其晚年所写探险游记《在中亚荒漠中——寻宝人札记(В дебрях Центральной Азии. Записки кладоискателя)》[④]，奥布鲁切夫在游记中以寻宝人的视角，讲述了寻宝人到敦煌石窟寺以

① Меньшиков Л.Н. К изучению материалов Русской Туркестанской экспедиции 1914-1915 гг. // Петербургское востоковедение. 1993. Вып. 4. С.325.

② 耿昇：《中法文化交流史》，昆明：云南人民出版社，2013年，第621页。

③ 陆庆夫、齐陈骏：《陈寅恪先生与敦煌学》，纪念陈寅恪教授国际学术讨论会秘书组编《纪念陈寅恪教授国际学术讨论会文集》，广州：中山大学出版社，1989年，第467页。

④ Обручев В.А. В дебрях Центральной Азии. Записки кладоискателя. М. 1995. 中文译本：［苏联］费·阿·奥勃鲁切夫著，王沛译：《荒漠寻宝》，乌鲁木齐：新疆人民出版社，2010年。

数十两银子和石蜡，换取了两大包敦煌文献的事情。

但是，俄国著名东方学家孟列夫 1993 年在《1914—1915 年奥登堡敦煌考察资料研究》中指出，奥布鲁切夫虚构了敦煌寻宝的情节，即书中的主人公在莫高窟购买了写卷，并将其送到圣彼得堡，后经科学院专家研究发现，所有写卷全是伪造的。实际上，奥布鲁切夫书中敦煌寻宝的情节取材自俄国探险家普尔热瓦尔斯基的书籍。[①]

在奥登堡 1914 年到达敦煌之前，1907 年，斯坦因就已经抵达敦煌，并获取了大量敦煌藏经洞文物。法国汉学家伯希和紧随斯坦因之后抵达敦煌，于 1908 年从王道士手中获取了大量藏经洞中的珍品。伯希和在经北京返回法国途中，在北京向一些中国学者展示了部分写本，引起了中国学界的轰动，使中国学者们意识到敦煌藏经洞无可估量的价值。[②]1909 年，中国学界成立了特别委员会，随后在该委员会的敦促下，清政府下令将藏经洞中的剩余藏品运到北京。

而早在 19 世纪末，斯坦因、伯希和到达敦煌前，俄国就已有两位旅行家 В.И. 罗博罗夫斯基和 Н.М. 普尔热瓦尔斯基到达过敦煌莫高窟，并对敦煌石窟进行过简略考察。

В.И. 罗伯罗夫斯基（В.И.Роборовский，1856—1910），俄国杰出的中亚探险家、上校、中亚军事研究员，是 Н.М. 普尔热瓦尔斯基的学生和助手。罗伯罗夫斯基曾跟随普尔热瓦尔斯基分别于 1879—1880 年、1883—1885 年进行过两次探险，还参加过 М.В. 佩夫佐夫（М.В.Певцов，1843—1902）1889—1890 年考察，并且曾于 1893—

① Меньшиков Л.Н. К изучению материалов Русской Туркестанской экспедиции 1914-1915 гг. // Петербургское востоковедение. 1993. Вып. 4. С. 325.

② 王冀青：《伯希和1909年北京之行相关日期辨正》，《敦煌学辑刊》2011年第4期，第139页。

1895 年率领考察队在天山东部、西藏北部地区进行考察。

B.И. 罗博罗夫斯基在天山考察途中，于 1894 年考察了敦煌莫高窟，他曾在报告中写道："这些古老的寺庙曾不止一次地遭到破坏和重建，而最近的一次是在 1862—1863 年东干人起义期间。目前，中国人又开始逐渐地恢复这些洞窟的正常秩序了。住在这里的和尚（4 人）抱怨说，政府对洞窟的修整没有任何津贴，而私人的捐助基本上没有，他们暂时只修整了 5~6 个洞窟，重新清理了这些洞窟的入口、完成了木质栈道修建，并修整了和尚们的僧舍。香客和信徒们会于每年的农历四月初一至初八聚集到这里来，在这期间有上万名朝圣者会涌到这里来。"①

H.M. 普尔热瓦尔斯基（Н.М.Пржевальский，1839—1888），俄国 19 世纪著名的探险家和旅行家，最为知名的成就是发现罗布泊和"普氏野马"。普尔热瓦尔斯基曾进行过四次中亚考察，分别是：1870—1873 年蒙古考察、1876—1877 年罗布泊考察、1879—1880 年西藏考察、1883—1885 年天山考察。

1897 年，H.M. 普尔热瓦尔斯基在其第一次西藏考察途中考察了敦煌附近的莫高窟，他称之为"千佛洞"。② 1897 年，普尔热瓦尔斯基由一位老喇嘛引路去了敦煌莫高窟，做了简略考察。③普尔热瓦尔斯基在考察报告中对敦煌石窟的两个主塑像，他称之为"大佛像"和"中

① Труды экспедиции ИРГО по Центральной Азии. Ч.1. Отчет начальника экспедиции В.И.Роборовского. СПб., 1900.Отдел 1. С. 218.

② Пржевальский Н.М. Из Зайсана через Хами в Тибет и на верховья Желтой реки. СПб., 1883. С. 100-101.

③ Меньшиков Л.Н. К изучению материалов Русской Туркестанской экспедиции 1914-1915 гг. // Петербургское востоковедение. 1993. Вып. 4. С. 325.

佛像”的塑像进行了描述：“在一间特别的建筑内有整个洞窟群最大的两座佛像。其中一座名为“大佛像”，……高12~13俄丈，宽6~7俄丈，脚长3俄丈，两脚大拇指间距6俄丈。这座大佛像曾遭到东干人的破坏。另一座大佛像，被称为“中佛像”，尺寸约是第一座佛像的一半。”[①]在普尔热瓦尔斯基到达敦煌的两个月前，匈牙利Б. 塞切尼（Б.Сечени）考察队曾抵达过这里。Н.М. 普尔热瓦尔斯基曾这样写道：“到目前为止，我们没有得到关于这个地方有值得关注之处的任何信息。在此之前，塞切尼伯爵从沙洲出发考察过这里。”[②]

可知，塞切尼、普尔热瓦尔斯基、罗博罗夫斯基都曾对敦煌石窟进行过初步考察，但在当时都未引起学界注意。[③]

此外，1900年王道士发现藏经洞后，曾将部分写卷、彩绘佛像等送给当地官吏，其中安肃兵备道道台廷栋也辗转得到了一些藏经洞文物，他曾将几件写卷赠送给了一名比利时人，此人曾在肃州税务部门供职过。В.А. 奥布鲁切夫曾于1893年在肃州见过他，并称他为斯普林格尔德[④]（Сплингерд）。[⑤]斯普林格尔德在途经新疆时，又将写卷转赠给了当地地方官。之后不久，敦煌发现藏经洞的消息传入正在新疆考察的斯坦

① Пржевальский Н. М. Из Зайсана через Хами в Тибет и на верховья Желтой реки. СПб., 1883. С. 101.

② Н.М.普尔热瓦尔斯基：《从斋桑经哈密到西藏再到黄河上游（Из Зайсана через Хами в Тибет и на верховья Желтой реки）》，圣彼得堡，1883年，第100页。

③ Меньшиков Л.Н. К изучению материалов Русской Туркестанской экспедиции 1914-1915 гг. // Петербургское востоковедение. 1993. Вып. 4. С. 325.

④ 斯普林格尔德曾是一名泥瓦匠，受雇于一名传教士来到中国后，学会了中文，并起汉名“林辅臣”。他后来还曾以翻译身份陪同李希霍芬考察中国，并因此了解到各地的风俗习惯，后来成为多个欧洲商行的代理人。参见Меньшиков Л.Н. К изучению материалов Русской Туркестанской экспедиции 1914-1915 гг. // Петербургское востоковедение. 1993. Вып. 4. С.327.

⑤ Меньшиков Л.Н. К изучению материалов Русской Туркестанской экспедиции 1914-1915 гг. // Петербургское востоковедение. 1993. Вып. 4. С.327.

因耳中，斯坦因之前曾从匈牙利塞切尼探险队队员德洛奇（Делоци）处得知一些有关敦煌的情况。塞切尼考察队于1879—1880年考察途中，简单考察了敦煌石窟，并对石窟做了简略的描述。[①]斯坦因获悉敦煌石窟写卷的情况后，很快于1907年3月15日动身赶赴敦煌。[②]

1909—1910年，奥登堡新疆考察因经费、装备、时间等条件所限，未能前往敦煌，对此奥登堡深表遗憾。俄国中亚和东亚研究委员会在详细了解了1909—1910年奥登堡新疆考察所获文物后，决定进一步推进俄国在中亚地区的考察。俄国当时所积累的从中亚地区获取的资料，需要找出可靠的依据来确定佛教艺术古迹发展的时代脉络，需要搜集有关这一艺术风格更丰富多样的材料。[③]

对敦煌莫高窟进行深入考察，一方面能够对收集的文物资料断代提供可靠的依据；另一方面，俄国时刻关注着各竞争对手在中亚地区的考察动向，不甘落后于英、法、日等国。因此仔细勘探敦煌莫高窟是奥登堡1914—1915年敦煌考察的首要任务，就此他制定了非常翔实的考察计划。[④]

1914年3月29日（4月11日），在俄国中亚和东亚研究委员会的会议上，奥登堡进行了敦煌考察提案汇报，该提案获得中国新疆考

① Gustav Kreitner. Im Fernen Osten. Reisen des Graf Bela Szecheni in Indien, Japan, China, Tibet und Birma in den Jahren 1877-1880. Wien, 1881, S. 667-670.

② Меньшиков Л.Н. К изучению материалов Русской Туркестанской экспедиции 1914-1915 гг. // Петербургское востоковедение. 1993. Вып. 4. С. 327.

③ Восточный Туркестан и Монголия. История изучения в конце XIX – первой трети XX века. Том II: Археологические, географические и исторические исследования / Под ред. чл.-корр. РАН М.Д.Бухарина. М.: Памятники исторической мысли, 2018 С.28-31.

④ Попова И.Ф. Вторая Русская Туркестанская экспедиция С.Ф.Ольденбура (1914-1915) // Российские экспедиции в Центральную Азию в конце XIX – начале XX века / Сборник статей. Под ред. И.Ф. Поповой. СПб.: Славия, 2008. С.164.

古研究委员会的赞同。奥登堡在报告中称："此次考察旨在对敦煌石窟进行全面详细的调查研究。如果之后达到了预期目标，或者 11 月份摄影师和考古学家先行离开，影响工作的正常进行，我打算前往吐鲁番绿洲，并在那里工作直至春天。"考察工作原本预期为一年，拟在全面彻底考察莫高窟后，再前往吐鲁番绿洲考察，直到第二年春天。①考察总预算为 3.45 万卢布，其中 8000 卢布用在了装备购置上（包括多达 60 普特［1 普特≈ 16.38 千克］的摄影底片），②但实际配给的考察经费是 23682 卢布。③

根据 1909—1910 年考察的经验，奥登堡敦煌考察队同样由五名人员组成，以此次考察的发起人、东方学家、佛教艺术专家奥登堡院士为首，队员除曾参加奥登堡 1909—1910 年新疆考察的艺术家兼摄影师杜金外，还有摄影师兼画师 Б.Ф. 龙贝格（Б.Ф.Ромберг，1882—1935）、地形测绘师 Н.А. 斯米尔诺夫（Н.А.Смирнов，1890—？），以及考古学家 В.С. 比尔肯别尔格（В.С.Биркенберг，1890—1938）。④而奥登堡 1909—1910 年的新疆考察队，除奥登堡、杜金外，还有负责测绘的矿业工程师 Д.А. 斯米尔诺夫、负责发掘工作的考古学家卡缅斯基和彼得连科。对比两次考察队的人员构成，同样都是由五位队员

① Попова И.Ф. Вторая Русская Туркестанская экспедиция С.Ф.Ольденбура (1914-1915) // Российские экспедиции в Центральную Азию в конце XIX – начале XX века / Сборник статей. Под ред. И.Ф. Поповой. СПб.: Славия, 2008. С.164-165.

② Протоколы заседаний РКСА в историческом, археологическом и этнографическом отношении. 1914 год. Протокол № 2. Заседание29 марта. § 27. С.19-20.

③ Попова И.Ф. Вторая Русская Туркестанская экспедиция С.Ф.Ольденбура (1914-1915) // Российские экспедиции в Центральную Азию в конце XIX – начале XX века / Сборник статей. Под ред. И.Ф. Поповой. СПб.: Славия, 2008. С.165.

④ Скачков П.Е. Русская Туркестанская экспедиция 1914-1915 гг. // Петербургское востоковедение. 1993. Вып. 4. С. 314.

组成，但奥登堡敦煌考察队相较于新疆考察队减少了一名考古学家，增加了一名摄影师兼画师。显然，这与此次考察的对象敦煌石窟有关。得益于此次考察的人员配置，奥登堡敦煌考察队在敦煌考察期间，拍摄了千余张照片、临摹了大量壁画、测绘了四百余个洞窟。

第二节　奥登堡敦煌考察时间、路线

由于奥登堡敦煌考察的完整报告一直未整理公布，考察队成员的敦煌考察日记此前也未公布，限于以往俄方整理刊布出来的奥登堡敦煌考察资料过少，因此学界此前对奥登堡敦煌考察沿途时间线、路线的揭示较简略、不具体。比如：奥登堡考察队从阜康到哈密的行程此前一直未有过完整揭示；在 П.Е. 斯卡奇科夫（П.Е.Скачков，1892—1964）的文章中颠倒了哈密—安西的行程[①]；关于奥登堡考察队抵达乌鲁木齐的时间，此前学界多信从 И.Ф. 波波娃《1914—1915 年奥登堡敦煌考察》中给出的 1914 年 7 月 10 日（23 日），[②]但根据奥登堡考察日记、奥登堡与当时俄国驻乌鲁木齐领事 А.А. 季亚科夫的往来信函可知，奥登堡考察队到达乌鲁木齐的时间是 7 月 3 日（16 日）。

现根据奥登堡考察队旅行日记、考察报告、往来信函，以及《杜

① Скачков П.Е. Русская Туркестанская экспедиция 1914-1915 гг. // Петербургское востоковедение. 1993. Вып. 4. С. 315-316.

② Попова И.Ф. Вторая Русская Туркестанская экспедиция С.Ф.Ольденбура (1914-1915) // Российские экспедиции в Центральную Азию в конце XIX – начале XX века / Сборник статей. Под ред. И. Ф. Поповой. СПб.: Славия, 2008. С.165.

金敦煌考察日记》[①]和其他相关中外文资料，揭示出奥登堡考察队抵达莫高窟的确切时间、从圣彼得堡到莫高窟的完整时间线和路线。

根据奥登堡日记，1914 年 5 月 20 日（6 月 2 日）“晚 8 时 35 分，萨穆伊尔·马尔蒂斯维奇·杜金，维克多·谢尔盖维奇·比尔肯别尔格出发。谢尔盖·费多诺维奇·奥登堡，鲍里斯·费多诺维奇·罗别格和尼古莱·阿尔先耶维奇·斯米诺夫则于 5 月 30 日（6 月 12 日）下午 8 时 35 分离开彼得堡”。[②]可知，1914 年奥登堡考察队从圣彼得堡分成两小队出发，前后相隔 10 天，这一点最早由 И.Ф. 波波娃在《奥

图5-1 奥登堡考察队1915年2月离开敦煌时的驮运队
（图片由俄罗斯科学院档案馆圣彼得堡分馆提供）

① Восточный Туркестан и Монголия. История изучения в конце XIX – первой трети XX века. Том IV. Материалы Русских Туркестанских экспедиций 1909-1910 и 1914-1915 гг. академика С. Ф. Ольденбурга / Под общ. ред. М. Д. Бухарина, В.С. Мясникова, И.В. Тункиной. М.: «Индрик», 2020. С.315-364.

②［俄］С.Ф.奥登堡：《彼得堡到乌鲁木齐旅途日记》，俄罗斯国立艾尔米塔什博物馆、上海古籍出版社编《俄藏敦煌艺术品》Ⅵ，上海：上海古籍出版社，2005年，第409页。

登堡 1914—1915 年敦煌考察》[①]一文中指出。

奥登堡小队于 6 月 2 日（15 日）抵达鄂木斯克，并在鄂木斯克为全队队员购置了风镜。于 6 月 3 日（16 日）晚十点乘坐汽轮离开。6 月 8 日（21 日）抵达塞米巴拉金斯克，6 月 9 日（22 日）下午 8 点离开塞米巴拉金斯克，于 6 月 11 日（24 日）下午 3 点半抵达谢尔吉奥波尔，[②]13 日（26 日）下午 8 点抵达巴赫特，并会见了哥萨克卫戍司令。6 月 13 日（26 日）晚 10 点半到达塔城。[③]

根据杜金 6 月 11 日（24 日）写于塔城的日记：

> 我本人与比尔肯别尔格于5月20日晚上8:35从圣彼得堡出发。我们于凌晨4点抵达鄂木斯克。晚上8点，更确切地说是下午，我们乘“米哈伊尔·普罗特尼科夫（Михаил Плотников）”公司的轮船离开鄂木斯克。在鄂木斯克把行李从车站运到码头时，搬运工人撞倒了货运大车，行李箱掉进了水里，有些东西被弄湿了。一路直到塞米巴拉金斯克都是夏日好天气，有时有小雨。额尔齐斯（Иртыш）河的水位很高，我们准时抵达塞米巴拉金斯克，一路顺利。与一群来自塔夫里达（Таврида）[④]的移民同一批次到了巴甫洛达尔（Павлодар），[⑤]……从鄂木斯克到塞米巴拉金斯克的旅程恰好4

---

① Попова И.Ф. Вторая Русская Туркестанская экспедиция С.Ф.Ольденбура (1914-1915) // Российские экспедиции в Центральную Азию в конце XIX – начале XX века / Сборник статей. Под ред. И. Ф. Поповой. СПб.: Славия, 2008. С.165.

② 奥登堡新疆考察中，队员卡缅斯基 1909 年 6 月 19 日（7 月 2 日）曾自谢尔吉奥波尔给奥登堡写信，告知随后将从谢尔吉奥波尔进入塔城。

③［俄］С.Ф. 奥登堡：《彼得堡到乌鲁木齐旅途日记》，俄罗斯国立艾尔米塔什博物馆、上海古籍出版社编《俄藏敦煌艺术品》Ⅵ，上海：上海古籍出版社，2005 年，第 409 页。

④ 塔夫里达，18 世纪起克里米亚半岛的名称。

⑤ 巴甫洛达尔，哈萨克斯坦城市，州首府。

天，我们5日早上7点抵达塞米巴拉金斯克。

（该页日记背面）探险队成员：С.Ф.奥登堡、С.М.杜金、Н.А.斯米尔诺夫、В.С.比尔肯别尔格、Б.Ф.龙贝格。哥萨克:戈尔什科夫（Горшков）中士、韦廖夫金（Веревкин）、戈尔布诺夫（Горбунов）、米欣（Михин）、马诺欣（Манохин）、戈莫诺夫（Гомонов）、切尔尼科夫（Черников）。[①]

根据以上日记可知：第一，杜金小队凌晨 4 点抵达鄂木斯克，但没有具体说明是哪一日，又根据奥登堡旅行日记，两队乘坐的应该是同一班次列车,奥登堡小队 5 月 30 日(6 月 12 日)乘车途中因路基坏了，耽搁了 4 个小时，[②]于 6 月 2 日（15 日）抵达鄂木斯克，从圣彼得堡到达鄂木斯克共花了 3 天时间，因此杜金小队应是 5 月 23 日（6 月 5 日）凌晨 4 点抵达的鄂木斯克；第二，杜金小队 6 月 5 日（18 日）早上 7 点抵达塞米巴拉金斯克，路上用了 4 天时间，可知杜金小队应是 6 月 1 日（14 日）晚上 8 点离开的鄂木斯克；第三，杜金上述日记标注的时间、位置是“6 月 11 日于塔城”，因此可知杜金小队应该不晚于 6 月 11 日（24 日）抵达塔城。

杜金在入境塔城前，在塞米巴拉金斯克给奥登堡写过一封信，部分内容如下：

我们买了三辆带篷大车，只付了两辆的钱，因为我们担心钱不多

① Восточный Туркестан и Монголия. История изучения в конце XIX – первой трети XX века. Том IV. Материалы Русских Туркестанских экспедиций 1909-1910 и 1914-1915 гг. академика С. Ф. Ольденбурга / Под общ. ред. М. Д. Бухарина, В.С. Мясникова, И.В. Тункиной. М.: «Индрик», 2020. С.319-320.

②［俄］С.Ф. 奥登堡：《彼得堡到乌鲁木齐旅途日记》，俄罗斯国立艾尔米塔什博物馆、上海古籍出版社编《俄藏敦煌艺术品》Ⅵ，上海：上海古籍出版社，2005 年，第 409 页。

了，一到塔城不够花。我们还买了水壶（两个，每个3/4维德罗[①]）、锅（两口，尺寸相同）。我还给三辆大车买了马具。行李箱、包装箱等，我们用毡布打包好了。防水布不是从帐篷中取出的，因为专业的防水布通过邮件被寄往了塔城。

您可以到彼得·伊万诺维奇（Петр Иванович）（卡缅斯基兄弟贸易事务处的代理人）处取给您准备的带篷大车，我们建议您把帐篷里的帆布都取上。为方便折叠，帐篷最好拆卸掉。草席别扔，可以将之用作覆盖层和包装材料。（行李）手提箱，我们按照您的吩咐用毡布（灰色毡布价格是1卢布20~30戈比每俄尺）打包好了。打包大箱子得购置三块1俄尺宽7俄尺长的毡子，并将其纵向裁成两半。您还需为四轮马车购置垫子，可用白色轻便的毡毯（价格是2卢布到2卢布20戈比左右）做垫子。

我们随身带过来的物品，以及在这里购置的东西都带走了。为了不浪费您的时间，我会请代理人为您准备好毡布。

我有意没买感光板封套，因为比起我会在塔城中找到的轻便且合适的书写纸，它既贵又不轻便。

电报中余下的所有事项我们将尽快完成。[②]

由上述信件可知：第一，杜金小队先一步从圣彼得堡出发，为的是提前做好相关后勤事宜，如购置考察装备、打包行李、先一步安置打点等，这应该是基于1909—1910年新疆考察的经验而做出的安排；

① 旧俄容量单位，1维德罗（ведро）约为12.3升。

② Восточный Туркестан и Монголия. История изучения в конце XIX – первой трети XX века. Том I: Эпистолярные документы из архивов Российской академии наук и Турфанского собрания / Под ред. чл.-корр. РАН М. Д. Бухарина. М.: Памятники исторической мысли, 2018. С.586-587.

第二，此封信件日期是6月17日，而杜金小队6月1日（14日）离开鄂木斯克，6月5日（18日）抵达塞米巴拉金斯克，因此此封信标注的6月17日应该是公历时间，可能是杜金在从鄂木斯克去塞米巴拉金斯克的途中写给奥登堡的。

由上述旅途日记、信函可知，杜金小队于5月20日（6月2日）离开圣彼得堡，5月23日（6月5日）抵达鄂木斯克，6月1日（14日）离开鄂木斯克，6月5日（18日）抵达塞米巴拉金斯克，不晚于6月11日（24日）抵达塔城。

根据奥登堡考察日记，奥登堡小队6月13日（26日）晚抵达塔城。奥登堡6月14日（27日）拜访了领事弗拉基米尔·瓦西里耶维奇·多尔别热夫（Владимир Васильевич Долбежев，1873—1958），并应邀共进了午餐，还雇了7名哥萨克。6月15日（28日），奥登堡拜会了清朝地方官员。[①]考察队在塔城雇了一位翻译和一名伙夫，6月15日（28日），还自塔城给俄国中亚和东亚研究委员会寄信汇报了考察队旅途情况，随信还附有两件回鹘文写本。[②]由此可知，杜金6月11日（24日）日记背面考察人员部分应该是之后补写上去的，并且奥登堡小队与杜金小队至少在塔城时已经会合。

此外，据《近代外国探险家新疆考古档案史料》所载："一俄国博士额登布格、画工都定、工师毕仍伯格、舆图秀才司米诺夫、图绘罗谟伯格，随带马兵八名，持外交部护照，赴甘肃敦煌考查古迹。三

①［俄］С.Ф. 奥登堡：《彼得堡到乌鲁木齐旅途日记》，俄罗斯国立艾尔米塔什博物馆、上海古籍出版社编《俄藏敦煌艺术品》Ⅵ，上海：上海古籍出版社，2005年，第409页。

② Попова И. Ф. Вторая Русская Туркестанская экспедиция С.Ф.Ольденбура (1914-1915) // Российские экспедиции в Центральную Азию в конце XIX–начале XX века / Сборник статей. Под ред. И. Ф. Поповой. СПб.: Славия, 2008. С.165-167.

年六月廿六日，由塔城苇塘子卡入新疆境，是日抵塔城。”①由此可知，因需持护照②入境，奥登堡小队与杜金小队可能在入境塔城前就已会合，且由塔城苇塘子卡入境。根据奥登堡考察日记，考察队于6月17日（30日）离开塔城，决定从近路先到库尔特（Курте）。③根据前文所述，奥登堡考察队从圣彼得堡到塔城的主要时间、路线如下：

表 5-1 圣彼得堡至塔城段主要时间、路线表

日期		地点	人员及活动	
1914年5月20日（6月2日）离	1914年5月30日（6月12日）离	圣彼得堡	杜金、比尔肯别尔格出发	奥登堡、斯米尔诺夫、龙贝格出发
5月23日（6月5日）抵；6月1日（14日）离	6月2日（15日）抵；6月3日（16日）离	鄂木斯克		奥登堡为考察队购风镜
6月5日（18日）抵	6月8日（21日）抵；6月9日（22日）离	塞米巴拉金斯克		奥登堡三人抵达，次日离开
	6月11日（24日）抵	谢尔吉奥波尔		奥登堡三人抵达，当日离开
	6月13日（26日）抵	巴赫特		抵达，奥登堡会见哥萨克卫戍司令
不晚于6月11日（24日）抵	6月13日（26日）抵	塔城	杜金二人提前抵达塔城	奥登堡等从塔城苇塘子卡入境
6月17日（30日）离			考察队会合后，拜访领事、清朝地方官员，雇佣哥萨克及翻译和伙夫；给俄国委员会写信	

① 新疆维吾尔自治区档案馆、日本佛教大学尼亚学术研究机构编：《近代外国探险家新疆考古档案史料》，乌鲁木齐：新疆美术摄影出版社，2001年，第3页图版。

② 根据前文第168页奥登堡新疆考察护照图片所示，“大俄国驻京大臣廓 函称本国翰林院学士额勒敦布偕带随员二人前往新疆一省游历，应请发给护照等因，本部为此缮就护照一纸，……”。（参见 Восточный Туркестан и Монголия. История изучения в конце XIX – первой трети XX века. Том II: Археологические, географические и исторические исследования / Под ред. чл.-корр. РАН М.Д.Бухарина. М.: Памятники исторической мысли, 2018.С.4.）可知，外交部发给奥登堡的护照只有一张，随员包括在内，因此笔者推测敦煌考察的护照应该也是一张，随员包括在内。如果新疆入境关卡严格按照规定执行，杜金小队需与奥登堡小队会合后方可入境，那么两小队可能在入境塔城前就已经会合。

③［俄］С.Ф.奥登堡：《彼得堡到乌鲁木齐旅途日记》，俄罗斯国立艾尔米塔什博物馆、上海古籍出版社编《俄藏敦煌艺术品》Ⅵ，上海：上海古籍出版社，2005年，第412页。

奥登堡考察队离开塔城后，考察队接下来从塔城至莫高窟的行程此前曾刊布在《俄藏敦煌艺术品》Ⅵ中的《从塔城到莫高窟里程》[①]一文中。现将《从塔城到莫高窟里程》摘录如下：

表 5-2 塔城到莫高窟里程表（摘录）

日期[②]	出发地点和到达地点	俄里数	译注
6月17日	秋古恰克—赛台尔	30	"秋古恰克"即今之塔城
6月18日	赛台尔—库尔捷前之沙刺乌孙	59	"库尔捷""沙刺乌孙"为音译，即今之老风口
6月19日	沙刺乌孙—托里	25	
6月20日	托里—加马特	25	
6月21日	加马特—库勒得能—奥图	39（17+22）	"奥图"即今之庙儿沟
6月22日	奥图—萨尔加克—乌尊布拉克	39（15+22）	
6月23日	乌尊布拉克—湖（科里）	30	此为自然地理名称。据当地人称，昔日此地确实有湖，现已干涸
6月24日	湖（科里）—车排子	28	
6月25日	车排子—德胜地—西湖	62（22+40）	按原字音译当是塔苏特。查地图此段有德胜地者，乌苏境内，当为是地。"西湖"即今乌苏县
6月26日	西湖—奎屯	28	
6月27日	奎屯—三道河子	50	"三道河子"在今沙湾县城附近
6月28日	驻三道河子	45	
6月29日	三道河子—玛纳斯河	45	
6月30日	玛纳斯河—玛纳斯县城	5	
7月 1日	玛纳斯—三召子	40	"三召子"今呼图壁县城，昔曾有三召村
7月2日	三召子—昌吉	54	

① 俄罗斯国立艾尔米塔什博物馆、上海古籍出版社编：《俄藏敦煌艺术品》Ⅵ，上海：上海古籍出版社，2005年，第407—408页。

② 表中所列日期，皆为旧俄历日期。

续表

日期	出发地点和到达地点	俄里数	译注
7月2日	昌吉—乌鲁木齐	33	
7月12日	乌鲁木齐—古密地		“古密地”即指古牧地，今米泉县城
7月13日	古密地—阜康	36—38	
7月13日	住阜康（以下里程原缺）		
7月15日	阜康—		
8月5日	哈密—黄芦岗		
8月6日	黄芦岗—长流水		
8月7日	长流水—烟墩		
8月8日	烟墩—苦水		
8月9日	苦水—沙泉子		
8月10日	沙泉子—星星峡		
8月11日	星星峡—马莲井子		
8月12日	马莲井子—大泉		
8月13日	大泉—红柳园子		
8月14日	红柳园子—白墩子		
8月15日	白墩子—安西洲		
8月16日	住安西		
8月17日	安西—瓜州		“瓜州”，今之敦煌地界
8月18日	瓜州—甜水井子		
8月19日	甜水井子—疙瘩井子		
8月20日	疙瘩井子—千佛洞		“疙瘩井子”，（音译，今地名不详）

由上可知，奥登堡考察队自6月17日（30日）离开塔城，至8

月 20 日（9 月 2 日）抵达莫高窟的里程，但缺中间 7 月 16 日（29 日）至 8 月 4 日（17 日）的行程。

本书现根据《杜金敦煌考察日记》，翻译、考证并整理出“阜康至哈密段时间、路线”，可补全上述行程所缺的阜康至哈密段行程，具体如下：

表5–3　阜康至哈密段主要时间、路线表①

日期②	路线
7月16日	抵达“库列图”③
7月17日	抵达三台
7月18日	抵达吉木萨
7月19日	抵达古城
7月20日	在古城歇脚
7月21日	抵达奇台乡
7月22日	抵达木垒河村
7月23日	抵达三个井子
7月24日	抵达大石头
7月25日	抵达“一磨盘”
7月26日	抵达七个井子
7月27日	抵达车鼓泉
7月28日	抵达一碗泉
7月29日	抵达了墩

① Восточный Туркестан и Монголия. История изучения в конце XIX – первой трети XX века. Том IV. Материалы Русских Туркестанских экспедиций 1909-1910 и 1914-1915 гг. академика С.Ф.Ольденбурга / Под общ. ред. М.Д.Бухарина, В.С.Мясникова, И.В.Тункиной. М.: «Индрик», 2020. С.326-332.

② 所列日期为旧俄历日期，下同。

③ 暂时未考证出对应地名的个别俄文拼写，加引号音译之。

续表

日期	路线
7月30日	抵达大浪沙
7月31日	抵达“托古奇”
8月1日	抵达阿斯塔那
8月2日	抵达哈密
8月5日	下午离开哈密

上述阜康至哈密段主要时间、路线可补正上文《从塔城到莫高窟里程》所缺。二者结合，可揭示出奥登堡考察队从塔城到敦煌莫高窟的完整时间、路线。再结合前文的“圣彼得堡至塔城段主要时间、路线表”，便可揭示出奥登堡敦煌考察从圣彼得堡到莫高窟的完整时间、路线。

此外，根据考察队的相关信件、日记、档案等资料，还可揭示出考察队从塔城至莫高窟旅途中的一些细节。

1914 年 6 月 26 日（7 月 9 日），考察队抵达奎屯（Куйтун），并在此过夜。6 月 27 日（7 月 10 日），“12 个人中有 5 人由于炎热而生病，这使我改变了原本要在吐鲁番工作一个月的计划”。[①]从中可知天气炎热，多名考察人员生病，使得奥登堡放弃了在吐鲁番考察一个月的计划，率队前往了乌鲁木齐。

7 月 2 日（15 日），考察队抵达昌吉（Санджи）。根据奥登堡与俄国驻乌鲁木齐领事 A.A. 季亚科夫的往来信函可知，7 月 3 日（16 日），领事 A.A. 季亚科夫在领事馆护卫队陪同下，在距离乌鲁木齐 8 俄里

①［俄］С.Ф. 奥登堡：《彼得堡到乌鲁木齐旅途日记》，俄罗斯国立艾尔米塔什博物馆、上海古籍出版社编《俄藏敦煌艺术品》Ⅵ，上海：上海古籍出版社，2005 年，第 412 页。

处迎接了奥登堡及其同伴，并护送他们前往领事馆，在那里为他们准备了房间。考察队于7月3日（16日）至12日（25日）在乌鲁木齐停留，购买了用来驮运物资的马匹，修理了货运马车，并拜访了新疆地方官员。[①]由此可知，有关奥登堡考察队于1914年7月10日（23日）[②]抵达乌鲁木齐的说法有误。

7月20日（8月2日），奥登堡在写给兄长费多尔的信中简要谈及了旅途近况："道路异常艰辛，关键是，复杂的大驮运队（27匹马，4辆带篷马车，13个人）。我们在这里停留了一天，准备马掌和解决饲料问题，因为接下来前面的站点是没有这些的。幸运的是，年轻人精神振奋，一切都好，但是，马匹不断出现毛病。渐渐地，行程变得艰难起来，尤其难以应对的是精神上的波动。两位令人钦佩的队友——龙贝格和斯米尔诺夫，二人都有着极大的毅力，而杜金与比尔肯别尔格同样也很出色，尽管杜金有时（比起从前要少很多）喜怒无常。"[③]上述信件透露出，奥登堡旅途艰辛、考察队车队构成情况，以及考察队人员的情绪状况。其中透露了考察队一行共13人，即奥登堡考察队队员5人、哥萨克7人，还有1人应该是在塔城雇的翻译或是伙夫。

---

① Восточный Туркестан и Монголия. История изучения в конце XIX – первой трети XX века. Том IV. Материалы Русских Туркестанских экспедиций 1909-1910 и 1914-1915 гг. академика С.Ф.Ольденбурга / Под общ. ред. М.Д.Бухарина, В.С.Мясникова, И.В.Тункиной. М.: «Индрик», 2020. С.232.

② Попова И.Ф. Вторая Русская Туркестанская экспедиция С.Ф.Ольденбура (1914-1915) // Российские экспедиции в Центральную Азию в конце XIX – начале XX века / Сборник статей. Под ред. И. Ф. Поповой. СПб.: Славия, 2008. С.165.

③ Попова И.Ф. Вторая Русская Туркестанская экспедиция С.Ф.Ольденбура (1914-1915) // Российские экспедиции в Центральную Азию в конце XIX – начале XX века / Сборник статей. Под ред. И. Ф. Поповой. СПб.: Славия, 2008. С.165-166.

此前对奥登堡考察队到达莫高窟的时间，学界多是持8月20日说，[①]另外还有8月19日说，如波波娃称，考察队8月18日到达敦煌，……1914年8月19日至21日，考察队对千佛洞石窟进行初步察看，以便安排接下来的工作进程。[②]又根据杜金8月20日（9月2日）的日记：

> 我们沿着非常狭窄的干涸沼泽地，到了距离宝塔（потай）12俄里处。这里长满了芦苇、柽柳和带刺植物。一些地方是盐碱地。在距离宝塔8俄里处有一口含硫的井，但是井水尝起来很不错。这口井是不久前挖的。宝塔附近有家旅店和几座小庙。这里是敦煌绿洲的郊区。有一条出自敦煌的浑浊沟渠，但水完全是淡水。从宝塔中可以清晰地看到千佛洞峡谷。我们沿着砾石遍布的荒漠直奔千佛洞。在距离宝塔4俄里处有一处巨大的墓地，有很多四边围着围栏的分散开的土堆。显然，不是很古老。沿着沼泽的路不好走，因为地软。沿着砾石走要轻松些。我们的马已经精疲力竭了，它们被换套了两次，直到下午四点才勉强拖了重物。[③]

杜金8月20日（9月2日）的日记记录了这一天前去莫高窟的沿途所见，并明确提到“从宝塔中可以清晰地看到千佛洞峡谷。我们沿着砾石遍布的荒漠直奔千佛洞”。由此可以确定奥登堡考察队抵达莫

---

① 刘进宝:《鄂登堡考察团与敦煌遗书的收藏》,《中国边疆史地研究》1998年第1期,第27页。

② Попова И.Ф. Вторая Русская Туркестанская экспедиция С.Ф.Ольденбура (1914-1915) // Российские экспедиции в Центральную Азию в конце XIX – начале XX века / Сборник статей. Под ред. И.Ф. Поповой. СПб.: Славия, 2008. С.165.

③ Восточный Туркестан и Монголия. История изучения в конце XIX – первой трети XX века. Том IV. Материалы Русских Туркестанских экспедиций 1909-1910 и 1914-1915 гг. академика С. Ф. Ольденбурга / Под общ. ред. М. Д. Бухарина, В.С. Мясникова, И.В. Тункиной. М.: «Индрик», 2020. С.340-341.

高窟的时间是旧俄历 1914 年 8 月 20 日，即公历 1914 年 9 月 2 日。

值得注意的是，奥登堡敦煌考察原俄文笔记中用的是旧俄历时间，[①] 旧俄历在 20 世纪要比我们现在通用的公历时间晚 13 天，而以往著述中提到的奥登堡敦煌考察日期，实际上是旧俄历时间，但是并没有标注出来，这是不准确的。因此奥登堡到达敦煌莫高窟的时间，更为准确的说法应该是 1914 年 9 月 2 日。

奥登堡在 8 月 20 日（ 9 月 2 日 ）的日记中写道：“2 点 45 分与 C.M. 杜金到达千佛洞，顺便看了看石窟。4 点，两轮车来了。全都查看了，印象颇深。” [②]为了更合理高效地安排接下来的工作，考察队在最初几天对石窟进行了粗略查看。考虑到工作量及今后研究的便利，考察队决定不再对石窟进行重新编号，而是采用伯希和的编号，在之后的工作中还补充登记了伯希和漏登的 3 个洞窟。在实地考察后，奥登堡考察队着手实施了之前在圣彼得堡制定的工作计划。[③]

奥登堡考察队的工作计划是非常宏大的，包括绘制每一个石窟的平面图、每一层的剖面图，详尽描述石窟形制和内容物，清理、挖掘石窟内部，石窟整体素描，石窟内、外部拍摄，以及极为重要物件的临摹。剖面图和平面图由 H.A. 斯米尔诺夫与 B.C. 比尔肯别尔格两人共同完成，南、北区石窟内外部照片由 C.M. 杜金与 Б.Ф. 龙贝格完成。奥登堡对材料进行了科学整理，编写了敦煌石窟注记目录，对敦煌石

---

① 俄国国内使用旧历时间直至 1918 年 1 月 26 日，而外出考察的奥登堡考察队，以及在新疆任职的俄国领事，在当时的日记、往来信函中使用的都是旧俄历时间，这一点笔者与俄罗斯科学院东方文献研究所圣彼得堡分所所长 И.Ф. 波波娃女士进行过确认。

② Скачков П.Е. Русская Туркестанская экспедиция 1914-1915 гг. // Петербургское востоковедение. 1993. Вып. 4. С. 315-316.

③ Скачков П.Е. Русская Туркестанская экспедиция 1914-1915 гг. // Петербургское востоковедение. 1993. Вып. 4. С. 316.

窟进行了详细描述和分析。与此同时，他还进行了多次野外考察。[①]

有关奥登堡对莫高窟的评价，他曾在1914年11月25日（12月8日）的日记中这样写道："敦煌附近的千佛洞，或许称之为中国佛教艺术博物馆更为确切。很显然，千佛洞的佛教艺术可以追溯到北魏时期，甚至今天。我们还碰巧赶上了正在进行的修复工作，在这个过程中，新的部分取代了旧的部分。汉学家，大概能够找到这样的凭证，能够使他们阐述这片引人入胜的佛教建筑——这片位于沙漠中小块绿洲上的，有着精美壁画和雕塑的，数以百计的石窟的历史。我们的任务是描绘洞窟，以及给洞窟断代编号。"[②]

由于天气寒冷，杜金、斯米尔诺夫与比尔肯别尔格小队按照之前的计划，先一步离开敦煌踏上返程。杜金小队在10月21日（11月3日）离开莫高窟后，奥登堡与龙贝格则留下来继续进行考察工作。

严寒给奥登堡等人的考察工作带来了极大的困难。由于天气寒冷，不仅使得墨水冻结，难以书写，还使得奥登堡等人受了冻伤。如奥登堡在1914年12月20日（1915年1月2日）给朋友E.П.斯维什尼科娃（E.П.Свешникова）的信中写道："我和鲍里斯·费多罗维奇[③]仍在勤恳地工作，尽管有时会受点冻伤。鲍里斯·费多罗维奇正如我所写的那样，他是位难得的工作人，是一位性格温和的非常优秀的同志。哥萨克们

①［俄］孟列夫：《序言》，俄罗斯艾尔米塔什博物馆、上海古籍出版社编《俄藏敦煌艺术品》Ⅰ，上海：上海古籍出版社，1997年，第10页。

② Попова И.Ф. Вторая Русская Туркестанская экспедиция С.Ф.Ольденбура (1914-1915) // Российские экспедиции в Центральную Азию в конце XIX–начале XX века / Сборник статей. Под ред. И. Ф. Поповой. СПб.: Славия, 2008. С.165.

③ 即龙贝格。

都是非常棒的年轻人。……在洞窟中的生活，情况非常糟糕。”[①]

尽管考察条件十分艰苦，但奥登堡和龙贝格一直坚持对莫高窟进行拍摄、测绘，并且为了使龙贝格更加方便地进行拍摄和测绘，奥登堡还与哥萨克护卫一起清理了部分石窟。根据奥登堡12月27日至30日（1915年1月9日—12日）的日记、回鹘窟（即D.464窟）笔记记载，奥登堡与哥萨克护卫在清理464窟时，意外发现了古代回鹘文木活字，前后共发现130块，非常珍贵。[②]

很快传来了第一次世界大战进一步扩大的消息，奥登堡等人决定尽快结束敦煌的考察工作。1914年12月31日（1915年1月13日），奥登堡等人停下考察工作，开始着手将所寻获的写本和艺术品整理装箱，整理打包一直持续到1915年2月。根据奥登堡日记，拟定的返程路线为“千佛洞→哈密→吐鲁番→乌鲁木齐→塔城”。[③]

И.Ф. 波波娃根据目前尚未公布的俄藏资料指出，奥登堡、龙贝格及随从于1914年12月31日（1915年1月13日）结束考察工作，开始着手将考察所获雕塑、写本、日记、图纸等物品整理打包，于1915年1月28日（2月10日）离开敦煌踏上返程，于1915年4月23日（5

① Попова И. Ф. Вторая Русская Туркестанская экспедиция С.Ф.Ольденбура (1914-1915) // Российские экспедиции в Центральную Азию в конце XIX – начале XX века / Сборник статей. Под ред. И. Ф. Поповой. СПб.: Славия, 2008. С. 167.

②［俄］С.Ф. 奥登堡:《清理回鹘窟》，俄罗斯国立艾尔米塔什博物馆、上海古籍出版社编《俄藏敦煌艺术品》Ⅵ，上海：上海古籍出版社，2005年，第325—326页。

③ Восточный Туркестан и Монголия. История изучения в конце XIX – первой трети XX века. Том IV. Материалы Русских Туркестанских экспедиций 1909-1910 и 1914-1915 гг. академика С. Ф. Ольденбурга / Под общ. ред. М. Д. Бухарина, В.С. Мясникова, И.В. Тункиной. М.: «Индрик», 2020. С.300.

月 6 日）回到彼得格勒。[①]

由于此前所见有关奥登堡返程资料非常少，学界一直以来对奥登堡离开莫高窟的日期难以确定，只能依从波波娃的“1915 年 1 月 28 日（2 月 10 日）”说。但是，笔者根据俄方新近公布的奥登堡、龙贝格等人的日记发现，事实并非如此：

奥登堡日记

6点起床。

10点40分。

［……］抵达“碛所”（Чи-сор）。

6点10分上路。7点半6点半？

大概，走了80里/32俄里。

距离是对的。

一开始，我们在村子周围绕了多次，因为没人知道路，甚至大篷车领队也不知道。最后我们去了“村所”（Чон-сол），一部分人绕着盐碱地沼泽走，然后所有人，［……］田野和垃圾混杂在一起。“碛所”的旅店简陋寒酸，靠无烟囱的炉子取暖，为我们所有人仅提供一间房，床放置的不方便，我们将［……］。[②]

龙贝格日记

① Попова И.Ф. Вторая Русская Туркестанская экспедиция С.Ф.Ольденбура(1914-1915) // Российские экспедиции в Центральную Азию в конце XIX – начале XX века / Сборник статей. Под ред. И. Ф. Поповой. СПб.: Славия, 2008. С.168.

② Восточный Туркестан и Монголия. История изучения в конце XIX – первой трети XX века. Том IV. Материалы Русских Туркестанских экспедиций 1909-1910 и 1914-1915 гг. академика С. Ф. Ольденбурга / Под общ. ред. М. Д. Бухарина, В.С. Мясникова, И.В. Тункиной. М.: «Индрик», 2020. С.300.

1915年1月27日，6点钟起床。早上我们最后一次用复镜拍摄了千佛洞。我们还拍了常姓僧人 (монах Чан)、王道士(Ван-дао-ши)和书记的照片。我们越过河流出发上路了。[①]

根据以上奥登堡、龙贝格的日记，笔者认为奥登堡当为1915年1月27日(2月9日)离开敦煌，波波娃的“1915年1月28日(2月10日)”说法不准确。

由于此前俄方刊布出来的奥登堡敦煌考察返程相关资料极其有限，因此学界对于奥登堡返程时间、路线的描述也极粗略。本书根据俄罗斯科学院档案馆于2020年公布的《龙贝格返程日记》，[②]可更加具体、详细地揭示奥登堡小队敦煌考察返程时间、路线，现将奥登堡小队从莫高窟返回彼得格勒的大致路线，翻译、整理如下：

表5-4 奥登堡小队敦煌考察返程主要时间、路线表

日期	路线
1915年1月27日	离开莫高窟
1915年1月28日	抵达廖庄
1915年1月29日	早上离开廖庄
1915年1月30日	凌晨抵达青疙瘩，当天离开去红柳园
1915年2月16日	抵达七角井，当日离
1915年2月17日	抵达“乡西”（音译，今地名不详）

① Восточный Туркестан и Монголия. История изучения в конце XIX – первой трети XX века. Том IV. Материалы Русских Туркестанских экспедиций 1909-1910 и 1914-1915 гг. академика С. Ф. Ольденбурга / Под общ. ред. М. Д. Бухарина, В.С. Мясникова, И.В. Тункиной. М.: «Индрик», 2020. С.392.

② Восточный Туркестан и Монголия. История изучения в конце XIX – первой трети XX века. Том IV. Материалы Русских Туркестанских экспедиций 1909-1910 и 1914-1915 гг. академика С. Ф. Ольденбурга / Под общ. ред. М. Д. Бухарина, В.С. Мясникова, И.В. Тункиной. М.: «Индрик», 2020. С.392-395.

续表

日期	路线
1915年2月18日	抵达“喀拉乌尔坦”（音译，今地名不详）
1915年2月19日	抵达七克台
1915年2月20日	抵达连木沁
1915年2月21日至24日	在吐峪沟考察
1915年2月25日	离开吐峪沟，抵达柏孜克里克
1915年2月25日至3月10日	在柏孜克里克、辛吉姆考察，并探查了吐鲁番的交河故城
1915年3月10日	离开吐鲁番
1915年3月10日	在东干人清真寺附近歇脚
1915年3月10日	抵达土墩子
1915年3月11日	抵达“朱津所子”（音译，今地名不详）
1915年3月13日	抵达乌鲁木齐
1915年3月18日	抵达“乌涵子”（音译，今地名不详）
1915年3月19日	抵达呼图壁
1915年3月20日	抵达老墩
1915年3月21日	抵达玛纳斯附近
1915年3月22日	抵达桑多海子
1915年3月23日	抵达奎屯
1915年3月24日	抵达西湖
1915年3月25日	抵达车排子
1915年3月26日	抵达乌尊布拉克
1915年3月27日	抵达庙儿沟
1915年3月28日	抵达加玛特
1915年3月29日	抵达“萨拉胡尔森”（音译，今地名不详）
1915年3月31日	抵达大乌台
1915年4月1日	抵达塔城
1915年4月23日	抵达彼得格勒

由“奥登堡小队敦煌考察返程主要时间、路线表”可知，奥登堡与龙贝格于 1915 年 1 月 27 日（2 月 9 日）早上离开莫高窟，并在返程途中考察了吐峪沟、柏孜克里克、交河故城等吐鲁番遗址，于 3 月 13 日（26 日）抵达乌鲁木齐，4 月 1 日（14 日）抵达塔城，4 月 23 日（5 月 6 日）抵达彼得格勒。

第三节　杜金日记及其返程路线

此前俄国刊布的有关杜金两次考察的资料，除杜金本人在 1916—1918 年发表的几篇有关七个星、交河故城、高昌故城等遗址古建筑的文章[①]外，仅俄罗斯艾尔米塔什博物馆与上海古籍出版社在《俄藏敦煌艺术品》Ⅵ中刊布了少量杜金敦煌考察资料：《伊里库尔遗址与敦煌千佛洞》[②]——1914 年 7 月 31 日（8 月 13 日）伊里库尔遗址考察笔记，有关莫高窟的石窟建筑、壁画状况的描述，以及敦煌的风土人情；《关于某些洞窟壁画的现场笔记》——杜金对莫高窟壁画进行的粗略分类，按照年代、线条、色彩等分为八类，对一些洞窟如第 71、95、146 等窟的壁画的简单描述、拍摄原则与题材选取；[③]2013 年 М.Д. 布

① Дудин С.М. Архитектурные памятники Китайского Туркестана (Из путевых записок) // Архитектурно-художественный еженедельник. 1916. №6. С.75-80; №10. С.127-132; №19. С. 218-220; №22. С. 241-246; 28. С. 292-296; №31. С. 315-321; Техника стенописи и скульптуры в древних буддийских пещерах и храмах Западного Китая // Сборник Музея Антропологии и Этнографии. 1918. 5. 1. С. 21-92.

②［俄］С.М. 杜金：《伊利库尔遗址与敦煌千佛洞》，俄罗斯国立艾尔米塔什博物馆、上海古籍出版社编《俄藏敦煌艺术品》Ⅵ，上海：上海古籍出版社，2005 年，第 335—343 页。

③［俄］С.М. 杜金：《关于某些洞窟壁画的现场笔记》，俄罗斯国立艾尔米塔什博物馆、上海古籍出版社编《俄藏敦煌艺术品》Ⅵ，上海：上海古籍出版社，2005 年，第 335—343 页。

哈林、И.В. 童金娜《俄罗斯科学院档案馆圣彼得堡分馆藏 С.М. 杜金致奥登堡俄国新疆考察信函》[①]，文中公布了两次考察中杜金写给奥登堡的部分信件内容。

限于上述材料，无法对杜金 1909—1910 年新疆考察、1914—1915 年敦煌考察的时间、路线进行完整的揭示。现根据 2020 年俄罗斯科学院档案馆圣彼得堡分馆首次公布的《杜金敦煌考察日记》，以及 2018 年刊布的杜金两次考察中写给奥登堡的信件，并结合已有材料和研究，梳理出杜金从莫高窟返回彼得格勒的完整时间线和路线。

由于天气寒冷，杜金、斯米尔诺夫与比尔肯别尔格小队按照之前的计划，先一步离开敦煌踏上返程。《杜金敦煌考察日记》中记录有从莫高窟返回彼得格勒的完整时间、路线，现将相关部分翻译并整理如下：

> 21日早上乘马车从千佛洞动身离开。天气晴好，有风，冷。夜间严寒。荒漠灰暗，天空雾茫茫的，……灰色的雾笼罩。旅店很小且拥挤。我们清早抵达。做了些纸牌，玩朴烈费兰斯（преферанс）纸牌游戏。
>
> 10月22日。我们早上7点离开，走了两站路。白天天气晴朗、温暖。雾已经变稀薄了。早晨很冷，但到上午10点温暖起来了。到了晚上，又变得很冷，但是比昨天好一些，因为没有风。在最后一个到安西驿站间的中途站点，河里有大量水，该河流不沿我们去往敦煌的通道流淌。顺便说一下，水很清澈，但是有令人恶心的苦味。不仅河流里面满是水，而且河前的芦苇区域也是如此。夜晚很美

① Бухарин М.Д., Тункина И.В. Русские Туркестанские экспедиции в письмах С.М.Дудина к С.Ф.Ольденбургу из собрания Санкт-Петербургского филиала архива РАН // Восток (Oriens). 2015. № 3.С. 107-128.

妙，但是寒冷。旅店拥挤，但不那么脏。

10月23日，抵达安西。……我们没有找到给哥萨克的靴子，也没有找到做皮袄的毛皮，因此，我们不得不将从安西离开的时间推迟到10月25日。

10月24日，星期五，我们停留在安西。……

10月25日。星期六。白天风很大，很冷，但是到了下午1点，天气是如此温暖，以致不穿保暖外套就可以行路。道路与前面走过的相同。……

10月26日。星期日。寒冷的大风天（东南风）。寒冷多尘。风景如旧。仅在某些地方，尤其是在中途的塌毁了的旅店旧址上，挂了霜的较为弱化的盐碱地清晰可见。有时这会给人以雪的错觉。早晨天空阴沉，到了下午1点，太阳才出来。但是，天气并没有变暖。在红柳园步哨北边的房子处，有的地方有积雪。……

10月27日，星期一。抵达大泉。……

10月28日，抵达马莲井。……

10月29日，星期三。抵达星星峡。……

10月30日，星期四。抵达沙泉子。……

10月31日，星期五。抵达苦水。……

11月1日，星期六。我们清晨5点多离开。……在烟墩，前车的轮子掉了，更换了车轮。……

11月2日，星期日。抵达长流水。有风。

11月3日，星期一。我们决定把队伍变成两排并行，直接去哈密，因此我们凌晨1点离开，11点抵达哈密。白天温暖而阳光明媚。宁静。

11月4日，星期二。在哈密停留。

11月5日，星期三。在哈密停留。……

11月6日，星期三。[1]将近9点半离开哈密。白天极为晴朗、温暖。宁静。我们经过［……］，我们在“托古奇”过的夜。

11月7日，星期四。抵达三道岭。天空阴沉，但心情宁静且愉快。太阳17点钟出来了。旅店和“托古奇”及其他地方的一样，还是脏污、寒冷、拥挤等样子。又一匹马生病了。

11月8日，星期五。抵达了墩。……

11月9日，星期六。经一碗泉，抵达车鼓泉。……

11月10日，星期日。抵达七角井。……

11月11日，星期一。抵达“图水”。……

11月12日，星期二。抵达大石头。……

11月13日，星期三。抵达三个泉子。……

11月14日。我们把车队分成两排前往驿站，抵达奇台乡。……

11月15日，星期五。抵达古城。……

11月16日，星期六。抵达三台。一整天都在刮风，寒冷且尘土飞扬。多云。路面干涸，几乎所有的沟渠都没有水。驿站的旅店里人满为患，我们很难找到住所。夜间温暖。

11月17日，星期日。抵达距“库列图”8俄里处的滋泥泉子，天气寒冷，风很大。多云。昨天和今天，群山被烟云笼罩。我们参观了酒厂，这些技术是最原始的。原料是黍。

11月18日，星期一。抵达阜康。路上尘土飞扬，人迹罕至。沟渠几乎全是空的。白天多云，有微风。空气清新但不冷。在客栈和

---

① 根据万年历，1914年11月6日（19日）是星期四，杜金此处及接下来的数天，将“星期X”弄错了。

阜康之间8俄里处有一村落。

11月19日，星期二。抵达乌鲁木齐。道路因从阜康到“丘木”的砾石路面遭到严重损坏，变得难行。天空阴沉。乌鲁木齐下雪了。我们没有经过厂子，而是从附近过去，这样路线更短更便捷。

11月20日，星期三。

11月21日，星期四。

11月22日，星期五。

11月23日，星期六。

11月24日，星期日。

11月25日，星期一。我们把马卖了，……抵达昌吉。起初道路不平稳，之后还可以忍受，并且很轻松。天空阴沉。上冻了。

11月26日，星期二。抵达呼图壁。路况很好。上冻了。雪比昨天在昌吉要小。旅店宽敞，和昌吉的一样，但，仍是脏污、寒冷。

11月27日。安集海。

11月28日。奎屯。

11月29日。西湖。

11月30日。车排子。

12月1日。乌尊布拉克。

12月2日。庙儿沟。①

12月3日。加玛特。

① 音译为“奥图”，即今之“庙尔沟”，参见《从塔城到莫高窟里程》，俄罗斯国立艾尔米塔什博物馆、上海古籍出版社编《俄藏敦煌艺术品》Ⅵ，上海：上海古籍出版社，2005年，第408页。

12月4日。老风口。[①]

12月5日。赛特尔开。在吉尔吉斯人过冬处所过夜。

12月6日。塔城。

12月7日。塔城。我们把包裹交到邮局。给哥萨克和货运马车夫结算工钱。

12月8日。中午2点离开塔城。

12月12日。夜间抵达塞米巴拉金斯克。

12月14 日。离开塞米巴拉金斯克。

18日早上，抵达鄂木斯克。

12月19日，离开鄂木斯克（当地时间上午9点，圣彼得堡时间6点）。

我们于12月23日夜里至24日凌晨抵达彼得格勒。[②]

杜金小队离开敦煌的时间，之前有学者认为是 11 月 1 日（11 月 14 日），[③]还有 10 月 24 日（11 月 6 日）的说法。[④]但根据上述杜金日记，杜金小队应是 10 月 21 日（11 月 3 日）离开莫高窟。此外，需补

① 音译为“沙刺乌孙”，即今之“老风口”，参见《从塔城到莫高窟里程》，俄罗斯国立艾尔米塔什博物馆、上海古籍出版社编《俄藏敦煌艺术品》Ⅵ，上海：上海古籍出版社，2005 年，第 408 页。

② Восточный Туркестан и Монголия. История изучения в конце XIX – первой трети XX века. Том IV. Материалы Русских Туркестанских экспедиций 1909-1910 и 1914-1915 гг. академика С. Ф. Ольденбурга / Под общ. ред. М. Д. Бухарина, В.С. Мясникова, И.В. Тункиной. М.: «Индрик», 2020. С.341-347.

③ Попова И. Ф. Вторая Русская Туркестанская экспедиция С.Ф.Ольденбура (1914-1915) // Российские экспедиции в Центральную Азию в конце XIX – начале XX века / Сборник статей. Под ред. И. Ф. Поповой. СПб.: Славия, 2008. С.165.

④ 郑丽颖 ：《奥登堡敦煌考察队路线细节探析——以主要队员杜丁书信为中心》，《敦煌研究》2020 年第 2 期，第 112 页。

充一点，上述日记中杜金小队离开乌鲁木齐的时间不太确定，但根据俄国驻乌鲁木齐领事季亚科夫 11 月 24 日（12 月 7 日）写给奥登堡的信中所说："您的同伴——杜金、比尔肯别尔格和斯米尔诺夫今天离开乌鲁木齐。他们会给您写信,因此,有关他们的情况他们会写信告诉您。我目前对战争一无所知，因为某种原因我没有收到电报。"[①]可知，杜金小队于 11 月 24 日（12 月 7 日）离开乌鲁木齐。

如前文所述，本节揭示了杜金、斯米尔诺夫、比尔肯别尔格从 1914 年 10 月 21 日（11 月 3 日）离开莫高窟至 12 月 23 日夜至 24 日凌晨（1915 年 1 月 5 日夜至 6 日凌晨）抵达彼得格勒的完整时间、路线，可参见文末《附录七》。

《杜金敦煌考察日记》现保存在俄罗斯科学院档案馆圣彼得堡分馆的奥登堡馆藏存储单元中，此前从未如此系统地刊布过，它是研究中国西北地区建筑和绘画的重要文献，同时也是研究奥登堡两次中国西北考察一些具体细节的重要史料。尤其是杜金在日记中对敦煌石窟壁画色彩所做的注释，在一定程度上弥补了当时只能拍摄黑白照片的技术局限，对于现今敦煌壁画的修复与研究极为重要。《杜金敦煌考察日记》具有重要的实践意义，有利于扩大和加强"一带一路"沿线地区历史文化遗产保护与修复的国际性合作。

---

① Восточный Туркестан и Монголия. История изучения в конце XIX – первой трети XX века. T.I: Эпистолярные документы из архивов Российской академии наук и Турфанского собрания / Под ред. чл.-корр. РАН М.Д.Бухарина. М.: Памятники исторической мысли, 2018. С.596.

第四节　考察队员小传

目前，对于奥登堡两次考察的队员，如龙贝格、比尔肯别尔格国内外学界尚无专题研究。本节根据俄罗斯科学院档案馆 2020 年刊布的考察队员相关档案，拟揭示奥登堡两次考察中的画家兼摄影师杜金、考古学家比尔肯别尔格、摄影师兼画师龙贝格的生平主要活动轨迹，以期丰富学界对奥登堡两次中国西北考察的了解与认识。

一、新疆与敦煌考察中的画家兼摄影师杜金

萨穆伊尔·马丁诺维奇·杜金（Самуил Мартынович Дудин，1863—1929）——艺术家、民族学家、探险家、摄影师、收藏家。1863 年出生于乌克兰南部的赫尔松省。父亲曾是喀山骑兵团的军需官，退休后定居在赫尔松省，后在那里做了一名乡村教师。杜金年轻时因参加革命活动，于 1884 年被捕，1887 年被流放到西伯利亚。在西伯利亚流放期间，杜金在观测所的协助下，组建了一个气象站，还收集了有关布里亚特人和俄国西伯利亚居民的民俗学和人种学资料，并学习了摄影。1890 年，杜金参加了 B.B. 拉德洛夫领导的鄂尔浑考察，之后被赦免，得以回到圣彼得堡。[①] 1892 年，他被皇家艺术学院录取，在艺术学院学习期间曾得到俄国著名画家列宾（И.Е.Репин，1844—1930）的指导，1898 年毕业。[②]杜金从 1895 年起开始参与人类学与民

①［俄］孟列夫著，廖霞译：《被漠视的敦煌劫宝人——塞缪尔·马蒂洛维奇·杜丁》，《敦煌学辑刊》2000 年第 2 期，第 147—148 页。

② Воробьев-Десятовский В. С. Памятники центральноазиатской письменности. – УЗИВ АН. 1959, С.16.

族学博物馆、考古委员会的工作。

1891 年，杜金应邀以绘图员的身份参加了鄂尔浑考察。[①] 1893 年，杜金与 B.B. 巴托尔德一起前往中亚进行考察。[②] 1895 年，杜金受考古委员会派遣参与了 Н.И. 维谢洛夫斯基领队的撒马尔罕（Самарканд）考察。[③] 1905—1907 年，受俄国委员会委派遣，进行了两次撒马尔罕考察。[④] 1908 年他与建筑师 К.К. 罗曼诺夫（К.К.Романов，1882—1942）一同再次考察了撒马尔罕。[⑤]此外，杜金还于 1909—1910 年、1914—1915 年以画家兼摄影师的身份参加了奥登堡两次中国西北考察。

杜金在每次考察中都能获得大量资料，诸如发现物的照片、人种学和考古学实物的素描等。杜金在中亚考察所获艺术收藏品品类丰富，包括雕塑、压花、绘画品、刺绣、陶瓷等。杜金考察所获文物、资料现存于俄罗斯多家博物馆，但至今只有部分被公布。杜金仅在敦煌考察中，就留下了大约 2000 张的照片、素描和水彩画。他曾对这些材料进行了分类，其中有许多资料尚未公布。杜金的摄影、考察工作为他赢得了摄影师、学者的美誉，其工作具有重要的科学意义。[⑥]

与杜金一同进行过考察的 B.B. 巴托尔德院士，曾对杜金做过以下

① Отзыв В.В.Радлова о работе С. М. Дудина в письме на имя Императорской Академии наук от 22 октября 1891 г. – ЛО Архива АН СССР, ф. 1, оп. 1, д. № 187. С. 1-2.

② Лунин Б.В. Жизнь и деятельность академика В. В. Бартольда. – Средняя Азия в отечественном востоковедении. Таш., 1981. С. 28.

③ Лунин Б.В. Историография общественных наук в Узбекистане. Био-библиографические очерки. Таш., 1974. С. 1.

④ Известия Русского комитета для изучения Средней и Восточной Азии. СПб. –Пг., 1903-1910, № 1-10; серия II. 1912-1914, №. 6,С.26-34

⑤ Известия Русского комитета для изучения Средней и Восточной Азии. СПб. –Пг., 1903-1910, № 1-10; серия II. 1912-1914, №. 10,С.54-60.

⑥［俄］孟列夫著，廖霞译：《被漠视的敦煌劫宝人——塞缪尔·马蒂洛维奇·杜丁》，《敦煌学辑刊》2000 年第 2 期，第 148 页。

评价：

杜金完成了考察任务，他甚至比我本人做得还要好。我在准备考察报告时，不仅使用了他拍摄的照片、拓的拓片、画的画作及其他资料，而且还引用了他考察笔记中一些对遗址的描述。这些考察日记都是他留给我，任我使用的。

杜金思想中最重要的东西，其实是艺术。他认为，一位画家的作品被“巡回画派”认可，是成名所需的第一步，并且他也从不对美术学院的主流传统画派指手画脚。当“巡回画派”在皇家美术学院崛起之时，他成为著名画家列宾的学生。我记得，拉德洛夫院士对杜金在完成学业后自愿留在列宾画室一年多，很欣慰赞赏。①

可见，B.B. 巴托尔德院对杜金非常赞赏，不仅称赞他的工作能力，而且对他的为人处世也非常肯定。

杜金于 1929 年去世，时任苏联科学院东方学研究所所长的奥登堡满怀悲痛地写了悼词，给予了杜金高度评价：“萨穆伊尔·马丁诺维奇·杜金在中亚研究史上占有特殊地位。他是一位富有洞察力的艺术家、细心谨慎的探险家、考古学家和人种学家，……他的大量收藏品为我们充实了博物馆，并且用他的笔、画作和照相机，为我们留下了极有价值、极为丰富的档案史料，这些档案极其准确地复制了考古学和人种学文物遗迹。因此，可以毫不夸张地说，没有杜金的这些材料，许多具有决定性意义的成果不会取得。”②

① Бартольд В.В. Воспоминание о С.М.Дудине // Сборник МАЭ. Т. 9. Л.: Изд-во Акад. наук СССР, 1930. С. 352-353.

② Ольденбург С.Ф. Памяти Самуила Мартыновича Дудина // Сборник Музея антропологии и этнографии АН СССР. Вып. IX. М.–Л.: Изд-во АН СССР, 1930. Т. 9. С. 357.

二、敦煌考察中的考古学家比尔肯别尔格

由于目前能够见到的有关比尔肯别尔格的资料极其有限，现主要依据，俄罗斯科学院档案馆圣彼得堡分馆2020年出版的系列丛书《19世纪末至20世纪30年代新疆与蒙古研究史》第四卷中有关比尔肯别尔格的内容，①梳理出比尔肯别尔格较为完整的生平事迹。

维克多·谢尔盖耶维奇·比尔肯别尔格（Виктор Сергеевич Биркенберг，1890—1938），俄国著名建筑师。比尔肯别尔格1890年1月21日（2月4日）出生于莫斯科，出生当日曾在布鲁克纳（Бронна）的圣约翰教堂受洗，后被母亲遗弃，被一位名叫玛丽亚的助产士领养。直到1900年10月17日（30日），莫斯科地方法院才授权了一位名叫叶夫根尼娅·卡尔洛夫娜（Евгения Карловна）的女士收养他。

1901年8月8日（21日），比尔肯别尔格进入纳比尔科沃商业学校（Набилковское коммерческое училище）学习。这所学校当时被认为是莫斯科最好的学校之一，“不同于隶属于教育部的中学，它隶属于贸易和工业部，更自由，更接近现代生活和实践的任务。……纳比尔科沃商业学校下设有孤儿院，称为寄宿学校，提供生活费和免费的教育，但同时它还是一所普通学校，每个人都可以按规定学习。”1908年5月28日（6月10日），比尔肯别尔格以优异的成绩毕业，并获得个人荣誉市民称号。

1911年9月22日（10月4日），比尔肯别尔格向帝国艺术学院

---

① Восточный Туркестан и Монголия. История изучения в конце XIX – первой трети XX века. Том IV. Материалы Русских Туркестанских экспедиций 1909-1910 и 1914-1915 гг. академика С. Ф. Ольденбурга / Под общ. ред. М. Д. Бухарина, В.С. Мясникова, И.В. Тункиной. М.: «Индрик», 2020. С. 167-171.

提交了申请，申请进入该院学习建筑学。之后他通过测试，成为帝国艺术学院建筑系的一名学生。1913 年 6 月 15 日（28 日），比尔肯别尔格受委派对普斯科夫（Псков）城的老教堂进行测绘、拍摄。这处教堂曾是非常重要的军事历史古迹，但当时十分破败，有变成废墟的危险。这是比尔肯别尔格首次对这座教堂进行研究，这项研究他是在建筑师 К.К. 罗曼诺夫（К.К.Романов）的指导下进行的。比尔肯别尔格对教堂塔楼的所有细节进行了精确测量和摄影。在一次测绘、摄影中，比尔肯别尔格与教堂神父卡韦佳耶夫（Каведяев）、守卫挖出了一个旧的黏土坛子，其中装有 1728 枚早期银币。从普斯科夫返回后，比尔肯别尔格因咽喉炎，无法正常上课，无法参加艺术史考试，并被要求转学。

1914 年春，比尔肯别尔格收到奥登堡院士的邀请，参加了奥登堡 1914—1915 年敦煌考察。至于奥登堡与比尔肯别尔格是如何相识的，尚不清楚。为了参加此次考察，比尔肯别尔格于 1914 年 3 月 21 日（4 月 3 日）向帝国艺术学院的理事会提交了一份请假申请书，但未被批准。1914 年 4 月 25 日（5 月 8 日），比尔肯别尔格再次提交申请，这次请假在奥登堡的干预下获准。之后比尔肯别尔格于 1914 年 5 月 20 日（6 月 2 日）开始敦煌考察，于 10 月 21 日（11 月 3 日）跟随杜金、Н.А. 斯米尔诺夫离开莫高窟返回俄国，于 1915 年 1 月初抵达圣彼得堡。

1916 年 5 月，比尔肯别尔格从帝国艺术学院建筑系毕业，获得建筑师资格证。之后，可能比尔肯别尔格进入了雅罗斯拉夫（Ярославл）的“三角”（《Треугольник》）合作建筑和技术部门工作。1917 年十月革命后，比尔肯别尔格回到莫斯科。1918 年，被授予建筑师 - 艺术家头衔。奥登堡在革命后的艰难时期中，设法让比尔肯别尔格参与了科学院在新疆的工作。1924 年 2 月 7 日，在有关南苏丹常驻委员会的一次会议上，奥登堡提议让比尔肯别尔格作为 B.B. 巴特尔德院士前往新疆考察期间的替补。

20 世纪 30 年代，比尔肯别尔格在由著名建筑师阿列克谢·维克多洛维奇·休歇夫（Алексей Викторович Щусев）领导的莫斯科市议会第二建筑工作室工作。1934 年，比尔肯别尔格成为新西伯利亚歌剧院和芭蕾舞剧院下辖科学与文化之家重建项目的负责人之一，并设计了剧院穹顶。该项目后来成为新西伯利亚地标性建筑，并于 1937 年在巴黎获得了世界博览会金奖。比尔肯别尔格最后一个建筑项目是莫斯科列宁格勒大街上的一栋居民楼。之后，比尔肯别尔格的命运出现了悲惨的转折。1938 年 4 月 25 日，在第二次世界大战进一步扩大的形势下，比尔肯别尔格被指控犯有间谍罪并被捕入狱，主要原因是他的姓“比尔肯别尔格”是他德国收养人的姓氏。1938 年 9 月 15 日，经苏联最高法院军事委员会决议，比尔肯别尔格被判处死刑。1956 年 11 月 10 日，当局为比尔肯别尔格恢复了名誉。

三、敦煌考察中的摄影师兼画师龙贝格

鲍里斯·费多罗维奇·龙贝格（Борис Федорович Ромберг，1882—1935)，考古学家、艺术评论家，与奥登堡的好友 Г.В. 维尔纳茨基相熟。1905 年毕业于艺术大奖学会学校（школа Общества поощрения художеств）。1914—1915 年跟随奥登堡前往敦煌考察，考察后定居在乌克兰的波尔塔瓦（Полтава），1919 年成为该地方志博物馆负责人。龙贝格在白卫军运动中曾任 М.Г. 德罗兹多夫斯基

（М.Г.Дроздовский）[①]连的工程师少尉，内战结束后，流亡希腊、捷克斯洛伐克，靠画圣像画维持生计。

由于龙贝格在俄国内战结束后就流亡国外，因此目前所见有关他的材料非常少。龙贝格的档案现零散保存于圣彼得堡的中央历史档案馆、爱沙尼亚国家历史档案馆、俄罗斯联邦国家档案馆等处。

现主要依据俄罗斯科学院档案馆圣彼得堡分馆 2020 年刊布的有关龙贝格的少量档案资料，[②]梳理出龙贝格的生平和主要活动轨迹。

目前国内外学界尚未有对于龙贝格的专门研究，仅 И.Ф. 波波娃《1914—1915 年奥登堡敦煌考察》中提到了“奥登堡对龙贝格在考察中的出色表现给予了高度肯定，并提出申请，给他发放额外报酬作为奖励”。[③]因资料有限，通常学界仅是在罗列奥登堡敦煌考察的队员时，列出其名。

龙贝格，1882 年 5 月 1 日（13 日）出生于伊兹麦洛夫斯基军团的贵族家庭中，父亲费多尔 · 亚历山德罗维奇 · 龙贝格（Федор Александрович Ромберг）是国务委员，信仰路德教，母亲娜杰日达·尼古拉耶夫娜（Надежда Николаевна）是一名东正教徒。

1895 年，龙贝格进入圣彼得堡第五古典中学学习。龙贝格的学习成绩不太理想，仅宗教、数学、地理、历史和法语这几门课勉强凑合，

① М.Г. 德罗兹多夫斯基（1881—1919），少将，俄国国内战争时期白卫军活动的组织者之一。

② Восточный Туркестан и Монголия. История изучения в конце XIX – первой трети XX века. Том IV. Материалы Русских Туркестанских экспедиций 1909-1910 и 1914-1915 гг. академика С. Ф. Ольденбурга / Под общ. ред. М. Д. Бухарина, В.С. Мясникова, И.В. Тункиной. М.: «Индрик», 2020. С. 173-181.

③ Попова И.Ф. Вторая Русская Туркестанская экспедиция С.Ф.Ольденбура（1914-1915）// Российские экспедиции в Центральную Азию в конце XIX – начале XX века / Сборник статей. Под ред. И. Ф. Поповой. СПб.: Славия, 2008. С.168-169.

希腊语、德语、物理、逻辑学等功课非常差。1903 年，龙贝格根据规定服兵役，同年 5 月 22 日（6 月 4 日），龙贝格成为世袭贵族。1903 年，龙贝格去了中亚旅行，并根据其在撒马尔罕和布哈拉（Бухара）的旅途见闻，编辑整理了一个照片档案，该档案现存于俄罗斯人类学与民族学博物馆，但被错放置于奥登堡 1909—1910 年的考察资料中。

1903 年，龙贝格获准进入圣彼得堡大学法学院学习。1908 年 1 月 15 日（28 日），龙贝格向圣彼得堡大学校长递交了申请，请求将他转入尤里耶夫大学法学院四年级。1908 年 1 月 26 日（2 月 8 日），龙贝格获准转入尤里耶夫大学法学院。转校的原因尚不清楚，可能对于龙贝格来说，圣彼得堡大学的要求太高，而他很多科目成绩并不理想。但是，后来由于某些原因，龙贝格未能进入尤里耶夫大学学习。

此外，根据保存在俄罗斯联邦国家档案馆中的龙贝格与维尔纳茨基的往来信函可知，在 1913 年维尔纳茨基从莫斯科搬到圣彼得堡之后，便与龙贝格成了朋友。由于龙贝格有过中亚考察经验，因此很可能是维尔纳茨基将他推荐给奥登堡，于是龙贝格参加了奥登堡 1914—1915 年的敦煌考察。

龙贝格是奥登堡 1914—1915 年敦煌考察中的摄影师兼画师，在敦煌考察中发挥了重要作用。根据奥登堡的报告，龙贝格对敦煌考察的贡献不仅限于画师兼摄影师的工作。从《奥登堡敦煌考察日记》中可知，奥登堡还委托龙贝格进行了石窟观测和描述记录的工作，并且龙贝格非常出色地完成了这些工作。①

---

① Восточный Туркестан и Монголия. История изучения в конце XIX – первой трети XX века. Том IV. Материалы Русских Туркестанских экспедиций 1909-1910 и 1914-1915 гг. академика С. Ф. Ольденбурга / Под общ. ред. М. Д. Бухарина, В.С. Мясникова, И.В. Тункиной. М.: «Индрик», 2020. С. 173.

龙贝格在敦煌考察中表现非常突出：一方面，龙贝格是奥登堡5人考察队中考察时间最久的队员，他在考察伊始就跟随杜金分队先一步出发，后又在杜金等人提前离开后，陪同奥登堡继续进行敦煌石窟的考察工作，直至1915年4月方与奥登堡回到彼得格勒；另一方面，龙贝格在考察工作中非常勤恳、负责，如奥登堡在1915年1月初给朋友Е.П.斯维什尼科娃的信中写道："我和鲍里斯·费多罗维奇[①]仍在勤恳地工作，尽管有时会受点冻伤。鲍里斯·费多罗维奇，正如我所写的那样，他是位难得的工作人，是一位性格温和的非常优秀的同志……"[②]考察结束后，奥登堡对龙贝格在考察中的出色表现给予了高度肯定，并提出申请，给他发放额外报酬作为奖励。[③]

此外，在敦煌考察结束后，龙贝格住在乌克兰，但与奥登堡仍有往来。20世纪20年代初期，奥登堡邀请龙贝格参与了新疆常务委员会的工作。根据1921年6月12日新疆常务委员会的会议纪要来看，龙贝格参与了新疆发现壁画的研究。

龙贝格因在苏联内战时期参与了白卫军运动，内战结束后，流亡希腊、捷克斯洛伐克，龙贝格与奥登堡的联系就此中断。

---

① 即龙贝格。

② Попова И.Ф. Вторая Русская Туркестанская экспедиция С.Ф.Ольденбура (1914-1915) // Российские экспедиции в Центральную Азию в конце XIX – начале XX века / Сборник статей. Под ред. И. Ф. Поповой. СПб.: Славия, 2008. С. 167.

③ Попова И.Ф. Вторая Русская Туркестанская экспедиция С.Ф.Ольденбура(1914-1915) // Российские экспедиции в Центральную Азию в конце XIX – начале XX века / Сборник статей. Под ред. И. Ф. Поповой. СПб.: Славия, 2008. С.168-169.

小　结

早在斯坦因、伯希和考察敦煌前的19世纪末，俄国就有两位旅行家B.И.罗博罗夫斯基和H.M.普尔热瓦尔斯基到达过敦煌莫高窟，并对敦煌石窟进行过简略考察。而此前有关俄国著名地质学家B.A.奥布鲁切夫曾在斯坦因前至敦煌获取过藏经洞文物的说法，俄国著名东方学家孟列夫指出，此种说法不可信，实为虚构。

通过对奥登堡考察队日记、往来信函、档案公文等资料的梳理分析，可对以往研究中存在讹误、疏漏的地方提出新证，补正并完善奥登堡敦煌考察往返时间、路线：

第一，对于奥登堡抵达敦煌的时间，此前学界主流说法为“1914年8月20日”，但事实上“1914年8月20日”是旧俄历时间，因此准确的说法应该是1914年9月2日。

第二，奥登堡考察队在敦煌考察伊始，分为两队从圣彼得堡出发，在塔城附近会合，后由塔城苇塘子卡入境。根据奥登堡日记，可完整揭示出奥登堡分队从圣彼得堡到塔城的时间、路线。此前公布的奥登堡考察队从塔城至莫高窟的路线，缺阜康至哈密段的行程，根据《杜金敦煌考察日记》可补全这一段行程。以上可还原奥登堡从圣彼得堡到敦煌的完整时间、路线。

第三，奥登堡考察队分两队离开敦煌，杜金、斯米尔诺夫、比尔肯别尔格三人于1914年10月21日（11月3日）离开莫高窟踏上返程。根据《杜金敦煌考察日记》可揭示出杜金分队从莫高窟返回彼得格勒的详细时间和完整路线。奥登堡、龙贝格于1915年1月27日（2月9日）

离开敦煌踏上返程。根据奥登堡日记、《龙贝格返程日记》，可揭示出奥登堡分队从莫高窟返回彼得格勒的主要时间、路线。

第四，此前限于史料，国内外学界对奥登堡两次考察的队员除杜金外，未有过专门论述。根据档案资料，本书对奥登堡两次考察中的画家兼摄影师杜金、敦煌考察中的考古学家比尔肯别尔格、摄影师兼画师龙贝格的生平进行梳理，揭示了其主要活动轨迹，以及与奥登堡的往来联系。

总而言之，奥登堡 1914—1915 年敦煌考察是敦煌学史上的一次重要事件，全面揭示考察队往返的时间、路线，有利于加深对奥登堡敦煌考察的了解与认识。奥登堡敦煌考察不仅获取到大量敦煌写本，还对莫高窟进行了首次系统地测绘、拍摄、描述，保存下来一百多年前莫高窟真实面貌的大量珍贵资料，对于敦煌石窟保护、修复及研究意义重大。对奥登堡敦煌考察进行深入探究，有利于增加中俄两国的交流与合作，有助于丝路文明的传承与延续。

第六章　两次考察中的“斯米尔诺夫”问题探析

奥登堡 1909—1910 年新疆考察和 1914—1915 年敦煌考察的参与者中都有一位“斯米尔诺夫”，两次考察中的“斯米尔诺夫”都发挥了重要作用，且主要负责测绘工作。此前学界多认为两次考察中的“斯米尔诺夫”是同一人，但根据奥登堡与俄国驻乌鲁木齐领事克罗特科夫、与考察队主要成员杜金的往来信函，以及奥登堡考察日记等，可证实两次考察中的“斯米尔诺夫”并非同一人。

关于奥登堡两次考察，前辈学人如刘进宝[①]、荣新江[②]、张惠明[③]等人进行过一些研究，推进了奥登堡及其两次考察的研究。但是，在以往的研究中，只是简略提及“斯米尔诺夫”，例如：“鄂登堡第一次到中国西北‘探查’是在一九〇九——九一〇年。由俄国委员会出资。成员还有摄影师、画家杜丁，矿山工程师斯米尔诺夫……第二次中国西北探查，……这次探查队成员有摄影师杜丁、画家宾肯堡、测

① 刘进宝：《鄂登堡考察团与敦煌遗书的收藏》，《中国边疆史地研究》1998 年第 1 期，第 23—31 页。

② 荣新江：《敦煌学十八讲》，北京：北京大学出版社，2001 年，第 29、102、131—134 页。

③ 张惠明：《1898 至 1909 年俄国考察队在吐鲁番的两次考察概述》，《敦煌研究》2010 年第 1 期，第 86—91 页。

量员斯米尔诺夫及译员等共十人。”[①]“1909—1910年,鄂登堡率杜丁、斯米尔诺夫等进行第一次中亚考察。……1914年5月20日至1915年1月26日，鄂登堡率杜丁、斯米尔诺夫、宾肯堡等10人进行第二次中亚考察。”[②]“俄国考古学者奥登堡率领包括主要助手画家、摄影师杜金，地形测绘师斯米尔诺夫，民族学家尼贝格及艺术家贝肯伯格等人组成的探险队,于1914年8月20日来到莫高窟。”[③]从上述描述来看，两次考察中的“斯米尔诺夫”不仅名字相同，而且从事的工作也相同，很容易将二者视作同一人。

俄国学者在此前的研究中也曾将两次考察中的“斯米尔诺夫”视作同一人，如著名东方学家孟列夫[④]、斯卡奇科夫[⑤]（П.Е.Скачков）明确指出了两次考察中的斯米尔诺夫是同一人。直到近年俄罗斯学者М.Д. 布哈林和И.В. 童金娜院士才指出，两次考察中的“斯米尔诺夫”为兄弟俩，其原文——“为了进行第二次俄国新疆考察，除了奥登堡和杜金外，还邀请了矿业工程师Н.А. 斯米尔诺夫——第一次俄国新疆考察参与者Д.А. 斯米尔诺夫的兄弟，以及艺术家、修复专家比尔肯别尔格和艺术家、民族学家龙贝格”[⑥]，但并没有给出二人关系的更进

① 姜伯勤：《沙皇俄国对敦煌及新疆文书的劫夺（哲学社会科学版）》,《中山大学学报》1980年第3期，第34页。

② 王冀青:《谢尔盖·费多罗维奇·鄂登堡》，陆庆夫、王冀青主编《中外敦煌学家评传》，兰州：甘肃教育出版社，2002年，第328页。

③ 彭金章：《敦煌考古大揭秘》，上海：上海人民出版社，2007年，第46页。

④ [俄] 孟列夫：(Л.Н.Меньшиков)《序言（Предисловие)》，俄罗斯艾尔米塔什博物馆、上海古籍出版社编《俄藏敦煌艺术品》Ⅰ，上海：上海古籍出版社，1997年，第33页。

⑤ Скачков П.Е. Русская Туркестанская экспедиция 1914-1915 гг. // Петербургское востоковедение. 1993. Вып. 4. С. 315.

⑥ Пухарин М.Д., Тункина И.В. Русские Туркестанские экспедиции в письмах С.М.Дудина к С.Ф.Ольденьбургу из собрания санкт-перерпургского филиала архива РАН. ВОСТОК. 2015. С.111.

一步说明。

笔者此前对两次考察中的“斯米尔诺夫”问题一直十分感兴趣，并从两次考察中“斯米尔诺夫”负责的工作、杜金等人信函中提到的相关“斯米尔诺夫”信息、考察中有关“斯米尔诺夫”的照片等方面寻找蛛丝马迹，以求弄清楚奥登堡两次考察中的“斯米尔诺夫”问题。

虽然此前笔者认为两次考察中的“斯米尔诺夫”不是同一个人，但限于材料过少，无法进行论证。俄罗斯学者 М.Д. 布哈林和 И.В. 童金娜院士在 2015 年发表的文章中明确指出，两次考察中的“斯米尔诺夫”是兄弟俩。[①]笔者看到这篇文章后，辗转与童金娜院士取得了联系，并向其请教了该观点的依据，童金娜院士告知相关资料将在 2020 年下半年出版。笔者在 2021 年初拿到了俄罗斯科学院档案馆圣彼得堡分馆刊布的奥登堡两次考察中“斯米尔诺夫”写给奥登堡的信件及其他“斯米尔诺夫”相关档案材料，才得以对一直以来含混不清的“斯米尔诺夫”问题有了下面的认识。

第一节　辨两次考察中的“斯米尔诺夫”之混淆

国内学者在谈及奥登堡两次考察中的队员“斯米尔诺夫”时，大多没有提出明确观点，或默认是同一人，如刘进宝教授在《鄂登堡考察团与敦煌遗书的收藏》中，将两次考察中的“斯米尔诺夫”默认为同一人，“沙俄第 2 次考察队仍以鄂登堡为领队，成员除了杜丁和斯

① Пухарин М.Д., Тункина И.В. Русские Туркестанские экспедиции в письмах С.М.Дудина к С.Ф.Ольденьбургу из собрания санкт-перерпургского филиала архива РАН. ВОСТОК. 2015. С.111.

米尔诺夫，还有画家宾肯贝格、民族学家罗姆贝格，以及 10 名辅助人员和 1 名中国翻译，考察的地点是敦煌石窟”。[①]这种情况的出现，主要一是当时俄方公布的材料过少；二是因中俄文表达习惯差异所致，即由于俄国人全名过长，中文通常以姓称之，遇到两次考察中的“斯米尔诺夫”问题，往往易混淆。这里首先对俄国男性全名的构成做一个简单介绍，以便下文进一步展开论述。

俄国男性的全名由三部分组成：名字 + 父称 + 姓或姓 + 名字 + 父称，全名一般用于正式文件和正式场合。俄罗斯人的名字数量相对于姓氏而言要少，重名概率尤其高，因此俄罗斯人名中加了父称予以区别，父称表示“某人的儿子 / 女儿”，例如：俄罗斯总统普京，其全名为弗拉基米尔·弗拉基米罗维奇·普京（Владимир Владимирович Путин），即“弗拉基米尔”是他的名字，父称“弗拉基米罗维奇”表示他是弗拉基米尔的儿子（即他的父亲也叫弗拉基米尔），“普京”则是他的姓。通常俄文中用名字 + 父称称呼一个人，表示尊敬、礼貌，[②]这在“斯米尔诺夫”相关档案史料中多次出现。

在一些论著中常常也以简称“Д.А. 斯米尔诺夫（Д.А.Смирнов）”和“Н.А. 斯米尔诺夫（Н.А.Смирнов）”来指代奥登堡两次考察中的这两人。“Д.А. 斯米尔诺夫”和“Н.А. 斯米尔诺夫”仅一个字母之差，并且此前有关资料非常少，而著名俄国东方学家孟列夫等人又称两次考察中的“斯米尔诺夫”是同一人，这使得笔者此前产生了是否存在误写的疑问。但是，笔者通过对奥登堡与克罗特科夫、杜金等人的往

① 刘进宝：《鄂登堡考察团与敦煌遗书的收藏》，《中国边疆史地研究》1998 年第 1 期，第 26 页。

② 郑虹：《俄罗斯人的名字与俄罗斯文化》，《华南师范大学学报（社会科学版）》1999 年第 3 期，第 83 页。

来信函、奥登堡考察日记和考察报告中“斯米尔诺夫”出现情况的统计分析，认为存在误写的可能性几乎为零。因为“斯米尔诺夫”在上述史料中多次出现，且新疆和敦煌考察中出现的分别始终是“Д.А. 斯米尔诺夫”和“Н.А. 斯米尔诺夫”，不可能这么多人每次都存在误写的情况，因此可排除误写的可能。

此外，改名的可能性也基本可以排除[①]：首先，自10世纪末东正教传入俄国成为国教到1917年十月革命前，这一时期新生儿须按照教历来取名。即根据教会规定，孩子出生后，要由神父按照教会历书上所列的圣人纪念日的圣人名来给孩子取名（如在5月18日这天，教历上记录着“德米特里”“伊万”“谢尔盖”等数个男性名，那么，在这一天出生的男孩只能在这数个名字中选择），[②]选定名字，一般情况下不会更改；其次，俄国人的名字中涉及“父称”的问题，普通男性在成年后通常不会更改名字；最后，在20世纪初资讯较为落后，普通人改名字很难广而告之，并且在出生证、学历证书、护照上登记的名字很难更改。因此基本可以排除1909—1910年考察中的“德米特里”在1914—1915年考察中改名为“尼古拉”的可能。

实际上，奥登堡新疆考察中的“斯米尔诺夫”全名是德米特里·阿尔谢尼耶维奇·斯米尔诺夫（Дмитрий Арсеньевич Смирнов，1883—1945或1946），即他的名字是德米特里，他的父亲叫阿尔谢尼耶夫，他姓斯米尔诺夫；敦煌考察中的“斯米尔诺夫”全名是尼古拉·阿尔谢尼耶维奇·斯米尔诺夫（Николая Арсеньевич Смирнов，1890—？），

① 改名相关问题，笔者咨询过俄罗斯人及国内一些资深俄语教授，他们皆认为20世纪初普通俄国男性改名的可能性非常低。

②［俄］奥丽娅（Zueva Olga）：《汉俄姓名研究对比》，黑龙江大学硕士学位论文，2012年。

即他的名字是尼古拉，父亲叫阿尔谢尼耶夫，他姓斯米尔诺夫。

显然，“德米特里·阿尔谢尼耶维奇·斯米尔诺夫”与“尼古拉·阿尔谢尼耶维奇·斯米尔诺夫”是父称和姓都相同，仅名字不同的两个男性全名。但是，由于中文一般用“姓”来代指俄国人，如“普希金（Пушкин）”“普京”“梅德韦杰夫（Медведев）”，因而奥登堡两次考察中的地形测绘师，国内学界一般都以“斯米尔诺夫”称之，如此就很容易使人误认为奥登堡两次考察中的“斯米尔诺夫”是同一人。

因此，奥登堡1909—1910年新疆考察、1914—1915年敦煌考察中的地形测绘师“斯米尔诺夫”并非同一人，而是两个人。

第二节　新疆考察中的大斯米尔诺夫

为便于区分，本节将奥登堡新疆考察中的“德·阿·斯米尔诺夫（Д.А.Смирнов）”称作“大斯米尔诺夫”，敦煌考察中的“尼·阿·斯米尔诺夫（Н.А.Смирнов）”称作“小斯米尔诺夫”。

大斯米尔诺夫新疆考察的野外日记资料，起初与奥登堡1909—1910年新疆考察所获物品一同存放于人类学与民族学博物馆，后在20世纪30年代，随同新疆考察物品转存到了国立艾尔米塔什博物馆东方分部。大斯米尔诺夫考察资料中保存有对所考察对象的简要描述、所绘平面图和图纸的说明，以及与所进行工作特殊性有关的一些想法，如有关在中国新疆测绘建筑古迹的最合适方法的思考。[①]目前有关大斯米尔诺夫新疆考察的日记部分仍在整理中，有待进一步公布。

此前俄罗斯档案馆、科学院东方文献研究所等机构中有关大斯米尔诺夫的档案比较残缺，得益于近年来大斯米尔诺夫的后人——孙女娜塔莉亚·亚历山大罗夫娜·斯米尔诺娃（Наталья Александровна Смирнова）、外曾孙女索菲娅·弗拉基米罗夫娜·斯米尔诺娃 (Софья Владимировна Смирнова)，[②]以及外曾孙亚历山大·亚历山大罗维奇·马林诺夫斯基 (Александр Александрович Малиновский) 向俄罗斯科学院档案馆提供的大斯米尔诺夫回忆录及家庭档案中的照片，使得有关大斯米尔诺夫的一些信息得以补充完善。[③]

大斯米尔诺夫，1883 年 5 月 13 日（26 日）出生于特维尔省科尔切夫斯基县帕斯金区马特维耶夫卡村的农户家庭，父亲名为阿尔谢尼·库兹明（Арсений Кузьмин），母亲叫作克谢尼娅·康斯坦丁诺娃（Ксения Константинова）。这个家庭有 11 个孩子，但最后只有 4 个活了下来：除了大斯米尔诺夫外，还有尼古拉（即参加敦煌考察的小斯米尔诺夫）、瓦西里（Василий）和米哈伊尔

① Восточный Туркестан и Монголия. История изучения в конце XIX – первой трети XX века. Том IV. Материалы Русских Туркестанских экспедиций 1909-1910 и 1914-1915 гг. академика С.Ф. Ольденбурга / Под общ. ред. М.Д. Бухарина, В.С. Мясникова, И.В. Тункиной. М.: «Индрик», 2020. С.469.

② 夫家姓维特韦尔（Витвер）。

③ Восточный Туркестан и Монголия. История изучения в конце XIX – первой трети XX века. Том IV. Материалы Русских Туркестанских экспедиций 1909-1910 и 1914-1915 гг. академика С.Ф. Ольденбурга / Под общ. ред. М.Д. Бухарина, В.С. Мясникова, И.В. Тункиной. М.: «Индрик», 2020. С.183.

（Михаил）。[①]

根据大斯米尔诺夫后人提供的回忆录，一位富有的地主（大概是大斯米尔诺夫家耕种地的所有者）将大斯米尔诺夫带入家中，以便自己的儿子以大斯米尔诺夫为榜样，在学习上能够变得更加勤奋上进。可能正是这位地主后来承担了大斯米尔诺夫进一步的教育费用，使得大斯米尔诺夫后来能够在矿业学院学习。[②]

根据俄罗斯科学院档案馆公布的资料，大斯米尔诺夫早在新疆考察开始之前就已经与奥登堡认识，并与奥登堡兄弟二人颇为熟稔。这可能是由于大斯米尔诺夫是特维尔省人，且曾在特维尔的一所中学接受初等和中等教育，然后结识了在特维尔地方自治局所属马克西莫维奇师范学院任教的奥登堡的兄长费多尔；[③]或者是他与奥登堡的兄长费多尔任教学校的教授、领导 Е.П. 斯韦什尼科娃（Е.П.Свешникова）熟识，而斯韦什尼科娃是奥登堡家族的密友，通过 Е.П. 斯韦什尼科娃结识了奥登堡兄弟。大斯米尔诺夫的信中有提及 Е.П. 斯韦什尼科娃和费多尔。[④]

---

① Восточный Туркестан и Монголия. История изучения в конце XIX – первой трети XX века. Том IV. Материалы Русских Туркестанских экспедиций 1909-1910 и 1914-1915 гг. академика С.Ф. Ольденбурга / Под общ. ред. М.Д. Бухарина, В.С. Мясникова, И.В. Тункиной. М.: «Индрик», 2020. С.183.

② Восточный Туркестан и Монголия. История изучения в конце XIX – первой трети XX века. Том IV. Материалы Русских Туркестанских экспедиций 1909-1910 и 1914-1915 гг. академика С.Ф. Ольденбурга / Под общ. ред. М.Д. Бухарина, В.С. Мясникова, И.В. Тункиной. М.: «Индрик», 2020. С.183.

③ 有关奥登堡兄长费多尔的介绍，请参看前文。

④ Восточный Туркестан и Монголия. История изучения в конце XIX – первой трети XX века. Том IV. Материалы Русских Туркестанских экспедиций 1909-1910 и 1914-1915 гг. академика С.Ф. Ольденбурга / Под общ. ред. М.Д. Бухарина, В.С. Мясникова, И.В. Тункиной. М.: «Индрик», 2020. С.184.

在新疆考察开始前，大斯米尔诺夫曾给奥登堡的兄长费多尔写信，咨询怎样为他在中等职业学校学习的弟弟瓦西里争取到某种不错的地方奖学金。[①]大斯米尔诺夫 1908 年 12 月 7 日（20 日）在写给奥登堡的信中，要求当时已经很有声望的奥登堡将某些写本还给他，而且能够看出这并非第一次提醒。从后来的信函来看，该写本内容是文学方面的。[②]大斯米尔诺夫结束新疆考察回到俄国后，在 1909 年 12 月 27 日（1910 年 1 月 9 日）自莫斯科写给奥登堡的信中说，他在写信的前一天去看望了奥登堡的儿子，但没见到人，据说是前几天去了圣彼得堡。[③]可见大斯米尔诺夫与奥登堡颇为熟悉。

大斯米尔诺夫在矿业学院学习期间，遇到了艾米利亚·亚历山德罗夫娜·维特韦尔（Эмилия Александровна Витвер），她是瑞士奶酪制造商 A.A. 维特韦尔（A.A.Витвер）的女儿。A.A. 维特韦尔是特维尔省科尔切夫斯基县的一个小庄园主。结婚前，艾米利亚为补贴家用，担任过家庭教师和音乐老师，曾在男低音歌唱家夏里亚宾（Ф.И.Шаляпин）家中任教。

1906 年，大斯米尔诺夫与艾米利亚结婚。婚后，斯米尔诺夫夫

---

① Восточный Туркестан и Монголия. История изучения в конце XIX – первой трети XX века. Том IV. Материалы Русских Туркестанских экспедиций 1909-1910 и 1914-1915 гг. академика С.Ф. Ольденбурга / Под общ. ред. М.Д. Бухарина, В.С. Мясникова, И.В. Тункиной. М.: «Индрик», 2020. С.184.

② Восточный Туркестан и Монголия. История изучения в конце XIX – первой трети XX века. Том IV. Материалы Русских Туркестанских экспедиций 1909-1910 и 1914-1915 гг. академика С.Ф. Ольденбурга / Под общ. ред. М.Д. Бухарина, В.С. Мясникова, И.В. Тункиной. М.: «Индрик», 2020. С.184.

③ Восточный Туркестан и Монголия. История изучения в конце XIX – первой трети XX века. Том II: Археологические, географические и исторические исследования / Под ред. чл.-корр. РАН М.Д.Бухарина. М.: Памятники исторической мысли, 2018 С.475.

妇育有两个女儿——奥尔加（Ольга，1909—？）和叶连娜（Елена，1913—1989）。

1909 年，大斯米尔诺夫从叶卡捷琳娜二世矿业学院毕业，取得了采矿工程师资格，并获得了荣誉证书。在求学过程中，大斯米尔诺夫曾遵照"1904 年 10 月 19 日（11 月 1 日）第 1272 号文件"应征入伍。

1909 年，大斯米尔诺夫从矿业学院毕业，在科学院常务秘书奥登堡的带领下根据最高指令前往中国新疆考察。在考察中，他负责对新疆地区的地形地貌进行测绘，并绘制一些建筑物的平面图。

1917 年 8 月 1 日，根据矿业部第 7 号命令，大斯米尔诺夫被任命为谢尔比诺夫斯基矿区的区域工程师。大斯米尔诺夫向奥登堡表达了他对"粗俗型布尔什维克"的态度和看法，并谈到了无政府状态的加剧。[①]

大斯米尔诺夫写给奥登堡的最后一封信的日期是 1917 年 10 月 7 日（20 日），即十月革命前夕，之后有关大斯米尔诺夫生平的文件信息中断。根据其后人的回忆，十月革命后，大斯米尔诺夫接受了新的任命，并携家人前去赴任。途中，火车被白卫军拦截，大斯米尔诺夫一家被押往克里米亚，全家人在中途都患上了斑疹伤寒，但幸运的是没有人死去。到达克里米亚后，大斯米尔诺夫被关入监狱。白卫军战败离开后，他因社会革命党人的身份再次被关入监狱，后因他之前的一名狱友是布尔什维克而获得保释。[②]

① Восточный Туркестан и Монголия. История изучения в конце XIX – первой трети XX века. Том IV. Материалы Русских Туркестанских экспедиций 1909-1910 и 1914-1915 гг. академика С.Ф. Ольденбурга / Под общ. ред. М.Д. Бухарина, В.С. Мясникова, И.В. Тункиной. М.: «Индрик», 2020. С.191.

② Восточный Туркестан и Монголия. История изучения в конце XIX – первой трети XX века. Том IV. Материалы Русских Туркестанских экспедиций 1909-1910 и 1914-1915 гг. академика С.Ф. Ольденбурга / Под общ. ред. М.Д. Бухарина, В.С. Мясникова, И.В. Тункиной. М.: «Индрик», 2020. С.191.

出狱后，大斯米尔诺夫一家在克里米亚的生活非常贫困，因为他们在赴任途中失去了所有财产。他们通过卖花维持生计，大斯米尔诺夫还售卖小饰品。之后，他们一家设法搬到莫斯科郊区去投奔亲戚，后来又搬到了莫斯科。最小的女儿叶连娜继承了母亲的音乐才能，并接受过良好的音乐教育。在莫斯科音乐学院学习时，是Г. 涅高兹（Г.Нейгауз）最赏识的学生之一。她曾担任过一段时间的音乐会首席伴奏，但由于过度演奏致使手受伤，被迫放弃首席伴奏者的工作。后来在其叔叔的影响下，她进入了莫斯科国立大学地理系夜校学习。毕业后，在苏联自然地理教研室工作，担任高级研究员，编写了很多科研论著和教科书。①

20 世纪 30 年代，叶连娜与杰出的科学家、哲学家、生物学和遗传学专家 А.А. 马林诺夫斯基（А.А.Малиновский，1909—1996）结婚，儿子波格丹诺夫（А.А.Богданов）是经济学家、哲学家、政治家、科幻小说作家，世界第一家输血研究所的组织者和主任。叶连娜还是她丈夫的一些科学出版物的合著者。1938 年，他们的女儿娜塔莉娅（Наталья）出生，也就是大斯米尔诺夫的外孙女。她回忆称，祖父是一位非常友善、慈祥且稳重的人，家中的一切事务，基本上都由精力充沛、意志坚强的祖母艾米利亚安排和决定。第二次世界大战开始时，大斯米尔诺夫的女儿叶连娜和年幼的外孙女被撤离走。在整个战争期间，大斯米尔诺夫夫妇都留在莫斯科，大斯米尔诺夫于 1945 年末或

① Восточный Туркестан и Монголия. История изучения в конце XIX – первой трети XX века. Том IV. Материалы Русских Туркестанских экспедиций 1909-1910 и 1914-1915 гг. академика С.Ф. Ольденбурга / Под общ. ред. М.Д. Бухарина, В.С. Мясникова, И.В. Тункиной. М.: «Индрик», 2020. С.191-192.

1946年初因胃癌去世。[①]

1909年5月30日（6月12日），大斯米尔诺夫跟随奥登堡离开圣彼得堡，开始新疆考察。大斯米尔诺夫在1909—1910年新疆考察中，主要负责地形测绘及一些建筑物的平面图和剖面图的绘制。1909年11月底，大斯米尔诺夫和杜金按照之前的计划，提前结束考察返回俄国。

根据大斯米尔诺夫在考察返程途中写给奥登堡的信件，可以了解到奥登堡1909—1910年新疆考察的一些细节和内情，如杜金与大斯米尔诺夫在返程途中，在乌鲁木齐受到了俄国驻乌鲁木齐领事H.H.克罗特科夫的招待。但是，由于克罗特科夫对他们提前离开非常不满，认为这是抛弃，并且克罗特科夫在写给奥登堡的信中一再指责杜金二人的提前离开，如“在我看来，斯米尔诺夫和杜金不应该抛弃您。如果他们想帮助您，那么他们应该能找到事做。如果他们非常想念自己的妻子，以致无法再待上2~3个月，那么，抱歉，他们是哪门子的旅行家？”[②]因此，虽然杜金与大斯米尔诺夫在返程途中，受到了俄国驻乌鲁木齐领事H.H.克罗特科夫的招待。但是，大斯米尔诺夫、杜金二人与克罗特科夫的关系是微妙的。

大斯米尔诺夫在1909年11月21日（12月4日）从乌鲁木齐写给奥登堡的信中，向奥登堡汇报了返程情况，并谈及了酬劳问题，信

① Восточный Туркестан и Монголия. История изучения в конце XIX – первой трети XX века. Том IV. Материалы Русских Туркестанских экспедиций 1909-1910 и 1914-1915 гг. академика С.Ф. Ольденбурга / Под общ. ред. М.Д. Бухарина, В.С. Мясникова, И.В. Тункиной. М.: «Индрик», 2020. С.192.

② Восточный Туркестан и Монголия. История изучения в конце XIX – первой трети XX века. T.I: Эпистолярные документы из архивов Российской академии наук и Турфанского собрания / Под ред. чл.-корр. РАН М.Д.Бухарина. М.: Памятники исторической мысли, 2018. С.558.

件内容如下：

如您所见，我们已经完成了返程的第一阶段。总而言之，一切都比我们想象的要好得多。

在吐鲁番的阿克萨卡尔家里，我们都感冒了，嗓子极度嘶哑、流鼻涕。此前阿克萨卡尔对我们的保暖情况感到极度担忧，现在结果已经显现出来了。还有不到4天的路程就能到乌鲁木齐，在某些路段我们以每小时7.5俄里的速度前行，我们顽强地撑了下来：几乎没有一个晚上不是睡在途中的，并没有白费，而是仍在前行。

……

萨穆伊尔·马丁诺维奇①（Самуил Мартынович）总是神经质的宽宏大量：非常易与相处和好说话，如您所见，他表现过分沉着。大概，情况会像这样继续下去，因此如果运气好的话，我们会在和谐友好的氛围下抵达。

在乌鲁木齐，我们购买的不是里外两面都有毛的皮袄，而是羊皮大衣，我们乘的也不是四轮马车，而是俄式运货大车，但是这个问题并不那么严重。令我们感到担心的是，在乌鲁木齐我们很快将找不到可用来拉俄式大车的马，……

克罗特科夫夫妇非常友善。马洛夫②仍然还在这里，想必他不会很快离开，因为“他急着去哪里呢？”总之，根据我的观察，他是一个古怪的人：极其消极并固执地认为，在该地区，冬天乘坐双轮

① 即杜金。

② 谢尔盖·叶菲莫维奇·马洛夫（Сергей Ефимович Малов，1880—1957），俄国著名的突厥学家，语言学家。马洛夫曾在俄国委员会的倡议和支持下，于1909—1911年进行新疆和田考察。

大马车旅行可能非常方便——如您所见，这种想法很少见。

这里流言巨多，正如您所见，并非只是流亡政治家在这里参与造谣。没有来自艾米利亚·亚历山德罗夫娜[①]的信。我在这里非常不安，因此我要带着不安的灵魂回俄国。

我衷心希望您在库车旅途愉快，工作愉快，返程愉快。

您的朋友Дм.斯米尔诺夫

P.S.我们在七个星遗址考察时所获文物资料的箱子才到乌鲁木齐。这些箱子在复活节之前不能运达俄国。我负责的七个星遗址图纸在这些箱子中，很显然，复活节之前我拿不到这些图纸。我简直是焦虑不安，因为我要加工这些图纸。在这种情况下，显然，我不可能以计件工资来工作。如果那样算的话，钱太少，难以维持生计，因为我在绘制平面图期间，其他什么事情也做不了。我唯一可以提出的建议是：我对目前现有的这些草图进行精修，并且只做这一件事，如果我的工作结束时，其他草图还未运送到，那么请委员会为此额外付款。这样说不好，但是，我想不出更好的说法，例如不要再在明年春天联系我；例如我在忙其他的，没有时间处理草图。[②]

在这封信中，大斯米尔诺夫不仅向奥登堡汇报了归途中的一些情况，提到了杜金的神经质、在乌鲁木齐见到的俄国另一位探险家马洛夫等情况，还详细表达了对薪酬的一些想法和顾虑。由于部分草图和

① 即大斯米尔诺夫的妻子。

② Восточный Туркестан и Монголия. История изучения в конце XIX – первой трети XX века. Том IV. Материалы Русских Туркестанских экспедиций 1909-1910 и 1914-1915 гг. академика С.Ф. Ольденбурга / Под общ. ред. М.Д. Бухарина, В.С. Мясникова, И.В. Тункиной. М.: «Индрик», 2020. С.472-473.

平面图随同考察的一些行李运输，当时未运抵圣彼得堡。这部分图纸，直到大斯米尔诺夫返回莫斯科的半年后才运到。根据考察协定，大斯米尔诺夫有义务完成新疆考察图纸的修整工作，而大斯米尔诺夫要完成这部分图纸的工作就无法正常工作上班，拿不到工资。但他的妻子当时已怀孕，急需大斯米尔诺夫挣钱养家糊口。

大斯米尔诺夫在 1909 年 12 月 7 日（20 日）自塔城寄给奥登堡的信中，一方面汇报了他与杜金等人的回国进程，另一方面还提到了一些人际关系问题，信件内容如下：

> 如您所见，我们仍在塔城。我们在这里收到了您的电报，感谢您的关心。我们在途中经常想起您。您眼下在哪里？也许您在库尔勒的穆罕默德阿克萨卡尔（Магомет-аксакал）家里，正吃着“坡罗（палов）”[①]“皮提曼塔（пильмень）”[②]和其他的美味？每到晚上，我们住在旅店仍然要被冻僵，白天恶心、头脑昏沉，躺在两轮大车上消磨时间。冬季旅行真是一件令人不快活且极少有趣的事情！我和萨穆伊尔·马丁诺维奇[③]的相处勉勉强强，尽管有时候极度不愉快，如他与愚蠢可笑的比萨姆拜[④]争吵，甚至到了动手打人的地步。真是一言难尽！坦率地说，这些印象有些奇怪。总的来说，我对能少冻僵一些不抱奢望，但是我承认，有时候有些旅店还是令人感到震惊。想象一下潮湿、肮脏的棚子，还四面漏风——这是从乌鲁木齐一直到库尔的旅店情况。从库尔开始旅店不那么吓人了，我

① 维吾尔语音译，新疆特色美食手抓饭。

② 维吾尔语音译，新疆特色美食薄皮包子。

③ 即杜金。

④ 即新疆考察中的马夫。

们住的旅店里有了铁炉，并且冰雪开始消融。最为糟糕的旅店，在我看来是奎屯的，寒冷，还非常潮湿肮脏。但是，既然前方就是家园，许多不好的事情就不会太令人关注：我把自己包裹起来，想象自己已经到了俄国，这样很好，……仿佛没有寒冷，没有疲惫不堪的马匹，没有无脑又从头到脚卑贱的比萨姆拜，没有旅店，……但冬天里沿着这条路去工作，体力上来说是难以办到的。

我收到了艾米利亚·亚历山德罗夫娜的两封信：事实证明，她正在思考，信里说的是些琐事，仅此而已。她悲伤地告诉我，她的年轻朋友们的家庭在分崩离析，因此，看到这种情况，她也很痛苦。显然，这不是个好时代！她向您致以诚挚的问候。

我在塔城取了400卢布，因为无论如何都要从某个地方取这些钱，而从这里取更方便。50卢布我先用上——需要购买用的纸，……我想，您对此不会有意见。我等待您对我所测绘装箱的图纸的付款顺序的答复，这很愚蠢，但似乎没有其他办法。有时我想自己去做一些额外的工作，从而降低自己的期望值，但另一方面，您本人也知道工程师的工作——从上午8点到晚上6点，在这里找不到时间做其余的事情。如果您同意这一原则，那么我们之间总的来说不会有什么误解。按照每个工作小时1卢布算，每天大约6个工作小时（每天净工作时长至多6个小时）——一个月共约150卢布。这是我预期的价格，而剩下来的工作按照每小时1卢布算，就像我之前说的那样。我很不情愿地表达这些顾虑，但不表达这些会更糟。通常，拿不到预期的金额，但是，天哪，这不是我的错。我热切期待，……您对此，怎么说?

根据我个人的印象，克罗特科夫的“礼物”出了点事。首先，毫无疑问，克罗特科夫是一个自私的人。这对您来说，可能，听起来很不真切，但是，克罗特科夫以嘲讽的态度对待大公[①]的感激之情使我感到厌恶。他说，放置在珍品相册中有什么用？他想要什么？是官衔还是勋章？那将是贿赂而不是礼物。请原谅我的这些话，但我非常担心某些非常糟糕的事情发生。

尽管克罗特科夫夫妇款待了我们，但我们仍能感觉到他的不满。难道我们离开不好？所以我们要受这种转变的态度，尽管很微妙，但明显能感觉到？有点莫名其妙……

我还忘了跟您报备博苏克·捷米罗维奇（Босук　Темирович）[②]那的账：我们从他那里借了25卢布45戈比，而他花了25两5钱来满足我们的需求。伙夫扎卡里（Закари）额外拿走了1两7钱。

祝您一切安好

您的朋友 Дм.斯米尔诺夫

向博苏克·捷米罗维奇和扎卡里致以问候：我们经常想起他们。博苏克·捷米罗维奇还请求我在吐鲁番向您暗示，他希望死前能到真正的俄国，如圣彼得堡，但他决定不告诉您这些。[③]

从上述信件可知：第一，在返程途中，杜金与考察队的马夫产生了冲突，甚至到了动手的地步，大斯米尔诺夫对杜金的性格和行为进行了很直白地揭露；第二，大斯米尔诺夫表达了对工作酬劳的想法和

① 即当时的科学院院长康斯坦金大公。

② 即新疆考察中的翻译霍霍。

③ Восточный Туркестан и Монголия. История изучения в конце XIX – первой трети XX века. Том IV. Материалы Русских Туркестанских экспедиций 1909-1910 и 1914-1915 гг. академика С.Ф. Ольденбурга / Под общ. ред. М.Д. Бухарина, В.С. Мясникова, И.В. Тункиной. М.: «Индрик», 2020. С.473-474.

预期值，并请求奥登堡尽快回信告知对其工资的支付方案；第三，大斯米尔诺夫表达了对俄国驻乌鲁木齐领事克罗特科夫的看法和评价，大斯米尔诺夫不喜克罗特科夫，认为他是一个虚假且不安于现状的人；第四，考察队的翻译霍霍渴望去圣彼得堡。

回到俄国后，大斯米尔诺夫在考察中绘制的部分草图丢失了，他不得不于1910年6月至7月间进行重绘。由于大斯米尔诺夫急于完成任务，影响了重绘图纸的质量。奥登堡收到图纸后很不满，大斯米尔诺夫又于7月至9月再次重绘。

大斯米尔诺夫与奥登堡在新疆考察后一直保持联系，甚至在之后的找工作、工作调动中，屡次请求奥登堡帮忙。如在奥登堡的帮助下，大斯米尔诺夫在1910年底谋到了采矿部的职务[①]；1915年12月，在大斯米尔诺夫任职的谢尔比诺夫斯基矿发生了严重事故，因炸药放置不当引起爆炸，造成25人死亡。大斯米尔诺夫请求奥登堡将他安排到炮兵部门“到美国或日本验收炮弹”[②]。后来，大斯米尔诺夫没有去炮兵部门，小斯米尔诺夫代替兄长在奥登堡的帮助下，于1916年3月前往美国“验收机关枪”。[③]

大斯米尔诺夫与奥登堡的联系一直保持到十月革命前，并在奥登

① Восточный Туркестан и Монголия. История изучения в конце XIX – первой трети XX века. Том IV. Материалы Русских Туркестанских экспедиций 1909-1910 и 1914-1915 гг. академика С.Ф. Ольденбурга / Под общ. ред. М.Д. Бухарина, В.С. Мясникова, И.В. Тункиной. М.: «Индрик», 2020. С.185-186.

② Восточный Туркестан и Монголия. История изучения в конце XIX – первой трети XX века. Том IV. Материалы Русских Туркестанских экспедиций 1909-1910 и 1914-1915 гг. академика С.Ф. Ольденбурга / Под общ. ред. М.Д. Бухарина, В.С. Мясникова, И.В. Тункиной. М.: «Индрик», 2020. С.190.

③ Восточный Туркестан и Монголия. История изучения в конце XIX – первой трети XX века. Том IV. Материалы Русских Туркестанских экспедиций 1909-1910 и 1914-1915 гг. академика С.Ф. Ольденбурга / Под общ. ред. М.Д. Бухарина, В.С. Мясникова, И.В. Тункиной. М.: «Индрик», 2020. С.194.

堡新疆考察中，大斯米尔诺夫的妻子艾米利亚也与奥登堡有信函往来。如艾米利亚在考察初期给奥登堡写信道：“我对您写的关于德米特里·阿尔谢尼耶维奇（即大斯米尔诺夫）的几句好话感到特别高兴。希望您对他作为旅行伙伴的看法不会太早表达出来。无论如何，我现在再次要求他——尽量不要自私，照顾好您，毕竟，每一个不愉快总是会伤害到您。”①

此外，在杜金、克罗特科夫、奥登堡等人的信函，以及考察札记中也提到过大斯米尔诺夫。如在奥登堡关于七个星佛寺遗址的工作日记中写道：“8 月 26 日，……德米特里·阿尔谢尼耶维奇刚挖一会儿就发现了非同寻常的木制品——涂了色的莲花。”②在奥登堡写给克罗特科夫的信函中也有对大斯米尔诺夫工作的肯定，如奥登堡在 1909 年 8 月 22 日（9 月 4 日）的信中说：“我们仍未收到邮件，我们今天仅寄了件。我可怜的斯米尔诺夫因此情绪低落，但他工作很努力。”③

新疆考察结束后，大斯米尔诺夫在与奥登堡的往来信函中经常回忆起前往中国新疆的考察。随着时间的流逝，这次考察中的艰辛和不愉快逐渐被大斯米尔诺夫和奥登堡所淡忘。之后，大斯米尔诺夫在得知奥登堡在组织新的新疆考察后，他表示想要与奥登堡同行，但

① Восточный Туркестан и Монголия. История изучения в конце XIX – первой трети XX века. Том IV. Материалы Русских Туркестанских экспедиций 1909-1910 и 1914-1915 гг. академика С.Ф. Ольденбурга / Под общ. ред. М.Д. Бухарина, В.С. Мясникова, И.В. Тункиной. М.: «Индрик», 2020. С.185.

② Ольденбург С.Ф. Русская Туркестанская Экспедиция 1909-1910 года / Краткий предварительный отчет. СПб.: Императорская Академия Наук, 1914. С.34.

③ Восточный Туркестан и Монголия. История изучения в конце XIX – первой трети XX века. Том I: Эпистолярные документы из архивов Российской академии наук и Турфанского собрания / Под ред. чл.-корр. РАН М. Д. Бухарина. М.: Памятники исторической мысли, 2018. С.34.

家庭责任和工作职责不允许大斯米尔诺夫长时间离开俄国，于是大斯米尔诺夫向奥登堡推荐了弟弟小斯米尔诺夫随同考察。①

综上可知，大斯米尔诺夫在考察之前就与奥登堡兄弟认识，关系应该还比较熟稔，并且大斯米尔诺夫的妻子艾米利亚与奥登堡也有过信函往来。大斯米尔诺夫在1909—1910年新疆考察中负责对考察区域进行地形测绘，以及一些建筑物的平面图、剖面图的绘制。在考察结束后直到十月革命前，大斯米尔诺夫与奥登堡一直有信函往来，在找工作、调动工作中，大斯米尔诺夫都曾得到过奥登堡的帮助。此外，大斯米尔诺夫写给奥登堡的信函还透露出考察中的一些细节。如考察队返程路线、成员内部冲突，以及他对俄国驻乌鲁木齐领事克罗特科夫的看法等，为进一步研究奥登堡两次中国西北考察提供了新史料和新的观察视角。

第三节　敦煌考察中的小斯米尔诺夫

奥登堡敦煌考察中的测绘师尼古拉·阿尔谢尼耶维奇·斯米尔诺夫即本节中的“小斯米尔诺夫”，他是新疆考察中“大斯米尔诺夫”的弟弟。

小斯米尔诺夫于1890年4月21日（5月4日）出生于特维尔省科尔切夫斯基县帕斯金区马特维耶夫卡村。小斯米尔诺夫起初在科尔

① Восточный Туркестан и Монголия. История изучения в конце XIX – первой трети XX века. Том IV. Материалы Русских Туркестанских экспедиций 1909-1910 и 1914-1915 гг. академика С.Ф. Ольденбурга / Под общ. ред. М.Д. Бухарина, В.С. Мясникова, И.В. Тункиной. М.: «Индрик», 2020. С.471.

切夫斯基城市学校学习，后在科斯特罗马中学学习，并以自学考生的身份毕业，于1913年5月通过了成人考试。[①]据雅罗斯拉夫尔省绘图室1913年9月18日（10月1日）的一份证书透露，小斯米尔诺夫在中学学习的同时，还在雅罗斯拉夫尔省土地测量委员会担任过土地测量师助理，后于1913年9月辞职。小斯米尔诺夫从中学毕业后，去了圣彼得堡，向圣彼得堡大学递交了一份申请书，申请进入物理数学系的数学部学习，并于1913年11月进入了该大学。1913年前后，小斯米尔诺夫娶了雅罗斯拉夫尔省尼科尔斯克乡柳托夫村的九级文官尼古拉·德米特里耶维奇·瓦连佐夫（Николай Дмитриевич Варенцов）的女儿——奥莉加·尼古拉耶夫娜·瓦连佐娃（Ольга Николаевна Варенцова）。[②]

1913年，大斯米尔诺夫得知奥登堡在组织新的中国西北考察后，向奥登堡推荐了弟弟小斯米尔诺夫。小斯米尔诺夫当时是圣彼得堡大学物理数学系的学生。大斯米尔诺夫在向奥登堡推荐他时，称他是一个干练、质朴、身体强健的人。他甚至表示愿意将弟弟送往戈尔洛夫卡矿区一个月，对其进行地形学方面的技能培训，在那里可以在接近中国新疆野外工作环境的条件下学习。

---

① Восточный Туркестан и Монголия. История изучения в конце XIX – первой трети XX века. Том IV. Материалы Русских Туркестанских экспедиций 1909-1910 и 1914-1915 гг. академика С.Ф. Ольденбурга / Под общ. ред. М.Д. Бухарина, В.С. Мясникова, И.В. Тункиной. М.: «Индрик», 2020. С.193.

② Восточный Туркестан и Монголия. История изучения в конце XIX – первой трети XX века. Том IV. Материалы Русских Туркестанских экспедиций 1909-1910 и 1914-1915 гг. академика С.Ф. Ольденбурга / Под общ. ред. М.Д. Бухарина, В.С. Мясникова, И.В. Тункиной. М.: «Индрик», 2020. С.193-194.

1914 年 3 月，斯米尔诺夫兄弟俩开始实践培训。[①]大斯米尔诺夫在 1914 年 3 月 7 日（20 日）写给奥登堡的信中，汇报了小斯米尔诺夫的实践学习情况，以及兄弟俩的计划，信件内容如下：

> 我弟弟来了这里学习有关平板仪[②]的知识，并且已经开始在学习这些功课。我住在一个废弃的半毁的矿山中，周围几乎无人居住，这个地方对于这些功课的学习而言，非常有利。尽管这些物什都是19世纪的东西，但对于学习测绘来说并没有特别重要的区别。整个矿山坐落于一座不怎么高的山坡上，沟壑纵横交错，这比吐鲁番更像吐鲁番。
>
> 另外，我还对弟弟叮嘱了很多注意事项，我敢说大多数都是有用的。因为除了我以前积累的这类知识，以及我的中国新疆考察之外，我还在戈尔洛夫卡的采矿技师学院教授大地测量学已有两年。
>
> 考虑到所有这些因素，我建议科里亚[③]留在这里学习一个月，并围绕将来的工作主题做笔记。这样的话，他将在4月10日左右到圣彼得堡。我认为，与圣彼得堡相比，他在这里的学习将会为考察带来更大的利益。我们已经汇总整编了详细的问题清单，需要在圣彼得

---

① Восточный Туркестан и Монголия. История изучения в конце XIX – первой трети XX века. Том IV. Материалы Русских Туркестанских экспедиций 1909-1910 и 1914-1915 гг. академика С.Ф. Ольденбурга / Под общ. ред. М.Д. Бухарина, В.С. Мясникова, И.В. Тункиной. М.: «Индрик», 2020. С.492.

② 平板仪（Мензула），一种大地测量仪器，也是一种野外绘图小工作台，由绘图板、三脚架和将它们固定在一起的架子组成，用于绘制详细地形平面图。

③ 即小斯米尔诺夫。

堡去谈论这些问题，并向纳帕尔科夫(Напалков)[①]寻求建议和指导。当在这里可以做得更好的时候，您不应该让像纳帕尔科夫这样工作繁忙的人在帕耳戈洛夫（Парголов）上课。

基于所有这些考虑，我的兄弟请我给您写信，询问您是否允许他待在这里直到复活节，也就是说他将在4月10日左右抵达圣彼得堡？请回复告知您的想法。

您那有我几年前交给您的笔记——《关于中国新疆考古调查的特殊性（Об особенностях археологической съемки в Китайском Туркестане）》。如果好找的话，请您找到它，并将之交给我的弟弟，这样他就可以在旅途中随身带上这本札记，在那里这将对他很有用。我意识到，我不能跟您同去，这令我很是难过。

祝您一切顺利！向您所有的亲人问好！

科里亚与艾米利亚·亚历山德罗夫娜向您致以问候

您的朋友Д м.斯米尔诺夫

2月，我们感到非常悲伤：艾米利亚·亚历山德罗夫娜的母亲在这里去世了。[②]

从上述信函可知：第一，斯米尔诺夫兄弟对参与奥登堡敦煌考察非常重视，并进行了实地培训；第二，大斯米尔诺夫在1909—1910

① 彼得·雅科夫列维奇·纳帕尔科夫（1874—1937），地形图学家，军事地形局局长，1907—1909年科兹洛夫蒙古四川考察队成员。十月革命后，定居鄂木斯克，曾在格拉夫采夫特鲁普特首府担任水文测绘工作员。1937年被捕，后被枪杀。

② Восточный Туркестан и Монголия. История изучения в конце XIX – первой трети XX века. Том IV. Материалы Русских Туркестанских экспедиций 1909-1910 и 1914-1915 гг. академика С. Ф. Ольденбурга / Под общ. ред. М.Д. Бухарина, В.С. Мясникова, И.В. Тункиной. М.: «Индрик», 2020. С.492.

年新疆考察中做了考察笔记《关于中国新疆考古调查的特殊性》，并在考察后交给了奥登堡；第三，大斯米尔诺夫的妻子向奥登堡问候致意，大斯米尔诺夫还告知奥登堡其岳母近期去世了，可以看出大斯米尔诺夫与奥登堡颇为熟稔。

1914 年 4 月，小斯米尔诺夫因要“与奥登堡院士一起进行新疆科学考察”，向大学申请休假一年，直到 1915 年 5 月。这意味着小斯米尔诺夫要参加奥登堡敦煌考察，有两个学期的学分是没有的。[①]小斯米尔诺夫以地形学家和土地测量师的身份参加此次考察，但考察工作对他来说并不容易。正如他本人在《大学物理数学系一年级大学生尼古拉·阿尔谢尼耶维奇·斯米尔诺夫申请书》中所写的那样：“由于考察工作很复杂，我不能早于 1915 年 1 月回校报到，我将错过 1913—1914 年下学期的和 1914 年上学期的两个学期，因此我恳请您将我请假的时间，从 1914 年秋季学期开始算，或者不对我采用第 126 条条款，因为延迟报道并非我所愿。”[②]

奥登堡对小斯米尔诺夫比较满意，在写给兄长费多尔的信中称小斯米尔诺夫是一个“非常有毅力”的人。[③]小斯米尔诺夫的主要任务

---

① Восточный Туркестан и Монголия. История изучения в конце XIX – первой трети XX века. Том IV. Материалы Русских Туркестанских экспедиций 1909-1910 и 1914-1915 гг. академика С. Ф. Ольденбурга / Под общ. ред. М.Д. Бухарина, В.С. Мясникова, И.В. Тункиной. М.: «Индрик», 2020. С.195.

② Восточный Туркестан и Монголия. История изучения в конце XIX – первой трети XX века. Том IV. Материалы Русских Туркестанских экспедиций 1909-1910 и 1914-1915 гг. академика С. Ф. Ольденбурга / Под общ. ред. М.Д. Бухарина, В.С. Мясникова, И.В. Тункиной. М.: «Индрик», 2020. С.193-194.

③ Попова И.Ф. Первая Русская Туркестанская экспедиция С.Ф.Ольденбурга (1909-1910) // Российские экспедиции в Центральную Азию в конце XIX –начале XX века / Сборник статей. Под ред. И.Ф. Поповой. СПб.: Славия, 2008. С. 165.

是与此次考察的画师兼摄影师 B.C. 比尔肯别尔格一起测绘敦煌石窟的平面图和剖面图。

小斯米尔诺夫与奥登堡 1914 年 5 月 30 日（6 月 12 日）从圣彼得堡出发，前往敦煌进行考察。1914 年 11 月，小斯米尔诺夫与比尔肯别尔格、杜金提前结束考察，踏上归途。[①]小斯米尔诺夫在 1914 年 11 月 22 日（12 月 5 日）写给奥登堡的信中，向奥登堡汇报了从敦煌到乌鲁木齐的返程情况，信件内容如下：

> 我答应在到达的每个城市给您写信，但是材料太少了，我把所有材料都攒到了乌鲁木齐给您写信。我们安全到达了。天气一直很晴朗。非常温暖，中午甚至有些热。千佛洞的气候要比哈密至乌鲁木齐路段冷得多。通往古城的路与前次相同，但古城之后的路要好得多：沟渠干涸了，污物看不见了，湖泊干涸后形成的盐沼地成了尘埃。马匹载着我们很轻松，但由于要快速赶路，没有一日停歇，因此马匹尽显疲态，只有七匹马是在令人满意的状态下到的乌鲁木齐。我们卖掉了这些马，想租用两轮大马车，但我们发现这很困难，需要450卢布。我和杜金的马交付给了哥萨克护卫马诺欣（Манохин）和戈尔布诺夫（Горбунов）验收。在乌鲁木齐这里，马匹的验收工作是在少尉米哈伊洛夫（Михайлов）和军医在场的情况下进行的。哥萨克们的马，包括我和杜金的两匹马都卖了，我们共卖了220卢布。米欣（Михин）的马是阿克萨科夫（Аксаков）的，

① Восточный Туркестан и Монголия. История изучения в конце XIX – первой трети XX века. Том IV. Материалы Русских Туркестанских экспедиций 1909-1910 и 1914-1915 гг. академика С. Ф. Ольденбурга / Под общ. ред. М. Д. Бухарина, В.С. Мясникова, И.В. Тункиной. М.: «Индрик», 2020. С.341.

米欣之前一直骑着马忙工作，马的腿部受了伤，因此米欣一直在为自己寻找一匹新马。

在乌鲁木齐，我收到了哥哥和老家的来信，我非常高兴。兄长向您致以问候。他详细描述了敌对行动，甚至还邮寄了很多剪报，但是，所有这些，我们现在已经知道了。

您可能已经知道我方正在与土耳其人交战。10月16日晚，土耳其军队未经宣战就炸了敖德萨、费奥多西亚和新罗西斯克，但幸运的是，这并未给我方造成重大伤亡。我方与土耳其人交战的陆地战场在两个区域展开，第一战场是外高加索地区，第二是黑海东部地区。我用领事和米哈伊洛夫的话语来写的第二战区的交战情况。我方部队击退了来自西边界的德军，而战区边界西距华沙仅十二俄里。米哈伊洛夫军官今天穿过贾尔肯特到了交战区。昨天他还是谢米列奇耶哥萨克护卫队的领队。

乌鲁木齐的一切都一样。瓦伦蒂娜·叶夫根涅夫纳（Валентина Евгеньевна）[①]仍在接受治疗，阿列克谢·阿列克谢维奇（Алексей Алексеевич）[②]还过着没有秘书的生活，一边收集藏品，一边抱怨心脏病。他们非常热情地欢迎了我们，并把我们安置在夏天来时住过的那座房子里，在此要感谢他们。乌鲁木齐下了第一场雪，所有的灰尘都变成了泥土。天气仍旧暖和。

您现在住在新处所，感觉怎么样？冷吗？有足够的光线吗？您将很快完成对洞窟的描述，并且开始最有趣的工作。很遗憾，还是没有给您写关于俄国国内的生活和动向的内容。等我一到俄国，就

① 即B.E.季亚科娃，当时俄国驻乌鲁木齐领事A.A.季亚科夫的妻子。

② 即当时俄国驻乌鲁木齐领事A.A.季亚科夫。

立刻给您写信。[①]

通过上述信件可知，小斯米尔诺夫从敦煌到乌鲁木齐返程中的天气、路况、花费等情况，以及第一次世界大战中当时俄方战区的新消息。

1915 年初，小斯米尔诺夫回到彼得格勒，并销假回校。[②]同时，小斯米尔诺夫继续向奥登堡汇报了国内的局势和第一次世界大战的波及范围，以及交战情况。[③]

1915 年 5 月，小斯米尔诺夫向大学申请 ：“我恭敬地恳请阁下将我的文件寄给公证人哈尔科夫，以便为我在矿业学院的选拔考试提供必要的文件副本。”[④] 1915 年 7 月，小斯米尔诺夫向圣彼得堡大学办公室递交了一份申请书，请求校方为他出具在校表现良好的证明文件，以便他被推荐进入亚历山大一世铁路工程师学会。[⑤]

---

① Восточный Туркестан и Монголия. История изучения в конце XIX – первой трети XX века. Том IV. Материалы Русских Туркестанских экспедиций 1909-1910 и 1914-1915 гг. академика С.Ф. Ольденбурга / Под общ. ред. М.Д. Бухарина, В.С. Мясникова, И.В. Тункиной. М.: «Индрик», 2020. С.493.

② Восточный Туркестан и Монголия. История изучения в конце XIX – первой трети XX века. Том I: Эпистолярные документы из архивов Российской академии наук и Турфанского собрания / Под ред. чл.-корр. РАН М. Д. Бухарина. М.: Памятники исторической мысли, 2018. С.494.

③ Восточный Туркестан и Монголия. История изучения в конце XIX – первой трети XX века. Том IV. Материалы Русских Туркестанских экспедиций 1909-1910 и 1914-1915 гг. академика С.Ф. Ольденбурга / Под общ. ред. М.Д. Бухарина, В.С. Мясникова, И.В. Тункиной. М.: «Индрик», 2020. С.496.

④ Восточный Туркестан и Монголия. История изучения в конце XIX – первой трети XX века. Том IV. Материалы Русских Туркестанских экспедиций 1909-1910 и 1914-1915 гг. академика С.Ф. Ольденбурга / Под общ. ред. М.Д. Бухарина, В.С. Мясникова, И.В. Тункиной. М.: «Индрик», 2020. С.497.

⑤ Восточный Туркестан и Монголия. История изучения в конце XIX – первой трети XX века. Том IV. Материалы Русских Туркестанских экспедиций 1909-1910 и 1914-1915 гг. академика С.Ф. Ольденбурга / Под общ. ред. М.Д. Бухарина, В.С. Мясникова, И.В. Тункиной. М.: «Индрик», 2020. С.194.

1916年3月，小斯米尔诺夫在奥登堡的帮助下前往“美国验收机关枪”。5月，他在途中给奥登堡寄了一封短函告知了旅途情况。1916年9月，小斯米尔诺夫按照规定去服兵役。后来，特别是在20世纪20年代，奥登堡和小斯米尔诺夫仍旧保持有联系。①

在奥登堡个人馆藏存储单元中，保存有敦煌考察参与者小斯米尔诺夫写给奥登堡的4封信函。最后一封信是在小斯米尔诺夫与奥登堡中断联系10年后，于1925年托人从塔什干捎给奥登堡的。塔什干有可能是小斯米尔诺夫后来的定居地，也可能是他探险考察中的途经之地。有可能小斯米尔诺夫在很早之前就离开了圣彼得堡，并一直没有与奥登堡再见过面。

综上所述，小斯米尔诺夫通过其兄长大斯米尔诺夫的引荐，参与了奥登堡1914—1915年敦煌考察。为了能够胜任奥登堡敦煌考察中的测绘工作，小斯米尔诺提前在兄长的指导下进行了测量学知识学习和实地培训。小斯米尔诺夫在敦煌考察后，与奥登堡仍保持有联系，并且还在奥登堡的帮助下于1916年去美国工作了一段时间，这之后两人联系中断，可能也一直未再见面，直至1925年才又有了联系。因资料所限，小斯米尔诺夫此后的主要活动轨迹，以及与奥登堡的联系暂无从知晓。

---

① Восточный Туркестан и Монголия. История изучения в конце XIX – первой трети XX века. Том IV. Материалы Русских Туркестанских экспедиций 1909-1910 и 1914-1915 гг. академика С.Ф. Ольденбурга / Под общ. ред. М.Д. Бухарина, В.С. Мясникова, И.В. Тункиной. М.: «Индрик», 2020. С.194-195.

小　结

通过对奥登堡两次考察中“斯米尔诺夫”档案资料的梳理与分析可知，奥登堡新疆与敦煌考察中的地形测绘师“斯米尔诺夫”并非同一人，而是兄弟俩：新疆考察中的是哥哥，敦煌考察中的是弟弟。小斯米尔诺夫是在其兄的引荐下参加的奥登堡敦煌考察。在 1909 年奥登堡新疆考察开始前，大斯米尔诺夫就与奥登堡兄弟认识，且关系似乎还颇为熟稔，大斯米尔诺夫在新疆考察前后曾多次向奥登堡兄弟寻求帮助。考察结束后，斯米尔诺夫兄弟与奥登堡在十月革命前一直有联系。十月革命后，大斯米尔诺夫与奥登堡的联系彻底中断，小斯米尔诺夫直至 1925 年才重新与奥登堡有了联系。

斯米尔诺夫兄弟以地形测绘师的身份分别参加了奥登堡新疆和敦煌考察，是奥登堡两次中国西北考察中不可或缺的成员。兄弟俩在考察中都主要负责地形测绘、建筑物平面图和剖面图的绘制。斯米尔诺夫兄弟在两次考察中非法测绘了大量新疆古迹遗址、敦煌石窟，留存下来大量考古资料，对于古遗址的修复与研究具有重要意义。对奥登堡两次中国西北考察中的重要成员“斯米尔诺夫”进行考察，一方面有利于澄清讹误，另一方面也有利于更好地研究他们一百多年前留下来的考古资料。

第七章　两次考察与俄苏敦煌学研究

奥登堡 1909—1910 年新疆考察、1914—1915 年敦煌考察是 19 世纪末 20 世纪初外国探险家中国西北考察的重要组成部分，并且其中的敦煌考察为俄国的敦煌学发展和研究奠定了基础。本章作为总结章，对奥登堡两次考察所劫获的藏品、考察特点及影响与意义进行整体论述，并对俄罗斯科学院敦煌学研究的历程进行概述。

第一节　两次考察所获文物、资料

奥登堡 1909—1910 年率考察队在我国新疆乌鲁木齐、焉耆、吐鲁番、库车等地区进行了非法勘探考察，考察队一方面通过非法清理发掘与“取样”“保护”获取到大量文物；另一方面则通过直接和间接非法收购获取部分文物。

“尽管考察组织前发生了各种困难，但是 1909—1910 年第一次俄国新疆考察仍取得了十分可观的成就，提供了有关真实的新疆中世纪艺术遗迹的丰富信息”。[①]关于奥登堡1909—1910年新疆考察运回的文物、资料数量，俄罗斯科学院东方文献研究所圣彼得堡分所所长И.Ф.波波娃曾发文称，奥登堡新疆考察运回圣彼得堡30多箱藏品（壁画、木制雕像还有其他艺术品），其中有近百件写本，这些写本大多是在挖掘中发现的，还有1500多张寺院、洞窟、庙宇等遗址照片。[②]写本中约有50件是汉文—回鹘文写本，还有少量粟特文、梵文写本，此外，还有几件汉文经济律法类文书。这批写本主要是回鹘文文献，时代大致是9—10世纪。其中法律方面的公文票据、买卖土地和葡萄园的契约、遗嘱、赋税和捐税登记等，尤为令人感兴趣，许多文件还带有印章和钤记。在俄国科学院东方文献研究所藏品存储单元中还收藏有80件带有梵文文字的长方形碑子，其中有几件是出自柏孜克里克誓愿场景的回鹘文灰泥题字碎片。[③]

奥登堡考察队运回圣彼得堡的藏品中，不仅包括奥登堡考察队1909—1910年新疆考察所获文物、资料，其中还包括俄国驻乌鲁木齐领事Н.Н.克罗特科夫赠予奥登堡考察队的部分文物，以及奥登堡敦煌考察中的摄影师兼画师龙贝格1903年在撒马尔罕和布哈拉旅行的照片档案，该照片档案被错置于奥登堡1909—1910年的考察资料中。

1910年初，奥登堡结束新疆考察回到圣彼得堡，随后向俄国中亚和东亚研究委员会、俄国考古学会东方学分会做了关于考察成果

① Дьяконова Н.В. Шикшин. Материалы первой Русской Туркестанской экспедиции академика С.Ф.Ольденбурга. М.: Изд. фирма “Вост. лит.” РАН, 1995. С.10.

②［俄］波波娃：《俄罗斯科学院档案馆С.Ф.奥登堡馆藏中文文献》，郝春文主编《敦煌吐鲁番研究》第14卷，上海：上海古籍出版社，2014年，第213页。

③ Восточный Туркестан и Монголия. История изучения в конце XIX – первой трети XX века. Том II: Археологические, географические и исторические исследования / Под ред. чл.-корр. РАН М.Д.Бухарина. М.: Памятники исторической мысли, 2018. С.28.

的报告。关于这次考察的概况，奥登堡于 1911 年、1913 年在《俄罗斯考古学会东方分会会刊（ЗВОРАО）》上发表了文章《1909—1910 年新疆考古勘探考察（Разведочная археологическая экспедиция в Китайский Туркестан в 1909-1910 гг.）》。[①]

由于奥登堡本人身负科学院秘书职务，繁重的行政管理工作使得他无暇对 1909—1910 年新疆考察的资料进行整理出版，仅于 1914 年出版了《奥登堡 1909—1910 年新疆考察简报（Русская Туркестанская Экспедиция 1909—1910 года / Краткий предварительный отчет）》，[②]该简报于 1915 年被俄国考古学会授予金质奖章。[③]但是，俄罗斯方面至今仍未出版此次考察的详细报告。考察队其他成员在考察后也仅发表了寥寥数篇与考察相关的小文章，如考察队员 С.М. 杜金于 1916 年、1917 年、1918 年发表了几篇关于新疆吐鲁番一些建筑遗址的文章《中国新疆的建筑遗址（Архитектурные памятники Китайского Туркестана）》[④]《中国西部古

① Ольденбург С.Ф. Разведочная археологическая экспедиция в китайском Туркестане в 1909-1910 гг. (Сущность сообщения на заседании Восточного археологического общества) // ЗВОРАО. 1911. С.20-31; Разведочная археологическая экспедиция в Китайский Туркестан в 1909-1910 гг. // ЗВОРАО. 1913. Т. XXI. С. XX–XXI.

② Ольденбург С.Ф. Русская Туркестанская Экспедиция 1909-1910 года / Краткий предварительный отчет. СПб.: Императорская Академия Наук, 1914.

③ Тункина И.В., Бухарин М. Д. Неизданное научное наследие академика С.Ф.Ольденбурга (к 100-летию завершения работ Русских Туркестанских экспедиций), Scripta antique. Вопросы древней истории, филологии, искусства и материальной культуры. Том VI. 2017. Москва: Собрание, 2017. С.498.

④ Дудин С.М. Архитектурные памятники Китайского Туркестана (Из путевых записок) // Архитектурно-художественный еженедельник. 1916. №6. С. 75-80; №10. С. 127-132; №19. С. 218-220; №22. С. 241-246; №28. С. 292-296; №31. С. 315-321.

代佛教石窟寺的壁画和雕塑技艺（Техника стенописи и скульптуры в древних буддийских пещерах и храмах Западного Китая）》，[①] 主要是关于七个星和交河故城一带的建筑遗址，这些文章后来与其1914—1915年敦煌考察的文章结集出版，该书由何文津、方九忠翻译，并于2006年由中华书局出版。[②]

1915年4月，奥登堡敦煌考察结束后回到彼得格勒，5月2日（15日）向俄国中亚和东亚研究委员会做了考察报告，5月20日（6月2日）向俄国科学院历史语文部做了题为《敦煌“千佛洞”壁画、塑像特点（Характеристика росписи и статуй “Пещеры тысячи Будд”）》的工作报告，介绍了敦煌考察经过、所获文物与资料，还展示了一些洞窟的照片。[③]据会议记录所载，奥登堡根据敦煌石窟资料，“尝试给出了5世纪末6世纪初至今，中国佛教壁画和雕塑风格的时代特点”[④]，还向俄国科学院历史地理所提交了编写有关敦煌写本和雕塑特点一书的计划。此外，奥登堡还打算进行1914—1915年敦煌考察所获资料清单的整理工作。

然而，由于奥登堡身兼俄国科学院常务秘书、亚洲博物馆馆长，以及很多理事会、委员会的职务，他的大部分精力投入组织和领导科

① Дудин С.М. Техника стенописи и скульптуры в древних буддийских пещерах и храмах Западного Китая. Отдельный оттиск из V тома Сборника Музея Антропологии и Этнографии при Российской Академии Наук. Пг., 1917; Техника стенописи и скульптуры в древних буддийских пещерах и храмах Западного Китая // Сборник Музея Антропологии и Этнографии. 1918. 5. 1. С. 21-92.

②［俄］С.М. 杜丁著，何文津、方久忠译：《中国新疆的建筑遗址》，北京：中华书局，2006年。

③ Каганович Б.С. Сергей Фёдорович Ольденбург. Опыт биографии. Санкт-Петербург: Нестор-История, 2013. С.56-57.

④ Извлечения из протоколов заседаний Академии. Историко филологическое отделение// Известия АН. Сер.6. Т.9. 1915.С.1438-1439.

学工作上，这使得他没有充足的时间来完成考察材料的整理与出版工作。

奥登堡 1914—1915 年敦煌考察所获物品包括文物和考察资料两部分。И.Ф. 波波娃曾根据俄罗斯科学院藏未公布的考察资料指出，奥登堡、龙贝格及随从于 1914 年 12 月 31 日（1915 年 1 月 13 日）结束考察工作，开始着手将考察所获雕塑、写本、日记、图纸等物品整理打包，于 1915 年 1 月 28 日（2 月 10 日）离开敦煌踏上返程。奥登堡返程时，随行驮运队由 11 个人、8 匹马、9 峰骆驼、11 头驴子组成。[①]可见，奥登堡敦煌考察收获之丰厚，仅打包所获物品就用了近一个月时间，返程驮运队伍规模也颇大。

虽然奥登堡考察队是在斯坦因、伯希和等人劫掠敦煌藏经洞之后，甚至在清政府将藏经洞中的剩余藏品转运到北京之后考察的敦煌，但是考察队仍然收获丰厚，在数量和价值上曾令伯希和、郑振铎等大学者叹羡不已。[②]据目前统计，奥登堡考察队非法运回彼得格勒的写本，包括小的碎片在内，共计约 19000 号。后经清点发现，奥登堡敦煌考察所获藏品中还混有一些 С.Е. 马洛夫和田考察的文物，以及俄国驻乌鲁木齐领事克罗特科夫的少量搜集品。[③]奥登堡敦煌考察所获写本构成了俄藏敦煌文献的主要部分，使得俄罗斯成为当今世界四大敦煌

---

① Попова И.Ф. Вторая Русская Туркестанская экспедиция С.Ф.Ольденбура(1914-1915) // Российские экспедиции в Центральную Азию в конце XIX – начале XX века / Сборник статей. Под ред. И.Ф. Поповой. СПб.: Славия, 2008. С.168.

②［俄］孟列夫：《1914—1915 年俄国西域（新疆）考察团资料研究》，钱伯城主编《中华文史论丛》第 50 期，上海：上海古籍出版社，1992 年，第 122 页。

③ Восточный Туркестан и Монголия. История изучения в конце XIX – первой трети XX века. Том II: Археологические, географические и исторические исследования / Под ред. чл.-корр. РАН М.Д.Бухарина. М.: Памятники исторической мысли, 2018 С.32.

文献收藏地之一。

虽然俄藏敦煌写本多为碎片，且以佛经居多，但其中亦不乏珍品，如《曹宗寿造帙疏》《建中三年三月廿七日授百姓部田春苗历》等，写本中最早纪年是“北凉缘禾三年”(434年),最晚是“大宋咸平五年”(1002年)。[①]此外，非佛教文献部分体裁、内容十分丰富，其中包括官方文书、字典、教材、信件等，涉及医药、占卜、文艺、儒道、天文等，这些文献揭示了敦煌世俗社会，以及世俗社会中人与人、人与社会间的相互关系，具有极高的学术价值。

关于奥登堡敦煌考察获取文物途径的问题，以往研究鲜有涉及，仅孟列夫在《1914—1915年俄国西域(新疆)考察团资料研究》中指出，

> “奥登堡考察队在挖掘清理洞窟垃圾的过程中，除一些古代艺术品残片外，还发现有大量的古写本残片。奥登堡收集了这些残片。此外，奥登堡成功地从当地民众手中，搜集到大量散失的残卷，其中有近200件是较为完整的写卷”。[②]

由于有关奥登堡考察队清理洞窟时具体获取敦煌文献的资料仍未公布，有关奥登堡考察队在敦煌购买写本的资料也未公布，仅俄国学者如孟列夫、波波娃等根据这些尚未公布的档案略有提及，因此很难确定奥登堡敦煌考察非法获取文物的具体途径。

但是，敦煌考察中的摄影师兼画师龙贝格在1915年1月27日(2

①[俄]孟列夫主编，西北师范大学敦煌学研究所袁席箴、陈华平翻译:《俄藏敦煌汉文写卷叙录》(上册)，上海:上海古籍出版社,1999年，第3页。

②[俄]孟列夫著,冰夫译:《1914—1915年俄国西域(新疆)考察团资料研究》,钱伯城主编《中华文史论丛》第50期，上海:上海古籍出版社，1992年，第122页。

月 9 日）的日记中写道 ：“我们早上六点起床。用复镜最后一次拍了千佛洞。我们还拍了常姓僧人 (монах Чан)、王道士 (Ван-дао-ши) 和书记的照片。”[①]据此可知，奥登堡考察队在敦煌考察时见到了王圆箓，并在离开时给他拍了照。笔者推测，奥登堡考察队有可能也从王道士手中购买了部分藏经洞文物。有关奥登堡敦煌考察非法获取文物的具体细节，尚有待俄方对这方面资料的整理公布。

奥登堡敦煌考察所劫掠物品曾一度滞留于鄂木斯克，经过俄国中亚和东亚研究委员会与奥登堡的多次努力，这批搜集品才于 1915 年夏末运抵彼得格勒。之后，俄国中亚和东亚研究委员会决定将其中的写本和回鹘文木活字交由亚洲博物馆保存，壁画残片及其他的一些艺术品由人类学和民族学博物馆保存。1915 年 9 月，奥登堡敦煌考察所获写本转存到了亚洲博物馆。敦煌艺术品曾在珍品陈列馆进行过初步整理，于 1931—1932 年连同奥登堡 1909—1910 年新疆考察所获艺术品，一同转存到了艾尔米塔什博物馆。据不完全统计，现藏于艾尔米塔什博物馆的敦煌艺术品，品类较多 ：雕塑、影塑、壁画、绢画、纸画、麻布画、丝织品等。其中，佛旗幡与麻布画幡 66 件，绢画佛像残卷 137 件，纸画佛像残卷 43 件，壁画 14 幅，大塑像 4 尊，小塑像 24 尊，织物样品（上述佛旗幡、麻布画幡与佛像除外）58 件。[②]

除近 2 万号敦煌写本外，奥登堡考察队还非法获有大量对敦煌石

---

① Восточный Туркестан и Монголия. История изучения в конце XIX – первой трети XX века. Том V. Вторая Русская Туркестанская экспедиция 1914-1915 гг.: С. Ф. Ольденбург. Описание пещер Чан-фо-дуна близ Дунь-хуана / Под общ. ред. М. Д. Бухарина, М. Б. Пиотровского, И.В. Тункиной. – М.: «Индрик», 2020. С.392.

②［俄］孟列夫著，冰夫译 ：《1914—1915 年俄国西域（新疆）考察团资料研究》，钱伯城主编《中华文史论丛》第 50 期，上海 ：上海古籍出版社，1992 年，第 122 页。

窟进行测绘、拍摄、描绘记录所得珍贵资料。关于奥登堡考察队所获敦煌考察资料及艺术品的具体情况，俄方 2020 年最新公布如下：

（1）奥登堡院士及考察队其他成员的旅行日记——2本笔记本；

（2）奥登堡院士编写的有关千佛洞的完整描述（即《敦煌千佛洞石窟叙录》），并附有个别时代风格特征的简要论述（风格论述部分未完成）——7本[①]笔记本；

（3）千佛洞壁画素描和临摹图；

（4）杜金关于敦煌壁画的笔记；

（5）考察照片库（底片和照片）；

（6）考察队绘制的平面图和图纸；

（7）雕塑、绘画等艺术品2500余件。[②]

目前，国内外学者对敦煌石窟勘测、描绘的成果中，最具代表性的有《伯希和敦煌石窟图录》[③]、敦煌研究院编《敦煌石窟内容总录》[④]、谢稚柳《敦煌艺术叙录》[⑤]，以及奥登堡《敦煌千佛洞石窟叙录》[⑥]，四

---

① 后经整理誊写成打印稿，共 6 本。

② Восточный Туркестан и Монголия. История изучения в конце XIX – первой трети XX века. Том V. Вторая Русская Туркестанская экспедиция 1914-1915 гг.: С.Ф. Ольденбург. Описание пещер Чан-фо-дуна близ Дунь-хуана / Под общ. ред. М.Д. Бухарина, М.Б. Пиотровского, И.В. Тункиной. – М.: «Индрик», 2020. С.53.

③ Les Grottes de Touen-houang：Carnet de notes de Paul Pelliot，inscriptions et peintures murale，I-VI，Paris，1922-1924.

④ 敦煌研究院编：《敦煌石窟内容总录》，北京：文物出版社，1996 年。

⑤ 谢稚柳：《敦煌艺术叙录》，上海：上海古籍出版社，1997 年。

⑥ 上海古籍出版社与俄罗斯艾尔米塔什博物馆于 2005 年合作整理翻译了奥登堡《敦煌千佛洞石窟叙录》，具体参见俄罗斯国立艾尔米塔什博物馆、上海古籍出版社编《俄藏敦煌艺术品》Ⅵ，上海：上海古籍出版社，2005 年，第 29—326 页。

者可以相互补充、佐证。其中,《伯希和敦煌石窟图录》在石窟壁画方面的拍摄最为详细、多样,但对莫高窟整体石窟分布、北区石窟拍摄较少;敦煌研究院编《敦煌石窟内容总录》对于石窟内容的确定和著录最为准确和完备,但限于体例,描述较少;谢稚柳《敦煌艺术叙录》收录的石窟数量最多,包括榆林窟、西千佛洞、水口峡石窟,但在洞窟描绘上较为简略。奥登堡《敦煌千佛洞石窟叙录》虽然在洞窟断代、壁画风格分析上存在错误之处,但在石窟形制、壁画、雕塑等方面的描述上最为详尽,并收录许多谢稚柳、伯希和未收录的重要内容,如对莫高窟北区石窟进行了较为全面的拍摄、测量,绘制有精确的石窟剖面图和位置示意图。从学术角度来说,奥登堡《敦煌千佛洞石窟叙录》对于敦煌石窟保护、修复及研究具有重要意义。

1915 年 4 月 23 日(5 月 6 日),奥登堡与龙贝格回到彼得格勒。[①] 奥登堡于 5 月 2 日(15 日)、20 日(6 月 2 日)分别向俄国中亚和东亚研究委员会、俄国科学院历史语文部作了报告。在报告中,奥登堡介绍了考察经过、考察所获,还展示了一部分石窟照片。[②]俄国中亚和东亚研究委员会对于考察结果是满意的,经奥登堡提议,决定以委员会的名义给外交部写信,感谢乌鲁木齐领事 A.A. 季亚科夫、塔城领事秘书 И.М. 格拉西莫夫(И.М.Герасимов)所给予考察队的援助。奥登堡还对龙贝格在考察中的出色表现给予了高度肯定,并提出给他

---

① Попова И.Ф. Вторая Русская Туркестанская экспедиция С.Ф.Ольденбура(1914-1915) // Российские экспедиции в Центральную Азию в конце XIX – начале XX века / Сборник статей. Под ред. И. Ф. Поповой. СПб.: Славия, 2008. С.168.

② Попова И.Ф. Вторая Русская Туркестанская экспедиция С.Ф.Ольденбура(1914-1915) // Российские экспедиции в Центральную Азию в конце XIX – начале XX века / Сборник статей. Под ред. И. Ф. Поповой. СПб.: Славия, 2008. С.168.

发放额外报酬作为奖励的申请。[1]俄国委员会为了使考察的成果被更多人所知，决定于 1915 年秋举办展会并在俄国地理学会的期刊上刊印考察的大致行进线路。[2]

1917 年 11 月，俄国爆发了国内战争。在 1917—1922 年国内战争期间，俄国国内对于奥登堡敦煌考察所获藏品的研究有限。1919 年 8 月 24 日（9 月 6 日），在彼得格勒的俄国博物馆储藏室中举办了首届佛教展览，展出了部分佛教艺术文物，展品有敦煌石窟写本的底本和照片、黑水城雕塑，以及出自印度、中国、蒙古、日本、中南亚半岛的佛教手工艺品。展会还展出了小部分保存完好的、不需要修复的佛教艺术品，而壁画、写本、人种学标本未展出。展览还附带有关于佛教的历史及其现状的公共讲座，这些讲座由当时极负声望的专家主讲。[3]

奥登堡敦煌考察归国后，曾拟定了出版敦煌考察所获资料的大型计划，还向俄国科学院历史地理所提交了编写敦煌千佛洞石窟写本和雕塑特点的大纲计划，拟按时间顺序论述自公元 5、6 世纪至 20 世纪中国佛教绘画和雕塑的风格特点。[4]除此之外，奥登堡还打算进行 1914—1915 年敦煌考察所获学术资料清单的整理工作。然而，由于奥登堡身兼多种行政要职，他的大部分精力投入组织和领导工作上，这使得他无暇进行考察资料的整理、出版工作。在奥登堡的档案

① Попова И.Ф. Вторая Русская Туркестанская экспедиция С.Ф.Ольденбура(1914-1915) // Российские экспедиции в Центральную Азию в конце XIX – начале XX века / Сборник статей. Под ред. И.Ф. Поповой. СПб.: Славия, 2008. С.168-169.

② Протоколы заседаний РКСА в историческом, археологическом иэтнографическом отношении. 1915 год. Протокол № 3. Заседание2 мая. § 52. С. 27.

③ ПФА РАН. Ф. 208. 011. 1, ед. хр. 233. Л. 1а.

④ Извлечения из протоколов заседаний Академии. Историк офилологическое отделение // Известия АН. Сер. 6. Т. 9. Пг., 1915.С.1438-1439.

中保存有考察日记、考察信函、考察照片，以及莫高窟笔记《敦煌千佛洞石窟叙录（Описание пещер Чан-Фо-Дуна близ Дунь-Хуана）》《千佛洞壁画与塑像概要（Росписи и статуи Чан-Фо-Дуна. Краткий общий очерк）》等资料。[①]1922年，奥登堡发表了关于敦煌艺术的简述，内附数张壁画照片。[②]

1923年，奥登堡在国外出差期间，拒绝了德国出版公司以6卷本出版其敦煌考察资料的提议。1926年，他再次收到出版公司“Van Oest”的邀约，该公司提议以英文和法文出版8卷本的奥登堡敦煌考察资料，奥登堡同样拒绝了，他坚持要在俄国国内公布这些资料。[③]但遗憾的是，奥登堡敦煌考察的详细报告至今仍未全部刊布，而奥登堡本人对敦煌考察相关的论述仅有3篇，且都是篇幅不大的介绍性文章。

这之后，由于国际局势变幻、苏联国内斗争，人们的注意力被转移，考察成果几乎被忽略。直到20世纪90年代，较为详细的考察资料才由Л.Н. 孟列夫、[④]Н.В. 佳科诺娃等发表，而完整的考察队日记和详细报告则一直没有公布，直至2018年部分考察日记才陆续刊布。

2005年，上海古籍出版社出版了《俄藏敦煌艺术品》Ⅵ，[⑤]该书

---

① Каганович Б.С. Сергей Фёдорович Ольденбург. Опыт биографии. Санкт-Петербург: Нестор-История, 2013. С.57.

② Ольденбург С.Ф. Пещеры тысячи будд//Восток.№ I. 1922.С. 57-66.

③ Тункина И.В., Бухарин М. Д. Неизданное научное наследие академика С.Ф.Ольденбурга (к 100-летию завершения работ Русских Туркестанских экспедиций), Scripta antique. Вопросы древней истории, филологии, искусства и материальной культуры. Том VI. 2017. Москва: Собрание, 2017. С.498.

④ Меньшиков Л.Н. К изучению материалов Русской Туркестанской экспедиции 1914-1915 гг. // Петербургское востоковедение. 1993. Вып. 4. С. 321-331.

⑤ 俄罗斯国立艾尔米塔什博物馆、上海古籍出版社编：《俄藏敦煌艺术品》Ⅵ，上海：上海古籍出版社，2005年。

以收藏在俄罗斯国立艾尔米塔什博物馆东方学分部的奥登堡考察队部分资料为基础，对奥登堡敦煌考察笔记《敦煌千佛洞石窟叙录》进行了整理、翻译，但未涉及收藏在俄罗斯科学院档案馆圣彼得堡分馆、俄罗斯科学院东方文献研究所、俄罗斯科学院人类学与民族学博物馆的奥登堡敦煌考察的其他一些资料。①

奥登堡两次中国西北考察所获文物、考察资料现存于俄罗斯多家博物馆和科研机构。如部分未公布的野外考察资料，目前存放在俄罗斯科学院档案馆圣彼得堡分馆的奥登堡个人存储单元中。但该存储单元的原始清单较混乱，其中包括数十件卷宗，这些卷宗是关于奥登堡

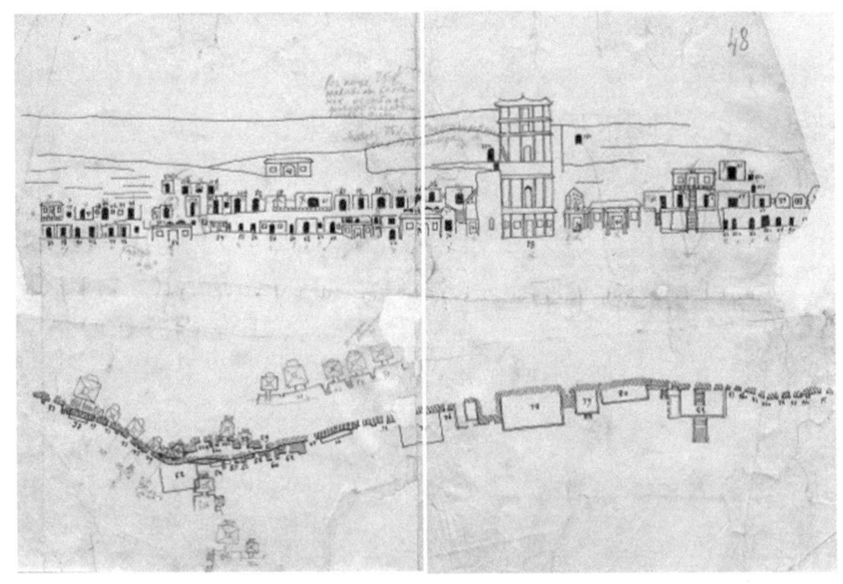

图7-1　考察队员比尔肯别尔格手绘莫高窟石窟分布图
（图片由俄罗斯科学院档案馆圣彼得堡分馆提供，
编号СПБФ АРАН.Ф.208.Оп.1.Д.178.Л.48.）

① Восточный Туркестан и Монголия. История изучения в конце XIX – первой трети XX века. Том II: Археологические, географические и исторические исследования / Под ред. чл.-корр. РАН М.Д.Бухарина. М.: Памятники исторической мысли, 2018 С.32.

领导的两次考察的，而奥登堡新疆考察的材料往往分散在不同的卷宗里。1924 年列宁格勒发生大洪水时，许多文件受到损坏，有些粘到了一起、有些染上污迹，都需要进一步修复。奥登堡的个别文件存储在俄罗斯科学院档案馆圣彼得堡分馆的另一个存储单元中，还有一些当时存储在人类学与民族学博物馆、科学院东方学研究所、俄国委员会等机构中，以及科学院东方学家、院士的个人存储单元中。①

奥登堡两次考察中最为有价值的资料是奥登堡、地形学家和测量师 H.A. 斯米尔诺夫、艺术家兼画家杜金的野外日记、往来信函，以及敦煌考察的艺术家兼地形学家 Б.Ф. 龙贝格的野外日记、考察队队员绘制的考古遗迹图片、建筑物平面图，对古城遗址、寺庙、石窟的描述，壁画临摹图，简要概述，报告，照片和底片，记录有石窟编号的卡片等。奥登堡两次考察的部分野外日记和文件保存在国立艾尔米塔什博物馆东方分部和科学院档案馆圣彼得堡分所的俄国 1909—1910 年新疆考察存储单元中，照片保存在艾尔米塔什博物馆、俄罗斯科学院人类学与民族学博物馆，以及俄罗斯科学院东方文献研究所。②俄罗斯有关机构目前正在陆续公布出版这些资料。

用俄文出版公布奥登堡两次中国西北考察的全部资料，是当前俄罗斯东方学的主要任务之一。当前由俄罗斯科学院档案馆圣彼得堡分馆的 И.В. 童金娜馆长、俄罗斯科学院东方文献研究所圣彼得堡分所的

① Восточный Туркестан и Монголия. История изучения в конце XIX – первой трети XX века. Том II: Археологические, географические и исторические исследования / Под ред. чл.-корр. РАН М.Д.Бухарина. М.: Памятники исторической мысли, 2018 С.33.

② Тункина И.В., Бухарин М. Д. Неизданное научное наследие академика С.Ф.Ольденбурга (к 100-летию завершения работ Русских Туркестанских экспедиций), Scripta antique. Вопросы древней истории, филологии, искусства и материальной культуры. Том VI. 2017. Москва: Собрание, 2017. С.499.

И.Ф. 波波娃所长和摄影师 С.Л. 舍维尔琴斯卡娅(С.Л.Шевельчинская)、俄罗斯科学院世界史研究所的 М.Д. 布哈林院士等组成专门团队，正在陆续整理、出版奥登堡档案史料及考察队相关资料。①

第二节 两次考察的学术特点与影响

奥登堡 1909—1910 年新疆考察、1914—1915 年敦煌考察，是近代中国西北考察史的重要组成部分。奥登堡两次中国西北考察是在 19 世纪末 20 世纪初“中亚考察热”背景下进行的，相较于同时期的其他考察活动，有其自身的特点与影响。

一、考察特点

虽然奥登堡等人早在 1900 年就已提交了新疆考察的提案，但由于一直未能寻求到考察经费，直至 1909 年奥登堡才率队进行了新疆考察。②在 1909 年奥登堡考察出发前，仅有格伦威德尔领导的德国第一次吐鲁番考察的报告刊布，彼时斯坦因、勒克柯及伯希和的考察成果尚未享誉国际学界。“目前为止，从英国人、德国人、法国人已经出版的考察著述中，除格伦威德尔教授的第一次考察外，什么有效信息也没

① Тункина И.В., Бухарин М. Д. Неизданное научное наследие академика С.Ф.Ольденбурга (к 100-летию завершения работ Русских Туркестанских экспедиций), Scripta antique. Вопросы древней истории, филологии, искусства и материальной культуры. Том VI. 2017. Москва: Собрание, 2017. С.500-501.

② Попова И.Ф. Первая Русская Туркестанская экспедиция С.Ф.Ольденбурга (1909-1910) // Российские экспедиции в Центральную Азию в конце XIX – начале XX века / Сборник статей. Под ред. И. Ф. Поповой. СПб.: Славия, 2008. С.151.

有，因此，在圣彼得堡完全无法决定究竟将要在何处展开系统考察”。[①]因此，奥登堡认为此次考察带有勘探性质。此外，奥登堡 1909—1910 年新疆考察还具有延续性，奥登堡新疆考察为其之后的敦煌考察在考察队人员配置、路线安排、工作计划制定等方面奠定了基础。

奥登堡 1914—1915 年敦煌考察是近代莫高窟考察史上最为重要的事件之一，奥登堡敦煌考察相较于其他考察队对莫高窟的考察，具有以下特点：

第一，抵达敦煌时间晚，相关文物、资料公布时间晚。

在奥登堡考察队抵达莫高窟前，斯坦因、伯希和相继于 1907 年、1908 年抵达莫高窟，并非法获取到大量敦煌藏经洞文物。清政府于 1910 年将藏经洞剩余文物转运至北京，之后吉川小一郎于 1911 年抵达敦煌，1912 年粗略探查了莫高窟。奥登堡于 1914 年 9 月 2 日抵达敦煌莫高窟，在时间上是 20 世纪初最晚[②]抵达敦煌进行考察的外国探险家。

奥登堡 1915 年 4 月回到彼得格勒，考察所获物品于 1915 年夏末运抵彼得格勒。但是由于当时俄国国内局势动荡，考察队的成果未能得到充分重视。另外，虽然后来有极少数学者知晓了奥登堡敦煌考察之事，但是鉴于奥登堡抵达敦煌的时间较晚，相关考察资料发表较少，因此在当时未能引起国际学界关注。这样一来，俄藏敦煌文献和艺术品长期以来鲜为人所知。直至 1960 年 8 月在莫斯科召开第 25 届国际东方学家代表大会期间，苏联才宣布了其藏有敦煌文书的消息，并陈

① Ольденбург С.Ф. Русская Туркестанская Экспедиция 1909-1910 года / Краткий предварительный отчет. СПб.: Императорская Академия Наук, 1914. С.5.

② 20世纪20年代，美国人华尔纳对敦煌莫高窟壁画的洗劫，是赤裸裸的偷盗行为，谈不上考察。

列了若干件敦煌文书供与会者查阅。对于世界敦煌学而言，20 世纪 60 年代是俄藏敦煌文献、艺术品的再发现时代。

第二，考察队人员配置与考察方法较为专业。

1907 年斯坦因的敦煌考察，考察人员仅斯坦因本人及翻译蒋孝琬。① 1908 年伯希和的敦煌考察，考察队由伯希和本人与军医瓦扬组成，伯希和主要负责对藏经洞写卷的挑选、对莫高窟的拍摄，瓦扬主要负责地形测绘、洞窟拍摄。② 1911—1912 年吉川小一郎与橘瑞超先后抵达敦煌，仅吉川小一郎对莫高窟进行了粗略探查。

奥登堡敦煌考察队由 5 人组成，以此次考察的发起人、东方学家、佛教艺术专家奥登堡为首，队员除曾参加奥登堡 1909—1910 年新疆考察的艺术家兼摄影师杜金外，还有摄影师兼画师 Б.Ф. 龙贝格、地形测绘师 Н.А. 斯米尔诺夫，以及考古学家 В.С. 比尔肯别尔格。③对比两次奥登堡考察队人员构成，同样都是 5 人队，但敦煌考察队相较于新疆考察队减少了一名考古学家，增加了一名摄影师兼画师。显然，这与此次考察的对象和目标有关。

敦煌考察中，奥登堡主要负责统筹安排工作、对石窟进行描述；杜金和龙贝格主要负责石窟拍摄、壁画临摹及部分平面图、剖面图的绘制；Н.А. 斯米尔诺夫主要负责石窟测量、平面图与剖面图的绘制；比尔肯别尔格主要负责石窟的发掘工作。奥登堡新疆考察中，除奥登堡、杜金外，还有负责测绘的矿业工程师 Д.А. 斯米尔诺夫、负责发

---

① 王冀青：《1907 年斯坦因与王圆禄及敦煌官员之间的交往》，《敦煌学辑刊》2007 年第 3 期，第 67 页。

② 耿昇：《法兰西学院汉学讲座 200 周年与伯希和的贡献》，《社会科学战线》2015 年第 1 期，第 87—88 页。

③ Скачков П.Е. Русская Туркестанская экспедиция 1914-1915 гг. // Петербургское востоковедение. 1993. Вып. 4. С. 314.

掘工作的考古学家卡缅斯基和彼得连科。此外，奥登堡两次考察都有随行护卫、伙夫、翻译等十余人。

对比斯坦因、伯希和、橘瑞超等人的敦煌考察，奥登堡 1914—1915 年的敦煌考察在考察队人员配置上明显更加专业，准备更加充分。

奥登堡敦煌考察在方法论上同伯希和最接近。奥登堡在一定程度上也把自己的考察看作是伯希和工作的延续，但奥登堡的考察更加完善：奥登堡在伯希和石窟编号的基础上进行了大量补充，在石窟内外部拍摄、测绘、临摹等方面更加翔实，详细描绘了 450 余座石窟，并附带有时代风格特点的分析，这些是伯希和等考察队绝少涉及的。奥登堡考察队还对北区石窟进行了深入的清理、发掘。①

虽然奥登堡反对破坏文物的整体性，诸如撬下建筑物的细部、从墙上剥离壁画等，通常采取的记录方式为拍照、素描、临摹，以及最翔实的口头描述。②但奥登堡考察队从中国西北盗走了 2500 余件的雕塑、绘画等艺术品，如奥登堡考察队切割了位于莫高窟北区 B77 窟内的彩色佛座背屏，该背屏目前藏于俄罗斯艾尔米塔什博物馆。③这无疑是对敦煌文物的劫掠。

第三，首次全面系统地测绘记录了莫高窟南北区石窟。

奥登堡考察队对莫高窟南北区石窟进行了较为全面系统地测绘记录，这是此前从未有过的。奥登堡考察队不仅在伯希和石窟编号的基础上编制了更为详尽的目录，还影描、临摹有大量壁画、塑像，抄录

---

①［俄］孟列夫：《序言》，俄罗斯艾尔米塔什博物馆、上海古籍出版社编：《俄藏敦煌艺术品》Ⅰ，上海：上海古籍出版社，1997 年，第 10 页。

② 彭金章：《敦煌考古大揭秘》，上海：上海人民出版社，2007 年，第 46—48 页。

③ Воробьева-Десятовская М.И. Российские ученые на тропах Центральной Азии (открытие забытых письменных культур) // Письменные памятники Востока, 2010. С. 245.

有丰富的壁画榜题，对莫高窟南北区石窟进行了石窟内外全景式拍摄，拍摄有1000多张照片，还逐窟进行了详细的石窟平面图、立面图的测绘记录，并将各个石窟绘图拼合成长达10米、高约1.6米的总平面图和总立面图。[①]奥登堡《敦煌千佛洞石窟叙录》还对敦煌石窟四百多个洞窟做了详细描绘。

由于长期风沙侵蚀、日晒雨淋等自然因素的影响，以及数十年间无人管理状态下遭到的人为破坏，致使今天的莫高窟外貌，以及窟内的壁画、彩塑已有较大的变化，或毁坏或不存。仅从学术角度而言，奥登堡考察队一百多年前留下来的图文资料为敦煌石窟的修复、保护与研究提供了极其珍贵的史料。

二、考察影响

奥登堡在组织新疆考察时，就已经萌生了前往敦煌考察的想法，但限于时间、经费、人员等因素，第一次考察未能前往敦煌。奥登堡1909—1910年新疆考察是俄国在吐鲁番地区进行的最大规模的考察，极大地丰富了俄国国内关于中国新疆地区的研究，极大地提升了俄国中亚文物馆藏数量，同时在队员配置、路线设定、工作进度安排等方面积累了经验，为其敦煌考察奠定了基础。

奥登堡在1909—1910年新疆考察中目睹了文物、古迹遭受的种种人为破坏，深感这些破坏行径对科学研究损害巨大。1914年2月，他在俄国中亚和东亚研究委员会会上指出：有些旅行者、考察者的破坏性活动，根本无从谈及对历史古迹与古代文物的研究，而是对其科

① 府宪展:《序言》,俄罗斯艾尔米塔什博物馆、上海古籍出版社编《俄藏敦煌艺术品》Ⅰ,上海:上海古籍出版社，1997年，第16页。

学价值的破坏。他还提出，今后的考察必须十分慎重地对待这些无与伦比的古迹与文物。根据奥登堡的提议，选举成立了委员会，并起草了《告中亚与东亚国际协会各地方委员会书》，责令各国今后对古代文物当善尽保护之责。[①]这在一定程度上减少了古文物在挖掘过程中的人为破坏。

相较于他的先行者斯坦因、勒柯克、大谷光瑞等人的中国西北考察，奥登堡的考察更为科学合理，也更为全面系统。在奥登堡及队友的考察笔记中，当谈及其他考察队时，奥登堡指出，“发掘工作毫无系统性，仅为追求各类卷子与艺术品”，“进行了大量的挖掘工作，但主要目的仅为获取宝物，首先是各类卷子”。奥登堡大为反对这种追逐古文物的行径，不赞成纯粹为搜集博物馆陈列品而进行考察，认为这样往往会破坏古迹的完整性，坚持对古迹进行综合性研究，兼顾整体性和各个局部，而非只按照研究者的喜好挑选。奥登堡所宣称的文物保护理念，在一定程度上，对20世纪初的世界考古学发展具有推进作用。[②]

奥登堡考察队对敦煌南北区石窟进行了首次全面系统地测绘记录，绘制了每一个石窟的平面图、每一层的剖面图，拍摄了大量南北区石窟内外部照片，临摹了艺术品，详细描述了石窟形制和内容物，在伯希和石窟编号的基础上编制了更为详尽的目录。

奥登堡1909—1910年新疆考察共非法运回圣彼得堡30余箱藏品，其中包括写本、壁画、雕塑等文物，以及1500余张考察照片。这些文物、

①［俄］П.Е. 斯卡奇科夫著，冰夫译：《1914—1915年俄国西域（新疆）考察团记》，钱伯城主编《中华文史论丛》第50期，上海：上海古籍出版社，1992年，第109—110页。

② Воробьева-Десятовская М.И. Российские ученые на тропах Центральной Азии(открытие забытых письменных культур) // Письменные памятники Востока, 2010. С.245.

考察资料一方面丰富了俄国博物馆馆藏，另一方面为研究中世纪新疆艺术遗迹提供了大量信息。

奥登堡 1914—1915 年敦煌考察收获丰厚，在数量和价值上曾令伯希和、郑振铎等大学者叹羡不已。[①]据目前统计，奥登堡考察队运回俄国的写本共计约 19000 号，绢画、壁画、雕塑等艺术品 2500 余件，这些文物为俄国敦煌学的发展奠定了重要基础。此外，奥登堡考察队还记录、拍摄了大量莫高窟资料，这些记录了一百多年前敦煌莫高窟真实面貌的资料是研究敦煌莫高窟非常珍贵的档案史料，对于石窟寺考古、石窟保护、壁画艺术等方面的研究，有着极大的史料价值。

总之，奥登堡两次考察是 19 世纪末 20 世纪初中国西北考察的重要组成部分。虽然奥登堡在 20 世纪初的两次考察中秉持了一定的文物保护原则，首次全面系统地对莫高窟进行了测绘记录，为 20 世纪初莫高窟的原貌留存下来了大量珍贵的图文资料，但奥登堡两次考察劫夺了我国西北大量文物，这是毋庸置疑的事实。

第三节 俄罗斯科学院敦煌学研究概述

俄罗斯科学院是俄罗斯敦煌学研究最为重要的科研机构，得益于对奥登堡 1909—1910 年新疆考察和 1914—1915 年敦煌考察所劫获的部分文物、考察资料的收藏，俄罗斯科学院东方文献研究所圣彼得堡分所和俄罗斯科学院档案馆圣彼得堡分馆是俄罗斯敦煌学研究的前沿阵地。

①[俄]孟列夫：《1914—1915 年俄国西域（新疆）考察团资料研究》，钱伯城主编《中华文史论丛》第 50 期，上海：上海古籍出版社，1992 年，第 122 页。

图7-2　俄罗斯科学院东方文献研究所圣彼得堡分所
（图片来源于俄文网站，网址：http://ru.esosedi.org/RU/MOW/1663081/institut_vostokovedeniya_ran/photo/85536.html）

图7-3　俄罗斯科学院档案馆圣彼得堡分馆
（图片来源于俄文网站，网址：https://www.citywalls.ru/house32518.html?ysclid=lf5dnp8w5r37950998）

一、俄罗斯科学院东方文献研究所圣彼得堡分所

俄罗斯科学院东方文献研究所圣彼得堡分所前身是亚洲博物馆。1930 年在奥登堡领导下，亚洲博物馆改组为苏联科学院东方学研究所。[①]苏联科学院东方学研究所后几经改名，成了今天的俄罗斯科学院东方文献研究所圣彼得堡分所：1956—1991 年名为“亚洲民族研究所列宁格勒分所”“苏联科学院东方学研究所列宁格勒分所”，1991—2007 年名为“俄罗斯科学院东方学研究所圣彼得堡分所”，2007 年至今名为“俄罗斯科学院东方文献研究所圣彼得堡分所”。

俄罗斯科学院东方文献研究所圣彼得堡分所藏有约 10 万件写本、古籍，圣彼得堡分所下辖有东方学家档案馆，馆内藏有近代俄国绝大多数东方学家的档案资料。俄罗斯科学院东方文献研究所圣彼得堡分

①［俄］波波娃：《俄罗斯科学院档案馆 С.Ф. 奥登堡馆藏中文文献》，郝春文主编《敦煌吐鲁番研究》第 14 卷，上海：上海古籍出版社，2014 年，第 209 页。

所还有一个专门研究东方学的图书室，藏书约 80 万册，其中 20 世纪 30 年代的藏书具有极大价值。

俄罗斯科学院东方文献研究所圣彼得堡分所是俄罗斯最大的写本收藏机构，写本藏品涉及 65 种语言，其中所占比重较大的：阿比西尼亚文（埃塞俄比亚语）写本、阿拉伯写本、亚美尼亚写本、格鲁吉亚写本、印度写本、汉文写本和木刻本、韩文写本和木刻本、满文写本和木刻本、蒙古文写本和木刻本、梵文写本、突厥文写本、藏文写本和木刻本、回鹘文写本、粟特文写本，等等。

俄罗斯科学院东方文献研究所圣彼得堡分所对奥登堡所获藏品的研究，最早可追溯到 1918 年罗森堡对奥登堡所获写本中的两件粟特文写本的研究。[①]

1938 年春，根据奥登堡遗孀叶连娜·奥登堡的申请，苏联科学院主席团对 1914—1915 年敦煌考察中奥登堡通信笔记的释读，予以拨款支持。Ф.И. 谢尔巴茨科依负责对这一工作进行指导和监督，О.А. 克劳什（О.А.Крауш，1902—1942）负责材料的释读及打印版的录入，М.С. 哈尔图里娜（М.С.Халтурина）负责原稿件中拓片、平面图和正文中插图的处理。该小组于 1938 年 11 月前后整理完成了敦煌石窟笔记的第一本，至 1940 年 11 月，6 本敦煌石窟笔记的整理出版准备工作已经全部完成。6 本笔记本的所有判读和誊写由 О.А. 克劳什完成，校对由叶连娜·奥登堡完成，Ф.И. 谢尔巴茨科依对笔记中的所有佛教专有术语进行了注解。该笔记后又被复印了三份，其中一份保存在了艾尔米塔什博物馆，一份在东方学研究所（1949 年移交给了科学院档

① Rosenberg F. Deux fragments sogdien-bouddhiques du Ts'ein-fo-tong de Touen-houang (Mission S d'Oldenburg, 1914-1915). I. Fragment d'unconte // ИРАН. Сер. 6. Т. 12. 1918. С. 817-842.

案馆），而附有 Ф.И. 谢尔巴茨科依注解的第三份，连同奥登堡的原稿笔记一同被叶连娜·奥登堡移交到了当时的苏联科学院档案馆。①

20 世纪 30 年代，苏联著名汉学家 К.К. 弗卢格对俄藏敦煌汉文写卷的整理与研究，是苏联科学院东方学研究所史上对俄藏敦煌文献进行的最具代表性的工作之一。К.К. 弗卢格整理编目有“Ф.”编号的 357 件与“Дх”编号的 2000 多件汉文写卷，其研究成果分为佛经和非佛经各两部分。②遗憾的是，弗卢格在二战中不幸身亡，该项工作被迫中断。

20 世纪 40 年代，由于国际局势变幻、苏联国内斗争，人们的注意力被转移，苏联科学院东方学研究所对于敦煌学方面的研究进展缓慢，基本处于停滞状态。及至 20 世纪 50 年代，苏联科学院东方学研究所的汉学家们才重新开始投入俄藏新疆、敦煌文物与资料的研究中。

20 世纪 50 年代，苏联科学院的研究人员开始有组织地对俄藏敦煌藏品进行整理、清点和研究。1953 年，М.П. 沃尔科娃（М.П.Волкова，1927—2006）对俄藏敦煌藏品进行了清点。之后在 В.С. 科洛科洛夫教授和 Л.Н. 孟列夫教授的倡议下，俄藏敦煌文献的整理工作重新启动。自 1957 年 2 月开始，由 В.С. 科洛科洛夫、Л.Н. 孟列夫、В.С. 斯皮林（В.С.Спирин，1931—2020）及 С.А. 什科里亚尔（С.А.Школяр，1931—2007）组成的专门研究小组开始对俄藏敦煌汉文写本进行整

① Русская Туркестанская экспедиция1914-1915 гг. под руководством С.Ф. Ольденбурга. Машинопись. Тетрадь 1 (186 л.); тетрадь 2 (182 л.); тетрадь 3 (119 л.); тетрадь 4(121 л.); тетрадь 5(85 л.); тетрадь 6(141 л.).

② Флуг К.К. Краткий обзор небуддийской части китайского рукописногофонда ИВ АН СССР / / Библиография Востока. Вып. 7. 1934. С. 87-92; Флуг К.К. Краткая опись древних буддийских рукописей на китайскомязыке из собрания ИВ АН СССР // Библиография Востока.Вып. 8-9. 1936. С. 96-115.

理、研究。当时已登记在册的俄藏文献共计有3640件，其中的2000件是由К.К.弗卢格整理编目的，其余1640件由М.П.沃尔科娃完成。当时还剩保存在5个纸袋、1个箱子及1个麻袋中的敦煌写本尚未被整理。[①]科学院东方学研究所列宁格勒分所当时面临着非常繁杂的工作，要对剩余大部分藏品进行科学整理，包括除尘、修复、清点、编目，以及登记、描述等。其中学术部分由Л.Н.孟列夫领导的专门小组负责，后来И.С.古列维奇与М.И.沃罗比约娃－捷霞托夫斯卡娅也加入了专门小组。Р.В.康定斯卡娅（Р.В.Кандинская，1907—1968）和Г.С.玛卡里希娜娅（Г.С.Макарихиная）对藏品进行了修复，对此，孟列夫写道："通过我们的修复工作者的努力，原本皱巴巴撕裂残破的废纸堆变成了完全可读的写本和刻本。"[②]1963年，由上述成员组成的专门小组出版了《亚洲民族研究所敦煌宝藏之汉文写本叙录》上卷，共收录有1707个编号的汉文写本。[③]由М.И.沃罗比约娃－捷霞托夫斯卡娅、И.Т.左义林（И.Т.Зограф，1931— ）、А.С.马特诺夫（А.С.Мартынов，1933—2013）、Л.Н.孟列夫和Б.Л.斯米尔诺夫（Б.Л.Смирнов，1891—1967）整理编写的敦煌藏品下卷于1967年出版。[④]1963年、1967年出版的两卷本《亚洲民族研究所敦煌宝藏之汉

---

① Протокол № 3 производственного собрания Дальневосточного кабинета [ЛО ИВ АН СССР] от 19 апреля 1957 г. // Архив востоковедов СПбФ ИВ РАН. Ф. 152: Оп. 1а, ед. хр. 1236, индекс 241. Л. 9.172.

② Меньшиков Л.Н. Изучение древнекитайских письменных памятников // Вестник АН СССR 1967. С. 62.

③ Воробьева-Десятовская М.И., Гуревич И. С., Меньшиков Л. Н., Спирин В.С., Школяр С.А. Описание китайских рукописей дуньхуанского фонда Института народов Азии. Вып. I. М., 1963.

④ Воробьева-Десятовская М.И., Зограф И.Т., Мартынов А. С., Меньшиков Л. Н., Смирнов Б. Л. Описание китайских рукописей дуньхуанского фонда Института народов Азии. Вып. 2. М., 1967.

文写本叙录》是苏联20世纪60年代敦煌学研究的代表作。

20世纪50年代中期，苏联科学院东方学研究所的学者在整理俄藏敦煌文献之余，开始关注敦煌文献中的变文和佛教俗文学等，如И.С.古列维奇《“佛本生”系列变文残卷研究》。①

20世纪60年代末至90年代，苏联学者在俄藏敦煌文献佛经、变文、社邑文书、经济文书、敦煌艺术等方面的研究取得了重大成就，涌现出了很多杰出的敦煌学家，其中最为杰出的代表人物是著名东方学家Л.Н.孟列夫和Л.И.丘古耶夫斯基。

自20世纪60年代起，苏联科学院东方学研究所列宁格勒分所研究员Л.Н.孟列夫专注于俄藏敦煌文献中当时尚未刊布的变文和伪经的解读和付印工作，代表研究有《亚洲民族研究所敦煌宝藏中未刊布的变文写本——〈维摩诘经〉变文和〈十吉祥〉变文》②《报恩经变文〈双恩记〉》③《东方写本文献》④《敦煌宝藏》⑤等。苏联科学院东方学研究所汉学家Л.И.丘古耶夫斯基则致力于俄藏敦煌文献中的经济文书、

① Гуревич И.С. Фрагмент бяньвэнь из цикла «О жизни Будды» // Краткие сообщения Института народов Азии. № 69. Исследование рукописей и ксилографов Института народов Азии. М.: Наука, ГРВЛ, 1965. С. 99-115.

② Бяньвэнь о Вэймоцзе. Бяньвэнь «Десять благих знамений»: Неизвестные рукописи бяньвэнь из Дуньхуанского фонда Института народов Азии / Издание текста, предисловие, перевод и комментарии Л.Н.Меньшикова. Ответственный редактор Б.Л.Рифтин. М.: ИВЛ, 1963.

③ Бяньвэнь о воздаянии за милости (рукопись из Дуньхуанского фонда Института востоковедения). Ч.1 / Факсимиле рукописи, исследование, перевод с китайского, комментарий и таблицы Л. И. Меньшикова. Ответственный редактор Б.Л.Рифтин. М.: Наука, ГРВЛ, 1972.

④ Письменные памятники Востока / Историко-филологические исследования. Редакционная коллегия: Г.Ф.Гирс (председатель), Е.А.Давидович, Е.И.Кычанов, Л.Н.Меньшиков, М.-Н.Османов, С.Б.Певзнер (ответственный секретарь), И.Д.Серебряков, И.В.Стеблева, А.Б.Халидов. Ежегодник 1978-1979. М.: Наука, ГРВЛ, 1987.

⑤ Меньшиков Л.Н. Дуньхуанский фонд // «Петербургское востоковедение». Выпуск 4. СПб.: Центр «Петербургское востоковедение», 1993. С. 332-343.

法律文书和官方文书的研究，代表作有《敦煌寺院经济文书》[①]《敦煌借贷文书》[②]《敦煌佛教寺院中的“社”》[③]等。

20世纪90年代初期苏联解体，俄罗斯进入联邦时期，苏联科学院东方学研究所列宁格勒分所也随之更名为俄罗斯科学院东方文献研究所圣彼得堡分所。新时期，俄罗斯科学院东方文献研究所圣彼得堡分所逐步刊布了俄藏敦煌文献。1992年俄罗斯科学院东方文献研究所圣彼得堡分所、俄罗斯科学出版社东方学部与上海古籍出版社合作出版了《俄藏敦煌文献》Ⅰ，[④]至2001年《俄藏敦煌文献》全部17册出版完成。

进入21世纪，俄罗斯科学院东方学研究所的研究人员继续对俄藏敦煌文献、艺术品进行整理和研究，并举办了多次敦煌学相关的国际性会议和展览，进一步推进了俄罗斯敦煌学的发展。

2008年是俄罗斯亚洲博物馆成立190周年。12月19日，俄罗斯科学院东方文献研究所与俄罗斯艾尔米塔什博物馆联合举办了题为“千佛洞（Пещеры тысячи будд）”的展览，此次展览首次向公众展示了一些文字类和图像类的敦煌文物。该展览还出版了论文集《千佛洞：

① Чугуевский Л.И. Хозяйственные документы буддийских монастырей в Дуньхуане // Письменные памятники и проблемы истории культуры народов Востока. VIII годичная научная сессия ЛО ИВ АН СССР (автоаннотации и краткие сообщения). Москва: ГРВЛ, 1972. С. 61-64.

② Чугуевский Л.И. Китайские юридические документы из Дуньхуана (заемные документы) // Письменные памятники Востока / Историко-филологические исследования. Ежегодник 1974. М.: Наука, ГРВЛ, 1981. С. 251-271.

③ Чугуевский Л.И. Мирские объединения шэ при буддийских монастырях в Дуньхуане // Буддизм, государство и общество в странах Центральной и Восточной Азии в Средние века. Сборник статей. М.: Наука, ГРВЛ, 1982. С 63-97.

④ 俄罗斯科学院东方研究所圣彼得堡分所、俄罗斯科学出版社东方文学部、上海古籍出版社编：《俄藏敦煌文献》Ⅰ，上海：上海古籍出版社，1992年。

丝绸之路上的俄国探险队——纪念亚洲博物馆成立190周年》[①]，从展品和俄国考察队19世纪末20世纪初对和田、库车、吐鲁番、敦煌等地的考察与研究进行了论述。2008年，俄罗斯科学院东方文献研究所圣彼得堡分所所长И.Ф. 波波娃主编出版了英俄双语《19世纪末20世纪初俄国中亚考察》[②]论文集，其中以И.Ф. 波波娃《1909—1910年奥登堡新疆考察》[③]《1914—1915年奥登堡敦煌考察》[④]为21世纪初俄罗斯有关奥登堡考察研究的代表性文章，文章中揭示了奥登堡两次考察的一些细节，如新疆考察的原本拟定路线、人员配置、行程安排、敦煌考察的预算等。

2018年，在亚洲博物馆成立200周年之际，俄罗斯科学院东方文献研究所圣彼得堡分所出版了《亚洲博物馆——俄罗斯科学院东方文献研究所手册》[⑤]《俄罗斯科学院东方文献研究所藏汉文珍宝》[⑥]，介绍俄罗斯科学院东方文献研究所收藏的奥登堡敦煌考察所获敦煌写本、考察资料情况。

---

① Пещеры тысячи будд: Российские экспедиции на Шелковом пути: К 190-летию Азиатского музея: каталог выставки/ науч. ред. О.П.Дешпанде; Государственный Эрмитаж; Институт восточных рукописей РАН. СПб.: Изд-во Гос. Эрмитажа, 2008.

② Российские экспедиции в Центральную Азию в конце XIX – начале XX века / Сборник статей. Под ред. И. Ф. Поповой. СПб.: издательство «Славия», 2008.

③ Попова И.Ф. Первая Русская Туркестанская экспедиция С.Ф.Ольденбурга (1909-1910) // Российские экспедиции в Центральную Азию в конце XIX – начале XX века / Сборник статей. Под ред. И.Ф. Поповой. СПб.: Славия, 2008. С. 148-157.

④ Попова И.Ф. Вторая Русская Туркестанская экспедиция С.Ф.Ольденбура(1914-1915) // Российские экспедиции в Центральную Азию в конце XIX – начале XX века / Сборник статей. Под ред. И.Ф. Поповой. СПб.: Славия, 2008. С.158-175.

⑤ Азиатский Музей – Институт восточных рукописей РАН: путеводитель / Ответственный редактор И.Ф. Попова. М.: Изд-во восточной литературы, 2018.

⑥ Попова И.Ф. Жемчужины китайских коллекций Института восточных рукописей РАН. С.-Петербург: Кварта, 2018.

整体而言，俄罗斯科学院东方文献研究所收藏的近代俄国人中亚考察文物与资料极其庞大，近些年主要以黑水城文物和敦煌写本、艺术品的研究为主，对奥登堡考察方面的论述相对较少。

二、俄罗斯科学院档案馆圣彼得堡分馆

俄罗斯科学院档案馆圣彼得堡分馆起源于1728年成立的科学院档案室，后几经更迭，演变成今天的俄罗斯科学院档案馆圣彼得堡分馆。18世纪中期名为“会议档案室”，1804年至19世纪30年代名为“科学院档案办公室”，19世纪后半期名为“大礼堂档案室”，1918—1922年名为“俄罗斯科学院档案馆”，1925年名为“苏联科学院档案馆”，1963年名为“苏联科学院档案馆列宁格勒分部”，苏联解体后名为“科学院档案馆列宁格勒分馆”，2009年名为“俄罗斯科学院档案馆圣彼得堡分馆”。

近年来，俄罗斯科学院档案馆圣彼得堡分馆凭借大量馆藏档案优势，在有关奥登堡敦煌考察研究方面异军突起。比如：М.Д. 布哈林、И.В. 童金娜《俄罗斯科学院档案馆圣彼得堡分馆藏 С.М. 杜金致奥登堡俄国新疆考察信函》[①]、И.В. 童金娜《俄罗斯科学院档案馆藏奥登堡新疆考察研究资料》[②]、И.В. 童金娜与 М.Д. 布哈林《奥登堡院士未

① Бухарин М. Д., Тункина И.В. Русские Туркестанские экспедиции в письмах С.М.Дудина к С.Ф.Ольденбургу из собрания Санкт-Петербургского филиала архива РАН // Восток (Oriens). 2015. № 3.С. 107-128.

② Тункина И.В. Документы по изучению С. Ф. Ольденбургом Восточного Туркестана в Архиве Российской академии наук // С. Ф. Ольденбург – ученый и организатор науки / И. Ф. Попова (отв. ред.). М., 2016. С. 313-348.

公布的科学遗产》[①]等，利用俄罗斯科学院档案馆圣彼得堡分馆藏资料，论述了奥登堡考察队的日记、照片、往来信函等未公布档案资料的收藏情况，以及俄罗斯科学院档案馆、艾尔米塔什博物馆、人类学与民族学博物馆等有关机构整理、刊布相关馆藏档案情况。

俄罗斯科学院档案馆圣彼得堡分馆馆长 И.В. 童金娜等在 2013 年发表的文章《奥登堡院士未公布的科学遗产——纪念俄国新疆考察工作结束 100 周年》中指出："出版奥登堡院士档案资料是当代俄罗斯东方学研究最为重要的科学任务之一。"[②]

2010—2020 年，这十年中，俄罗斯科学院档案馆圣彼得堡分馆出版的系列丛书《19 世纪末至 20 世纪 30 年代新疆与蒙古研究史》是研究奥登堡新疆考察和敦煌考察的极为重要的档案资料。其中第一卷内容有关俄罗斯科学院档案馆藏考察书信与吐鲁番藏品，[③]该卷刊布了奥登堡新疆考察中的大量信函，包括奥登堡与考察队员、俄国驻新疆领事、他国考察工作者等的往来信函，这些信函是研究奥登堡新疆考察不可或缺的资料，能够揭示出更多奥登堡新疆考察的细节与内情；第二卷是地理、考古、历史研究方面的内容，主要是克列门茨、М.М. 别

① Тункина И.В., Бухарин М. Д. Неизданное научное наследие академика С.Ф.Ольденбурга (к 100-летию завершения работ Русских Туркестанских экспедиций), Scripta antique. Вопросы древней истории, филологии, искусства и материальной культуры. Том VI. 2017. Москва: Собрание, 2017. С.491-513.

② Тункина И.В., Бухарин М. Д. Неизданное Научное Наследие академика С.Ф.Ольдебурга – к 100-летию завершения работ русских Туркестанских экспедиций // Из истории науки. 2013. С. 491-513.

③ Восточный Туркестан и Монголия. История изучения в конце XIX – первой трети XX века. Том I: Эпистолярные документы из архивов Российской академии наук и Турфанского собрания / Под ред. чл.-корр. РАН М. Д. Бухарина. М.: Памятники исторической мысли, 2018.

列佐夫斯基、杜金、奥登堡等人的考察日记、照片等相关资料；[①]第三卷是关于奥登堡 1909—1910 年新疆考察的图片档案，该卷刊布了俄罗斯科学院东方文献研究所“东方学家档案”中收藏的考察相关照片资料；[②]第四卷内容包括奥登堡新疆和敦煌考察中考察队员的部分野外日记、测绘图等；[③]第五卷主要是敦煌考察成果之一——奥登堡著《敦煌千佛洞石窟叙录》。[④]

俄罗斯科学院档案馆圣彼得堡分馆在敦煌学方面的代表性成果《19 世纪末至 20 世纪 30 年代新疆与蒙古研究史》系列丛书，自 2018 年出版第一卷，至 2020 年共出版了五卷，是俄罗斯国内对奥登堡 1909—1910 年新疆考察、1914—1915 年敦煌考察相关档案资料的首次系统刊布，为研究奥登堡两次西北考察提供了大量新资料、新视角，有助于国际敦煌学的进一步发展。

① Восточный Туркестан и Монголия. История изучения в конце XIX – первой трети XX века. Том II: Археологические, географические и исторические исследования / Под ред. чл.-корр. РАН М. Д. Бухарина. М.: Памятники исторической мысли, 2018.

② Восточный Туркестан и Монголия. История изучения в конце XIX – первой трети XX веков в документах из архивов Российской академии наук и «Турфанского собрания». Том III: Первая Русская Туркестанская Экспедиция 1909–1910 гг. академика С.Ф. Ольденбурга / Фотоархив из собрания Института восточных рукописей Российской академии наук / Под ред. М.Д. Бухарина. М.: Памятники исторической мысли, 2018.

③ Восточный Туркестан и Монголия. История изучения в конце XIX – первой трети XX века. Том IV. Материалы Русских Туркестанских экспедиций 1909-1910 и 1914-1915 гг. академика С.Ф. Ольденбурга / Под общ. ред. М.Д. Бухарина, В.С. Мясникова, И.В. Тункиной. М.: «Индрик», 2020.

④ Восточный Туркестан и Монголия. История изучения в конце XIX – первой трети XX века. Том V. Вторая Русская Туркестанская экспедиция 1914-1915 гг.: С.Ф. Ольденбург. Описаниепещер Чан-фо-дуна близ Дунь-хуана / Под общ. ред. М.Д. Бухарина, М.Б. Пиотровского,И.В. Тункиной. – М.: «Индрик», 2020.

小 结

奥登堡敦煌考察在时间上晚于斯坦因等人，在所获文物、资料的刊布时间上也较晚。但奥登堡敦煌考察相较于斯坦因、伯希和等在人员配置、考察方法上要更加专业，如奥登堡 1914—1915 年敦煌考察首次系统地对莫高窟南北区石窟进行了全面勘测、拍摄与记录。

奥登堡 20 世纪初的两次中国西北考察非法获取了大量文物、考察资料，一方面极大地丰富了俄国博物馆馆藏，为俄国研究中国西北的历史、地理、艺术等提供了大量资料；另一方面为俄国敦煌学的发展奠定了重要基础。

俄罗斯科学院东方文献研究所圣彼得堡分所和俄罗斯科学院档案馆圣彼得堡分馆是俄罗斯敦煌学研究最为重要的代表性科研机构。俄罗斯科学院东方文献研究所圣彼得堡分所对敦煌学的研究最早可追溯到 20 世纪初，К.К. 弗卢格于 20 世纪 30 年代、Л.Н. 孟列夫等人于 20 世纪 50 年代对俄藏敦煌文献的整理与研究，以及近些年俄藏敦煌文献的全面公布，是目前俄罗斯科学院东方文献研究所圣彼得堡分所对俄藏敦煌文献进行的最具代表性的工作。俄罗斯科学院东方文献研究所圣彼得堡分所的学者如 Л.И. 丘古耶夫斯基、Л.Н. 孟列夫、И.С. 古列维奇、И.Ф. 波波娃等学者在敦煌学研究方面成果突出。俄罗斯科学院档案馆圣彼得堡分馆近年来凭借馆藏优势，在奥登堡中国西北考察方面成果显著。俄罗斯科学院档案馆圣彼得堡分馆近年来对奥登堡两次中国西北考察相关档案的刊布贡献颇多，尤以近年来刊布的《19 世纪末至 20 世纪 30 年代新疆与蒙古研究史》为代表。

结 语

本书主要依据奥登堡新疆与敦煌考察的往来信函、日记、公文、考察报告等新资料，在已有研究的基础之上，结合相关中、俄文资料，对以往研究中有关奥登堡论述中存在的讹误提出新证，对奥登堡两次中国西北考察的时间、路线、获取文物途径等细节和详情进行再揭示。

一、主要结论

第一，由于列宁兄长之故，奥登堡与列宁早年间相识，但奥登堡与列宁之间并非如盛传的那样有着“终身友谊”。

第二，考古学家卡缅斯基在1909—1910年新疆考察出发途中返回，并非因生病，而是由于考察队内部矛盾。

第三，奥登堡新疆考察中一方面通过非法清理发掘与“取样”“保护”获取文物，另一方面则主要通过俄国驻乌鲁木齐领事克罗特科夫与新疆俄籍阿克萨卡尔帮忙非法收购所得。

第四，关于奥登堡考察队抵达莫高窟的时间，准确的说法应该是1914年9月2日，而非1914年8月20日。

第五，根据俄方新近公布的奥登堡、杜金、龙贝格等人的部分考察日记、考察信函、档案文件等资料，可揭示奥登堡考察队从圣彼得堡到莫高窟、杜金从莫高窟返回彼得格勒的详细时间和完整路线。

第六，奥登堡 1909—1910 年新疆考察和 1914—1915 年敦煌考察中的地形测绘师“斯米尔诺夫”并非同一人，而是兄弟俩，并且是在兄长参加了新疆考察后，推荐弟弟参加的 1914—1915 年敦煌考察。

二、研究展望

由于本书是对奥登堡及其两次中国西北考察的整体论述，涉及线索较多，限于学力、部分档案资料的未刊布，尚有很多问题有待进一步推进，因此，在今后的研究中仍需做大量工作，以完善和推进奥登堡及其两次考察方面的研究。

第一，加深并拓宽对奥登堡活动轨迹的研究。对于敦煌学界而言，奥登堡以俄藏敦煌文献搜集者的身份而著称。但事实上奥登堡是俄罗斯近代最为著名的公众人物之一，其代表性活动远不止敦煌考察。如加深对奥堡学术脉络的系统梳理，揭示奥登堡两次中国西北考察中应用到的西方考古学知识，探究其西方游学与东方盗宝间的东西方文化交流与交融；探究以奥登堡为代表的俄国知识分子群体在时代剧变下的思想转型等问题。

第二，关于奥登堡两次考察中的若干问题的进一步探讨。例如：奥登堡敦煌考察中与王道士的具体交涉情况；文物贩子、翻译、俄国驻新疆外交人员等在近代中国西北文物外流问题上扮演的角色，近代中国西北文物外流反映出的清末文物保护与边疆治理等问题。

第三，对俄文资料的进一步发掘与利用。俄罗斯藏有大量中国近代史料，其中中国西北相关史料数量巨大且极具价值，但被发掘利用得极少。加大俄文资料的发掘和引进，为国内研究提供更多新资料，是目前需要更加重视的一个方面。

附　录

附录一

奥登堡大事年表

时间	事件
1863年9月	出生
1867年	随家人旅居欧洲
1874年	进入华沙第一古典中学学习
1877年	父亲费奥多尔去世
1881年	与兄长一同考入圣彼得堡大学， 母亲带兄弟俩迁居圣彼得堡
1885年	大学毕业并留校
1886年10月	与亚历山德拉结婚
1886年秋—1887年5月	通过圣彼得堡大学硕士考试
1887—1889年	前往英国、法国游学
1888年6月	儿子谢·谢·奥登堡出生
1889—1897年	任圣彼得堡大学编外高级讲师
1889年秋	开始在圣彼得堡大学东方系和历史语文系教授梵语
1890年6月	硕士导师米纳耶夫去世
1891年3—9月	与列宁见过一面
1891年9月	妻子亚历山德拉去世
1893年秋	第二次前往国外游学

续表

时间	事件
1894年夏	完成硕士论文，回到俄国
1895年3月	通过硕士论文答辩
1897—1900年	升任圣彼得堡大学梵语文学编外副教授
1897年9月	在第十一届国际东方学家代表大会上公布《法句经》研究成果
1899年	奥登堡与拉德洛夫在第十二届国际东方学家代表大会上公布了克列门茨吐鲁番考察所获写本、艺术品
1899年10月	离开圣彼得堡大学
1899年11月	进入科学院工作
1899年12月	被推荐为科学院梵语课初级研究员候选人
1900年	入职科学院历史—语文部，任圣彼得堡科学院初级研究员
1903年	与拉德洛夫组建俄国中亚和东亚研究委员会，并任委员会副主席、当选为科学院编外院士
1904—1929年	任科学院常务秘书
1905年	加入立宪民主党
1909年6月—1910年3月	新疆考察
1909年底	母亲去世
1914年6月—1915年4月	敦煌考察
1914年8月	兄长去世
1916—1930年	任亚洲博物馆馆长
1917年8—9月	任临时政府教育部部长
1919年9月	被逮捕，很快又被释放
1920年	与科学院其他领导决定与布尔什维克政权合作
1921年	受到列宁接见
1923年	与叶连娜结婚
1929年10月	卸任科学院常务秘书职务
1930—1934年	任苏联科学院东方学研究所所长
1934年2月	去世

附录二

新疆考察主要时间、路线表

<table>
<tr><th colspan="2">日期[1]</th><th>地点</th><th colspan="3">人员及活动</th></tr>
<tr><td colspan="2">1909年6月6日出发</td><td>圣彼得堡</td><td></td><td colspan="2">奥登堡、杜金、斯米尔诺夫出发</td></tr>
<tr><td colspan="2"></td><td>鄂木斯克</td><td></td><td colspan="2">由铁路到达</td></tr>
<tr><td colspan="2"></td><td>塞米巴拉金斯克</td><td></td><td colspan="2">乘汽轮抵达，取提前寄到的行李、装备</td></tr>
<tr><td colspan="2">6月19日抵；同日离</td><td>谢尔吉奥波尔</td><td>卡缅斯基、彼得连科前往塔城，给奥登堡写信</td><td colspan="2"></td></tr>
<tr><td colspan="2" rowspan="2">6月22日抵；6月29日离</td><td rowspan="2">塔城</td><td></td><td colspan="2">乘坐马车抵达塔城，并购买马匹、雇佣翻译</td></tr>
<tr><td colspan="3">卡缅斯基二人与奥登堡等会合，一同前往乌鲁木齐</td></tr>
<tr><td colspan="2" rowspan="3">6月22日抵；8月4日离</td><td rowspan="3">乌鲁木齐</td><td colspan="3">考察队拜访领事，雇佣伙夫、马夫、护卫</td></tr>
<tr><td colspan="2">杜金、卡缅斯基、彼得连科留在乌鲁木齐</td><td>奥登堡、斯米尔诺夫去乌鲁木齐周边考察</td></tr>
<tr><td colspan="2">卡缅斯基、彼得连科自乌鲁木齐提前返回</td><td>奥登堡、杜金、斯米尔诺夫携随从离开乌鲁木齐</td></tr>
<tr><td colspan="2">8月28日抵；9月20日离</td><td>七个星遗址</td><td></td><td colspan="2">奥登堡三人考察明屋遗址、石窟建筑群遗址</td></tr>
<tr><td colspan="2">9月29日抵</td><td rowspan="2">吐鲁番</td><td rowspan="2"></td><td colspan="2">考察交河故城、旧吐鲁番城、高昌故城、阿斯塔那台藏塔、吐鲁番以北的小峡谷、胜金口、柏孜克里克、木头沟、七康湖、吐峪沟麻扎等遗址</td></tr>
<tr><td>11月15日离</td><td>12月1日离</td><td>杜金、斯米尔诺夫从喀拉和卓提前返回</td><td>奥登堡考察斯尔克甫、连木沁峡谷等遗址</td></tr>
</table>

① 附录中的日期皆为旧俄历日期。

续表

<table>
<tr><th>日期①</th><th>地点</th><th colspan="6">人员及活动</th></tr>
<tr><td>11月20日
前后抵；
11月25日离</td><td>乌鲁木齐</td><td colspan="2"></td><td colspan="3">杜金二人经乌鲁木齐返回</td><td></td></tr>
<tr><td rowspan="2">12月7日抵；
12月8日离</td><td rowspan="2">塔城</td><td colspan="3">卡缅斯基二人见到杜金、斯米尔诺夫</td><td colspan="2">杜金见到卡缅斯基、彼得连科，给奥登堡写信</td><td rowspan="2"></td></tr>
<tr><td colspan="5">杜金四人一同离开塔城，入境俄国</td></tr>
<tr><td>12月19日
抵；
1910年2月7日
离</td><td>库车</td><td colspan="2"></td><td colspan="3"></td><td>奥登堡在翻译陪同下考察了明腾阿塔、苏巴什、克孜尔、托乎拉克艾肯等遗址，自库木吐喇返程</td></tr>
<tr><td>12月底1月初抵</td><td>俄国</td><td>卡缅斯基去克里米亚考察</td><td>彼得连科返刻赤</td><td colspan="2">杜金返圣彼得堡</td><td>斯米尔诺夫返莫斯科</td><td></td></tr>
<tr><td>1910年3月</td><td>圣彼得堡</td><td colspan="5"></td><td>奥登堡回到圣彼得堡</td></tr>
</table>

附录三

敦煌考察主要时间、路线表

<table>
<tr><th colspan="2">日期</th><th>地点</th><th colspan="2">人员及活动</th></tr>
<tr><td>1914年5月20日离</td><td>1914年5月30日离</td><td>圣彼得堡</td><td>杜金、比尔肯别尔格出发</td><td>奥登堡、斯米尔诺夫、龙贝格出发</td></tr>
<tr><td>5月23日抵；6月1日离</td><td>6月2日抵；6月3日离</td><td>鄂木斯克</td><td></td><td>奥登堡为考察队购买风镜</td></tr>
<tr><td>6月5日抵</td><td>6月8日抵；6月9日离</td><td>塞米巴拉金斯克</td><td></td><td>奥登堡三人抵达，次日离开</td></tr>
<tr><td></td><td>6月11日抵</td><td>谢尔吉奥波尔</td><td></td><td>奥登堡三人抵达，当日离开</td></tr>
<tr><td></td><td>6月13日抵</td><td>巴赫特</td><td></td><td>抵达，奥登堡会见哥萨克卫戍司令</td></tr>
<tr><td>不晚于6月11日抵</td><td>6月13日抵</td><td rowspan="2">塔城</td><td>杜金二人提前抵达塔城</td><td>奥登堡等从塔城苇塘子卡入境</td></tr>
<tr><td colspan="2">6月17日离</td><td colspan="2">考察队会合后，拜访领事、清朝地方官员，雇佣哥萨克及翻译和伙夫；给俄国委员会写信</td></tr>
<tr><td colspan="2">6月26日抵，6月27日离</td><td>奎屯</td><td colspan="2">因天气炎热，多人生病，奥登堡放弃了在吐鲁番考察一个月的计划</td></tr>
<tr><td colspan="2">7月2日抵</td><td>昌吉</td><td colspan="2">奥登堡收到领事季亚科夫托人送的信</td></tr>
<tr><td colspan="2">7月3日抵；7月12日离</td><td>乌鲁木齐</td><td colspan="2">考察队受到领事季亚科夫出城相迎，并被护送入住领事馆。购买了马匹、修理了货运马车，并拜访了清朝地方官员</td></tr>
<tr><td colspan="2">7月14日抵；7月15日</td><td>阜康</td><td colspan="2">在阜康过夜</td></tr>
<tr><td colspan="2">8月5日离</td><td>哈密</td><td colspan="2">在哈密休整</td></tr>
<tr><td colspan="2">8月9日离</td><td>苦水</td><td colspan="2">从烟墩抵达苦水</td></tr>
<tr><td colspan="2">8月14日抵；当日离</td><td>红柳园</td><td colspan="2">从大泉抵达红柳园</td></tr>
<tr><td colspan="2">8月16日抵；8月17日离</td><td>安西</td><td colspan="2">在安西过夜</td></tr>
</table>

续表

<table>
<tr><th colspan="2">日期</th><th>地点</th><th colspan="2">人员及活动</th></tr>
<tr><td colspan="2">8月18日抵</td><td>敦煌</td><td colspan="2">进入敦煌境内</td></tr>
<tr><td colspan="2">8月20日抵</td><td rowspan="2">莫高窟</td><td colspan="2">抵达莫高窟</td></tr>
<tr><td>10月21日离</td><td>1915年1月27日离</td><td>杜金、斯米尔诺夫、比尔肯别尔格提前离开莫高窟</td><td>奥登堡、龙贝格离开莫高窟</td></tr>
<tr><td>12月23日夜—24日凌晨抵</td><td>1915年4月23日抵</td><td>彼得格勒</td><td>杜金三人回到彼得格勒</td><td>奥登堡回到彼得格勒</td></tr>
</table>

附录四

从塔城到莫高窟里程[1]

日期	出发地点和到达地点	俄里数	译注
6月17日	秋古恰克—赛台尔	30	"秋古恰克"即今之塔城
6月18日	赛台尔—库尔捷前之沙刺乌孙	59	"库尔捷""沙刺乌孙"为音译，即今之老风口
6月19日	沙刺乌孙—托里	25	
6月20日	托里—加马特	25	
6月21日	加马特—库勒得能—奥图	39（17+22）	"奥图"即今之庙儿沟
6月22日	奥图—萨尔加克—乌尊布拉克	39（15+22）	
6月23日	乌尊布拉克—湖（科里）	30	此为自然地理名称。据当地人称，昔日此地确实有湖，现已干涸
6月24日	湖（科里）—车排子	28	
6月25日	车排子—德胜——西湖	62（22+40）	按原字音译当是塔苏特。查地图此段有德胜地者，乌苏境内，当为是地。"西湖"即今乌苏县
6月26日	西湖—奎屯	28	
6月27日	奎屯—三道河子	50	"三道河子"在今沙湾县城附近
6月28日	驻三道河子	45	
6月29日	三道河子—玛纳斯河	45	
6月30日	玛纳斯河—玛纳斯县城	5	
7月1日	玛纳斯—三召子	40	"三召子"今呼图壁县城，昔曾有三召村
7月2日	三召子—昌吉	54	
7月2日	昌吉—乌鲁木齐	33	
7月12日	乌鲁木齐—古密地		"古密地"即指古牧地，今米泉县城

① 摘自《从塔城到莫高窟里程》，参见俄罗斯国立艾尔米塔什博物馆、上海古籍出版社编：《俄藏敦煌艺术品》Ⅵ，上海：上海古籍出版社，2005年，第408页。

续表

日期	出发地点和到达地点	俄里数	译注
7月13日	古密地—阜康	36~38	
7月13日	住阜康（以下里程原缺）		
7月15日	阜康—		
8月5日	哈密—黄芦岗		
8月6日	黄芦岗—长流水		
8月7日	长流水—烟墩		
8月8日	烟墩—苦水		
8月9日	苦水—沙泉子		
8月10日	沙泉子—星星峡		
8月11日	星星峡—马莲井子		
8月12日	马莲井子—大泉		
8月13日	大泉—红柳园子		
8月14日	红柳园子—白墩子		
8月15日	白墩子—安西洲		
8月16日	住安西		
8月17日	安西—瓜州		“瓜州”，今之敦煌地界
8月18日	瓜州—甜水井子		
8月19日	甜水井子—疙瘩井子		
8月20日	疙瘩井子—千佛洞		“疙瘩井子”，（音译，今地名不详）

附录五

皇康至哈密段主要时间、路线表[①]

日期	路线
7月16日	抵达“库列图”（音译，今地名不详）
7月17日	抵达三台
7月18日	抵达吉木萨
7月19日	抵达古城
7月20日	在古城歇脚
7月21日	抵达奇台乡
7月22日	抵达木垒河村
7月23日	抵达三个井子
7月24日	抵达大石头
7月25日	抵达“一磨盘”（音译，今地名不详）
7月26日	抵达七角井
7月27日	抵达车鼓泉
7月28日	抵达一碗泉
7月29日	抵达了墩
7月30日	抵达大浪沙
7月31日	抵达“托古奇”（音译，今地名不详）
8月1日	抵达阿斯塔那
8月2日	抵达哈密
8月5日	下午离开哈密

① “皇康至哈密段主要时间、路线表”系笔者整理、翻译，并考证所得。参见Восточный Туркестан и Монголия. История изучения в конце XIX – первой трети XX века. Том IV. Материалы Русских Туркестанских экспедиций 1909-1910 и 1914-1915 гг. академика С.Ф.Ольденбурга / Под общ. ред. М.Д.Бухарина, В.С.Мясникова, И.В.Тункиной. М.: «Индрик», 2020. С.326-332.

附录六

奥登堡小队敦煌考察返程主要时间、路线表①

日期	路线
1915年1月27日	离开莫高窟
1915年1月28日	抵达廖庄
1915年1月29日	早上离开廖庄
1915年1月30日	凌晨抵达青疙瘩，当天离开去红柳园
1915年2月16日	抵达七角井，当日离
1915年2月17日	抵达“乡西”（音译，今地名不详）
1915年2月18日	抵达“喀拉乌尔坦”
1915年2月19日	抵达七克台
1915年2月20日	抵达连木沁
1915年2月21日—24日	在吐峪沟考察
1915年2月25日	离开吐峪沟，抵达柏孜克里克
1915年2月25日—3月10日	在柏孜克里克、辛吉姆考察，并探查了吐鲁番的交河故城
1915年3月10日	离开吐鲁番
1915年3月10日	在东干人清真寺附近歇脚
1915年3月10日	抵达土墩子
1915年3月11日	抵达“朱津所子”，（音译，今地名不详）
1915年3月13日	抵达乌鲁木齐
1915年3月18日	抵达“乌涵子”（音译，今地名不详）
1915年3月19日	抵达呼图壁

① “奥登堡小队敦煌考察返程主要时间、路线表”系笔者整理、翻译，并考证所得。参见Восточный Туркестан и Монголия. История изучения в конце XIX – первой трети XX века. Том IV. Материалы Русских Туркестанских экспедиций 1909-1910 и 1914-1915 гг. академика С.Ф.Ольденбурга / Под общ. ред. М.Д.Бухарина, В.С.Мясникова, И.В.Тункиной. М.: «Индрик», 2020. С.392-395.

续表

日期	路线
1915年3月20日	抵达老墩
1915年3月21日	抵达玛纳斯附近
1915年3月22日	抵达桑多海子
1915年3月23日	抵达奎屯
1915年3月24日	抵达西湖
1915年3月25日	抵达车排子
1915年3月26日	抵达乌尊布拉克
1915年3月27日	抵达庙儿沟
1915年3月28日	抵达加玛特
1915年3月29日	抵达“萨拉胡尔森”（音译，今地名不详）
1915年3月31日	抵达大乌台
1915年4月1日	抵达塔城
1915年4月23日	抵达彼得格勒

附录七

杜金小队敦煌考察返程主要时间、路线表[①]

日期	路线
10月21日	离开千佛洞
10月23日	抵达安西
10月24日	停留在安西
10月26日	抵达红柳园
10月27日	抵达大泉
10月28日	抵达马莲井
10月29日	抵达星星峡
10月30日	抵达沙泉子
10月31日	抵达苦水
11月1日	烟墩
11月2日	抵达长流水
11月3日	抵达哈密
11月4日	停留哈密
11月5日	停留哈密
11月6日	离开哈密
11月7日	抵达三道岭
11月8日	抵达了墩
11月9日	抵达车鼓泉
11月10日	七角井

① “杜金小队敦煌考察主要时间、路线表”系笔者整理、翻译，并考证所得。参见 Восточный Туркестан и Монголия. История изучения в конце XIX – первой трети XX века. Том IV. Материалы Русских Туркестанских экспедиций 1909-1910 и 1914-1915 гг. академика С. Ф. Ольденбурга / Под общ. ред. М. Д. Бухарина, В.С. Мясникова, И.В. Тункиной. М.: «Индрик», 2020. С.341-347.

续表

日期	路线
11月11日	抵达“图水”（音译，今地名不详）
11月12日	抵达大石头
11月13日	抵达三个泉子
11月14日	抵达奇台乡
11月15日	抵达古城
11月16日	抵达三台
11月17日	抵达滋泥泉子
11月18日	抵达阜康
11月19日	抵达乌鲁木齐
11月24日	离开乌鲁木齐
11月25日	抵达昌吉
11月26日	抵达呼图壁
11月27日	抵达安集海
11月28日	抵达奎屯
11月29日	抵达西湖
11月30日	抵达车排子
12月1日	抵达乌尊布拉克
12月2日	抵达庙儿沟[①]
12月3日	抵达加玛特
12月4日	抵达老风口
12月5日	抵达赛特尔开

① Oту，音译为“奥图”，即今之“庙尔沟”，参见《从塔城到莫高窟里程》，俄罗斯国立艾尔米塔什博物馆、上海古籍出版社编：《俄藏敦煌艺术品》Ⅵ，上海：上海古籍出版社，2005年，第408页。

续表

日期	路线
12月6日	抵达塔城
12月7日	停留塔城
12月8日	离开塔城
12月12日	抵达塞米巴拉金斯克
12月14日	离开塞米巴拉金斯克
12月18日	抵达鄂木斯克
12月19日	离开鄂木斯克
12月23夜至 24日凌晨	抵达彼得格勒

参考文献

（中文文献按照刊布时间排序）

专著：

1. 谢彬：《国防与外交》，上海：上海中华书局，1926 年。

2. 潘重规：《列宁格勒十日记》，台北：学海出版社，1975 年。

3. [俄] 尼·维·鲍戈亚夫连斯基：《长城外的中国西部地区》，北京：商务印书馆，1980 年。

4. 傅传铭编：《沙俄侵华史简编》，长春：吉林人民出版社，1982 年。

5. [英] 彼得·霍普科克著，杨汉章译：《丝绸路上的外国魔鬼》，兰州：甘肃人民出版社，1983 年。

6. 王重民：《敦煌遗书论文集》，北京：中华书局，1984 年。

7. 敦煌文物研究所编辑室：《敦煌译丛》第一辑，兰州：甘肃人民出版社，1985 年。

8. 中共中央马克思恩格斯列宁斯大林著作编译局编译：《列宁全集》第四十卷，北京：人民出版社，1986 年。

9. 中国社会科学院近代史研究所编：《沙俄侵华史略》第 4 卷下，

北京：人民出版社，1990 年。

10. 俄罗斯科学院东方研究所圣彼得堡分所、俄罗斯科学出版社东方文学部、上海古籍出版社编：《俄藏敦煌文献》1，上海：上海古籍出版社，1992 年。

11. [俄] П.Е. 斯卡奇科夫著，冰夫译：《1914—1915 年俄国西域（新疆）考察团记》，钱伯城主编：《中华文史论丛》第 50 期，上海：上海古籍出版社，1992 年，第 109—117 页。

12. [俄] 孟列夫著，冰夫译：《1914—1915 年俄国西域（新疆）考察团资料研究》，钱伯城主编：《中华文史论丛》第 50 期，上海：上海古籍出版社，1992 年，第 118—128 页。

13. [英] 珍妮特 · 米斯基著，田卫疆译：《斯坦因：考古与探险》，乌鲁木齐：新疆美术摄影出版社，1992 年。

14. 金荣华：《敦煌文物外流关键人物探微》，台北：新文丰出版公司，1993 年。

15. 厉声：《新疆对苏（俄）贸易史（1600—1990）》，乌鲁木齐：新疆人民出版社，1994 年。

16. 新疆维吾尔自治区地方志编纂委员会编：《新疆通志 · 外事志》，乌鲁木齐：新疆人民出版社，1995 年。

17. 荣新江：《海外敦煌吐鲁番文献知见录》，南昌：江西人民出版社，1996 年。

18. 俄罗斯国立艾尔米塔什博物馆、上海古籍出版社编：《俄藏敦煌艺术品》Ⅰ，上海：上海古籍出版社，1997 年。

19. [俄] 孟列夫主编，西北师范大学敦煌学研究所袁席箴、陈华平翻译：《俄藏敦煌汉文写卷叙录》上、下册，上海：上海古籍出版社，

1999 年。

20. 刘进宝：《藏经洞之谜——敦煌文物流散记》，兰州：甘肃人民出版社，2000 年。

21. 彭金章、王建军：《敦煌莫高窟北区石窟》第 1 卷，北京：文物出社，2000 年。

22. [俄] 阿列克谢耶夫著，阎国栋译：《1907 年中国纪行》，昆明：云南人民出版社，2001 年。

23. 荣新江：《敦煌学十八讲》，北京：北京大学出版社，2001 年。

24. 中国新疆维吾尔自治区档案馆、日本佛教大学尼雅遗址学术研究机构编：《近代外国探险家新疆考古档案史料》，乌鲁木齐：新疆美术摄影出版社，2001 年。

25. 纪大椿：《新疆近世史论稿》，哈尔滨：黑龙江教育出版社，2002 年。

26. 刘进宝：《敦煌学通论》，兰州：甘肃教育出版社，2002 年。

27. 陆庆夫、王冀青主编：《中外敦煌学家评传》，兰州：甘肃教育出版社，2002 年。

28. 荣新江：《敦煌学新论》，兰州：甘肃教育出版社，2002 年。

29. 王冀青：《斯坦因第四次中国考古日记考释》，兰州：甘肃教育出版社，2004 年。

30. 王冀青：《斯坦因与日本敦煌学》，兰州：甘肃教育出版社，2005 年。

31. [美] 费正清编，中国社会科学院历史研究所编译室译：《剑桥中国晚清史》上卷，北京：中国社会科学出版社，2006 年。

32. 阎国栋：《俄国汉学史》，兰州：人民出版社，2006 年。

33.［法］伯希和著，耿昇译：《伯希和敦煌石窟笔记》，兰州：甘肃人民出版社，2007年。

34. 刘进宝：《遗响千年——敦煌的影响》，兰州：甘肃教育出版社，2007年。

35. 彭金章：《敦煌考古大揭秘》，上海：上海人民出版社，2007年。

36. 刘进宝：《敦煌文物流散记》，兰州：甘肃人民出版社，2009年。

37. 乜小红：《俄藏敦煌契约文书研究》，上海：上海古籍出版社，2009年。

38. 郝春文：《敦煌学概论》，北京：高等教育出版社，2010年。

39.［英］奥里尔·斯坦因著，向达译：《斯坦因西域考古记》，乌鲁木齐：新疆美术摄影出版社，2010年。

40. 刘进宝：《丝绸之路敦煌研究》，乌鲁木齐：新疆人民出版社，2010年。

41. 荣新江：《辨伪与存真——敦煌学论文集》，上海：上海古籍出版社，2010年。

42.［法］伯希和等著，耿昇译：《伯希和西域探险》，北京：人民出版社，2011年。

43. 刘进宝：《敦煌学术史——事件、人物与著述》，北京：中华书局，2011年。

44. 俄罗斯国立艾尔米塔什博物馆、西北民族大学、上海古籍出版社：《俄罗斯国立艾尔米塔什博物馆藏锡克沁艺术品》，上海：上海古籍出版社，2011年。

45.［俄］奥丽娅（Zueva Olga）：《汉俄姓名研究对比》，黑龙江大学硕士学位论文，2012年。

46. 王新春 :《中国西北科学考查团考古学史研究》，兰州大学博士学位论文，2012 年。

47. 李倩 :《从清末民国的西北史地学看学人的边疆观与民族观》，中央民族大学博士学位论文，2013 年。

48. [英] C.P. 斯克莱因、P. 南丁格尔著，贾秀慧编译 :《马继业在喀什噶尔——1890—1918 年间英国、中国和俄国在新疆活动真相》，乌鲁木齐 : 新疆人民出版社，2013 年。

49. 张艳璐 :《1917 年前俄国地理学会的中国边疆史地考察与研究》，南开大学博士学位论文，2013 年。

50. [法] 伯希和著，耿昇译 :《伯希和西域探险日记 1906—1908》，北京 : 中国藏学出版社，2014 年。

51. 赵丰主编 :《敦煌丝绸艺术全集》俄藏卷，上海 : 东华大学出版社，2014 年。

52. 李珂 :《19 世纪下半叶俄国的中亚考察与地缘扩张》，兰州大学硕士学位论文，2015 年。

53. [英] 彼得 · 霍普柯克著，张望、岸青译 :《大博弈 : 英俄帝国中亚争霸战》，北京 : 中国青年出版社，2015 年。

54. 张晴 :《陆权论视角下近代俄国的新疆考察与新疆政策》，兰州大学硕士学位论文，2015 年。

55. [清] 王树枏纂修，朱玉麒等整理 :《新疆图志 · 地图》，上海 : 上海古籍出版社，2015 年。

56. 俄罗斯国立艾尔米塔什博物馆、西北民族大学、上海古籍出版社 :《俄藏龟兹艺术品》，上海 : 上海古籍出版社，2018 年。

57. 马振霞 :《民国时期国人新疆考察文献研究》，新疆大学硕士学位论文，2018 年。

58. 刘进宝：《敦煌学通论（增订版）》，兰州：甘肃教育出版社，2019 年。

59. 郃惠莉主编：《俄藏敦煌文献叙录》，兰州：甘肃教育出版社，2019 年。

60. 朱玉麒：《瀚海零缣——西域文献研究一集》，北京：中华书局，2019 年。

61. 郝春文、宋春雪、武绍卫：《当代中国敦煌学研究（1949—2019）》，北京：中国社会科学出版社，2020 年。

62. 王冀青：《斯坦因敦煌考古档案研究》，兰州：敦煌文艺出版社，2020 年。

63. 张宝洲：《敦煌莫高窟编号的考古文献研究》，兰州：甘肃文化出版社，2020 年。

64. 荣新江：《吐鲁番出土文献散录》，北京：中华书局，2021 年。

65. 荣新江：《丝绸之路与东西文化交流》，北京：北京大学出版社，2022 年。

论文：

1. 姜伯勤：《沙皇俄国对敦煌及新疆文书的劫夺（哲学社会科学版）》，《中山大学学报》1980 年第 3 期，第 33—44 页。

2. 陈庆英：《〈斯坦因劫经录〉、〈伯希和劫经录〉所收汉文写卷中夹存的藏文写卷情况调查》，《敦煌学辑刊》1981 年，第 111—116 页。

3. 水天明：《伏案英伦，仆仆大漠——谈向达教授对“敦煌学”的贡献》，《敦煌学辑刊》1981 年，第 117—123 页。

4. 李并成:《敦煌·吐鲁番学工具书目》,《敦煌学辑刊》1985年第1期，第158—166页。

5. 周丕显:《敦煌遗书目录再探》,《敦煌学辑刊》1986年第1期，第93—104页。

6. 荣新江:《欧洲所藏西域出土文献闻见录》,《敦煌学辑刊》1986年第1期，第119—133页。

7. 荣新江:《归义军及其与周边民族的关系初探》,《敦煌学辑刊》1986第2期，第24—44页。

8. 徐文堪:《郑振铎与列宁格勒所藏敦煌文献——记西谛先生的一通手札》,《读书》1986年第10期，第119—123页。

9.[丹]彼得森撰，荣新江译:《哥本哈根皇家图书馆藏敦煌写本》,《敦煌学辑刊》1987年第1期，第132—137页。

10.[俄]H·H·纳季洛娃著，续建宜译:《谢·菲·奥里登堡对东土耳克斯坦和中国西部的考察(档案材料概述)》,《西北民族研究》1988年第2期，第130—135页。

11. 齐陈骏、王冀青:《马·奥·斯坦因第一次中亚探险期间发现的绘画品内容总录》,《敦煌学辑刊》1988年，第91—101页。

12. 傅振伦:《西北科学考查团在考古学上的重大贡献》,《敦煌学辑刊》1989年第1期，第1—4页。

13. 齐陈骏、王冀青:《阿富汉商人巴德鲁丁·汗与新疆文物的外流》,《敦煌学辑刊》1989年第1期，第5—15页。

14. 王志善:《十九世纪中叶至二十世纪初外国探险家在我国西部的考察及其有关文献》,《青海师范大学学报(哲学社会科学版)》1989第3期，第113—120页。

15. 荣新江 :《沙州张淮深与唐中央朝廷之关系》,《敦煌学辑刊》1990 年第 2 期，第 1—13 页。

16. 王冀青、莫洛索斯基 :《美国收藏的敦煌与中亚艺术品》,《敦煌学辑刊》1990 年第 1 期，第 116—128 页。

17. [苏] 丘古耶夫斯基著，邓文宽译 :《(苏藏) 敦煌汉文文书概要》,《敦煌研究》1991 年第 2 期，第 109—112 页。

18. 李伟国 :《敦煌文献在列宁格勒》,《古籍整理研究学刊》1991 年第 3 期，第 49 页。

19. 王冀青 :《库车文书的发现与英国大规模搜集中亚文物的开始》,《敦煌学辑刊》1991 年 2 期，第 64—73 页。

20. [俄] П. Е. 斯卡奇科夫著，冰夫译 :《1914—1915 年俄国西域（新疆）考察团记》, 钱伯城主编:《中华文史论丛》第 50 期，上海：上海古籍出版社，第 109—117 页。

21. [俄] 孟列夫著，冰夫译 :《1914—1915 年俄国西域（新疆）考察团资料研究》，钱伯城主编 :《中华文史论丛》第 50 期，上海：上海古籍出版社，第 118—128 页。

22. 余绳武 :《殖民主义思想残余是中西关系史研究的障碍——对〈剑桥中国晚清史〉内容的评论》，中国社会科学院近代史研究所科研组织处编 :《走向近代世界的中国——中国社会科学院近代史研究所成立 40 周年学术讨论会论文选》，成都：成都出版社，1992 年，第 33—42 页。

23 刘存宽:《十九世纪和二十世纪初俄国对新疆的地理考察》,《社会科学战线》1993 年第 2 期，第 210—218 页。

24. 王冀青 :《奥莱尔·斯坦因的第四次中央亚细亚考察》,《敦煌学辑刊》1993 年 1 期，第 98—110 页。

25. 张惠明：《1896 至 1915 年俄国人在中国丝路探险与中国佛教艺术品的流失——圣彼得堡中国敦煌、新疆、黑城佛教艺术藏品考察综述》，《敦煌研究》1993 第 1 期，第 76—79、127—128 页。

26. 王冀青：《英国图书馆藏"舍里夫文书"来源蠡测》，《敦煌学辑刊》1994 年第 1 期，第 89—104 页。

27. 杨自福：《鄂登堡来华考察日记摘译》，《敦煌学辑刊》1994 年第 1 期，第 107—110 页。

28. 杨自福：《千佛洞石窟寺》，《敦煌学辑刊》1994 年第 2 期，第 132—135 期。

29. 李德范：《敦煌吐鲁番文献图录的定本——介绍〈敦煌吐鲁番文献集成〉的〈俄藏敦煌文献〉（1—4）、〈上海博物馆藏敦煌吐鲁番文献〉（上、下）》，《敦煌学辑刊》1995 年第 2 期，第 132—136 页。

30. 荣新江：《英伦印度事务部图书馆藏敦煌西域文献纪略》，《敦煌学辑刊》1995 年第 2 期，第 1—8 页。

31. 郑炳林、杨自福：《千佛洞南区石窟群》，《敦煌学辑刊》1995 第 1 期，第 132—136 页。

32.［苏］列·伊·丘古耶夫斯基著，郑炳林、王尚达译：《俄罗斯科学院东方研究所圣彼得堡分所馆藏敦煌写本中的转帖》，《敦煌学辑刊》1996 年第 1 期，第 3—4 页。

33. 马大正：《二十世纪的中国边疆史地研究》，《历史研究》1996 年第 4 期，第 137—157 页。

34. 李正宇：《俄藏中国西北文物经眼记》，《敦煌研究》1996 年第 3 期，第 36—42、183—184 页。

35. 陆庆夫、郑炳林：《俄藏敦煌写本中九件转帖初探》，《敦煌学辑刊》1996 年第 1 期，第 5—15 页。

36. 王克孝：《俄罗斯国立艾尔米塔什博物馆敦煌文物收藏品概况》，《敦煌研究》1996 年第 4 期，第 164—174 页。

37. 荣新江：《李盛铎藏卷的真与伪》，《敦煌学辑刊》1997 年第 2 期，第 1—18 页。

38. 刘进宝：《鄂登堡考察团与敦煌遗书的收藏》，《中国边疆史地研究》1998 年第 1 期，第 23—31 页。

39. 刘进宝：《丝路文物被盗的历史背景》，《西北民族研究》1998 年第 1 期，第 110–118 页。

40. 王惠民：《关于华尔纳、奥登堡所劫敦煌壁画》，《敦煌研究》1998 年第 4 期，第 120—121、55 页。

41. 王冀青：《斯坦因第二次中亚考察期间所持中国护照简析》，《中国边疆史地研究》1998 年第 4 期，第 69–76 页。

42. 王云：《二十年代末三十年代初四次中亚科学考察的比较》，《敦煌学辑刊》1998 年第 2 期，第 132—136 页。

43. [俄] 丘古耶夫斯基著，魏迎春译：《俄藏敦煌汉文写卷中的官印及寺院印章》，《敦煌学辑刊》1999 年第 1 期，第 142—148 页。

44. 郭双林：《晚清外国“探险家”在华活动述论》，《北京社会科学》1999 年第 4 期，第 111—117 页。

45. 荣新江：《〈鸣沙集〉自序》，《敦煌学辑刊》1999 年第 2 期，第 1—3 页。

46. 郑虹：《俄罗斯人的名字与俄罗斯文化》，《华南师范大学学报（社会科学版）》1999 年第 3 期，第 80—83 页。

47. 陆庆夫 :《常书鸿与敦煌学》,《敦煌学辑刊》2000 年第 1 期,第 5—13 页。

48. 王冀青 :《拉普生与斯坦因所获佉卢文文书》,《敦煌学辑刊》2000 年第 1 期,第 14—28 页。

49. [俄] 孟列夫著,廖霞译:《被漠视的敦煌劫宝人——塞缪尔·马蒂洛维奇·杜丁》,《敦煌学辑刊》2000 年第 2 期,第 147—149 页。

50. 樊锦诗、蔡伟堂 :《奥登堡考察队拍摄的莫高窟历史照片——〈俄藏敦煌艺术品〉第三卷序言》,《敦煌研究》, 2001 年第 1 期, 第 5—7、185 页。

51. 姜洪源 :《利用档案深入研究敦煌遗书流散问题》,《档案》2001 年第 5 期,第 19 页。

52. [法] 戴仁著,陈海涛、刘惠琴译 :《欧洲敦煌学研究简述及其论著目录》,《敦煌学辑刊》2001 年第 2 期,第 138—150 页。

53. 李玉君:《孟列夫与汉学研究》,《敦煌学辑刊》2002 年第 2 期,第 125—127 页。

54. 王冀青 :《牛津大学包德利图书馆藏斯坦因与矢吹庆辉往来通信调查报告》,《敦煌学辑刊》2002 年第 2 期,第 109—118 页。

55. 高启安、买小英 :《上海古籍出版社〈俄藏敦煌文献〉第 11 册非佛经文献辑录》,《敦煌学辑刊》2003 年第 2 期,第 9—47 页。

56. 耿昇 :《伯希和西域探险与中国文物的外流》,敦煌研究院编 :《2000 年敦煌学国际学术讨论会文集 · 历史文化》上卷,兰州 :甘肃民族出版社,2003 年,第 378—413 页。

57. 彭杰 :《近代新疆考古探险与敦煌宝藏外流》,敦煌研究院编 :《2000 年敦煌学国际学术讨论会文集 · 历史文化》上卷,兰州 :甘肃民族出版社，2003 年，第 414—425 页。

58. 荣新江：《狩野直喜与王国维——早期敦煌学史上的一段佳话》，《敦煌学辑刊》2003 年第 2 期，第 123—128 页。

59. 任继愈：《21 世纪汉学展望》，《国际汉学》2004 年第 2 期，第 3 页。

60. 沙武田：《俄藏敦煌艺术品与莫高窟北区洞窟关系蠡测》，《敦煌学辑刊》2004 年第 2 期，第 89—94 页。

61. 王冀青：《英国牛津大学包德利图书馆藏斯坦因亚洲考古档案文献调查报告》，《敦煌学辑刊》2006 年第 2 期，第 54—64 页。

62. 柴松霞：《晚清政府关于外国人内地游历政策的特点与评价》，《大庆师范学院学报》2007 年第 6 期，第 71—75 页。

63. 张宝洲：《试论“莫高窟各家编号对照表”的修订方法及意义》，《敦煌学辑刊》2007 年第 1 期，第 95—112 页。

64. 荣新江：《〈王重民向达先生所摄敦煌西域文献照片合集〉序》，《敦煌学辑刊》2007 年第 3 期，第 169—170 页。

65. 束锡红：《伯希和、奥登堡和敦煌研究院三次发掘所获北区西夏文文献的相互关系》，《暨南史学》第五辑，广州：暨南大学出版社，第 471—479 页。

66. 王冀青：《1907 年斯坦因与王圆禄及敦煌官员之间的交往》，《敦煌学辑刊》2007 年第 3 期，第 60—76 页。

67. 孙宏年：《中国边疆与周边地区关系史研究 60 年》，《中国边疆史地研究》2009 年第 3 期，第 74—84 页。

68. 魏延秋：《近代外国势力对我国边疆之文化侵略浅析》，《军事历史研究》2009 年第 2 期，第 92—97 页。

69. 安英新 :《俄(苏)驻伊犁领事馆的置撤》,《西域研究》2010年第3期,第37—41页

70.[俄]彼·彼·谢苗诺夫著,李步月译 :《天山游记》,《西部》2010年第1期,第10—19页。

71. 张惠明 :《1898至1909年俄国考察队在吐鲁番的两次考察概述》,《敦煌研究》2010年第1期,第86—91页。

72. 张永新 :《从呼岱达到商(乡)约——清以来外国商人头目在新疆的发展考察》,《内蒙古农业大学学报(社会科学版)》2010年第1期,第312—314、316页。

73. 王冀青 :《霍恩勒与中亚考古学》,《敦煌学辑刊》2011年第3期,第134—157页。

74. 王新春 :《近代中国西北考古 :东西方的交融与碰撞——以黄文弼与贝格曼考古之比较为中心》,《敦煌学辑刊》2011年第4期,第145—154页。

75. 张惠明 :《伯孜克里克石窟〈金光明最胜王经变图〉中的〈忏悔灭罪传〉故事场面研究——兼谈艾尔米塔什博物馆所藏奥登堡收集品Ty-575号相关残片的拼接》,《故宫博物院院刊》2011年第3期,第55—70、159页。

76. 韩春平:《敦煌遗书与数字化》,《敦煌学辑刊》2013年第4期,第169—178页。

77. 王新春 :《传统中的变革 :黄文弼的考古学之路》,《敦煌学辑刊》2013年第4期,第158—168页。

78. 赵鑫晔 :《俄藏敦煌文献整理中的几个问题》,《文献》2013年第2期,第62—68页。

79.［俄］波波娃：《俄罗斯科学院档案馆 C.Φ. 奥登堡馆藏中文文献》，郝春文主编:《敦煌吐鲁番研究》第 14 卷，上海:上海古籍出版社，2014 年，第 209—216 页。

80. 朱玉麒：《奥登堡在中国西北的游历》，北京大学中国古代史研究中心编:《田余庆先生九十华诞颂寿论文集》，中华书局，2014 年，第 720—729 页。

81. 王冀青：《英国牛津大学藏斯坦因 1907 年敦煌莫高窟考古日记整理研究报告》，郝春文主编：《敦煌吐鲁番研究》第 14 卷，上海：上海古籍出版社，2015 年，第 15—54 页。

82. 张艳璐：《俄国探险家波塔宁晚清青藏及安多地区考察研究》，《青海民族大学学报（社会科学版）》2015 第 1 期，第 33—38 页。

83. 柴剑虹：《俄罗斯汉学家孟列夫对国际敦煌学的贡献》，《敦煌学辑刊》2016 年第 3 期，第 1—6 页。

84. 刘进宝:《中西文化交流视野下的敦煌与莫高窟》，《文史知识》2016 年第 11 期，第 20—27 页。

85.［日］高田时雄著，徐铭译：《俄国中亚考察团所获藏品与日本学者》，刘进宝主编：《丝路文明》第一辑，上海：上海古籍出版社，2016 年，第 215—224 页。

86. 柴剑虹：《赴苏考察敦煌写卷日记摘录（1991.5.1—6.10）》，《2017 敦煌学国际联络委员会通讯》，上海：上海古籍出版社，第 163—180 页。

87. 刘进宝：《东方学背景下的敦煌学》，《敦煌研究》2017 年第 3 期，第 8—15 页。

88. 郑丽颖：《俄藏斯坦因致奥登堡信件研究》，《敦煌学辑刊》

2017 年第 4 期，第 177—184 页。

89. 荣新江 :《欧美所藏吐鲁番文献新知见》,《敦煌学辑刊》2018 年第 2 期，第 30—36 页。

90. 李梅景 :《奥登堡新疆与敦煌考察研究》,《敦煌学辑刊》2018 年第 4 期，第 154—166 页。

91. 赵莉、Kira Samasyk、Nicolas Pchelin :《俄罗斯国立艾尔米塔什博物馆藏克孜尔石窟壁画》,《文物》2018 年第 4 期,第 57—96、1、98 页。

92. [俄] 奥登堡撰，杨军涛、李新东译 :《1909 年吐鲁番地区探险考察简报》, 朱玉麒主编:《西域文史》第十三辑, 北京:科学出版社, 2019 年，275—318 页。

93. 何冰琦 :《奥登堡的西夏佛教研究》,《宁夏大学学报 (人文社会科学版)》2019 年第 2 期，第 108—114 页。

94. 张德明 :《奥登堡集品敦煌遗画目录》,《藏学学刊》2019 年第 1 期，第 160—195、379 页。

95. [俄] И.В. 童金娜、М.Д. 布哈林著，杨军涛译 :《С.Ф. 奥登堡院士未公布的科学遗产 (纪念俄罗斯新疆探险考察队工作结束 100 周年)》，刘进宝主编 :《丝路文明》第五辑，上海 : 上海古籍出版社，2020 年，第 183—197 页。

96. [俄] М.Д. 布哈林引文、公布和注释，杨军涛译 :《科兹洛夫写给 С.Ф. 奥登堡的信》，罗丰主编 :《丝绸之路考古》第四辑，北京 : 科学出版社，2020 年，第 169—186 页。

97. [俄] С.Ф. 奥登堡著，杨军涛、李新东译 :《1909—1910 年库车地区探险考察简报》,郝春文主编:《敦煌吐鲁番研究》第 19 卷,上海:

上海古籍出版社，2020 年，第 281—300 页。

98. 郑丽颖：《奥登堡考察队新疆所获文献外流过程探析——以考察队成员杜丁的书信为中心》，《敦煌学辑刊》2020 年第 1 期，第 171—180 页。

99. 王冀青：《陕甘总督升允阻止斯坦因敦煌考古始末》，《敦煌学辑刊》2020 年第 4 期，第 122—134 页。

100. 习近平：《在敦煌研究院座谈时的讲话》，《求是》2020 年第 3 期，第 4—7 页。

101. 郑丽颖：《奥登堡敦煌考察队路线细节探析——以主要队员杜丁书信为中心》，《敦煌研究》2020 年第 2 期，第 107—113 页。

102. 荣新江：《迎接敦煌学的新时代，让敦煌学规范健康地发展》，《敦煌研究》2020 年第 6 期，第 20—22 页。

103. 李梅景：《奥登堡新疆考察文物获取途径——以俄国驻乌鲁木齐领事克罗特科夫与奥登堡往来信函为中心》，《敦煌研究》2021 年第 3 期，第 150—158 页。

104. 韩莉：《晚清俄国驻新疆领事馆的阿克萨卡尔及其职能》，《西伯利亚研究》2022 年第 4 期，第 80—89 页。

105. 丁淑琴、王萍：《克列门茨 1898 年的吐鲁番考察及其影响》，《敦煌学辑刊》2022 年第 3 期，第 185—194 页。

外文参考文献（按照字母排序）

1. Адлер Б.Ф. Музей этнографии и антропологии имени императора Петра Великого при Императорской Академии наук // Землеведение. М., 1904.

2. Алпатов В.М., Сидоров М.А. Дирижер академического оркестра. Вестник РАН, 1997. №2. С.168,172.

3. Азадовский М.К. С.Ф.Ольденбург и русская фольклористика // Сергею Федоровичу Ольденбургу к 50-летию научно-общественной деятельности 1882-1932: Сборник статей. Ленинград: Издательство Академии наук СССР, 1934. С. 25-35.

4. Азиатский Музей – Институт восточных рукописей РАН: путеводитель / Ответственный редактор И.Ф. Попова. М.: Изд-во восточной литературы, 2018.

5. Алексеев В.М. Сергей Федорович Ольденбург как организатор и руководитель наших ориенталистов // Записки Института востоковедения АН СССР. 1935. Т.4. С.31-58.

6. Александр Блок и С.Ф.Ольденбург //Восток–Запад–Россия: Сб. ст. к 70-летию В.С.Мясникова. М., 2001. С. 231-249.

7. Алиева Н.Ф. Л.А.Мерварт (1888-1965) – зачинатель индонезийской филологии в СССР // Слово об учителях. Московские востоковеды 30 – 60-х годов. М., 1988. С. 139-146.

8. Алпатов В.М. Сергей Федорович Ольденбург (1863-1934) // Портреты историков. Т.3: Древний мир и Средние века. М., 2004. С. 199-219.

9. Анучин Д.Н. Юбилей В.В. Радлова // Этнографическое обозрение. 1909. № 1. С. 121-122.

10. Арсеньев В.К. Памяти Льва Яковлевича Штернберга // Записки Приморского филиала Географического общества Союза

ССР. Владивосток, 1966.Т. XXV. С.103-106.

11. Артюх Е.А. К вопросу о методике археологических исследований во второй половине XIX в. (на примере деятельности В.В. Радлова) // Актуальные вопросы истории Сибири. Пятые научные чтения памяти профессора А.П. Бородавкина: Сборник научных трудов. Барнаул: Аз Бука, 2005. С. 251-253. Баронесса М.Ф. Мейендорф. Воспоминания. Ишим, 2003.

12. Бартольд В.В. Воспоминание о С.М. Дудине // Сборник МАЭ. Т. 9. Л.: Изд-во Акад. наук СССР, 1930. С. 348-353.

13. Бартольд В.В. Памяти В.В. Радлова. 1837-1918 // Бартольд В.В. Сочинения. Т. 9: Работы по истории востоковедения. М., 1976. С. 665-688.

14. Басаргина Е.Ю. Императорская Академия наук на рубеже XIX–XX веков. М., 2008а.

15. Басаргина Е.Ю. Участие Императорской Академии наук в общественно-политической жизни страны на рубеже XIX–XX вв. // Институционализация отношений государства и науки в истории России / Под общ. ред. Б.И. Козлова. Вып. 2. М., 2008б. С. 18-59.

16. Богораз В.Г. Л.Я. Штернберг как человек и ученый // Этнография. 1927.№ 2. С. 269-282.

17. Бонгард-Левин Г.М. С.Ф. Ольденбург как индолог и буддолог // Вестник АН СССР. 1984. № 9. С. 118-127.

18. Бонгард-Левин Г.М. С.Ф.Ольденбург как индолог и буддолог // ВАН. 1984. № 9. С.118-127.

19. Бонгард-Левин Г.М. Индологическое и буддологическое наследие С.Ф.Ольденбурга // Сергей Федорович Ольденбург: Сб. статей. М., 1986. С. 29-47.

20. Б онгард-Левин Г.М. Академик С.Ф.Ольденбург о поэзии К.Бальмонта // Восточная Европа в исторической ретроспективе: Сб. ст. к 80-летию В.Т.Пашуто. М.,1999. С.35-41.

21. Бонгард-Левин Г.М. «Двенадцать» А.Блока и «Мертвые» С.Ф.Ольденбурга // Бонгард-Левин Г.М. Из «Русской мысли». СПб., 2002. С.13-28.

22. Бонч-Бруевич В.Д. В.И.Ленин в Петрограде и в Москве (1917-1920 гг.). Москва: Политиздат. 1956.

23. Бурмистров С.Л. С.Ф.Ольденбург и русская философия: к постановке проблемы // Сергей Федорович Ольденбург – ученый и организатор науки / Сост. и отв. ред. И.Ф.Попова. М.: Наука – Восточная литература, 2016. С.10-24.

24. Бухарин М.Д. Письма А.А.Дьякова к С.Ф.Ольденбургу из собрания СПБФ АРАН // Вестник истории, литературы, искусства. 2013. № 9. С. 440-448.

25. Бухарин М.Д. “Изнываю в неизвестности”. Письма М.М. Березовского С.Ф. Ольденбургу из собрания СПФ АРАН // Восток–Запад. Историко-литературный альманах. 2011-2012. М.: ГРВЛ; ИВИ РАН, 2013. С.289-304.

26. Бухарин М.Д. Новые документы к истории изучения Восточного Туркестана // Вестник древней истории. 2014. №

3.С.163-183.

27. Бухарин М.Д., Тункина И. В. Русские Туркестанские экспедиции в письмах С.М. Дудина к С.Ф. Ольденбургу из собрания Санкт-Петербургского филиала Архива РАН // Восток (Oriens): Афро-азиатские общества: история и современность. 2015. № 3. С. 107-128.

28. Веселовский Н.И., Клеменц Д.А., Ольденбург С.Ф. Записка о снаряжении экспедиции с археологической целью в бассейн Тарима // Записки Восточного отделения Русского Археологического общества. Т. 13. Вып. 1. СПб., 1901.

29. Вигасин А.А. С.Ф.Ольденбург // История отечественного востоковедения с середины XIX в. до 1917 г. М., 1997. С. 406-415.

30. Вигасин А.А., Мишин Д.Е., Смилянская И.М. Переписка В.Р.Розена и С.Ф.Ольденбурга (1887-1907) //НаумкинВ.В. Ред. Неизвестные страницы отечественного востоковедения. Вып. 2. М., 2004. С.201-399.

31. Вигасин А.А. Изучение Индии в России (очерки и материалы). М., 2008.

32. Вишневецкая В.А. Этнографические коллекции С.М.Дудина в МАЭ // Краткое содержание докладов Среднеазиатско-Кавказских чтений. Нояьрь 1981. Л., 1981. С.27-28.

33. Вишневецкая В.А. Иллюстративные коллекции С.М.Дудина по этнографии Средней Азии и Казахстана // Краткое содержание докладов СреднеазиатскоКавказских чтений. Апрель 1985. Л.,

1986. С.40-41.

34. Вишневецкая В.А. Из жизни и деятельности С.М.Дудина – художника, собирателя, исследователя // Из истории формирования этнографических коллекций в музеях России (XIX–XX вв.): Сб. науч. трудов. СПб.: ГоС. музей этнографии, 1992. С. 84-106.

35. Воробьева-Десятовская М.И., Гуревич И.С., Меньшиков Л.Н., Спирин В.С., Школяр С.А. Описание китайских рукописей дуньхуанского фонда Института народов Азии. Вып. I. М., 1963.

36. Воробьева-Десятовская М.И., Зограф И.Т., Мартынов А.С., Меньшиков Л.Н., Смирнов Б.Л. Описание китайских рукописей дуньхуанского фонда Института народов Азии. Вып.2. М., 1967.

37. Воробьева-Десятовская М.И. Великие открытия русских ученых в Центральной Азии. СПб., 2011.

38. Воробьева-Десятовская М.И. С.Ф.Ольденбург как исследователь буддийской культуры Центральной Азии // Сергей Федорович Ольденбург – ученый и организатор науки / Сост. и отв. ред. И.Ф.Попова. М.: Наука – Восточная литература, 2016. С.66-78.

39. Востриков А.И. С.Ф.Ольденбург и изучение Тибета // Записки ИВАН. 1935. Т. IV . С. 59-81.

40. Выдающиеся отечественные этнологи и антропологи XX века. М., 2004. Гаген-Торн Н.И. Лев Яковлевич Штернберг. М., 1975.

41. Восточный Туркестан в древности и раннем средневековье. Очерки истории /Под ред. С.Л.Тихвинского и Б.А. Литвинского. М., 1988.

42. Восточный Туркестан и Монголия. История изучения в конце XIX – первой трети XX века. Том I: Эпистолярные документы из архивов Российской академии наук и Турфанского собрания / Под ред. чл.-корр. РАН М.Д. Бухарина. М.: Памятники исторической мысли, 2018.

43. Восточный Туркестан и Монголия. История изучения в конце XIX – первой трети XX века. Том II: Археологические, географические и исторические исследования / Под ред. чл.-корр. РАН М.Д. Бухарина. М.: Памятники исторической мысли, 2018.

44. Восточный Туркестан и Монголия. История изучения в конце XIX – первой трети XX веков в документах из архивов Российской академии наук и «Турфанского собрания». Том III: Первая Русская Туркестанская Экспедиция 1909-1910 гг. академика С.Ф. Ольденбурга / Фотоархив из собрания Института восточных рукописей Российской академии наук / Под ред. М.Д. Бухарина. М.: Памятники исторической мысли, 2018.

45. Восточный Туркестан и Монголия. История изучения в конце XIX – первой трети XX века. Том IV. Материалы Русских Туркестанских экспедиций 1909-1910 и 1914-1915 гг. академика С.Ф. Ольденбурга / Под общ. ред. М.Д. Бухарина, В.С. Мясникова, И.В. Тункиной. М.: «Индрик», 2020.

46. Восточный Туркестан и Монголия. История изучения в конце XIX – первой трети XX века. Том V. Вторая Русская Туркестанская экспедиция 1914-1915 гг.: С.Ф. Ольденбург.

Описание пещер Чан-фо-дуна близ Дунь-хуана / Под общ. ред. М.Д. Бухарина, М.Б. Пиотровского, И.В. Тункиной. – М.: «Индрик», 2020.

47. Гильзен К.К. Путеводитель по МАЭ. Этаж III, зал 5. Южная Америка. Пг., 1919.

48. Григорян В. Г. Романовы. Биографический справочник. М.: 2007.

49. Гуревич И.С. Фрагмент бяньвэнь из цикла «О жизни Будды» // Краткие сообщения Института народов Азии. № 69. Исследование рукописей и ксилографов Института народов Азии. М.: Наука, ГРВЛ, 1965. С. 99-115.

50. Дмитриев С.В. Штрихи к собирательской деятельности С.М. Дудина // Сборник МАЭ. Т. 52. СПб.: 2006. С. 96-106.

51. Егоров В.К. Непременность // Сергей Федорович Ольденбург – ученый и организатор науки / Сост. и отв. ред. И.Ф.Попова. М.: Наука – Восточная литература, 2016. С.87-97.

52. Две встречи (Воспоминания академика С.Ф.Ольденбурга о встречах с В.И. Лениным в 1891 и 1921 гг.) // П.Н.Поспелова. Ленин и Академия наук: Сб. документов. Москва: Наука. 1969. С.88-93.

53. Дудин С.М. Архитектурные памятники Китайского Туркестана (Из путевых записок) // Архитектурно-художественный еженедельник. 1916. №6. С.75-80.

54. Дудин С.М. Архитектурные памятники Китайского

Туркестана (Из путевых записок) // Архитектурно-художественный еженедельник. 1916. №10. С.127-132.

55. Дудин С.М. Архитектурные памятники Китайского Туркестана (Из путевых записок) // Архитектурно-художественный еженедельник. 1916. №19. С. 218-220.

56. Дудин С.М. Архитектурные памятники Китайского Туркестана (Из путевых записок) // Архитектурно-художественный еженедельник. 1916. №22. С. 241-246.

57. Дудин С.М. Архитектурные памятники Китайского Туркестана (Из путевых записок) // Архитектурно-художественный еженедельник. 1916. №31. С. 315-321.

58. Дудин С.М. Техника стенописи и скульптуры в древних буддийских пещерах и храмах Западного Китая // Сборник МАЭ. Пг.: Тип. РоС. акад. наук, 1918. Т. 5. Вып. 1. С.21-92.

59. Дудин С.М. Фотография в этнографических поездках // Казанский музейный вестник. 1921. № 1-2. С. 31-53.

60. Дулина Н.А. Хронологический перечень трудов В.В. Радлова и литературы о нем //Тюркологический сборник – 1971. М., 1972. С. 261-277.

61. Дьяконова Н.В. буддийские памятники дунь-хуана // Труды отдела Востока государственного Эрмитажа. 1947. Т. 4. С. 445-470.

62. Дьяконова Н.В. Шикшин. Материалы Первой Русской Туркестанской экспедиции академика С.Ф. Ольденбурга 1909-1910 гг. М.Изд. фирма “Вост. лит.” РАН, 1995.

63. Елисеев А. Из истории культуры. Обзор этнографического и антропологического музея АН. СПб., 1895.

64. Зеленин Д.К. С.М. Дудин (1863-1929). К годовщине смерти // Советская Азия. 1930. № 5-6. С.34-35.

65. Зеленин Д.К. Пятьдесят лет научной работы акад. С.Ф.Ольденбурга // Советская этнография. 1933. С. 9-14.

66. Иванов А.И. Путеводитель по Музею антропологии и этнографии им. Императора Петра Великого. Отдел культурных стран Азии. Пг., 1915.

67. Институт марксизма-ленинизма при ЦК КПСС. Владимир Ильич Ленин Биографическая Хроника том 1. Москва: Политиздат. 1970.

68. Императорская Академия наук 1889-1914 гг. II. Материалы для истории академических учреждений за 1889-1914 гг. Пг., 1917.

69. Императорская Археологическая комиссия (1859-1917). К 150-летию со дня основания. У истоков отечественной археологии и охраны культурного наследия / Науч. ред.-сост. А.Е.Мусин, под общ. ред. чл.-кор. РАН Е.Н. Носова. СПб., 2009.

70. Исаков С.Г. Неизвестные письма М.Горького В.Ленину. Радуга. 1992. №5. С. 79-80.

71. Каганович Б.С. Академия наук в 1920-е гг. по материалам архива С.Ф.Ольденбурга // Звезда. 1994. №12. С. 124-144.

72. Каганович Б.С. Сергей Фёдорович Ольденбург:Опыт биографии. Санкт-Петербург: Феникс, 2006.

73. Каганович Б.С. Сергей Фёдорович Ольденбург. Опыт биографии. Санкт-Петербург: Нестор-История, 2013.

74. Каганович Б.С. С.Ф. Ольденбург: непременный секретарь Российской Академии наук // Попова И.Ф. Сергей Федорович Ольденбург – ученый и организатор науки. Москва: Наука – Восточная литература. 2016. С.122-135.

75. Кальянов В.И. Академик С.Ф.Ольденбург как ученый и общественный деятель // ВАН. 1982. № 10. С.97-106.

76. Кисляков В.Н. Малоизвестная страница из истории ранней советской этнографии (Радловский кружок) // Проблемы общей этнографии и музеефикации: Крат. содерж. докл. науч. сессии «Советская этнография за 70 лет: итоги, направления, перспективы», посвящ. 70-летию Великого Октября. Л., 1987. С.29-30.

77. Кисляков В.Н. Основной печатный орган Музея антропологии и этнографии (К 100-летию со дня выхода первого тома «Сборника МАЭ») // 285 лет Петербургской Кунсткамере. Мат-лы итоговой науч. конф. МАЭ РАН, посвящ. 285-летию Кунсткамеры. СПб., 2000. С.61-63.

78. Кисляков В.Н. Радловский кружок при МАЭ РАН (1918-1930 гг.) // Радловский сборник. Научные исследования и музейные проекты МАЭ РАН в 2011 г. СПб., 2012. С.3-6.

79. Кисляков В.Н. Русский комитет для изучения Средней и Восточной Азии и МАЭ // Радловский сборник. Научные

исследования и музейные проекты МАЭ РАН в 2010 г. СПб., 2011. С.70-72.

80. Кисляков В.Н. Русское географическое общество и отечественная этнографическая наука в XIX – начале XX века (награды за труды) // Радловский сборник. Научные исследования и музейные проекты МАЭ РАН в 2009 г. СПб., 2010. С. 136-139.

81. Кисляков В.Н. «Сборник МАЭ» в первые годы XXI века // Радловский сборник. Научные исследования и музейные проекты МАЭ РАН в 2012 г. СПб., 2013. С. 168-174.

82. Кляшторный С.Г. История Центральной Азии и памятники рунической письменности. СПб., 2003.

83. К олчинский Э.И. Борьба за выживание: Академия наук и Гражданская война // Академическая наука в С.-Петербурге в ⅩⅧ - ⅩⅩ веках. Москва: Наука. 2003.

84. Кольцов А.В. В первые Октябрьские годы (По материалам Архива АН СССР). ВАН, 1957. №10. С.151.

85. Кольцов А.В. Выборы в Академию наук СССР в 1929 г. // ВИЕТ. 1990. № 3. С. 53-66.

86. Конаков А.П. Д.А.Клеменц – основатель Этнографического отдела Русского музея // Очерки Института этнографии. Нов. сер. М., 1968. Вып. 4. С. 45-61.

87. Кононов А.Н. История изучения тюркских языков в России. Дооктябрьский период. 2-е изд. Л., 1982.

88. Копанев А.И. Об одной легенде // Зайцева А.А., Копанева

Н.П., Сомов В.А. Книга в России XⅧ – середины XⅨ в. Ленинград: БАН.1989. С.75-83.

89. Корсун С.А. Штернберг как американист // Лев Штернберг – гражданин, ученый, педагог. К 150-летию со дня рождения. СПб., 2012. С. 65-82.

90. Корсун С.А. Л. Я.Штернберг – преемник В.В.Радлова // Радловский сборник. Научные исследования и музейные проекты МАЭ РАН в 2012 г. СПб., 2013. С. 181-188.

91. Крупская Н.К. Воспоминания о В.И.Ленине. Москва: Государственное издательство политической литературы. 1956. С.11-12.

92. Краснодембская Н.Г., Соболева Е.С. Становление индологического направления научных исследований МАЭ в эпоху Радлова и Штернберга (по архивным материалам) // Лев Штернберг – гражданин, ученый, педагог. К 150-летию со дня рождения. СПб., 2012. С. 203-232.

93. Крачковский И.Ю. ит. Ред. Сергею Федоровичу Ольденбургу к пятилетию научно-общественной деятельности 1882-1932: Сборник статей. Ленинград: Издательство Академии наук СССР, 1934.

94. Кремера Н. Два эпизода из жизни литературных организаций // Кремера Н, Баха Р. Минувшее. Москва: Прогресс, Феникс. 1990. №2. С.324-325.

95. Кузнецова Н.А., Кулагина Л.М. Из истории советского

востоковедения. 1917-1967. М., 1970.

96. Купина Ю.А. Утраты или приобретения? (История коллекционных обменов МАЭ РАН с американскими музеями) // Курьер Петровской Кунсткамеры. 2004. Вып. 10-11. С. 52-85.

97. Ленин В.И. Полное собрание сочинений: Т.45. Москва: Издательство политической литературы, 1964.

98. Любимов Л.Д. На чужбине. Ташкент: Узбекистан. 1963. С.212.

99. Люди и судьбы: Биобиблиографический словарь востоковедов – жертв политического террора в советский период (1917-1991 гг.) / Изд. подгот. Я.В. Васильков и М.Ю. Сорокина. СПб., 2003.

100. Люстерник Е.Я. Русский комитет для изучения Средней и Восточной Азии // Народы Азии и Африки. Л., 1975. Вып. III. С. 224-232.

101. Матвеева М.Ф. Русское географическое общество и судьба его этнографических коллекций // Курьер Петровской Кунсткамеры. Вып. 4-5. СПб., 1996. С. 211-223.

102. Марр Н.Я. Академик С.Ф.Ольденбург и проблема культурного наследия // Сергею Федоровичу Ольденбургу к 50-летию научно-общественной деятельности 1882-1932: Сборник статей. Ленинград: Издательство Академии наук СССР, 1934. С.5-14.

103. Марр Н.Я. Пятидесятилетие научной деятельности акад.

С.Ф.Ольденбурга // ВАН СССР. 1933, № 2. С. 11-22.

104. Матвеева П.А. От Кунсткамеры до МАЭ: еще один взгляд на экспозицию // Радловский сборник. Научные исследования и музейные проекты МАЭ РАН в 2009 г. СПб., 2010. С. 147-151.

105. Матвеева П.А. В.В.Радлов и МАЭ: некоторые аспекты финансирования музейной деятельности // Радловский сборник. Научные исследования и музейные проекты МАЭ РАН в 2010 г. СПб., 2011. С.85-89.

106. Матвеева П.А. «Музей общечеловеческой культуры» (еще раз о роли Л.Я. Штернберга и В.В. Радлова в становлении МАЭ) // Лев Штернберг – гражданин, ученый, педагог (к 150-летию со дня рождения): Мат-лы Междунар. конф. СПб., 2012. С.22-31.

107. Меньшиков Л.Н. К изучению материалов Русской Туркестанской экспедиции 1914-1915 гг. // Петербургское востоковедение. Вып.4. СПб., 1993. С.321-343.

108. Меньшиков Л.Н. К вопросу об эволюции китайских этических установлений и ее отражении в буддийской литературе // Письменные памятники и проблемы истории культуры народов Востока. Тезисы докладов I годичной научной сессии ЛО ИНА. Март 1965 года. Ленинград, 1965. С.40-41.

109. Меньшиков Л.Н. Изучение древнекитайских письменных памятников // Вестник АН СССR 1967. С.62.

110. Меньшиков Л.Н. Дуньхуанский фонд // «Петербургское востоковедение». Выпуск 4. СПб.: Центр «Петербургское

востоковедение», 1993. С.332-343.

111. Могилянский Н.М. Памяти Д.А.Клеменца. СПб., 1914.

112. Мясников В.С. С.Ф.Ольденбург и «золотой век» Российской Академии наук // Сергей Федорович Ольденбург – ученый и организатор науки / Сост. и отв. ред. И.Ф.Попова. М.: Наука – Восточная литература, 2016. С.217-226.

113. Назирова Н.Н. Экспедиции С.Ф.Ольденбурга в Восточный Туркестан и Западный Китай (обзор архивных материалов) // Восточный Туркестан и Средняя Азия в системе культур древнего и средневекового Востока. М., 1986. С.24-34.

114. Назирова Н.Н. Центральная Азия в дореволюционном отечественном востоковедении. М.: Наука, 1992.

115. Ольденбург Е.Г. Студенческое научно-литературное общество при С.-Петербургском университете. Вестник ЛГУ. 1947. №2. С.145-154.

116. Ольденбург Е.Г. Из дневниковых записей (1925-1930) / Публ. М.А. Сидорова и Ю.И.Соловьева // Журнал. 1994. №7. С. 638-649.

117. Ольденбург С.С. Царствование императора Николая Ⅱ. Санкт-Петербург: Петрополь. 1991.

118. Ольденбург С.Ф. Буддийские легенды. Часть 1. Bhadrakalpāvadāna. Jātakamālā., СПб., 1894.

119. Ольденбург С.Ф. Русский комитет для изучения Средней и Восточной Азии // Журнал Министерства народного просвещения.

Отд. IV. Ч. 349,9. СПб., 1903.

120. Ольденбург С.Ф. 1911: Разведочная археологическая экспедиция в китайском Туркестане в 1909-1910 гг. (Сущность сообщения на заседании Вост. арх. об-ва) // ЗВОРАО. Т. XXI. 1911-1912.

121. Ольденбург С.Ф. Разведочная археологическая экспедиция в Китайский Туркестан в 1909-1910 гг. // ЗВОРАО. 1913 (1911-1912). Т.21. С.XX-XXI.

122. Ольденбург С.Ф. Русская туркестанская экспедиция 1909-1910 гг., снаряженная по Высочайшему повелению состоящим под Высочайшим Его Императорского Величества покровительством Русским комитетом для изучения Средней и Восточной Азии. Краткий предварительный отчет. Краткий предварительный отчет. СПб.: Императорская Академия Наук, 1914.

123. Ольденбург С.Ф. Дмитрий Александрович и Елизавета Николаевна Клеменцы. In memoriam // Живая старина. 1915. Вып. 1-2. С.169-172.

124. Ольденбург С.Ф. Министры в Петропавловской крепости. Русские ведомости, 1917. №249. С.4.

125. Ольденбург С.Ф. Василий Васильевич Радлов: Некролог // Известия РАН. 6 сер. 1918. № 12. С.1233-1236.

126. Ольденбург С.Ф. 1921: Русские археологические исследования в Восточном Туркестане // Казанский музейный вестник. 1921. № 1-2. С.219-231.

127. Ольденбург С.Ф. Пещеры тысячи будд // Восток. № I. 1922. С. 57-66.

128. Ольденбург С.Ф. Несколько воспоминаний об А.И. и В.И.Ульяновых. Красная летопись, 1924. №2. С.15-18.

129. Ольденбург С.Ф. Искусство в пустыне. “30 дней”. Л., 1925.

130. Ольденбург С.Ф. Ленин и наука. Научный работаник. 1926. №1. С.51.

131. Ольденбург С.Ф. Памяти Самуила Мартыновича Дудина // Сборник Музея антропологии и этнографии АН СССР. Вып. IX. М. –Л.: Изд-во АН СССР, 1930. Т. 9. С.353-357.

132. Ольденбург С.Ф. Культура Индии / Изд. подгот. И.Д. Серебряков. М., 1991.

133. Oldenbourg Z. Visages d’un autoportrait. Paris: Gallimard, 1977.

134. Очередная выставка последних поступлений Музея антропологии и этнографии имени Петра Великого при Императорской Академии наук. Ноябрь – декабрь 1906 г. СПб., 1906.

135. Панеях А.В. История библиотеки Музея антропологии и этнографии (Кунсткамеры) 1894-1941 годы // Кунсткамера: этнографические тетради. Вып. 8-9. СПб., 1995. С.141-142.

136. Партийное руководство Академией наук // Вестник РАН. 1994. № 11. С.1033-1041.

137. Петровский Н.Ф. Туркестанские письма/Отв. ред. ак. В.С.Мясников, сост. В.Г. Бухерт. М.: Памятники исторической мысли, 2010.

138. Пекарский Э.К. Путеводитель по Музею антропологии и этнографии имени императора Петра Великого. Галерея императора Петра I. Пг. 1915.

139. Пекарский Э.К. С.М. Дудин // Сборник МАЭ. Л.: 1930. Т. 9. С.344-348.

140. Перченок Ф.Ф. Академия наук на «великом переломе» // Звенья: Исторический альманах. Т. 1. М., 1990. С.163-238.

141. Петри Б.Э. Путеводитель по МАЭ. (Отдел археологический). Пг., 1916.

142. Пещеры тысячи будд : Российские экспедиции на Шелковом пути : К 190-летию Азиатского музея : каталог выставки/ науч. ред. О. П.Дешпанде ; Государственный Эрмитаж ; Институт восточных рукописей РАН. СПб.: Изд-во Гос. Эрмитажа, 2008.

143. Пилсудский Бронислав. Дневник. 1882-1885 годы. Публикация В. Ковальского, Г.И. Дударец // Известия Института наследия Бронислава Пилсудского. 1999. № 3. С.105-133.

144. Пилсудский Бронислав. Письмо В.В. Радлову, господину председателю Русского комитета для изучения Средней и Восточной Азии / Публ. А.М. Решетова // Известия Института наследия Бронислава Пилсудского. 2001. № 5. С.61-63.

145. Полянский Ю.И. Работа Александра Ильича Ульянова о строении сегментарных органов пресноводных кольчатых червей // Перфильева П.П. Из истории биологических наук. Ленинград: Изд-во АН СССР. 1961. С.16-17.

146. Poppe N. Reminiscences. Bellingsham (western Washington): Western Washington University, 1983.

147. Попова И.Ф. 190 лет Азиатскому музею – Институту восточных рукописей РАН // Письменные памятники Востока, 1(8), 2008. С.5-20.

148. Попова И.Ф. Российские экспедиции в Центральную Азию на рубеже XIX–XX веков // Российские экспедиции в Центральную Азию в конце XIX – начале XX века / Сборник статей. Под ред. И.Ф. Поповой. СПб.: Славия, 2008. С.11-39.

149. Попова И.Ф. Вторая Русская Туркестанская экспедиция С.Ф. Ольденбурга (1914-1915) // Российские экспедиции в Центральную Азию в конце XIX – начале XX века / Сборник статей. Под ред. И.Ф. Поповой. СПб.: Славия, 2008. С.158-175.

150. Попова И.Ф. Первая Русская Туркестанская экспедиция С.Ф. Ольденбурга (1909-1910) // Российские экспедиции в Центральную Азию в конце XIX – начале XX века / Сборник статей. Под ред. И.Ф. Поповой. СПб.: Славия, 2008. С.148-157.

151. Попова И.Ф. «Сергей Федорович Ольденбург – ученый и организатор науки». Международная конференция, посвященная 150-летию со дня рождения академика С.Ф.Ольденбурга //

Письменные памятники Востока, 2(19), 2013. С.271-275.

152. Попова И.Ф. С.Ф.Ольденбург в Азиатском Музее – Институте востоковедения АН // Сергей Федорович Ольденбург – ученый и организатор науки / Сост. и отв. ред. И.Ф.Попова. М.: Наука – Восточная литература, 2016. С.249-284.

153. Попова И.Ф. Жемчужины китайских коллекций Института восточных рукописей РАН. С.-Петербург: Кварта, 2018.

154. Постников А.В. Схватка на «Крыше мира». Политики, разведчики и географы в борьбе за Памир в XIX веке. М., 2001.

155. Прищепова В.А. К 150-летию со дня рождения С.М. Дудина – художника, этнографа (по материалам МАЭ РАН) // Антропологический форум Online. 2011. № 15. С.608-649.

156. Радлов В.В. Отчет о командировке для обозрения этнографических музеев // Известия Императорской Академии Наук. СПб., 1907а. С. 743-748.

157. Ратнер-Штернберг С.А. Путеводитель по МАЭ. (Отдел Сев. Америки). Пг., 1917.

158. Резван Е.А. Самуил Дудин – фотограф, художник, этнограф (материалы экспедиции в Казахстан 1899 и 2010 г.): Каталог фотовыставки «Диалог цивилизаций» (Родос, Греция, 7-11 октября 2010 г.). СПб., 2010б.

159. Резван Е.А. В зеркале времени: диалог культур в «русском мире»: Каталог выставки. СПб., 2011.

160. Репрессированные этнографы / Сост. и отв. ред. Д.Д.

Тумаркин. М.: Восточная литература РАН, 2002.

161. Решетов А.М. Д.А.Клеменц и Музей антропологии и этнографии Императорской Академии наук // Пигмалион музейного дела в России (К 150-летию со дня рождения Д.А.Клеменца). СПб., 1998. С. 59-94.

162. Решетов А.М. В.В. Радлов – директор Музея антропологии и этнографии Императорской Академии наук // Немцы в России. Петербургские немцы. СПб., 1999. С. 137-155.

163. Решетов А.М. О письмах Б. Пилсудского к Л.Я. Штернбергу, Д.А.Клеменцу и К.Г. Залеману // Известия Института наследия Бронислава Пилсудского 2000. № 4. С. 62-66, 69-70, 72-74.

164. Rosenberg F. Deux fragments sogdien-bouddhiques du Ts'ein-fo-tong de Touen-houang (Mission S d'Oldenburg, 1914-1915). I. Fragment d'unconte // ИРАН. Сер. 6. Т. 12. 1918. С.817-842.

165. Романова Е.М. Библиотека Музея антропологии и этнографии, ее основание и рост за 11 лет // Сборник МАЭ. Т. 3. Пг., 1916. С. 191-204.

166. Российские экспедиции в Центральную Азию в конце XIX – начале XX века / Под ред. И.Ф. Поповой. СПб., 2008.

167. Самойловив А.Н. Академик С.Ф.Ольденбург как директор Института востоковедения АН СССР // Записки ИВАН. 1935. Т. IV. С. 7-12.

168. Сергей Федорович Ольденбург: Сб. / Сост.: П.Е.Скачков,

К.Л.Чижикова. М.: Наука, 1986.

169. Скачков П.Е. Русская Туркестанская экспедиция 1914-1915 гг. // ПВ. Вып. 4. 1993. С. 313-320.

170. Смирнов А.С. Власть и организация археологической науки в Российской империи (очерки институциональной истории науки XIX – начала XX века). М., 2011.

171. Соболева Е.С. Из истории отношений Музея антропологии и этнографии им. Петра Великого (Кунсткамера) и Гамбургского Музея народоведения (конец XIX – начало XX века // Санкт-Петербург – Гамбург: Балтийские побратимы. СПб.: Европейский дом, 2007а. С. 179-203.

172. Соболева Е.С. Частные этнографические музеи Гамбурга и коллекционирование в конце XIX – начале XX веков // Радловский сборник. Научные исследования и музейные проекты МАЭ РАН в 2006 г. СПб., 2007б. С. 78-84.

173. Соболева Е.С. Попечительный совет МАЭ в 1909-1914 гг. Роль Ф.Ю.Шотлендера в созидании Музея // Радловский сборник. Научные исследования и музейные проекты МАЭ РАН в 2008 г. СПб., 2009. С. 225-231.

174. Соболева Е.С. Немецкие фирмы-поставщики оборудования для петербургского Музея антропологии и этнографии в начале XX века // Немцы в Санкт-Петербурге. Биографический аспект. Вып. 6. СПб., 2011а. С. 353-368.

175. Соболева Е.С. Созидательницы Кунсткамеры: первые

женщины на службе в Музее антропологии и этнографии в 1890-е – начале 1920-х годов // Частное и общественное: гендерный аспект. Мат-лы Четвертой междунар. науч. конф. Российской ассоциации исследователей женской истории и Института этнологии и антропологии им. Н.Н. Миклухо-Маклая РАН. 20-22 октября 2011 г. Ярославль. М., 2011в. Т. 1. С. 347-352.

176. Соболева Е.С. Первые годы без Радлова: МАЭ в 1918-1922 гг. // Радловский сборник. Научные исследования и музейные проекты МАЭ РАН в 2011 г. СПб., 2012а. С.19-25.

177. Станюкович Т.В. Музей антропологии и этнографии за 250 лет // Сборник МАЭ. Т. XXII. М.; Л., 1964. С. 5-151.

178. Станюкович Т.В. Этнографический музей Русского Географического общества // Очерки истории русской этнографии, фольклористики и антропологии. Вып. VII. Л., 1977. С. 22-28.

179. Станюкович Т.В. Деятельность С.Ф.Ольденбурга в области музееведения и этнографии // Сергей Федорович Ольденбург: Сб. ст. М., 1986а. С. 84-90.

180. Сухомлинов М.И. Материалы для истории Императорской Академии наук. Т. 1-10. СПб., 1885-1900.

181. Тенишев Э.Р. Памяти С.Е. Малова // Эдгем Рахимович Тенишев. Жизнь и творчество. 1921-2004. М., 2005.

182. Токарев С.А. История русской этнографии (дооктябрьский период). М.: Наука, 1966.

183. Труды экспедиции Императорского Русского

Географического общества по Центральной Азии. Ч.1. Отчет начальника экспедиции В.И. Роборовского. СПб., 1900.

184. Тугушева Л.Ю. Экспедиции в Центральную Азию и открытие раннесредневековых тюркских письменных памятников. Российские экспедиции в Центральную Азию в конце XIX – начале XX века / Сборник статей. Под ред. И.Ф. Поповой. СПб.: Славия, 2008. С.40-49.

185. Тункина И.В. «Дело» академика Жебелева // Древний мир и мы. Вып. II. СПб., 2000. С.116-161.

186. Тункина И.В. Документы по изучению С.Ф.Ольденбургом Восточного Туркестана в Архиве Российской Академии наук// Сергей Федорович Ольденбург – ученый и организатор науки / Сост. и отв. ред. И.Ф.Попова. М.: Наука – Восточная литература, 2016. С.313-347.

187. Тункина И.В., Бухарин М.Д. Неизданное научное наследие академика С.Ф.Ольденбурга (к 100-летию завершения работ Русских Туркестанских экспедиций), Scripta antique. Вопросы древней истории, филологии, искусства и материальной культуры. Том VI. 2017. Москва: Собрание, 2017. С.491-513.

188. Тункина И.В. Академия наук в 1917 году // Вестник Российской Академии наук. 2018. Т. 88. № 5. С. 410-415.

189. Турфанская экспедиция Д.А.Клеменца 1898 г. // Материалы для истории экспедиций Академии наук в XVIII и XIX веках. М.; Л., 1940. С. 259-260.

190. Фонды и коллекции Санкт-Петербургского филиала Архива Российской Академии наук: Краткий справочник / Отв. ред. И.В. Тункина. СПб., 2004.

191. Tyomkin E.N. S.F.Oldenburg as founder and investigator of the St. Petersburg collection of ancient manuscripts from Eastern Turkestan // Tocharian and Indo-European Studies. 1997. Vol. 7. P.199-203.

192. Ульянова-Елизарова А.И. Воспоминания об Александре Ильиче Ульянове // Ульянова-Елизарова А.И. О В.И.Ленине и семье Ульяновых. Воспоминания. Очерки. Письма. Статьи. Москва: Политиздат, 1988.

193. Флуг К.К. Краткий обзор небуддийской части китайского рукописногофонда ИВ АН СССР // Библиография Востока. Вып. 7. 1934. С. 87-92.

194. Флуг К.К. Краткая опись древних буддийских рукописей на китайскомязыке из собрания ИВ АН СССР // Библиография Востока.Вып. 8-9. 1936. С. 96-115.

195. Чугуевский Л.И. Китайские документы о выдаче зерна под проценты в эпоху династии Тан. (Из дуньхуанского фонда ЛО ИВАН СССР) // Письменные памятники и проблемы истории культуры народов Востока. Краткое содержание докладов V годичной научной сессии ЛО ИВ АН. Май 1969 года. Л., 1969. С. 34-36.

196. Чугуевский Л.И. Хозяйственные документы буддийских монастырей в Дуньхуане // Письменные памятники и проблемы истории культуры народов Востока. VIII годичная научная сессия ЛО ИВ АН СССР (автоаннотации и краткие сообщения). Москва:

ГРВЛ, 1972. С. 61-64.

197. Чугуевский Л.И. Китайские юридические документы из Дуньхуана (заемные документы) // Письменные памятники Востока / Историко-филологические исследования. Ежегодник 1974. М.: Наука, ГРВЛ, 1981. С. 251-271.

198. Чугуевский Л.И. Мирские объединения шэ при буддийских монастырях в Дуньхуане // Буддизм, государство и общество в странах Центральной и Восточной Азии в Средние века. Сборник статей. М.: Наука, ГРВЛ, 1982. С.63-97.

199. Шафрановская Т.К. Первый хранитель МАЭ Ф.К. Руссов // Сборник МАЭ. Т. XXXV. Л.: 1980.

200. Щербатской Ф.И. С.Ф. Ольденбург как индианист // Сергею Федоровичу Ольденбургу к 50-летию научно-общественной деятельности 1882-1932: Сборник статей. Ленинград: Издательство Академии наук СССР, 1934. С.15-24.

201. Штейн М.Г. Александр Ульянов – студент С.-Петербургского университета. Вестник Санкт-Петербургского университета. 2005. №2. С.56-57.

202. Штернберг Л.Я., Ольденбург С.Ф., Адлер Б.Ф., Петри Е.Л., Людевиг Ю.В. Музей антропологии и этнографии Императорской Академии наук в период 12-летнего управления В.В.Радлова. 1894-1906 // Ко дню 70-летия Василия Васильевича Радлова 5 января 1907 года. СПб., 1907. С.27-109.

203. Якубовский А.Ю. Памяти С.Ф.Ольденбурга // Проблемы истории докапиталистических обществ. 1934. № 3. С.100-105.

后 记

奥登堡1909—1910年新疆考察、1914—1915年敦煌考察是19世纪末20世纪初外国探险家中国西北考察的重要组成部分，是中外交往史上的重要事件。但与敦煌吐鲁番文献研究热度相比，外国探险家中国西北考察方面的研究虽不乏前贤时彦青睐，然而关注度仍是不够的。这或许是受制于史料的相对匮乏、研究范式固化等因素。因此，在本书的写作及修订过程中，笔者一方面努力发掘新的史料，从中尽可能提取新信息，另一方面则试图对前人的成说加以反思，引入一些新的观察视角，以冀在前辈学人研究的基础上稍有进益。

自2021年6月毕业，转眼已逾两载。在这期间，面对新的环境、新的工作、新的身份，笔者大部分时间、精力投入新工作，对本书的修改进度一拖再拖，幸得诸位师友相助，拙作方得以出版。

特别感谢郑炳林老师和兰州大学敦煌学研究所给予的极大资助，使拙作忝列“敦煌与丝绸之路研究丛书”出版！感谢兰州大学敦煌学研究所刘全波老师对于本书进度的敦促！感谢师弟范英杰帮忙校对！感谢同门好友牛时兵、兰州大学敦煌学研究所硕士研究生金晓婷帮忙绘制考察路线图，虽未能刊布，但诚挚感谢！

感谢甘肃文化出版社！感谢为本书辛勤付出的所有工作人员！

感谢家人一直以来的关爱与支持！

本书系安徽省哲学社会科学规划青年项目“俄藏奥登堡敦煌考察档案整理与研究”（项目批准号：AHSKQ2022D199）最终成果。本书的部分章节曾在相关的学术刊物上发表，在收入本书时，一并做了进一步的修改完善。

书中不当之处，敬请方家指正！

李梅景

2023 年 7 月 3 日晚